A FLECHA DE APOLO

Outras Obras de Nicholas A. Christakis

Death Foretold

O Poder das Conexões — Connected (com James H. Fowler)

Blueprint — As origens evolutivas de uma boa sociedade

NICHOLAS A. CHRISTAKIS

A FLECHA DE APOLO

O PROFUNDO E DURADOURO IMPACTO DO CORONAVÍRUS EM NOSSO MODO DE VIDA

ALTA BOOKS
GRUPO EDITORIAL
Rio de Janeiro, 2023

A Flecha de Apolo

ISBN: 978-65-5520-873-3

Impresso no Brasil — 1ª Edição, 2023 — Edição revisada conforme o Acordo Ortográfico da Língua Portuguesa de 2009.

Dados Internacionais de Catalogação na Publicação (CIP) de acordo com ISBD

C554f Christakis, Nicholas A.

A Flecha de Apolo: O Profundo e Duradouro Impacto do Coronavírus em Nosso Modo de Vida / Nicholas A. Christakis ; traduzido por Wendy Campos. – Rio de Janeiro : Alta Books, 2023.
416 p. ; 16cm x 23cm.

Tradução de: Apollo's Arrow
Inclui bibliografia e apêndice.
ISBN: 978-65-5520-873-3

1. Medicina. 2. Epidemiologia. 3. Coronavírus. I. Campos, Wendy. II. Título.

2022-1274 CDD 610
CDU 61

Elaborado por Vagner Rodolfo da Silva - CRB-8/9410

Índice para catálogo sistemático:
1. Medicina 610
2. Medicina 61

Produção Editorial
Editora Alta Books

Diretor Editorial
Anderson Vieira
anderson.vieira@altabooks.com.br

Editor
José Ruggeri
j.ruggeri@altabooks.com.br

Gerência Comercial
Claudio Lima
claudio@altabooks.com.br

Gerência Marketing
Andréa Guatiello
andrea@altabooks.com.br

Coordenação Comercial
Thiago Biaggi

Coordenação de Eventos
Viviane Paiva
comercial@altabooks.com.br

Coordenação ADM/Finc.
Solange Souza

Direitos Autorais
Raquel Porto
rights@altabooks.com.br

Assistente Editorial
Mariana Portugal

Produtores Editoriais
Illysabelle Trajano
Maria de Lourdes Borges
Paulo Gomes
Thales Silva
Thiê Alves

Equipe Comercial
Adriana Baricelli
Ana Carolina Marinho
Daiana Costa
Fillipe Amorim
Heber Garcia
Kaique Luiz
Maira Conceição

Equipe Editorial
Beatriz de Assis
Betânia Santos
Brenda Rodrigues
Caroline David
Gabriela Paiva
Henrique Waldez
Kelry Oliveira
Marcelli Ferreira
Matheus Mello

Marketing Editorial
Jessica Nogueira
Livia Carvalho
Marcelo Santos
Pedro Guimarães
Thiago Brito

Atuaram na edição desta obra:

Tradução
Wendy Campos

Revisão Gramatical
Hellen Suzuki
Thaís Pol

Copidesque
Ana Gabriela Dutra

Diagramação
Joyce Matos

Editora **afiliada à:** abdr ASSOCIAÇÃO BRASILEIRA DE DIREITOS REPROGRÁFICOS — ASSOCIADO CBL Câmara Brasileira do Livro

ALTA BOOKS
GRUPO EDITORIAL

Rua Viúva Cláudio, 291 — Bairro Industrial do Jacaré
CEP: 20.970-031 — Rio de Janeiro (RJ)
Tels.: (21) 3278-8069 / 3278-8419
www.altabooks.com.br — altabooks@altabooks.com.br
Ouvidoria: ouvidoria@altabooks.com.br

Para minha professora e querida amiga Renée C. Fox,
que estudou e sobreviveu a epidemias, que compreende
profundamente como a doença e a sociedade interagem
e cuja vida influencia gerações de alunos afortunados.

E para meus muitos outros professores ao longo de toda uma vida, entre eles
Paul V. Piazza, Tom S. Reese, Leopold J. Pospisil, John B. Mulliken,
Allan M. Brandt, Arthur M. Kleinman, Paul D. Allison,
Sankey V. Williams e Arthur H. Rubenstein

Sumário

E [Apolo] desceu do cume do Olimpo, com o coração em fúria, tendo sobre os ombros seu arco e aljava bem fechados. Mas, enquanto se movia, as flechas sacudiam sobre seu ombro, agitadas pela fúria; e ele chegou tal qual a noite. Sentou-se distante dos navios e lançou entre eles uma flecha; terrível foi o estrondo de seu arco de prata. Primeiro, atingiu as mulas e os velozes cães. Depois, lançou pontiagudas flechas contra os próprios [gregos], ferindo-os mortalmente; piras funerárias ardiam sem cessar. Durante nove dias zuniram as flechas do deus sobre o exército; mas, no décimo, Aquiles convocou o povo para uma assembleia; atendendo aos anseios da deusa de alvos braços [Hera]; preocupada com os gregos, pois os viu morrer.

— Homero, *Ilíada*

Acrônimos

CDC: Centers for Disease Control and Prevention [Centro de Controle e Prevenção de Doenças], agência governamental norte-americana responsável pelo controle de epidemias, com sede em Atlanta, Geórgia.

Covid-19: A doença clínica causada pelo SARS-2, envolvendo uma variedade de sintomas e gravidades; termo também usado para se referir à própria pandemia.

NIAID: National Institute of Allergy and Infectious Diseases [Instituto Nacional de Alergias e Doenças Infecciosas], agência governamental norte-americana encarregada da pesquisa científica em doenças infecciosas, com sede em Bethesda, Maryland.

INF: Intervenção não farmacológica, como a quarentena, usada como substituta ou associada a medicamentos para combater uma epidemia.

EPI: Equipamentos de proteção individual, como máscaras, protetores faciais, luvas etc., usados por profissionais de saúde e outros para evitar o contágio por infecções.

SARS: Síndrome Respiratória Aguda Grave, ou SRAG, uma doença clínica séria que envolve falta de ar e que pode resultar de infecção por vários patógenos ou de outras lesões nos pulmões; termo também usado como o nome da condição causada pelo vírus SARS-1.

SARS-1: Vírus da família dos coronavírus que surgiu em 2003 e causou uma pequena pandemia.

SARS-2: Vírus, também conhecido como SARS-CoV-2, da família dos coronavírus que surgiu em 2019 e causou uma grande pandemia.

Agradecimentos

Gostaria de agradecer aos meus fantásticos assistentes de pesquisa que trabalharam para me ajudar neste livro: Eric Liu, Gina Markov, Drew Prinster, Caleb Rhodes e Yiqi Yu.

Algumas das minhas pesquisas originais discutidas neste livro são embasadas nos esforços empreendidos pela extraordinária equipe do Human Nature Lab, incluindo Mark McKnight e Wyatt Israel (que desenvolveram o aplicativo Hunala, junto com Alexi Christakis); Jacob Derechin, Eric Feltham e Marcus Alexander, que realizaram trabalhos sobre a Covid-19; e Maggie Traeger, que fez revisões cuidadosas no manuscrito. Meu colega Amin Karbasi também contribuiu para o aplicativo. Eu me beneficiei da colaboração com meus colegas chineses, incluindo Jayson Jia, Jianmin Jia e outros, para rastrear o SARS-2 em seus primeiros dias na China. E Cavan Huang, um excelente designer gráfico, desenvolveu todas as figuras.

Sou muito grato ao meu querido amigo Dan Gilbert pelo feedback sobre partes do manuscrito e aos outros colegas que o leram, incluindo Amy Cuddy, Paul Farmer, Jeff Flier, Steven Pinker e William Nordhaus. Meus irmãos, Quan-Yang Duh, Dimitri Christakis e Anna-Katrina Christakis, também ofereceram ideias úteis.

Sou muito grato a várias fundações que generosamente apoiaram meu laboratório nos últimos anos, incluindo Bill & Melinda Gates, NOMIS e Robert Wood Johnson, e também ao Grupo Tata, por sua duradoura parceria com a Universidade Yale.

É sempre uma alegria trabalhar com minha fenomenal editora de longa data, Tracy Behar, que me oferece incentivo afetuoso, conselhos sábios e uma edição impecável, sem igual. Também sou grato a Ian Straus pela ajuda administrativa e a meu agente, Richard Pine, pela confiança e leitura cuidadosa. Minha editora de texto, Tracy Roe, foi excepcional. E sou especialmente grato à designer da capa, Julianna Lee, por deixar o livro agradável aos olhos.

Minha esposa, Erika Christakis, uma escritora magnífica e pensadora brilhante, leu este livro várias vezes e o melhorou muito. Sou imensamente grato pela vida intensa e amorosa que ela me proporciona há 33 anos, e por nossos amados filhos, Sebastian, Lysander (que me deu um feedback muito valioso sobre este manuscrito), Eleni e Orien.

Sobre o Autor

Nicholas A. Christakis é um médico e sociólogo que explora as origens ancestrais e as implicações modernas da natureza humana. Ele dirige o Human Nature Lab na Universidade Yale, onde é Sterling Professor de Ciências Naturais e Sociais nos Departamentos de Sociologia; Medicina; Ecologia e Biologia Evolutiva; Estatística e Ciência de Dados; e Engenharia Biomédica. É codiretor do Yale Institute for Network Science, coautor de *O Poder das Conexões* e autor de *Blueprint: As origens evolutivas de uma boa sociedade.*

Sobre o Autor

[illegible]

Prefácio — 2020

Os deuses da mitologia grega sempre foram presenças constantes na minha infância. Eram onipresentes na minha imaginação, nos temas das histórias de ninar contadas por meus pais imigrantes e até mesmo nos nomes das crianças com quem eu brincava quando visitávamos nossos primos na Grécia. Fiquei fascinado com a dualidade dos deuses: imortalidade e poder contrastados com fragilidade e imperfeição. Apolo, por exemplo, era tanto um deus da cura quanto das doenças. Durante a Guerra de Troia — munido de seu arco de prata e aljava de flechas —, ele lançou uma praga sobre os gregos para puni-los por sequestrar e escravizar Criseida, filha de um de seus sacerdotes favoritos.

Diante de nossa provação, em pleno século XXI, mais de 3 mil anos após os eventos narrados em *Ilíada,* me peguei pensando em Apolo e sua vingança. Pareceu-me que o novo coronavírus era uma ameaça totalmente nova e, ao mesmo tempo, com raízes ancestrais. Essa catástrofe nos convocou a enfrentar nosso adversário de forma moderna, mas sem abandonar a sabedoria do passado.

Apesar dos avanços na medicina, no saneamento, na comunicação, na tecnologia e na ciência, esta pandemia é quase tão nociva quanto qualquer outra do século passado. Mortes solitárias. Famílias incapazes de se despedir de seus entes queridos ou de realizar funerais e rituais de luto adequados. Meios de subsistência destruídos e educação paralisada. Filas da sopa. Negação. Medo, tristeza e dor. No momento em que escrevo, em 1º de agosto de 2020, morreram mais de 155 mil norte-americanos e mais de 680 mil pessoas em todo o mundo, e muitas outras mortes ainda não foram contabilizadas. Uma segunda onda da pandemia é iminente, independentemente de as esperanças de uma vacina rápida se concretizarem ou não.

No entanto, mesmo sob intenso ataque, muitas pessoas acreditam que os esforços para conter o vírus foram excessivos. Alguns norte-americanos acham que a resposta à pandemia foi exagerada, mais um reflexo da atual incapacidade da nação norte-americana de aceitar as duras realidades. Mas acredito que esse racional está errado por dois motivos. Em primeiro lugar, foi necessária uma força extraordinária, incluindo todos os recursos e know-how disponíveis no século XXI, para restringir a ação do vírus a "apenas" esse número de mortes. Compartilho a opinião de muitos bons cientistas de que muito mais norte-americanos teriam morrido — talvez 1 milhão — se não tivéssemos implementado os recursos que mobilizamos, tardiamente, no segundo trimestre de 2020 para lidar com a primeira onda da pandemia. Comparar esta pandemia de Covid-19 sem quaisquer esforços de mitigação (ou mesmo com eles!) a uma temporada de gripe típica, como alguns fizeram, é uma leitura errada da realidade. Em segundo lugar, é uma interpretação muito equivocada da história pensar que, em nosso tempo, seríamos de alguma forma poupados do fardo de lidar com uma pandemia ou que, em outros tempos, as pessoas não enfrentaram o mesmo medo e solidão; a mesma polarização; os mesmos conflitos pelo uso de máscaras e fechamento de negócios; o mesmo apelo à boa vizinhança e à cooperação. Elas enfrentaram.

No final de janeiro de 2020, enquanto o vírus ganhava força, redirecionei o trabalho de muitos talentosos jovens cientistas e da equipe do meu grupo de pesquisa em Yale para nos concentrarmos nele. Primeiro, em colaboração com pesquisadores chineses, publicamos um estudo que usou dados de telefones celulares de milhões de pessoas na China para rastrear a propagação do vírus entre janeiro e fevereiro de 2020. Então, meu laboratório começou a planejar estudos de biologia e impacto do vírus na região isolada de Copan, Honduras, onde tínhamos locais de pesquisa de campo de longo prazo e estreitas relações com 30 mil residentes em 176 aldeias. Também começamos a explorar como as reuniões de massa — tal como eleições e protestos — poderiam se relacionar com a disseminação do vírus nos Estados Unidos. Em maio de 2020, desenvolvemos e lançamos o Hunala, um aplicativo baseado em ciência de rede e técnicas de aprendizado de máquina que possibilita que os usuários avaliem o risco de infecção.

No início de 2020, o ambiente em toda a comunidade científica estava carregado de urgência e senso de probidade. Colegas de todo o mundo se empenharam em trabalhar com o coronavírus, derrubando barreiras à pesquisa, à colaboração e à publicação. Mas logo também ficou claro que havia um vácuo emergente de informações públicas e poucas maneiras eficazes de comunicar o problema crescente. Em parceria com uma ampla gama de cientistas, incluindo epidemiologistas, virologistas, médicos, sociólogos e economistas, recorri ao Twitter para postar threads de tutoriais sobre temas relacionados ao coronavírus, como a taxa de mortalidade em crianças e idosos; os motivos para "achatar a curva"; a natureza da imunidade após a infecção com o vírus; e a extraordinária abordagem da China para lidar com o surto.

Este livro é mais uma forma pela qual espero ajudar nossa sociedade a lidar com a ameaça que está diante de nós. Em meados de março de 2020, a Universidade Yale entrou em recesso — embora muitos laboratórios, incluindo o meu, continuassem a trabalhar remotamente. Escrevi este livro entre março e agosto de 2020, enquanto estava isolado com minha esposa, Erika, e nosso filho de dez anos em nossa casa em Vermont. Ocasionalmente, nossos filhos adultos vinham ficar conosco, pois também estavam isolados da vida que levavam antes da pandemia.

Espero ajudar as pessoas a entenderem o que estamos enfrentando, tanto do ponto de vista biológico quanto social, relatar como os humanos enfrentaram ameaças semelhantes no passado e explicar como conseguiremos superar isso — o que certamente faremos —, ainda que só após muito sofrimento. A capacidade de compreender uma doença contagiosa e mortal é diretamente embasada nos meus anos lecionando saúde pública, implementando intervenções de saúde global, atuando como médico de cuidados paliativos, lidando com moribundos e enlutados, analisando contágios por meio da ciência de rede e trabalhando como um sociólogo acadêmico que estuda fenômenos sociais.

Entretanto, a pandemia de Covid-19 ainda é um alvo móvel. Até o momento, muito ainda é desconhecido — dos pontos de vista biológico, clínico, epidemiológico, social, econômico e político. O motivo, em parte, é o fato de nossas ações mudarem o curso da história. Com isso, é difícil saber com certeza o que vai acontecer. Há também um grande número de fatores que só a passagem do tempo revelará, incluindo os efeitos em longo prazo da infecção na saúde e as consequências futuras de nossa resposta ao contágio (por exemplo, como o distanciamento físico e social poderá afetar a saúde mental e a educação de nossas crianças e as perspectivas econômicas de uma geração de jovens que atualmente adentra a idade adulta). Tampouco sabemos se ou quando uma vacina estará disponível, quais seus riscos e por quanto tempo será capaz de criar imunidade. Apesar dessas incertezas, é dever de todos, como indivíduos e como sociedade, tomar as melhores decisões possíveis no momento, informados pela mais ampla consideração de pontos de vista e pela melhor compreensão dos fatos científicos.

A praga que Apolo lançou sobre Troia, um dia, chegou ao fim devido à intercessão de Aquiles e de Hera, a rainha dos deuses. Após dez dias e muitas mortes, Apolo abandonou o arco e suas terríveis flechas cessaram. Foi o fim das epidemias. Mas como chegaremos a esse ponto definirá não apenas a nós, mas também o nosso momento diante dessa ameaça ancestral.

Prefácio — 2021

Nos Estados Unidos, no verão de 2021, enquanto escrevo, os norte-americanos começaram a se despir de suas máscaras e de seu pessimismo. Planos de reabertura, que há um ano pareciam imprudentes ou ingênuos, assumiram um ar de praticidade, até de razoabilidade. Parece que estamos nos aproximando de uma espécie de fim, ou pelo menos do início de um fim, da terrível pandemia de Covid-19 nos EUA. Porém, mais aflições nos aguardam, tanto como nação quanto como espécie, à medida que experimentamos os profundos impactos clínicos, psicológicos, econômicos e sociais do vírus.

Em outras partes do mundo, de uma forma que também nos afetará, países ainda estão sendo duramente atingidos, enfrentando o choque biológico inicial do vírus. Inicialmente, a Índia (que detém quase um quinto das almas em nosso planeta) pareceu evitar uma grande onda de mortes. Os comentaristas ficaram perplexos com o primeiro pico de Covid-19 em setembro de 2020. Em comparação com países semelhantes em termos demográficos (e também econômicos e climáticos), como México e Brasil, o número de mortes na Índia não parecia tão ruim. Alguns especularam que variações genéticas nas populações do Sul da Ásia poderiam ser o motivo. Outros pensaram que talvez o histórico e a variedade de doenças infecciosas na Índia pudessem ter fortalecido o sistema imunológico de um grande número de pessoas. Outros ainda acharam que a Índia, de alguma forma, implementou medidas de proteção adequadas, reduzindo a interação social durante os primeiros dias da pandemia.

No fim, a boa sorte inicial da Índia foi apenas um acaso. Isso costuma acontecer em pandemias; alguns lugares ficam ilesos e outros são duramente atingidos. E assim, na primavera de 2021, a Índia foi abatida pela segunda onda, parcialmente relacionada ao surgimento de uma nova variante do vírus — mais contagiosa e mortal. Os recursos começaram a se esgotar: leitos de hospital, ambulâncias, remédios. Os pacientes simplesmente morreram quando o oxigênio nos hospitais acabou.[1] Em 1º de maio de 2021, doze pacientes morreram no Hospital Batra, em Delhi, depois que a entrega de suprimento de oxigênio atrasou noventa minutos. Três dias depois, 24 pacientes morreram no Hospital Distrital de Chamarajanagar, em Karnataka, talvez por motivos semelhantes.

Surgiram manchetes assombrosas, evocando os eventos nas planícies de Troia, 3 mil anos atrás: "Enquanto os Crematórios da Índia Transbordam com as Vítimas da Covid, Piras Funerárias Queimam Noite Adentro." O chefe de um crematório em Nova Delhi observou: "Antes da pandemia, costumávamos cremar de oito a dez corpos diariamente", mas "agora, estamos cremando de 100 a 120".[2] Fotografias aéreas mostraram campos onde os corpos cobertos de pilhas de madeira aguardavam a cremação — como intermináveis fileiras de montes de feno em um campo de trigo. Então, até a madeira começou a acabar.

Na primeira edição deste livro, concluída em agosto de 2020, antecipei que os EUA poderiam testemunhar entre 500 mil e 1 milhão de mortes. Em junho de 2021, eram 613 mil mortes registradas e provavelmente sofreremos muitas mais, embora leve algum tempo para chegarmos a um número final. Até o momento em que escrevo, em todo o mundo, sabe-se que 3.750.000 pessoas morreram de Covid-19, mas a pandemia ainda está se espalhando em lugares populosos e densos como Índia, Indonésia, Nigéria e Brasil. Muitas outras mortes ainda ocorrerão mundo afora antes que a pandemia finalmente esmoreça.

Agora está bastante claro que a pandemia de coronavírus de 2019 é a segunda pior pandemia respiratória dos últimos cem anos, sendo a primeira a pandemia de influenza de 1918, que matou pelo menos 39 milhões de pessoas no mundo todo e cerca de 550 mil norte-americanos (equivalente a 1,7 milhão hoje). Embora existam muitas diferenças entre os dois mundos nos quais esses patógenos se disseminaram (temos hospitais modernos, vacinas, saneamento e viagens aéreas, por exemplo, além de não estarmos emergindo de uma guerra mundial), outras semelhanças em nossa resposta e dificuldades são marcantes.

Naquela época, assim como agora, o desafio era global, pois o vírus não respeita fronteiras geopolíticas. Naquela época, assim como agora, houve um esforço mundial para coletar e relatar dados científicos sobre a ameaça. E naquela época, assim como agora, observadores cuidadosos identificaram desafios sociais e epidemiológicos que impediam uma resposta eficaz. Por exemplo, em maio de 1919, em um artigo publicado no prestigiado periódico *Science,* George Soper (o "engenheiro sanitário" que rastreou a febre tifoide em 1907) observou que "três fatores principais impedem a prevenção". São eles: (1) "Indiferença pública... A grande complexidade e as diferentes gravidades das infecções respiratórias confundem e escondem o perigo." (2) "O caráter pessoal das medidas que precisam ser empregadas... Não é da natureza humana que alguém que pensa ter apenas um leve resfriado se feche em um isolamento rígido como meio de proteger os outros..." E (3) o fato de que "a doença pode ser transmissível antes que o próprio paciente saiba que está contaminado."[3] Nas palavras de Jean-Baptiste Alphonse Karr: "Quanto mais as coisas mudam, mais ficam iguais."

Por outro lado, somos a primeira geração de seres humanos ainda vivos que foram capazes de enfrentar esta ameaça ancestral formulando uma contramedida específica e eficaz para um novo patógeno em tempo real e, talvez ainda, alterando materialmente o curso natural de uma pandemia. Desenvolvemos vacinas incríveis a uma velocidade impressionante.

Com base nos dados sobre as propriedades epidemiológicas fundamentais do vírus já disponíveis até o final de janeiro de 2020, aliados a um entendimento da história e da epidemiologia das doenças contagiosas que remontam a milhares de anos, foi possível prever o curso biológico e social da pandemia de Covid-19 praticamente desde o seu início. Não aconteceu muita coisa que não fosse esperada. A partir do momento em que esse vírus escapou do controle imediato e começou a se espalhar em nossa espécie, seguimos uma trajetória biológica inexorável, típica das pandemias respiratórias dos últimos séculos. E nossa trajetória social — do colapso econômico à circulação da desinformação — também seguiu um roteiro traçado por graves epidemias que afligem os seres humanos há milhares de anos. Mas a boa notícia é que assim também será a recuperação.

A FLECHA DE APOLO

1.
Um Evento Infinitesimal

> A humanidade tem apenas três grandes inimigos: a febre, a fome e a guerra; desses, de longe o maior, o mais terrível, é a febre.
>
> — Sir William Osler,
> "The Study of the Fevers of the South" (1896)

No final de 2019, um vírus invisível que vinha evoluindo silenciosamente em morcegos por décadas, em um piscar de olhos, infectou um ser humano em Wuhan, China. Foi um evento casual cujos detalhes mais sutis provavelmente nunca saberemos. Nem a pessoa a quem o vírus contaminou nem ninguém sabia exatamente o que havia acontecido. Foi um evento minúsculo e imperceptível.

Mais tarde, os cientistas chegaram a suspeitar que esse movimento inicial do vírus poderia ter acontecido no Mercado Atacadista de Frutos do Mar Huanan, em Wuhan, pois muitos dos primeiros pacientes registrados eram vendedores ou clientes. Mas o cenário era confuso. Huanan é conhecido como um "mercado molhado" porque, como em muitos outros mercados em todo o mundo, é possível comprar produtos agrícolas frescos, peixes, carne e animais vivos, e às vezes até animais silvestres (como ouriços, texugos, cobras e rolinhas). Alguns desses animais são abatidos no mercado, na hora. Ao contrário dos supermercados estéreis aos quais muitos de nós estamos acostumados, o chão desses lugares é lavado durante o dia para mantê-lo limpo. Portanto, os mercados estão sempre "molhados".[1]

Até onde sabemos, morcegos não são vendidos no mercado Huanan, embora o consumo desses animais seja comum na China.[2] Em um artigo presciente, publicado um ano antes de o vírus "pular" sorrateiramente para nossa espécie, os cientistas sugeriram que "interações morcego-animal e morcego-humano, como a presença de morcegos vivos em mercados molhados de animais silvestres e restaurantes no Sul da China, podem levar a surtos globais devastadores".[3]

A primeira pessoa com um caso confirmado da doença — que viria a ser conhecida como Covid-19 — desenvolveu sintomas de síndrome respiratória aguda grave (SARS) em 1º de dezembro de 2019. Pode ter havido outros pacientes anteriormente; não sabemos. No entanto, esse paciente (e alguns outros casos iniciais) não teve contato com morcegos ou animais silvestres, tampouco com o mercado Huanan. Isso despertou a preocupação de que, a princípio, talvez o vírus tenha passado para os humanos de alguma outra forma, tal como por meio de pesquisadores em Wuhan que coletaram amostras do vírus diretamente de morcegos selvagens e as analisaram em laboratórios com procedimentos de proteção inadequados.[4] O Centro de Controle e Prevenção de Doenças de Wuhan, que faz pesquisas com vírus de morcego, fica a apenas alguns quarteirões do mercado Huanan, e o Instituto de Virologia de Wuhan também está localizado no raio de poucos quilômetros. No entanto, as autoridades chinesas alegaram que não havia chance de o vírus vazar dessas instalações.[5]

Apesar da origem misteriosa do vírus, 66% das primeiras 41 pessoas a contraírem a doença ao longo do mês de dezembro, de fato, tinham uma conexão direta com o mercado Huanan, tais como compradores, comerciantes ou visitantes.[6] Se o mercado não foi onde o vírus encontrou seu caminho até os seres humanos, foi certamente onde tornou-se fácil para nós o detectarmos. Com suas barracas apinhadas e grande movimento de pessoas, o local proporcionou um ambiente fértil para o vírus se espalhar — com rapidez e facilidade —, gerar um agrupamento localizado de casos e, assim, chamar nossa atenção.[7]

Um dos primeiros médicos a soar o alarme sobre a doença foi a Dra. Jixian Zhang, do Hospital Provincial de Medicina Integrada Chinesa e Ocidental de Hubei. Em 26 de dezembro de 2019, ela notou sete casos de pneumonia atípica; três pacientes pertenciam à mesma família e quatro eram do mercado Huanan e se conheciam. No dia seguinte, ela os reportou ao Centro de Controle de Doenças de Wuhan.[8] Por fim, quando a pandemia ganhou força, as autoridades — como parte de um esforço para encobrir sua inação inicial — outorgaram à médica um prêmio de honra ao mérito pelo relato dos casos.[9] Mas uma investigação subsequente revelou a existência de outros casos de pneumonia atípica no início de dezembro, que não foram relatados apesar de superarem o limiar de notificação obrigatória ao Centro de Controle e Prevenção de Doenças chinês, em Beijing. Perdeu-se um tempo precioso para conter o surto. Na verdade, uma análise posterior documentou 104 casos e 15 mortes durante o mês de dezembro.[10]

As autoridades finalmente começaram a perceber o que estava acontecendo e fecharam o mercado em 1º de janeiro de 2020.[11] A essa altura, os primeiros pacientes, dispersos por vários hospitais, estavam sendo rastreados e transferidos para uma instalação especialmente designada — o Hospital Jinyintan.[12] Em 27 de janeiro de 2020, análises divulgadas pelo CDC chinês (e mais tarde taxadas por alguns como possível desinformação) observaram que 33 de 585 amostras ambientais (swabs de superfícies) coletadas no mercado Huanan — entre 1º e 12 de janeiro — continham o RNA de um novo coronavírus, mais tarde denominado SARS-CoV-2. As amostras positivas estavam altamente concentradas em superfícies na parte oeste do mercado, onde eram vendidos os animais silvestres.[13]

Em 30 de dezembro de 2019, dois dias antes do fechamento do mercado, Dr. Wenliang Li, um oftalmologista de 33 anos, tomou conhecimento do emergente agrupamento de casos após ler um relatório alarmante de um colega. O Dr. Ai Fen, chefe do departamento de emergência do Hospital Central de Wuhan, recebeu um laudo laboratorial de um paciente com pneumonia atípica, indicando que era SARS.[14] Em um grupo privado do WeChat, de colegas da faculdade de medicina, Li espalhou o alarme. "Há sete casos confirmados de SARS no Mercado de Frutos do Mar Huanan", informou. "A última notícia é que são casos confirmados de infecções por coronavírus, mas a cepa exata do vírus ainda está sendo subtipada. Protejam-se e alertem seus familiares."[15]

Em 3 de janeiro de 2020, as autoridades locais tomaram conhecimento das informações divulgadas por Li. Havia uma reunião do Partido Comunista Chinês marcada para 12 de janeiro, e a notícia de um surto local — ainda mais com tal gravidade — não era bem-vinda. Na verdade, até pelo menos 11 de janeiro, o público havia sido erroneamente assegurado de que nenhum novo caso fora observado em Wuhan.[16] Li foi interrogado pela polícia e acusado de "espalhar rumores" e "fazer declarações falsas na internet". Foi forçado a se retratar e assinar uma carta prometendo que não se envolveria em "atividades ilegais".[17] Essa não foi a última vez que a verdade sobre a Covid-19 foi abafada ou ignorada à medida que o patógeno se espalhava pelo mundo.

Claro, o Dr. Li estava certo. Mais tarde, as autoridades se desculpariam publicamente e ele se tornaria um herói para os chineses comuns, cansados das restrições à liberdade de expressão e desiludidos com a desinformação de seus líderes.[18] Infelizmente, como acabou acontecendo com muitos outros profissionais de saúde na China (e em vários outros países), em 7 de fevereiro, Li morreu de Covid-19.[19] Ele contraiu a doença em 8 de janeiro, enquanto cuidava de um paciente com glaucoma. Esse paciente era um lojista no mercado Huanan.

Os chineses perceberam rapidamente que a doença podia se espalhar de pessoa para pessoa, e não era adquirida de forma independente e reiterada em um reservatório animal fixo. Esse fato preocupante foi confirmado em um relatório sobre os primeiros 41 casos conhecidos, publicado online na revista médica britânica *The Lancet* em 24 de janeiro.[20] Os chineses sabiam que a doença era grave. Desses primeiros pacientes, seis (15%) morreram. O artigo concluiu que o vírus "ainda precisa ser profundamente estudado para o caso de se tornar uma ameaça à saúde global".

O vírus se espalhou — primeiro de forma lenta, depois, rápida — por Wuhan e, em seguida, por toda a província de Hubei, onde vivem 58 milhões de pessoas. Em janeiro, embora a porcentagem geral de infectados em Wuhan ainda fosse pequena, era alta o suficiente para que, quando um grande número de pessoas deixasse a cidade, algumas carregassem consigo o patógeno.

O vírus se anunciou em um momento extremamente infeliz, logo no início do *chunyun* (春运), o período de migração anual na China, que ocorre em preparação ao festival do Ano-novo Lunar, em 25 de janeiro de 2020. Durante esse período, mais de 3 bilhões de pessoas viajam para suas cidades natais, um movimento em massa que supera em muito as viagens anuais de Ação de Graças nos Estados Unidos.[21] Para piorar a situação, Wuhan é um importante hub de transporte na China. Quase 12 milhões de pessoas passaram por Wuhan em janeiro (conforme pesquisa do meu laboratório, em colaboração com cientistas chineses, mais tarde documentada), transportando, assim, o vírus por toda a China em meados de fevereiro.[22] Quanto mais pessoas de Wuhan fossem para um determinado lugar, conforme mostrado na Figura 1, pior seria o surto de SARS-2 naquele destino posteriormente. Os casos iniciais "importados" desencadeiam surtos locais em cascata, no que os epidemiologistas chamam de *transmissão comunitária*.

No início, as autoridades silenciaram vozes como a de Li, mas depois renderam-se à realidade e mudaram de curso — como outros políticos em dezenas de outros países também fariam. A China lutou para conter o surto, e relatórios mais honestos passaram a ser incentivados. Em 20 de janeiro, em sua primeira declaração pública sobre a situação, o presidente chinês Xi Jinping afirmou: "É necessário divulgar informações epidêmicas em tempo hábil e aprofundar a cooperação internacional."[23] O comitê central de assuntos políticos e jurídicos do Partido Comunista, um grupo conhecido por não encorajar a transparência, divulgou um alerta severo em um popular site de mídia social na

China: "Quem deliberadamente retardar e ocultar relatórios terá seu nome eternizado no muro da vergonha da história." Posteriormente, a postagem foi apagada.[24]

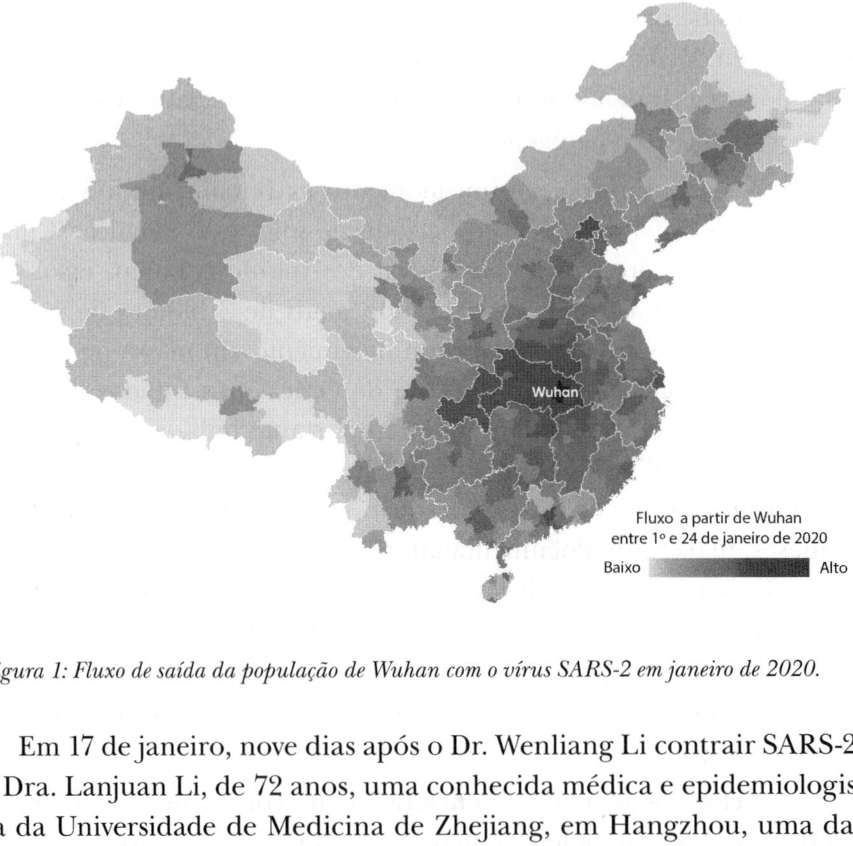

Figura 1: Fluxo de saída da população de Wuhan com o vírus SARS-2 em janeiro de 2020.

Em 17 de janeiro, nove dias após o Dr. Wenliang Li contrair SARS-2, a Dra. Lanjuan Li, de 72 anos, uma conhecida médica e epidemiologista da Universidade de Medicina de Zhejiang, em Hangzhou, uma das mais antigas da China, descobriu por meio de comunicações privadas que médicos em Wuhan haviam adoecido com um novo tipo de pneumonia.[25] Naquele dia, ela contatou a Comissão Nacional de Saúde, em Beijing, pedindo permissão para ir a Wuhan, e no dia seguinte a China a enviou para lá como parte de uma equipe de seis membros. Também integrava a equipe o Dr. Nanshan Zhong, um pneumologista de 83 anos reconhecido por seu papel na identificação da natureza e da gravidade do surto viral de SARS em 2003. Tanto Li quanto Zhong gozavam de um enorme respeito na China e em todo o mundo. O Dr. George Fu

Gao, chefe do CDC chinês, sediado em Beijing, ficou alarmado com o desenrolar dos acontecimentos em Wuhan (desde que ouvira os relatos informais no final de dezembro, ele instigara as autoridades locais a serem mais acessíveis) e também se juntou à missão.[26]

Em 19 de janeiro, a equipe visitou hospitais, o Centro de Controle e Prevenção de Doenças de Wuhan e o mercado Huanan. O sistema de saúde da cidade já estava sobrecarregado. Em poucos dias, a China iniciaria a construção de um hospital de campo de 60 mil metros quadrados com trinta unidades de terapia intensiva e mil leitos para complementar a infraestrutura existente. A construção seria concluída em dez dias.[27] À noite a equipe retornou a Beijing e informou a Comissão Nacional de Saúde. O relatório era alarmante. Às 8h30 do dia seguinte, 20 de janeiro, os seis especialistas participaram de uma reunião de gabinete em Zhongnanhai, o complexo da liderança chinesa adjacente à Cidade Proibida. Como a doença pode se espalhar de pessoa para pessoa, a equipe aconselhou o governo a implementar medidas de controle mais fortes e recomendou o fechamento de Wuhan. Às 2h da madrugada de 23 de janeiro, o governo de Wuhan anunciou um lockdown a partir das 10h, que foi seguido pelo bloqueio quase imediato de toda a província vizinha de Hubei.[28]

Em 25 de janeiro, quase toda a China estava fechada.[29] De acordo com uma análise realizada por um dos meus alunos chineses logo depois, 934 milhões de pessoas viviam em províncias sujeitas às novas regras, descritas como "gestão fechada" (封闭 管理). A severidade das medidas — até certo ponto, uma reminiscência do grau de controle social dos tempos do presidente Mao — era impressionante. Foi a maior imposição de medidas de saúde pública na história da humanidade.

A "gestão fechada" envolvia muitos fatores.[30] As pessoas eram obrigadas a se recolher a suas casas e tinham permissão para sair apenas uma ou duas vezes por semana para o essencial. Consumidores aguardavam em filas mantendo 1,80m de distância entre si — um fenômeno que surpreendeu observadores locais e estrangeiros, familiarizados com as usuais aglomerações na China. E absolutamente todos usavam máscara em público. O movimento de pessoas e veículos era controlado por meio de autorizações especiais de entrada e saída em todas as áreas, até mesmo para acesso aos bairros residenciais. Slogans coletivistas reapareceram em todos os lugares, desde pequenas mensagens nas autorizações ("É responsabilidade de todos lutar contra o vírus") a enormes faixas vermelhas nas ruas. A temperatura de cada pessoa era verificada na entrada de cada comunidade. Milhões de alunos passaram a ter aulas via internet. Veículos e locais públicos eram desinfetados regularmente. Alimentos e outros itens essenciais eram entregues com presteza em uma escala gigantesca. As autoridades chinesas incentivavam as empresas de entrega a distribuir as mercadorias, e essas empresas atestavam, via os onipresentes aplicativos utilizados para fazer os pedidos, que seus motoristas usavam máscaras e não tinham febre.

Supervisores de bairro, oficiais locais e membros do Partido Comunista eram encarregados de garantir o cumprimento das regras.[31] Isso foi facilitado pelo governo autoritário e pelas normas coletivistas na China, e a aplicação desse novo regime não foi apenas de cima para baixo. Por exemplo, os residentes rurais montaram barreiras improvisadas com árvores derrubadas para manter os forasteiros longe, além de interrogar os visitantes nos dialetos locais para detectar intrusos.[32]

Esse controle às vezes continha toques de modernidade. Em fevereiro, uma empresa estatal de eletrônicos militares lançou um aplicativo que permitia aos cidadãos inserirem seus nomes e números de identificação a fim de serem informados sobre a possibilidade de contato com um portador do vírus durante o uso de aviões, trens ou ônibus. Essa tecnologia soou assustadora para muitas pessoas em países ao redor do mundo, mas ideias semelhantes logo passaram a ser consideradas desejáveis, até mesmo normais.[33]

No final de março, o governo chinês começou a suspender — com muita cautela — algumas dessas restrições em algumas partes do país, mas os chineses continuaram a implementar muitos outros procedimentos em grande escala.[34] Por exemplo, as pessoas em elevadores usavam palitos de dente descartáveis, fornecidos em almofadas de alfinetes presas à parede, para acionar os botões. Os elevadores em muitas cidades permitiam apenas quatro pessoas por vez, com as posições marcadas com fita adesiva no chão. Havia cartazes com os dizeres: POR FAVOR, SEJA PACIENTE E AGUARDE O PRÓXIMO ELEVADOR. VAMOS NOS UNIR PARA COMBATER O VÍRUS NESTE PERÍODO DIFÍCIL.

Conforme os trabalhadores retomavam suas atividades em escritórios e fábricas, os restaurantes e lanchonetes que os serviam eram modificados. Os clientes eram separados por divisórias de papelão ou acrílico e instruídos a comer rapidamente. Apenas uma pessoa era permitida por mesa, e não havia conversa nem socialização. A medida, assim como outros aspectos dos lockdowns, suscitou piadas sarcásticas, e muitos trabalhadores comentavam: “Essa experiência de uma pessoa por mesa me lembra das provas dos tempos de escola.”

Em sua abordagem, a China havia essencialmente detonado uma bomba nuclear social. E assim foi capaz de impedir a propagação do vírus. No final de março, o número de novos casos relatados no país caiu de milhares para menos de cinquenta por dia.[35] Em abril, a contagem diária de casos chegou a zero — isso em um país de 1,4 bilhão de pessoas. Houve algumas críticas aos padrões chineses para notificação de casos (por exemplo, inicialmente eles não incluíram casos assintomáticos de infecção em suas contagens) e à honestidade dessa notificação (com certeza as informações sobre os primeiros casos em Wuhan foram omitidas).[36] Mas a enorme redução de casos depois que a China se mobilizou para controlar a epidemia foi uma conquista surpreendente do ponto de vista da saúde pública, mesmo que alguns dos números chineses fossem imprecisos.

É preciso esclarecer, a China e outros países que posteriormente implementaram os próprios lockdowns não erradicaram o vírus; haviam apenas interrompido temporariamente a propagação. Quando os bloqueios fossem suspensos, o vírus voltaria.[37]

Meu envolvimento pessoal com a pesquisa da Covid-19 começou um dia após o início do lockdown em Wuhan. Em 24 de janeiro, fui contatado por alguns colegas chineses com quem estive colaborando por vários anos, analisando dados de telefones celulares da China. Anteriormente, estudamos como as ferrovias de alta velocidade e os terremotos remodelaram a interação entre as pessoas para formar redes sociais, um tópico que me interessa desde 2001. No final de janeiro de 2020, imaginamos que pudéssemos usar dados semelhantes para estudar a crescente epidemia. Como resultado, comecei a me concentrar nos acontecimentos na China. E fiquei cada vez mais alarmado. Percebi que a Covid-19 não seria uma epidemia apenas na China. Seria uma grave pandemia de proporções históricas.

Enquanto estudava o desenrolar dos eventos na China, comecei a perceber que os hospitais lotados, os lockdowns, o ensino remoto, as divisórias de acrílico e até mesmo os palitos de dente em breve chegariam aos Estados Unidos. Não conseguia pensar em uma razão para que isso não ocorresse. Mas, quando tentei soar o alarme em casa, no início de fevereiro, minha esposa, que costuma me levar razoavelmente a sério, pensou que eu estava sofrendo de delírios sobrevivencialistas.

Quando o surto na China foi controlado, o SARS-2 já estava disseminado em todo o mundo. Na verdade, em meados de janeiro, ao menos uma pessoa nos Estados Unidos estava contaminada. O primeiro caso a chamar a atenção do público foi de um homem de 35 anos diagnosticado em Snohomish, Washington. Em 21 de janeiro, a informação foi divulgada pelo CDC em um comunicado à imprensa. O paciente havia retornado de Wuhan para o estado de Washington em 15 de janeiro.[38] A análise genética descobriu que ele tinha uma variante do vírus, registrada como USA/WA1/2020, ou apenas WA1, intimamente relacionada às variantes encontradas nas províncias de Fujian, Hangzhou e Guangdong, na China.[39] Por puro acaso, o homem foi contaminado por um dos 41 pacientes iniciais de Wuhan ou algum contato em comum entre eles. Quando o caso foi anunciado, os Estados Unidos começaram a fazer checagens rápidas dos passageiros que chegavam de Wuhan, mas apenas em alguns aeroportos, como os de Nova York, Los Angeles e São Francisco, e somente a partir de 17 de janeiro, dois dias após a chegada desse homem. Essa abordagem não uniforme ilustrou o que mais tarde se tornou bastante claro: em geral, o fechamento de fronteiras tem um efeito muito limitado em uma pandemia como a de Covid-19.

Esse mesmo comunicado de imprensa do CDC observou: "Há crescentes indícios de que está ocorrendo uma limitada transmissão pessoa a pessoa." E o relatório clínico publicado sobre o primeiro caso detectado forneceria evidências adicionais: o paciente não tinha visitado o mercado de Huanan ou qualquer estabelecimento de saúde e não teve contato com ninguém que ele soubesse que estava doente. Ele contraíra a doença de uma pessoa que certamente era assintomática. Esse fator logo provou ser um dos aspectos mais perturbadores da infecção — à medida que a pandemia se espalhava pelo mundo, a transmissão assintomática tornava a doença muito mais difícil de rastrear e controlar. Não podíamos confiar nos sintomas das pessoas para saber quem estava contaminado.

O fato de o paciente ter sido diagnosticado foi um golpe de sorte. Ele vira um alerta do CDC sobre o vírus e, em 19 de janeiro, quando apresentou febre baixa e tosse quatro dias após retornar de Wuhan, procurou tratamento em uma clínica de atendimento de urgência ao norte de Seattle. A equipe sabia que deveria coletar uma amostra e enviá-la ao CDC na mesma noite. O paciente teve alta e foi orientado a se isolar em casa — e assim o fez. Na tarde de 20 de janeiro, seu teste deu positivo; por volta das 23h, em uma maca de isolamento envolta em plástico, ele foi transferido para uma enfermaria de biocontenção previamente montada para lidar com pacientes de Ebola no Providence Regional Medical Center em Everett, Washington. Esse homem havia se tornado — para usar um termo que não deveria implicar que ele tinha qualquer responsabilidade pessoal por sua situação — nosso primeiro caso conhecido e confirmado por teste, nosso "Paciente Zero".[40]

Seu estado se agravou e ele desenvolveu pneumonia. Enquanto estava no hospital, foi cuidado por uma equipe que usava equipamentos de proteção, incluindo protetores faciais, e um robô foi utilizado para aferir seus sinais vitais. O paciente se comunicava com os médicos e enfermeiros por meio de um link de vídeo para que, assim, mantivessem distância e evitassem contrair uma doença que poderia matá-los, como aconteceu com Wenliang Li e muitos profissionais de saúde em Wuhan. Esse atendimento médico impessoal e isolado profetizou o método que muitos outros pacientes hospitalizados receberiam mais tarde. Em 30 de janeiro, o Paciente Zero estava muito melhor e teve alta logo em seguida. Em 21 de fevereiro, não foi mais considerado infeccioso, sendo autorizado a deixar o isolamento doméstico.

O rastreamento de contato — a investigação realizada pelo sistema de saúde pública, em que retrocedemos a partir de um caso conhecido para identificar com quem o paciente teve contato — revelou que pelo menos sessenta pessoas haviam sido expostas ao Paciente Zero. Por incrível que pareça, nenhuma delas ficou doente. Análises genéticas posteriores confirmaram que, muito provavelmente, esse paciente não era o responsável pela epidemia que se instalou em Seattle. A existência desses becos sem saída na transmissão viral é outra característica importante, e confusa, desta pandemia. Essas análises, discutidas com mais detalhes a seguir, sugerem que alguma outra pessoa desconhecida, possivelmente um cidadão norte-americano relacionado à China, chegou da província de Hubei por volta de 13 de fevereiro e disseminou o surto no estado de Washington com uma variante diferente do vírus.[41]

Foi essa variante posterior que atingiu o Life Care Center, uma casa de repouso em uma cidade vizinha, Kirkland. O grande número de idosos intrinsecamente vulneráveis proporcionou um terreno fértil para a propagação do vírus, acarretando um agrupamento localizado de casos que logo chamou a atenção. Em fevereiro, os paramédicos notaram um aumento considerável de suas visitas de emergência a essa instalação — houve sete visitas em janeiro, mas cerca de trinta em fevereiro. Os socorristas também estavam adoecendo. O corpo de bombeiros declarou o Life Care uma "zona quente" e exigiu que os atendentes de ambulância usassem equipamento de proteção completo para entrar no local. A equipe do Life Care às vezes era solicitada a levar os pacientes, usando máscaras, e deixá-los na calçada para serem resgatados pelos paramédicos. Somente em 28 de fevereiro, quando os resultados dos testes deram positivo, ficou claro que as mortes haviam sido causadas pelo novo coronavírus. Dois dias depois, em 1º de março, um homem na casa dos setenta anos foi o primeiro residente do Life Care a ter sua morte anunciada.[42] Um relatório do CDC publicado posteriormente, em 27 de março, revelou um total de 167 casos vinculados à casa de repouso: 101 residentes (mais de dois terços dos moradores do local), 50 profissionais de saúde e 16 visitantes; pelo menos 35 dessas pessoas morreram.[43] Em 8 de março, em Seattle, havia apenas 118 casos documentados e 18 mortes — e quase todos os óbitos eram ligados ao Life Care.

O agrupamento de idosos vulneráveis em casas de repouso forneceu uma espécie de placa de Petri para o vírus em todo o país. Logo, os pequenos necrotérios — normalmente presentes em tais instalações — mostraram-se irremediavelmente inadequados para o ritmo acelerado de mortes. Em abril, surgiram manchetes perturbadoras nos jornais: "Após Denúncia Anônima, 17 Corpos São Encontrados em uma Casa de Repouso Atingida pelo Vírus" e "Quase Todos os Dias uma Nova Morte por Coronavírus na Soldiers' Home, em Holyoke; 67 Pessoas Morreram até Agora". No último caso, isso significava que um terço dos residentes da instalação havia morrido.[44] As casas de repouso tornaram-se "casas de pestilência" involuntárias — abrigos outrora usados para vítimas da peste — do início do século XXI. Às vezes, idosos que viviam sozinhos em casa morriam de Covid-19 tão rápido que, mais tarde, os estatísticos tiveram que revisar suas estimativas de letalidade do vírus, para levar em conta essas mortes anteriormente despercebidas.

Dado que a área de Seattle abrigava o Paciente Zero, o primeiro grupo relatado de infecções e as primeiras mortes da epidemia, parecia ter sido o local onde o vírus se instalou pela primeira vez nos Estados Unidos. No entanto, estudos posteriores identificaram pacientes que adoeceram antes disso em outras partes da Costa Oeste. Nos Estados Unidos, os corpos de pessoas que morrem sem atendimento médico ou cujas mortes são consideradas suspeitas são submetidos à autópsia pelo médico legista local. Foi assim que o legista de Santa Clara, Califórnia, realizou uma autópsia em Patricia Dowd, 57 anos, que adoecera com sintomas semelhantes aos de uma gripe no final de janeiro. Ela se ausentou do trabalho e disse à família que não poderia comparecer a uma reunião nas proximidades de Stockton. Às 8h do dia 8 de fevereiro, ela contatou um colega de trabalho, mas foi encontrada morta duas horas depois.[45] Inicialmente, pensou-se que sua morte fora causada por um ataque cardíaco, mas testes subsequentes revelaram a presença do SARS-2. Uma vez que o tempo desde a infecção até o óbito por Covid-19 em geral é de cerca de três semanas, o vírus provavelmente chegou à Bay Area em meados de janeiro, mais ou menos na mesma época em que o Paciente Zero chegou a Seattle. E, como a própria Dowd não visitara a China, isso significava que a transmissão comunitária já havia começado.

O primeiro caso documentado de transmissão pessoa a pessoa, excluindo Dowd — pois ela contraiu o patógeno de um desconhecido —, foi entre um casal em Illinois.[46] A esposa voltou de Wuhan para os Estados Unidos em 13 de janeiro de 2020 e infectou o marido. Ambos foram hospitalizados em estado grave e se recuperaram. No entanto, curiosamente, assim como o Paciente Zero, esse casal não infectou mais ninguém. Autoridades estaduais de saúde pública rastrearam 372 pessoas com as quais eles tiveram contato, incluindo 195 profissionais de saúde. O vírus acometeu esse casal e não foi adiante.

De volta a Seattle, porém, após a nova importação citada, o vírus continuou se disseminando. A Dra. Helen Chu, especialista em doenças infecciosas, ficou preocupada assim que soube do primeiro caso de Seattle, em janeiro. E ela estava em posição de agir em relação a suas preocupações. Chu integrava o Seattle Flu Study, um esforço contínuo iniciado em 2018 (apoiado pelo filantropo Bill Gates), que havia coletado swabs nasais de pessoas com sintomas respiratórios como parte de um projeto de vigilância na área de Puget Sound. A equipe percebeu que poderia testar algumas das amostras mais recentes (de janeiro e fevereiro) para determinar se e quando o coronavírus havia começado a se espalhar.

Em 25 de fevereiro, incapazes de obter permissão de funcionários estaduais e federais e cada vez mais desesperados com a propagação da doença, Chu e seus colaboradores começaram a analisar, sem a aprovação final, as amostras que recebiam. Eles descobriram que um adolescente de quinze anos sem histórico de viagens para a China (ou para qualquer outro lugar) havia contraído SARS-2 nas semanas anteriores. Em 24 de fevereiro, ele procurou atendimento médico para uma infecção do trato respiratório superior. Embora vivesse a apenas 24 quilômetros do Paciente Zero, as variantes do vírus eram diferentes, o que significava que ele o contraiu de outra pessoa.[47] Quando esse diagnóstico foi feito, os profissionais de saúde locais, incluindo um médico que conheço muito bem, se apressaram para rastrear o menino. Eles o encontraram na escola naquele dia. E por que não deveria estar lá? Afinal, havia se recuperado do que parecia ser uma doença rotineira e retomou suas atividades. Assim que foi localizado, o menino foi retirado do local, e a escola foi fechada.

Ao descobrir esse caso, Chu percebeu com pavor que a doença "já estava em toda parte".[48] Os pesquisadores do Seattle Flu Study passaram a testar amostras coletadas ao longo de janeiro e encontraram outros casos (mas o primeiro caso positivo foi de 21 de fevereiro). Assim como o adolescente, esses pacientes foram informados de suas infecções. Na verdade, a essa altura, a Covid-19 já havia sido responsável pela morte de duas pessoas na área de Seattle. Ambas eram mais velhas. Isso também se tornou rapidamente uma característica familiar da doença: os jovens pareciam, em grande parte, poupados de efeitos mais nefastos.

O fato de esse adolescente ter contraído Covid-19 sem sair do país era uma evidência adicional de que a transmissão comunitária já estava em curso nos Estados Unidos. Entretanto, devido à escassez de testes, o CDC inicialmente recomendou que as pessoas com problemas respiratórios fossem testadas apenas se tivessem histórico de viagens para a China ou exposição a um caso de Covid-19 conhecido, orientação que persistiria até 27 de fevereiro. Como resultado, nas seis semanas após a identificação do Paciente Zero, apenas outros 59 casos foram detectados em todo o país.[49] As regras que restringiam o acesso aos testes eram generalizadas, não por qualquer motivo clínico, mas simplesmente porque não havia testes em número suficiente. No início de março, minha esposa, Erika, estava gravemente doente com sintomas de gripe, mas seu teste foi negado em nosso hospital local, um importante centro médico, sob o argumento de que ela tinha "sintomas demais".

Surpreendentemente, a incapacidade de realizar um número adequado de testes persistiu, em todos os Estados Unidos, até setembro.

Os norte-americanos colocaram vendas quando deveriam usar máscaras. A falta de testes foi um grande erro e diminuiu drasticamente a resposta às infecções iniciais. Os especialistas suspeitaram então do que todos nós sabemos agora: a doença estava de fato em toda parte. Em 25 de março, apenas o estado de Washington, em virtude de mais testes, confirmou 2.580 casos e 132 mortes. Na época, nos Estados Unidos como um todo, esses números eram de 68.673 e 1.028.[50]

As infecções em Seattle parecem ter semeado o surto no navio *Grand Princess*, um dos muitos exemplos de navios de cruzeiro (e, mais tarde, até mesmo um porta-aviões nuclear dos EUA, o USS *Theodore Roosevelt*) que se tornaram zonas quentes. Em muitos casos, passageiros morreram nessas embarcações. Incrivelmente, os navios não foram autorizados a atracar e foram mantidos no mar pelas autoridades enquanto a epidemia se alastrava a bordo, tirando mais vidas devido à falta de cuidados médicos e à proximidade.[51]

Em 11 de fevereiro, com mais de 2.400 passageiros e 1.111 tripulantes, o *Grand Princess* deixou São Francisco para um cruzeiro ao México, retornando ao porto em 21 de fevereiro. A maior parte da tripulação e 68 passageiros permaneceram a bordo e, no mesmo dia, o navio zarpou para o Havaí com 2.460 passageiros, em sua maioria diferentes dos da primeira viagem. Em 4 de março, um caso de Covid-19 foi diagnosticado em um dos passageiros que havia completado a primeira viagem, e o navio desviou o curso do Pacífico e começou a retornar ao porto. Àquela altura, como temia-se, havia um surto de Covid-19 a bordo, com dois passageiros e dezenove tripulantes testando positivo.[52] O navio atracou em 8 de março, e os passageiros e tripulantes foram levados em quarentena para bases militares.[53] Em 21 de março, 78 pessoas tinham testado positivo. O CDC divulgaria um conselho bastante amargo logo em seguida: "As pessoas devem adiar todas as viagens de cruzeiro em todo o mundo durante a pandemia de Covid-19."[54]

Em 3 de fevereiro, em Yokohama, Japão, o navio *Diamond Princess* foi colocado em quarentena, e teria um papel crucial na epidemia, fornecendo aos cientistas uma espécie de experimento natural sombrio. Apesar de essenciais para o conhecimento científico, existem muitas situações em que os cientistas *não podem* fazer experimentos por razões práticas ou éticas. Por exemplo, somos incapazes de avaliar experimentalmente se a perda de um cônjuge aumenta o risco de morte de uma pessoa (devido ao que é conhecido como "síndrome do coração partido"), pois não podemos matar aleatoriamente ou afastar os cônjuges!

No entanto, os cientistas às vezes podem tirar proveito de experimentos naturais, situações em que o "tratamento" foi atribuído a indivíduos ao acaso — como observar os efeitos de pessoas colocadas em contato físico próximo e, portanto, suscetíveis a se infectar com um germe. É claro que os experimentos naturais não têm o controle cuidadoso dos planejados; nem sempre podemos ter certeza de que os tratamentos realmente são atribuídos ao acaso, entre outras limitações. Por exemplo, no caso do *Diamond Princess*, os cientistas devem levar em conta que as pessoas que fazem os cruzeiros são mais velhas, mais ricas e possivelmente mais sociáveis do que as pessoas em geral.

Porém, o navio ainda oferecia evidências observáveis, e, nos confusos primeiros dias da pandemia, os cientistas examinaram os dados em dezenas de artigos, em busca de qualquer tipo de sinal em meio ao ruído. Essa população definida e confinada de 3.711 pessoas que não tiveram permissão para desembarcar possibilitou que os epidemiologistas determinassem que fração da população o SARS-2 poderia infectar e quantas dessas pessoas, uma vez afetadas, morreriam.[55] A análise mostrou que pelo menos 712 dos passageiros (relativamente idosos) contraíram o vírus, e pelo menos 12 deles (ou 1,7%) morreram.[56] Ambos os números alarmaram os especialistas. De fato, o número de casos era tão grande que, nas tabelas internacionais de casos de Covid-19 mantidas na época pela OMS, o navio estava listado logo abaixo da China e da Itália — como se fosse um país.

Em meados de março, os Estados Unidos despertaram para o perigo representado pela Covid-19. O agrupamento de mortes no Life Care forçou os líderes da Costa Oeste a reconhecer que algo precisava ser feito. A partir de 5 de março, chefes de grandes empresas de tecnologia de Seattle, como Amazon e Microsoft, incentivaram seus funcionários a trabalhar em casa, se pudessem (alguns dias antes, um funcionário da Amazon havia testado positivo para o vírus e estava em quarentena).[57] Análises posteriores sobre o declínio nas reservas em restaurantes, entre outros conjuntos de dados, mostraram que os moradores comuns da cidade, após lerem sobre os acontecimentos locais, reduziram as saídas sem precisar de aviso. Em 17 de março, o governador de Washington, Jay Inslee, emitiu ordens para que todos os bares, restaurantes e instalações de entretenimento e recreação fechassem. Em 19 de março, o governador da Califórnia, Gavin Newsom, emitiu uma ordem estadual para que as pessoas ficassem em casa, exceto para atividades essenciais.[58] Em 23 de março, Inslee fez o mesmo no estado de Washington.

As técnicas genéticas modernas foram cruciais para compreender os fundamentos do vírus e determinar sua disseminação. A primeira etapa foi mapear o genoma do vírus — uma tarefa mais factível para um vírus do que para organismos mais complexos. O genoma de cada vírus contém instruções para algumas poucas proteínas, e, como agem assumindo o controle de nossa maquinaria genética para se reproduzir em nossos corpos, os vírus não precisam de equipamentos para fazer isso por conta própria. O coronavírus tem um código genético de apenas 29.903 letras. Seu genoma foi sequenciado rapidamente (a partir de uma amostra colhida em um fornecedor do mercado de Huanan) por cientistas chineses liderados pelo Dr. Yong-Zhen Zhang na Universidade Fudan, em Shanghai, e divulgado publicamente em 11 de janeiro de 2020, a fim de preparar o caminho para o desenvolvimento de testes diagnósticos.[59] No dia seguinte, o governo chinês, em uma ação absurda refletindo o desejo de controlar a informação científica, fechou o laboratório que havia feito esse importante trabalho de "retificação".[60]

O SARS-2 pertence à família dos vírus conhecidos como coronavírus. Algumas espécies deles causam o resfriado comum em humanos; outras afligem alguns de nossos animais domesticados, como porcos, gatos e galinhas. O sequenciamento genético mostrou que o SARS-2 é 96,2% idêntico a um coronavírus encontrado anos atrás em um morcego em uma caverna em Yunnan, China (conhecido como RaTG13). Isso confirma que o SARS-2 se originou em morcegos, onde provavelmente circulou despercebido por décadas, mas o vírus também pode ter passado algum tempo em pangolins antes de chegar à nossa espécie, em uma trajetória confusa que talvez nunca possamos desvendar totalmente.[61]

Os morcegos foram a origem de muitas outras epidemias, como as dos agentes mortais Ebola e Marburg e os raros vírus Hendra, Nipah e St. Louis, causadores da encefalite. Não se sabe exatamente por que os morcegos são uma fonte tão prolífica de patógenos humanos, mas eles têm assombrado nossa espécie de outras maneiras há muito tempo como artefatos de mitologia associados à morte; eles são encontrados no folclore de lugares como Nigéria, Oaxaca e Europa (por exemplo, nas histórias do Drácula). Uma teoria sugere que o sistema imunológico dos morcegos é estranhamente semelhante ao nosso e que os patógenos que se adaptam a eles podem nos afligir com mais facilidade. Outra teoria postula que, como os morcegos são os únicos mamíferos capazes de voar, é mais fácil disseminarem o vírus que carregam para outros mamíferos, incluindo nós.

Uma consequência importante do mapeamento do genoma do vírus é que ele nos permite identificar com segurança suas diferentes variantes e, portanto, rastrear sua propagação pelo mundo.[62] Com o tempo, o genoma viral sofre pequenas mutações — alterações em seu código genético que geralmente não têm efeito sobre a função do vírus. Essas mudanças ocorrem em intervalos bastante regulares, como um relógio molecular — em média, uma minúscula mutação a cada duas semanas. Como essas mutações acontecem em locais aleatórios no código, o genoma de um vírus em uma parte do mundo será ligeiramente diferente do que em outras partes. Ao estudar essas mutações cumulativas e aleatórias coletadas de muitos milhares de espécimes ao redor do globo, os cientistas conseguem reconstruir a movimentação do vírus. Essas mutações agem como carimbos em um passaporte, registrando onde o vírus esteve e quando cruzou nossas fronteiras. Por exemplo, é graças a essa técnica que fomos capazes de confirmar rapidamente que o surto no *Grand Princess* que partiu de São Francisco estava conectado ao anterior em Seattle, que, por sua vez, estava conectado ao original em Wuhan.

O sequenciamento do surto do estado de Washington começou em meados de fevereiro no laboratório de Trevor Bedford, um especialista em doenças infecciosas da Universidade de Washington, que também integra o Seattle Flu Study.[63] No início do surto de Seattle, a equipe de Bedford tentou rastrear a origem do vírus, analisando os genomas das amostras retiradas de diferentes indivíduos infectados em toda a região. Uma possibilidade era que o SARS-2 fora introduzido na área de Seattle pelo Paciente Zero em 15 de janeiro de 2020 e então se espalhou sorrateiramente por um tempo, antes e depois que esse paciente buscasse atendimento médico, causando o surto no Life Care e contaminando o adolescente rastreado pelo Seattle Flu Study. Outra possibilidade era que houvesse uma segunda importação paralela do vírus, ou mesmo várias importações distintas, levando a outros surtos locais.

A distinção entre essas possibilidades é importante para se ter uma noção de escala, pois indica aos pesquisadores em quantas frentes estamos lutando. Esses dados também são muito úteis para avaliar a infecciosidade e o curso do vírus. Dessa forma, foi possível deduzir que a variante responsável pela transmissão comunitária em Seattle não se originou com o Paciente Zero, mas, sim, com alguma importação posterior. No final de fevereiro, essa última variante era responsável por 85% das infecções confirmadas na região, embora outras variantes também tivessem começado a chegar à área a partir de outros viajantes, todas iniciando a própria "árvore genealógica".

Distinguir entre essas alternativas também é difícil porque nem sempre é possível ter certeza. Um dos principais motivos é que a rápida taxa de transmissão do SARS-2 (o intervalo médio entre uma pessoa contraí-lo e, em seguida, transmiti-lo para outra é de cerca de uma semana) é mais veloz do que a taxa de mutação, que é o que nos permite discernir se é o mesmo vírus (nesse caso, uma mutação a cada duas semanas). É como visitar um novo país toda semana, mas ter seu passaporte carimbado apenas a cada duas semanas; fica difícil saber exatamente onde você esteve.

A Figura 2 mostra uma espécie de "árvore genealógica". Ela foi extraída do trabalho do laboratório de Michael Worobey, biólogo evolucionista da Universidade do Arizona, em colaboração com outros laboratórios. Cada ponto é uma variante do vírus (conforme verificado pelo sequenciamento de seu genoma). A variante que contaminou o Paciente Zero, WA1 (no canto inferior esquerdo), era um beco sem saída, sem gerar variantes subsequentes ou indivíduos infectados. Outras variantes (no canto superior direito) semearam o surto no estado de Washington por volta de 13 de fevereiro. E, de lá, elas se espalharam para Califórnia, Nova York e outros lugares.[64]

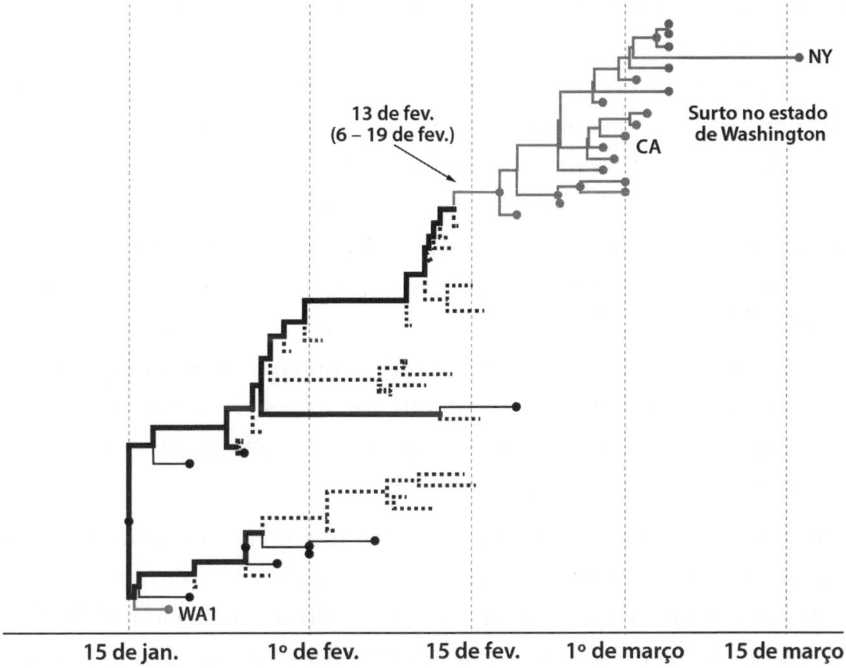

Figura 2: O mapeamento genético de variantes do SARS-2 com diferentes tempos estimados possibilita traçar o caminho do vírus.

A equipe de Bedford sequenciou o caso inicial de transmissão na comunidade (no adolescente) e, como o Dr. Zhang havia feito na China um mês antes, imediatamente divulgou os resultados. Em 29 de fevereiro, Bedford postou as informações no Twitter, que se tornaria um meio importante para o rápido compartilhamento de dados entre os cientistas. Um consórcio internacional começou a compartilhar sequências de genomas virais de todo o mundo na plataforma Nextstrain, que funciona de forma parecida às ferramentas online que os aficionados por ancestrais usam para identificar as árvores genealógicas em humanos.

Em março, depois que o SARS-2 surgiu em Connecticut, métodos semelhantes foram usados por pesquisadores que tentavam rastrear se os casos eram de origem nacional ou internacional.[65] Os cientistas sequenciaram os genomas de nove espécimes do vírus e examinaram dados sobre viagens aéreas em aeroportos próximos. Os Estados Unidos impuseram amplas restrições a viagens para a China, em 31 de janeiro; para o Irã, em 29 de fevereiro; e para a Europa, em 11 de março. Mas ficou claro por meio dessas análises genéticas que o maior risco para os norte-americanos eram as importações *domésticas* de outros estados, e não as chegadas de estrangeiros. As variantes do SARS-2 encontradas em Connecticut naquela época provinham de vários outros locais, principalmente de Washington, e nenhum dos pacientes examinados naquele momento estivera no exterior. Uma vez que, numericamente, existem muito mais viajantes domésticos do que internacionais, não deve ser surpresa que o risco doméstico seja maior. Esses cientistas concluíram que a imposição de restrições às viagens internacionais teve um efeito limitado na disseminação do vírus.

No entanto, em 1º de março de 2020, foi relatado o primeiro caso confirmado de coronavírus no estado de Nova York — em um paciente que tinha viajado para o exterior e retornado do Irã à cidade de Nova York em 25 de fevereiro, pouco antes da proibição de viagens.[66] Claro, a doença já circulava há algum tempo na cidade de Nova York e, no final de março, os hospitais estavam lotados de pacientes. No início de abril, quase mil pacientes morriam do vírus *todos os dias* na cidade, uma estatística que caiu apenas algumas semanas após o início dos esforços generalizados para o engajamento no distanciamento físico. Em 19 de março, o vírus foi detectado em todos os cinquenta estados dos EUA. A Figura 3 mostra as datas estimadas das principais chegadas do vírus que semearam com sucesso a epidemia no país.[67]

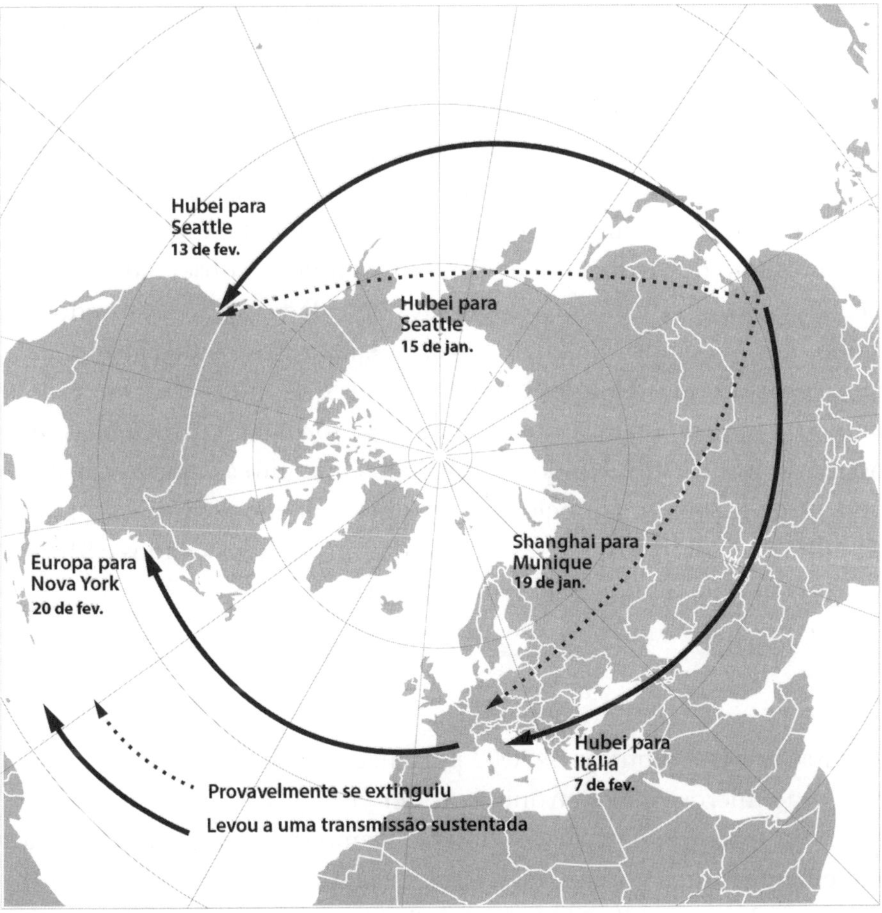

Figura 3: As trajetórias de chegada do SARS-2 aos Estados Unidos em fevereiro de 2020 podem ser inferidas a partir da análise genética das variantes virais.

Entre o surto na China, em janeiro, e nos Estados Unidos, em março, ocorreram grandes surtos mortais na Itália e no Irã, ambos devastadores.[68] Espanha, França e muitos outros países europeus e alguns asiáticos e latino-americanos também foram duramente atingidos. No início de abril, por exemplo, o Equador estava devastado; cadáveres se acumulavam tão rápido que eram envoltos em plástico, cobertos por algumas pedras e abandonados nas calçadas.[69] Meu laboratório tem um local de pesquisa de campo em saúde pública que envolve mais de 30 mil pessoas no estado rural de Copan, no Oeste de Honduras. Encerramos nossas atividades em março para evitar qualquer risco de contribuir para uma calamidade semelhante.

Em 11 de março, cerca de quatro meses depois que o vírus se infiltrou em nossa espécie, a Organização Mundial da Saúde declarou a Covid-19 uma pandemia. Isso era uma formalidade, é claro, uma vez que a difusão do vírus já era evidente para todos os observadores sofisticados e para os incontáveis residentes de cidades sitiadas ao redor do globo. Em 1º de abril de 2020, havia 219.622 casos conhecidos e 5.114 mortes nos Estados Unidos, e 936.851 casos e 47.210 mortes em todo o mundo. Em 1º de maio, a Covid-19 havia se tornado o principal assassino diário nos Estados Unidos, superando em muito as mortes causadas pela gripe sazonal e até pelo câncer e pelas doenças cardíacas. Em 1º de julho, havia 130.761 mortes registradas nos Estados Unidos e 518.135 mortes em todo o mundo — sem fim à vista.

A classe de vírus à qual o SARS-2 pertence recebe o nome por sua aparência ao microscópio eletrônico. Ao ser visualizado pela primeira vez, em 1968, esse tipo de vírus foi descrito como tendo uma característica semelhante a uma coroa na parte externa, daí o nome *coronavírus* (*corona* vem de uma antiga palavra grega que denota coroa).[70] Essa coroa é, na verdade, composta de *proteínas spike* [ou *proteínas de pico*] do vírus, e essas proteínas são cruciais para sua capacidade de nos infectar. A proteína spike se liga a uma proteína na superfície das células humanas (conhecida como ACE2) e, assim, inicia o processo que resulta na internalização do vírus em uma célula. O vírus então libera seu RNA e usa nossa maquinaria genética para se reproduzir, o que libera mais vírus em nossos corpos.

No que diz respeito às infecções respiratórias, a Covid-19 (que é a *doença* causada pelo *vírus* SARS-2) é especialmente multifacetada, abrangendo uma grande variedade de sintomas, desde febre e tosse até dores musculares e perda do olfato (anosmia). Os sintomas que um paciente apresenta dependem em parte das células do corpo que o vírus infecta e de como o corpo reage imunologicamente. A forma primária da doença é respiratória e envolve tosse e febre, que são os dois sintomas mais comuns, e falta de ar. Duas manifestações menos comuns da doença são sintomas musculoesqueléticos (dores musculares, dores nas articulações e fadiga) e gastrointestinais (dor abdominal, vômitos e diarreia). Mas muitos outros sintomas — como erupções na pele, dor de cabeça, tontura e assim por diante — podem ocorrer. Anosmia, embora incomum, é mais indicativa de SARS-2 do que de qualquer outro patógeno respiratório.[71]

A doença também apresenta diferentes níveis de gravidade entre os pacientes. Talvez metade das pessoas infectadas seja totalmente assintomática. Para o restante, a gama de resultados vai desde uma doença leve (na maioria dos casos) até a hospitalização (em talvez 20% dos casos) e morte (talvez até 1% dos casos). Dentre aqueles que adoecem, alguns se recuperam rapidamente e outros têm problemas de saúde persistentes.

Em casos leves, os sintomas podem nunca se intensificar além de dor de garganta, dores musculares ou febre baixa. Algumas pessoas presumem que estão com gripe ou resfriado prolongado; outras chegaram a atribuir os sintomas ao jet lag.[72] Os únicos sintomas que um homem de 67 anos experimentou durante sua quarentena no *Diamond Princess* foram uma breve febre, uma leve falta de ar, que durou três dias, e tosse.[73] "Se eu estivesse em casa com sintomas semelhantes, provavelmente não me ausentaria do trabalho", contou.[74] Muitos nessa categoria sofreram principalmente de tonturas e fadiga. As pessoas descrevem ter tirado mais sonecas e notaram que subir as escadas e tomar banho tornaram-se tarefas hercúleas. Outro homem, de 73 anos, explicou: "Era apenas uma perda de energia e disposição. Meu cérebro não estava funcionando muito bem. Eu chamava de 'torpor do corona'."[75]

Pacientes com casos graves relatam seus sintomas com linguagem intensa. "Parece que um alienígena assumiu o controle do seu corpo", foi como uma residente de Chicago, de 41 anos, descreveu sua batalha de semanas contra a Covid-19.[76] Tal como muitas outras pessoas que adoeceram, ela experimentou um início súbito e uma rápida progressão dos sintomas clássicos do coronavírus: tosse seca forte, perda de paladar e olfato, dores de cabeça e no corpo e exaustão extrema: "Não é gripe. Não se parece com nada que você já teve."

Uma paciente de 43 anos começou a semana com dores nas costas e tosse e terminou em uma ambulância a caminho do pronto-socorro, onde foi rapidamente colocada em coma induzido e intubada: "Eu me senti tão exaurida, como se tivesse lutado boxe com Mike Tyson. A tosse sacudia todo o meu corpo. Sabe o som de um carro quando o motor está engasgando? Era um barulho parecido."[77] Os profissionais de saúde relatam a velocidade com que os pacientes com Covid-19 podem "sofrer um colapso", parecendo bem em um momento, depois terrivelmente sem fôlego e, em seguida, precisando de intubação. Alguns pacientes adoecem tão rápido que morrem em casa antes que alguém perceba o que está acontecendo.

Mesmo jovens adultos saudáveis e em boa forma podem ficar sem fôlego ao tentar falar ou caminhar. Um paciente de 19 anos afirmou que era como se "um elefante estivesse deitado no meu peito". Outro descreveu a sensação de ser "apunhalado no peito com um picador de gelo" ao respirar, enquanto uma paciente relatou que parecia ter "bolas de algodão" em seus pulmões, as quais ela não conseguia expelir.[78]

Uma vez nos pulmões, o vírus mata as células que revestem os alvéolos, pequenos sacos globulares responsáveis pela troca de oxigênio. Sangue e fluido vazam do tecido pulmonar lesionado para os alvéolos, o que faz com que os pacientes fiquem sem fôlego. Eles se afogam nos próprios fluidos. O vírus também pode infectar outros tecidos do corpo, razão pela qual pode originar sintomas fora do sistema respiratório (por exemplo, afetando os intestinos e causando diarreia). Para piorar as coisas, às vezes o sistema imunológico reage exageradamente ao invasor, colocando em ação algo conhecido como uma "tempestade de citocinas" que, em vez de melhorar, piora a situação. No processo, o corpo libera substâncias destinadas a ajudar a coordenar a defesa contra o invasor, mas as substâncias acabam prejudicando as células dos pulmões (e de outras partes), irritando-as e causando danos que prejudicam a troca de oxigênio e levam à falta de ar.[79]

Finalmente, mesmo quando os pacientes sentem que estão se recuperando, a natureza errática do vírus pode repentinamente provocar um novo sintoma, fadiga extrema ou outro pico de febre. Para aqueles que têm alta após casos graves de Covid-19, os acessos de tosse e a fraqueza podem perdurar até muito depois de a febre cessar. O tempo de recuperação pode variar de duas semanas, para um caso leve, a seis ou mais, para um grave.[80] O esgotamento pelo impacto físico do vírus é intensificado pelo impacto emocional, em razão da natureza contagiosa da doença. Muitos pacientes se sentem culpados por terem, sem saber, transmitido o vírus a outras pessoas quando ainda estavam assintomáticos.

Os médicos também acham que a infecção pelo SARS-2 pode causar sequelas de longo prazo em muitos sistemas de órgãos, no que é chamado de "síndrome pós-Covid". Os pacientes podem ter pulmões, rins ou corações com cicatrizes ou lesões permanentes e até mesmo, em casos raros, deficits neurológicos. Provavelmente levará alguns anos até que os cientistas de fato entendam as implicações duradouras da doença para os pacientes, incluindo crianças, que, embora comumente assintomáticas, podem ter raras complicações.

A maioria das pessoas não teve experiência pessoal com epidemias mortais. Mas as pestilências sempre afligiram os seres humanos, pelo menos desde que começamos a viver em grupos grandes o suficiente nas cidades, há cerca de 3 mil anos. Houve a peste de Atenas em 430 A.E.C. A peste de Justiniano em 541 E.C. A peste negra em 1347. A gripe espanhola em 1918. Em tempos antigos, havia deuses das pestes — não apenas o deus grego Apolo, mas o deus védico Rudra e a divindade chinesa Shi Wenye. As pestes são um inimigo antigo e familiar. E assim, em 2020, uma epidemia emergiu mais uma vez.

Como os humanos no século XXI reagem, pessoal e coletivamente, a esse reaparecimento? Os desafios e reações, bons e ruins, são atemporais. As pestes remodelam nossa ordem social familiar, exigem que nos dispersemos e vivamos separados, destroem economias, substituem a confiança por medo e descrença, levam alguns a culpar os outros por sua situação, encorajam os mentirosos e causam sofrimento. Mas as pragas também invocam a bondade, a cooperação, o sacrifício e a engenhosidade.

O mundo está bem diferente do que era durante as pestes anteriores; hoje temos cidades extremamente densas, tecnologia eletrônica, medicina moderna, melhores condições materiais e a capacidade de saber o que está acontecendo em tempo real. Os cientistas podem rastrear os surtos a partir do espaço, observando as cidades fechadas; do solo, analisando a movimentação dos telefones celulares; e em um nível molecular, usando técnicas genéticas para investigar mutações e rastrear a propagação do vírus.

Entretanto, do ponto de vista do vírus, o clima é propício, e tudo segue tão simples como sempre. É um passeio no parque. Em termos de biologia evolutiva, o vírus passou por algo conhecido como “liberação ecológica”, que se refere à expansão do alcance e à explosão populacional ocorridas quando uma espécie é libertada das restrições que enfrentava anteriormente. Um exemplo típico são as espécies invasoras introduzidas por humanos, como os sapos-cururus que dominaram a Austrália, os ratos que se espalharam pela Nova Zelândia (quase eliminando as tuataras, seres parecidos com dinossauros que ocuparam a ilha por milhões de anos, até 1250 E.C.) e as plantas kudzu no Sudeste dos Estados Unidos. Os recém-chegados de repente encontram um terreno aberto para explorar. Nossa espécie não tem imunidade natural ao vírus. Nunca encontramos esse patógeno específico. É uma "epidemia de solo virgem".[81] E então o coronavírus varreu a humanidade como uma onda.

Há certo debate entre os especialistas sobre a definição dos vírus como seres vivos. Mas o SARS-2, com certeza, está agindo como qualquer outro ser vivo: encontrou um habitat disponível e intocado e o dominou. E continuará infectando humanos até que desenvolvamos imunidade ou inventemos uma vacina. Mesmo assim, o SARS-2 provavelmente será como outros vírus que circulam em nossa espécie, como o da gripe, do sarampo e do resfriado comum. Não importa o que aconteça, os humanos terão que alcançar um *modus vivendi* com esse vírus. Porém, ele ainda matará muitos de nós antes de conseguirmos esse feito. Um novo patógeno foi introduzido em nossa espécie e, de alguma forma, circulará entre nós para sempre.

Quando eu tinha quinze anos, meu pai, que havia se formado em física nuclear, me contou uma história sobre uma borboleta batendo as asas na China e causando um furacão na costa de onde morávamos, em Washington, D.C. Não acreditei que isso fosse possível.

Essa imagem foi criada por Edward Lorenz, um professor de meteorologia do MIT, em 29 de dezembro de 1972, na 139ª reunião da American Association for the Advancement of Science. Alguns detalhes eram diferentes — Lorenz havia usado a imagem de uma borboleta batendo as asas no Brasil e desencadeando um tornado no Texas.[82] Mas a imagem era tão poderosa que, em um piscar de olhos, originou inúmeras expressões que adaptavam onde exatamente a borboleta batia as asas (China, Brasil), o que exatamente isso causava (tempestades, tsunamis, pessoas caindo de arranha-céus, crash da bolsa de valores) e onde exatamente aconteciam esses efeitos (Japão, Londres, Nova York).

Essa ideia também alterou diversos ramos da matemática e da física. Lorenz estava propondo que distúrbios minúsculos e modificações aparentemente irrelevantes nas condições iniciais de um sistema complexo poderiam, com o tempo, acarretar resultados drasticamente diferentes. Alguns devem se lembrar do personagem de Jeff Goldblum descrevendo essa ideia no filme *Jurassic Park*, de 1993 — ele colocou uma gota d'água na mão de Laura Dern e explicou como pequenas perturbações poderiam afetar a maneira como a água fluía.

Lorenz havia feito essa observação por acaso, em um pequeno descuido. No inverno de 1961, ele estava usando um computador primitivo para modelar o clima e prever seus padrões. A certa altura, decidiu executar um programa novamente para examinar melhor o que estava acontecendo. A execução anterior havia fornecido 0,506127 como saída. Lorenz arredondou para 0,506 e retomou os cálculos. Ele foi pegar uma xícara de café e, quando voltou, descobriu que o computador havia gerado previsões completamente discrepantes das que gerara antes. Essa minúscula alteração numérica mudou drasticamente os dois meses de simulação do clima que seu modelo estava prevendo.[83]

E assim nasceu a ideia de que eventos infinitesimais podem ter efeitos gigantescos. Alguns sistemas são extremamente sensíveis às suas condições iniciais e, se isso for verdade, prever o futuro pode ser quase impossível. Em 1963, Lorenz escreveu um artigo sobre esse tema, intitulado "Deterministic Nonperiodic Flow".[84] O artigo foi inicialmente ignorado, mas acabou se tornando um clássico. Em última análise, teve um impacto muito além da meteorologia e, nas décadas de 1970 e 1980, foi reconhecido como um esforço fundamental no campo emergente da teoria do caos.

Um colega de Lorenz observou que, se sua teoria estivesse correta, o bater das asas de uma gaivota "seria o suficiente para alterar o curso do clima para sempre". Lorenz comentou mais tarde: "A controvérsia ainda não foi resolvida, mas as evidências mais recentes parecem favorecer as gaivotas."[85] Com o passar do tempo, Lorenz transformou a metáfora em sua forma mais poética, com uma borboleta, e expressou um pouco mais de hesitação. Pelo resto de sua vida, ele lutou para responder à pergunta que havia levantado. "Ainda hoje, não tenho certeza da resposta adequada", disse em uma palestra em 2008, mais de quarenta anos após o arredondamento de 0,506127 para 0,506 ter lançado sua vida em uma direção radicalmente nova.[86]

Na minha opinião, um dos motivos pelos quais a metáfora da borboleta envolveu tantas pessoas e se incorporou à cultura popular é o fato de ser tão perturbadora. Ela abala nossa crença de que o mundo deve ser previsível, ordenado ou mesmo compreensível. Ameaça a concepção de que as coisas acontecem por determinadas razões e que podemos, usando a ciência, discerni-las, por mais obscuras que sejam. Desestrutura a ideia de que podemos fazer previsões e planos racionais.

E, embora eu tenha dedicado muito da minha carreira à compreensão da inércia dos sistemas sociais — sua realidade imutável, suas origens evolutivas fundamentais e as maneiras pelas quais são estáveis e fixos —, agora tenho a impressão de que eles, de formas que eu não percebera antes, podem de fato ser extraordinariamente instáveis, tal como o clima.

Conforme o vírus invadia nossa espécie no final de 2019, eu, como a maioria das pessoas, ainda fazia planos que achava que se concretizariam. Essa ideia de imprevisibilidade não existia em minha mente. Minha família estava planejando viajar para a Grécia a fim de visitar meu pai idoso. Estávamos ansiosos pela formatura da faculdade de nossa filha. Minha universidade estava decidindo quais membros do corpo docente recrutar e quais conferências realizar. Eu estava designando novos projetos em meu laboratório e desenvolvendo pesquisas sobre saúde comunitária em Honduras e na Índia. As pessoas em todo o mundo não tinham a menor ideia de que seus empregos e meios de subsistência logo poderiam evaporar, que seus entes queridos poderiam ser separados delas, que os meses seguintes seriam total e incomensuravelmente diferentes dos anteriores. Quem poderia prever que os atos mais inócuos — um aperto de mão, roçar o cabelo no rosto, cantar em um coro — de repente pareceriam impensáveis, até mesmo repulsivos?

Em novembro de 2019, agentes de campanhas políticas planejavam suas estratégias para o ano seguinte. Proprietários de pequenas empresas repunham seus estoques. Os agricultores escolhiam o que plantar. E os economistas previam um crescimento contínuo.

Nenhum desses eventos aconteceria — por causa de uma coisa minúscula que nem sequer podemos ver e que fez um movimento que não conseguimos observar. O bater de asas de uma borboleta na China pode causar um furacão em Washington, D.C.

2.

Um Velho Inimigo Retorna

> Os flagelos, na verdade, são uma coisa comum, mas é difícil acreditar neles quando se abatem sobre nós. Houve no mundo igual número de pestes e de guerras. E contudo, as pestes, como as guerras, encontram sempre as pessoas igualmente desprevenidas.
>
> — Albert Camus, *A Peste** (1947)

Em 1918, Marilee Harris, de seis anos, contraiu a gripe espanhola. Na sua idade, ela enfrentava cerca de 1% de chance de morte. Como descreveu em sua autobiografia — publicada em 2015, quando tinha 102 anos —, ela sabia que havia se recuperado quando finalmente desceu as escadas em sua casa e viu o pai tomando café da manhã. Depois do isolamento, reunir-se à família para uma refeição foi uma lembrança poderosa. (Afinal, Marilee já havia escapado da morte antes, pois sua mãe, "uma decente mulher vitoriana", não queria "ter filhos na casa dos quarenta" e tentou abortá-la bebendo óleo de rícino.)[1]

Esse não foi seu último encontro com a mortalidade durante uma pandemia. Em 2020, Marilee — agora Marilee Shapiro Asher e uma

* Tradução de Valerie Rumjanek, 23ª Edição. Editora Record, 2017. (N. da T.)

artista talentosa — contraiu Covid-19 na Chevy Chase House, uma comunidade de idosos em Washington, D.C. Desta vez, aos 107 anos, ela enfrentou um risco de morte certamente superior a 50%. Quando parou de comer, em 18 de abril, foi levada ao hospital, e sua família foi avisada de que ela poderia morrer em poucas horas. Mas Marilee sobreviveu. Após cinco dias, sem precisar do respirador, ela se recuperou o suficiente para ir para casa e seguiu seus planos de continuar fazendo arte.[2]

Havia mais de 90 mil centenários nos Estados Unidos em 2020, e muitos deles podem ter sobrevivido a um caso da gripe de 1918 na infância. Mas apenas um pequeno número de pessoas é idoso o suficiente e mentalmente saudável para se lembrar disso. Como as grandes pandemias são raras, pouquíssimas pessoas realmente as vivenciaram. Entretanto, o fato de não serem algo presente em nossa memória viva não significa que possamos negligenciá-las. Elas inevitavelmente se repetem. É preciso estar atento.

Embora o coronavírus responsável pela pandemia de 2020 seja novo, convivemos com outros coronavírus há muito tempo. Em nossa espécie, quatro tipos de coronavírus são endêmicos, ou seja, conseguimos uma trégua com esses patógenos. Eles circulam entre nós e nos afligem de forma constante em algum nível básico, e nos acostumamos biológica e socialmente a eles. Esses quatro tipos de coronavírus causam nada mais do que o resfriado comum, respondendo por 15% a 30% dos casos dessa condição incômoda (mais de duzentas espécies de vírus diferentes, incluindo o coronavírus, causam resfriados).[3]

No entanto, os seres humanos se depararam com espécies de coronavírus mais graves, que causaram muito mais danos do que resfriados de inverno. Em 2003, enfrentamos a primeira pandemia de um coronavírus que se parece muito com a que nos afligiu em 2020. Rever como ela *diferiu* da de SARS-2 ajuda a esclarecer por que e de que modo a pandemia de 2020 se tornou tão séria, e também nos fornece uma forma de entender a epidemiologia de tais patógenos. Assim como a Covid-19, a pandemia de 2003 começou na China; o primeiro caso conhecido foi de um agricultor do distrito de Shunde, na província de Guangdong, que desenvolveu sintomas em 16 de novembro de 2002.[4] Esse vírus também veio de morcegos e era caracterizado por febre, tosse seca, falta de ar, dores musculares e, às vezes, uma pneumonia mortal. Também se espalhou por toda parte, atingindo os Estados Unidos e outros 29 países.[5]

Entretanto, o vírus que agora chamamos de SARS-1 tinha certas qualidades epidemiológicas intrínsecas que o impediam de se tornar avassalador. Os esforços para responder ao SARS-1 foram, em última análise, tão bem-sucedidos que a Organização Mundial da Saúde declarou a pandemia "contida" em 5 de julho de 2003, apenas oito meses depois do início.[6] Em 1º de agosto de 2003, um total de 8.422 pessoas haviam sido infectadas em todo o mundo, aproximadamente o mesmo número de casos de Covid-19 detectados apenas no estado de Idaho em 1º de julho de 2020, sete meses após o início da pandemia.[7] Examinar a diferença entre os dois vírus nos ajuda a compreender por que o SARS-2 subjugou o mundo, enquanto seu primo SARS-1, não.

O vírus surgiu em novembro de 2002, mas o governo chinês não notificou a Organização Mundial da Saúde sobre o surto da doença até 12 de fevereiro de 2003, quando relatou 305 casos no total, incluindo 105 profissionais de saúde e 5 mortes. Na época, a causa era desconhecida. Mais tarde, a China foi muito criticada por esse atraso na notificação, que também envolveu um acobertamento inicial. Os primeiros estágios do surto foram muito lentos, mas a contagem de casos acelerou a partir de 31 de janeiro, quando o peixeiro Zuofeng Zhou foi internado no Hospital Memorial Sun Yat-sen, em Guangzhou. Durante a internação de Zhou, trinta médicos e enfermeiros foram infectados. Assim como na pandemia de 2020, esse agrupamento de casos e o fato de o vírus se espalhar dentre os profissionais de saúde soaram o alarme, levando as autoridades a agir e sinalizando a gravidade e a contagiosidade da doença.

Um dos médicos infectados por Zhou foi Jianlun Liu, de 64 anos. Em 21 de fevereiro, ele estava se sentindo bem o bastante para embarcar em uma viagem de ônibus de três horas para o sul, até Hong Kong, a fim de prestigiar o casamento de seu sobrinho. Liu sentiu-se mal durante a viagem, mas, quando chegaram, ele e a esposa estavam bem e saíram para almoçar e ver os parentes.[8] Às 17h, registraram-se no quarto 911 do hotel três estrelas Metropole, na região de Kowloon.

Na manhã seguinte, Liu estava mais doente. Ele caminhou cinco quarteirões pela Waterloo Road até o Hospital Kwong Wah em busca de tratamento. Tendo ele próprio atendido pacientes com SARS, Liu alertou os profissionais de que deveria ser colocado em isolamento (embora o aviso nem fosse necessário, pois eles já sabiam do surto).[9] Na manhã seguinte, 23 de fevereiro, ele teve que ser sedado e intubado. Um médico e cinco enfermeiras que cuidaram dele adoeceram, mas, tendo sido devidamente avisados, usaram máscaras N95, luvas e aventais. Isso provavelmente reduziu a carga viral a que foram expostos, o que tende a tornar essas doenças mais brandas, e todos se recuperaram. Infelizmente, esse não foi o caso de Liu; ele morreu em 4 de março.

Em 1º de março, enquanto Liu estava inconsciente, seu cunhado também foi internado no mesmo hospital pela mesma causa. Sua saúde também se deteriorou e ele morreu em 19 de março, mas não antes que os médicos fizessem uma biópsia em seus pulmões. A partir dessa amostra, uma equipe da Universidade de Hong Kong conseguiu cultivar o vírus e, em 21 de março, anunciou que o haviam identificado: sob um microscópio, ele apresentava as projeções superficiais semelhantes a coroas, típicas dos coronavírus.[10]

Tal como o peixeiro antes dele, Liu provou-se um superpropagador — 23 hóspedes do Hotel Metropole também desenvolveram SARS, incluindo sete do nono andar, o mesmo de Liu. Esses hóspedes passaram a semear a epidemia em todo o globo. Mais tarde, a Organização Mundial da Saúde informou que quase metade dos casos em todo o mundo podia ser rastreada até a estadia de 24 horas de Liu no Metropole.

Os mapas do andar do hotel, mostrados na Figura 4, ficaram famosos entre os epidemiologistas. Só de olhar para o mapa, dava para perceber que estar mais perto do quarto 911 apresentava um grande risco de contrair a doença. Em última análise, talvez 80% dos 1.755 pacientes infectados com o vírus em Hong Kong puderam ser rastreados até Liu.[11] Uma teoria importante (nunca comprovada em definitivo) do motivo de tantas pessoas adoecerem foi Liu ter vomitado no carpete do corredor fora de seu quarto. A limpeza envolveu um aspirador de pó, que pode ter aerossolizado partículas virais, disseminando-as pelo corredor e, possivelmente, pelo sistema de ventilação. No entanto, nenhum dos trezentos funcionários do hotel adoeceu, um mistério que nunca foi explicado.

A propagação externa desse patógeno a partir da origem no hotel foi assombrosa. Por exemplo, um técnico de aeroporto de 26 anos visitou um amigo no Metropole várias vezes entre 15 e 23 de fevereiro. Em 4 de março, dia da morte de Liu, o homem foi internado na enfermaria 8A do Hospital Prince of Wales, em Hong Kong.[12] Enquanto esteve internado, ele recebeu um tratamento com nebulizador para ajudar a respiração. Esse dispositivo produz uma névoa fina e parece ter espalhado acidentalmente o vírus pela enfermaria.[13] Pelo menos 99 funcionários do hospital que entraram em contato com esse paciente foram infectados.

Os leitos do hospital começaram a lotar com os próprios funcionários. O Dr. Joseph Sung, chefe da faculdade de medicina, observou: "Havia duas dúzias de colegas na mesma sala; todos tremiam com febre alta; muitos tinham tosse. Esse foi o começo do pesadelo, pois, a partir daí, a cada dia víamos mais e mais pessoas desenvolverem a mesma doença."[14] Sung dividiu a equipe do hospital em duas. Uma cuidaria de todos os pacientes sem SARS, e a outra — a "equipe exposta", como era chamada — arriscaria se infectar e cuidaria dos pacientes com SARS. Aqueles com filhos pequenos foram dispensados do serviço na equipe exposta. Mas aqueles que eram solteiros ou tinham filhos adultos foram incentivados a se voluntariar. Mais tarde, Sung descreveria sua difícil situação: "Eu precisava de um suprimento contínuo de mão de obra. E fiquei muito emocionado com o fato de que, depois de esgotado todo o pessoal do departamento médico, cirurgiões, ortopedistas, ginecologistas e até oftalmologistas vieram nos ajudar."

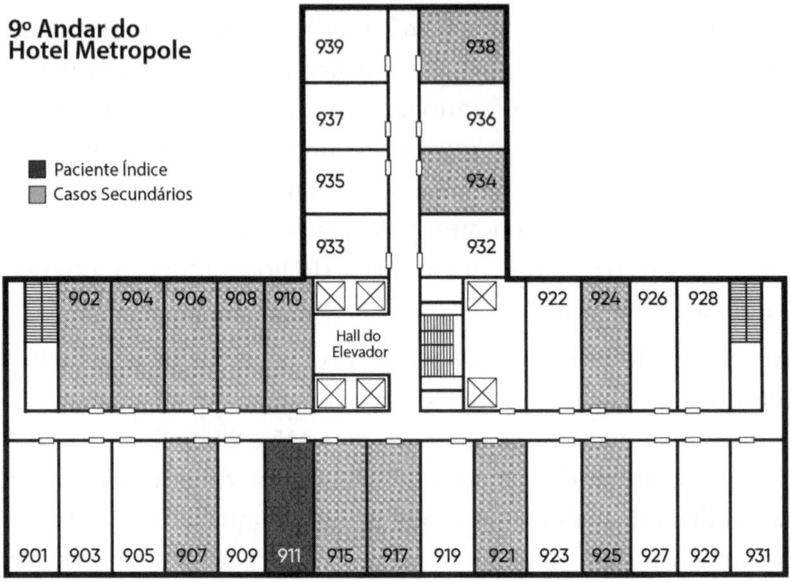

Figura 4: O nono andar do Hotel Metropole em Hong Kong foi um dos principais focos de disseminação da SARS-1 em 2003. O Dr. Liu, o paciente índice que seria um superpropagador, hospedou-se no quarto 911.

Em 13 de março, um paciente de 33 anos com doença renal foi hospitalizado para fazer alguns exames de sangue na enfermaria 8A e contraiu a infecção. No dia seguinte, e novamente em 19 de março, ele visitou seu irmão mais velho, que morava no sétimo andar do edifício Amoy Gardens, um complexo residencial de arranha-céus densamente povoado em Hong Kong. Durante a visita, o paciente teve diarreia e precisou usar o banheiro. Em um trabalho investigativo que se tornaria famoso entre os epidemiologistas, determinou-se que muitos dos casos posteriores no complexo estavam relacionados ao encanamento de esgoto seco no apartamento. O funcionamento de exaustores e o uso de baldes para descargas de vasos sanitários remexeram o esgoto ressecado e liberaram aerossóis carregados de vírus (denominados *plumas gasosas*) em vários banheiros.[15] Em poucos dias, começou um grande surto no Amoy Gardens envolvendo 321 pacientes.

A transmissão aérea é muito mais alarmante para os profissionais de saúde pública do que a transmissão por gotículas, que é mais comum, na qual pacientes doentes expelem gotículas carregadas de vírus quando tossem, espirram ou até mesmo falam vigorosamente. Essas gotículas são pesadas e, em geral, caem no chão a menos de dois metros da pessoa que as expele — uma distância que se tornou familiar devido às diretrizes de distanciamento físico durante a pandemia de 2020 (embora, para ser claro, dois metros nem sempre seja o suficiente). Porém, com a transmissão aérea, partículas virais minúsculas e leves podem flutuar pelo ar, possivelmente para bem longe. Parece ser o que aconteceu no Amoy Gardens e, para piorar, a partir de uma fonte fecal.[16]

No quarto 910 do Hotel Metropole, em frente ao de Liu, estava Johnny Chen, um comerciante de roupas sino-americano de 47 anos oriundo de Shanghai.[17] Ele voou para o Vietnã, onde acabou internado no Hospital Francês de Hanói, em 26 de fevereiro. Chen morreu em 13 de março (após ter sido enviado de volta a Hong Kong em 5 de março), mas não antes de infectar 38 funcionários do hospital em Hanói. Esses funcionários tomaram a extraordinária atitude de se confinar no hospital para proteger o mundo exterior.

Entre os médicos do hospital de Hanói estava Carlo Urbani, especialista em doenças infecciosas da Organização Mundial de Saúde, em visita na cidade. Ele contribuiu e trabalhou incansavelmente por várias semanas. Assim como outros médicos perspicazes que notaram a transmissão entre profissionais de saúde como evidência de disseminação pessoa a pessoa, Urbani reconheceu que uma nova doença infecciosa séria havia surgido. Em 28 de fevereiro, apenas dois dias após Chen ter sido internado no hospital em Hanói, apenas uma semana depois de Liu ter sido internado em Hong Kong e apenas dezesseis dias após a notificação feita pela China à OMS, Urbani comunicou suas observações à OMS.[18] Em 11 de março, ele viajou do Vietnã para a Tailândia, mas adoeceu durante o voo. Ao chegar a Bangkok, avisou o amigo que o aguardava para não tocá-lo e pediu uma ambulância para levá-lo imediatamente ao hospital.[19] Em 29 de março, Urbani morreu. Ele continua muito reverenciado nos círculos de saúde pública.

Outra hóspede, Sui-Chu Kwan, de 78 anos, foi infectada. Ela se hospedou no Hotel Metropole em razão de um voucher gratuito fornecido por uma companhia aérea. Em 23 de fevereiro, ela fez o check-out e retornou para Toronto, Canadá, onde transmitiu a doença ao filho de 44 anos e a outros quatro familiares. Ela morreu em 5 de março e seu filho, em 13 de março, mas não antes de contaminarem profissionais de saúde no Hospital Scarborough Grace.[20] O hospital foi fechado para novos pacientes e visitantes em 25 de março, e milhares de residentes de Toronto foram instruídos a se isolar em casa. Tal como ocorrera em Hong Kong, as autoridades de saúde pública locais se esforçaram para conter a epidemia rastreando as pessoas expostas e isolando os casos. Em última análise, o Canadá teria 241 casos (108 deles profissionais de saúde) e 41 mortes devido a várias importações da Ásia.

Outros hóspedes e visitantes do Hotel Metropole viajaram para diferentes países ao redor do mundo, incluindo Singapura e Taiwan, onde também iniciaram epidemias. O surto em Singapura parece ter sido a primeira semente para os ocorridos nos Estados Unidos. Em 15 de março, o primeiro caso no país foi detectado em um homem de 53 anos que viajou para Singapura e adoeceu em 10 de março. Os agrupamentos subsequentes nos EUA foram identificados com base nas importações de Guangdong, Vietnã e Hong Kong,[21] sendo que três pacientes que deram origem a esses agrupamentos se hospedaram no Metropole. Mas, no final, todo o país teve apenas 33 casos e nenhuma morte. O último caso nos Estados Unidos foi registrado em julho de 2003.

Na China, origem da pandemia, a doença continuou a se espalhar, resultando em 5.327 casos e 349 mortes. Na época, o Dr. Nanshan Zhong (que, anos depois, participaria da equipe de seis especialistas enviada a Wuhan em janeiro de 2020) era o diretor do Instituto de Doenças Respiratórias de Guangzhou, na capital da província de Guangdong. O primeiro paciente com SARS chegou ao instituto no início do surto, em 20 de dezembro de 2002, e, conforme os casos se acumulavam no mês seguinte, Zhong compreendeu o que estava acontecendo. Em 11 de fevereiro de 2003, um dia antes de a China notificar oficialmente a OMS, ele se opôs ao discurso oficial sobre a etiologia, origem e prevalência da doença ao dar uma entrevista coletiva no Departamento de Saúde de Guangdong, na qual explicou causa, prevenção e manejo da nova doença.[22] Em 20 de abril, o prefeito de Beijing e o ministro da Saúde, que, ao contrário de Zhong, minimizaram a ameaça, foram destituídos de seus cargos no Partido Comunista. Zhong tornou-se uma celebridade.

O último caso provável de SARS-1 na China foi relatado em 25 de junho de 2003. Nesse ponto, os cientistas chineses haviam identificado a fonte provável. Em maio de 2003, vírus semelhantes ao que causa a doença em humanos foram isolados de animais que eram consumidos como iguarias. Foram testados 25 animais de 8 espécies (incluindo civetas de palma mascaradas, cães-guaxinins, texugos, castores e lebres), todos obtidos no Mercado Dongmen, em Shenzhen, no sul de Guangdong. Todas as seis civetas e o cão-guaxinim testaram positivo para o coronavírus. Era lógico suspeitar desses animais. Desde o início, os dados epidemiológicos sugeriram que eles seriam a origem da SARS. Os manipuladores e chefs que preparavam esses animais para consumo estavam super-representados entre os casos chineses iniciais de SARS. E estudos posteriores encontraram altos níveis de anticorpos para SARS-1 nos vendedores de animais que trabalhavam em vários mercados de Guangdong em 2003, devido ao fato de terem sido expostos ao vírus. Os comerciantes de animais, por exemplo, tinham níveis muito mais altos de anticorpos do que os comerciantes de vegetais dos mesmos mercados, que serviram como grupo de controle.[23] As análises genéticas revelaram que a fonte definitiva do vírus eram os morcegos, provavelmente por meio de suas excreções.[24]

As companhias aéreas comerciais na primeira pandemia de SARS foram como os navios de cruzeiro na pandemia de 2020. Cinco voos internacionais foram associados à transmissão da doença, embora os pacientes com SARS tenham embarcado em muitos outros. No voo mais afetado, 22 das 120 pessoas a bordo adoeceram em decorrência do caso índice. Sentar-se perto de um paciente infectado aumentava o risco — o que não foi uma surpresa —, mas não era essencial para contrair o vírus. Em um voo, duas pessoas que estavam do outro lado do avião, a sete fileiras e um corredor de distância do paciente, ainda foram infectadas.[25]

Por causa da transmissão em aviões, uma técnica nunca antes utilizada estreou durante a epidemia de SARS: a triagem térmica em aeroportos. Em 2005, em uma viagem a Hong Kong, notei que a técnica ainda estava em uso e me pareceu algo saído de um filme de ficção científica. Não gostei de ver o calor do meu próprio corpo — aliás, nem dos corpos das pessoas ao meu redor — exposto em monitores de vídeo vigiados por seguranças de expressão sisuda. A humilhação não poderia justificar o esforço porque, no final, apenas um número minúsculo de pacientes foi identificado por meio dessas imagens. Pode ser por isso que, quando voltei a Hong Kong, em 2016, esse tipo de triagem já não existia mais. Na verdade, uma análise que combinou os resultados do Canadá, da China, de Taiwan e de Hong Kong mostrou que nem mesmo um único caso de SARS foi detectado pela varredura térmica de mais de 35 milhões de viajantes internacionais — resultado pertinente quando os aeroportos nos Estados Unidos começaram a implementar varreduras térmicas no verão de 2020.[26] Infelizmente, a história das pandemias está repleta de exemplos de tentativas de soluções tecnológicas, muitas vezes caras ou exageradas, que podem desviar o foco de medidas mais eficazes. Mas a retrospectiva é clara, e é difícil culpar aqueles que estão agindo em tempo real para conter a propagação de um invasor invisível.

Em 12 de março, um dia depois da hospitalização do Dr. Urbani na Tailândia e duas semanas após sua notificação à Organização Mundial de Saúde sobre o surto, a OMS emitiu um alerta global sobre uma nova doença infecciosa que causa pneumonia atípica.[27] No dia 16 de abril, o vírus causador da doença fora definitivamente identificado.[28] Em 13 de maio, os surtos em todos os países iniciais foram contidos devido a uma mistura de rastreamento de contato, quarentena, uso de máscara e educação pública.[29] Os alertas de viagens emitidos para países como o Vietnã começaram a ser suspensos naquele mês. É provável que, no hemisfério Norte, a chegada do verão — que muitas vezes atenua surtos de doenças respiratórias — tenha contribuído para a evanescência dessa pandemia.[30]

A pandemia de SARS de 2003 foi a primeira a ser enfrentada, em determinados aspectos, utilizando os modernos avanços da genética, o que permitiu que seu genoma fosse inteiramente sequenciado quase em tempo real e identificou variantes do vírus e sua distribuição geográfica — ferramentas que mais tarde foram postas em prática na pandemia de SARS-2, como vimos no Capítulo 1. Rápidos esforços foram empregados para criar uma vacina contra o vírus SARS-1; eles seguiram até os testes em animais, mas foram abandonados devido à falta de justificativa comercial quando a pandemia foi contida. Das 8.422 pessoas infectadas em todo o mundo, 916 morreram; 20% das mortes foram de profissionais de saúde.[31]

E, assim, a pandemia de SARS de 2003 terminou quase da forma tão abrupta quanto começou. Nem sequer foi oficialmente declarada uma pandemia pela OMS — embora, na minha opinião, atendesse claramente aos critérios de definição, ou seja, "a disseminação mundial de uma nova doença".

Por que o surto de SARS-1 se extinguiu após seu extraordinário ato de abertura — apresentando rápida disseminação global, muitos eventos de superpropagação e preocupação crescente —, enquanto o surto de SARS-2, não? Não se tratava apenas de haver, de alguma forma, uma resposta de saúde pública mais eficiente em 2003. Afinal, a SARS-1 se espalhou por muitos países e em muitos lugares, de mercados a hotéis, hospitais, prédios residenciais e aviões. A razão pela qual a SARS-1 se extinguiu é o fato de o próprio vírus ser diferente do SARS-2 — de maneiras sutis, mas importantes, que dificultavam sua disseminação e, portanto, tornavam a pandemia mais fácil de controlar. As características divergentes dos dois patógenos esclarecem os exatos motivos de o SARS-2 se tornar tão destrutivo.

Paradoxalmente, uma dessas características era que o SARS-1 era, na verdade, *mortal demais*. Os epidemiologistas quantificam a letalidade dos patógenos de duas maneiras principais. A *taxa de mortalidade de infecção* (IFR, na sigla em inglês) é a probabilidade de uma pessoa morrer se for infectada. A *taxa de letalidade de casos clínicos* (CFR, na sigla em inglês) é a probabilidade de uma pessoa morrer após ser diagnosticada com a doença por um profissional de saúde. Às vezes, em substituição à CFR, é usada a *taxa de letalidade sintomática* (sCFR), que é a probabilidade de uma pessoa morrer se simplesmente apresentar sintomas da infecção. Essa pode ser uma métrica melhor, dadas as particularidades envolvidas no fato de as pessoas procurarem ou obterem atendimento médico.

Como a pandemia de SARS-1 já ficou para trás, é muito fácil calcular sua CFR simplesmente dividindo todas as mortes observadas pelo número de casos reportados. Como a doença matou 916 das 8.472 pessoas que procuraram atendimento médico em todo o mundo, uma CFR bruta é de 10,9%. Mas para algumas populações, como idosos em Hong Kong, cerca de 50% dos pacientes infectados morreram.[32] Quando uma doença é muito mortal, ela mata as vítimas tão rapidamente que o patógeno não tem muito tempo para se espalhar. É por isso que as epidemias de Ebola, extremamente mortais, que emergem na África a cada poucos anos tendem a se extinguir. A CFR para o Ebola e seu primo ainda mais mortal, o vírus Marburg, pode atingir a assustadora faixa de 80% a 90% em alguns surtos.[33] Embora o SARS-1 fosse mais brando nesse aspecto do que o Ebola, o vírus ainda matava as vítimas rápido demais para se espalhar com eficácia.

Em comparação, quão mortal é o SARS-2? Obter a IFR e a CFR para o SARS-2 foi muito difícil nos primeiros meses da epidemia. Essa dificuldade se apresenta toda vez que surge uma nova epidemia, por vários motivos. Discernir o real denominador — seja o número de pessoas infectadas, seja o número de sintomas — é difícil. Por um lado, a falta de testes, sobretudo no início, prejudica a identificação de quem está infectado, principalmente se muitos são assintomáticos. Além disso, muitas pessoas doentes não procuram atendimento médico se os sintomas forem leves. Ou, inversamente, elas podem não ser diagnosticadas se morrerem rápido demais para ir ao médico.

O numerador também pode ser difícil de calcular. Mesmo no *Diamond Princess*, onde o denominador era conhecido com certeza (já que sabíamos quantas pessoas estavam no navio e ninguém pôde sair), a CFR calculada foi piorando com o passar do tempo, pois mais pacientes sintomáticos, mas vivos quando os cálculos iniciais foram feitos, acabaram morrendo; isso torna a CFR um alvo móvel até bem depois do surto. Outro problema que afeta o numerador é o fato de que pessoas que se pensava terem morrido de uma causa diferente, como um ataque cardíaco, tiveram suas mortes posteriormente confirmadas como decorrentes da Covid-19 (o caso de Patricia Dowd, por exemplo, cuja causa mortis foi inicialmente identificada incorretamente em São Francisco) e, portanto, precisam ser adicionadas ao número de mortalidade.

Sendo assim, no início de uma epidemia, é difícil obter a CFR. Não obstante, a maioria das autoridades, usando uma ampla gama de dados, amostras e métodos de países ao redor do mundo, concluiu que a CFR geral para Covid-19 estava na faixa de 0,5% a 1,2%. Como cerca de metade (ou mais) dos pacientes com SARS-2 são assintomáticos, isso significa que a IFR era a metade da CFR, ou seja, estava na faixa de 0,25% a 0,6%. Uma CFR de cerca de 0,5% a 1,2% significa que ela é pelo menos dez vezes *menos* letal do que o SARS-1. Compare isso também com a gripe sazonal normal, que tem uma CFR geral de cerca de 0,1%. Para resumir, o SARS-1 foi dez vezes mais mortal do que o SARS-2, que, por sua vez, é dez vezes mais mortal do que a gripe comum.

No entanto, há mais uma peculiaridade. Embora o SARS-2 seja menos mortal do que o SARS-1 para um caso específico, isso não significa que seja menos perigoso no geral. Imagine uma população de mil pessoas e um patógeno que infecte vinte delas; esse patógeno deixa essas pessoas gravemente doentes e mata duas delas. Isso resulta em uma CFR de 10%. Agora imagine outra população de mil pessoas e outro patógeno que faz a mesma coisa — deixa vinte pessoas gravemente doentes e mata duas delas —, mas esse patógeno também infecta outras 180 pessoas, deixando-as leve ou moderadamente doentes, sem matá-las. A CFR para o último caso é de duas mortes em duzentos pacientes, ou 1%, fazendo com que a segunda doença pareça muito mais branda. Mas, na realidade, ela é *pior* no geral. Ninguém preferiria estar no segundo grupo de mil pessoas em vez do primeiro.

Alguns cientistas pensam que, dada a grande variedade de sintomas e gravidades que vimos no Capítulo 1, o SARS-2 se encaixa no segundo caso. Ele pode infectar os pulmões, deixando as pessoas gravemente doentes com pneumonia, mas também pode infectar as vias aéreas superiores, causando sintomas leves nas pessoas.[34] O que já aprendemos sobre a biologia do SARS-2 corrobora essa ideia.

Apenas sete tipos de coronavírus infectam humanos. Quatro deles causam o resfriado comum — dois, OC43 e HKU1, vieram originalmente de roedores, e os outros dois, 229E e NL 63, de morcegos. Os outros três tipos que afligem os seres humanos são o SARS-1, o SARS-2 e a Síndrome Respiratória do Oriente Médio, conhecida como MERS, na sigla em inglês. Claro, existem mais tipos de coronavírus, alguns ainda não descobertos, mas eles afetam morcegos e outros animais. Os vírus que causam o resfriado comum em humanos se ligam com mais facilidade às células das vias aéreas superiores (acima da laringe), enquanto os vírus que causam doenças mais sérias se ligam mais facilmente às células dos pulmões, o que ajuda a explicar por que são muito mais letais. O SARS-2 é especial, pois pode se ligar às células em ambos os locais, o que contribui para sua ampla gama de sintomas e também o torna mais transmissível. Em outras palavras, o SARS-2 parece ter a facilidade de transmissão de um resfriado comum, mas a letalidade do SARS-1.

Outra característica crucial que tornou o SARS-1 mais controlável do que o SARS-2 é que ele, em geral, não era transmissível antes de o paciente ser sintomático. Foi por isso que uma grande porcentagem de infecções por SARS-1 apareceu em profissionais médicos — eles foram expostos a pacientes com SARS-1 que já estavam bastante doentes. Esses pacientes eram mais infecciosos exatamente quando iam para o hospital, muitas vezes perto da morte. Mas o SARS-2 é transmissível antes que surjam os sintomas. Em fevereiro e mesmo em março de 2020, nos Estados Unidos, escolas e locais de trabalho ainda aconselhavam as pessoas a ficarem em casa apenas se apresentassem sinais óbvios de doença. Os frequentadores de igrejas ainda trocavam sinais físicos de paz nos cultos de domingo — e até bebiam o vinho da comunhão em um cálice compartilhado —, contanto que não estivessem febris ou tendo acessos de tosse. Essas recomendações brandas eram frequentemente feitas apesar de os cientistas estarem descobrindo que portadores assintomáticos eram um problema real (o diretor-geral do Centro de Controle e Prevenção de Doenças havia anunciado isso publicamente em meados de fevereiro).[35] Em uma atitude surpreendente, o governador da Geórgia (um estado que abriga o CDC desde sua fundação, em 1946) afirmou não ter percebido que a infecção assintomática era possível até 1º de abril, apesar de essa descoberta ter sido registrada na literatura científica em janeiro.[36]

O tempo entre o momento da infecção e o do aparecimento de sinais ou sintomas é denominado *período de incubação*. No caso do SARS-2, ele varia de dois a quatorze dias (daí os quatorze dias recomendados de isolamento) e, em geral, é de seis a sete dias. No caso do SARS-1, o período de incubação era menor, variando de dois a sete dias. Mas há outro intervalo importante, o *período de latência*, que é o tempo entre o momento em que uma pessoa é infectada e em que ela se torna *infecciosa* — isto é, capaz de espalhar a doença para outras pessoas.

O período de incubação e o período de latência nem sempre são iguais. No SARS-2, o segundo costuma ser mais curto do que o primeiro, mas, em geral, não era assim com o SARS-1. A diferença entre o período de latência e o período de incubação às vezes é conhecida como o *período de defasagem*, que é o período de incubação menos o período de latência. A diferença entre esses dois períodos pode ser positiva ou negativa. Em uma condição em que a diferença é positiva, como o HIV, o período de incubação é maior que o período de latência, e pacientes assintomáticos podem ser infecciosos por algum tempo (nessa situação, o período de defasagem é denominado *período de infecciosidade subclínica*), conforme mostrado na Figura 5. Em uma condição em que a diferença é negativa, como a varíola, o período de latência é mais longo (ou tem a mesma duração) que o período de incubação, e os pacientes devem ser sintomáticos antes de serem infecciosos.

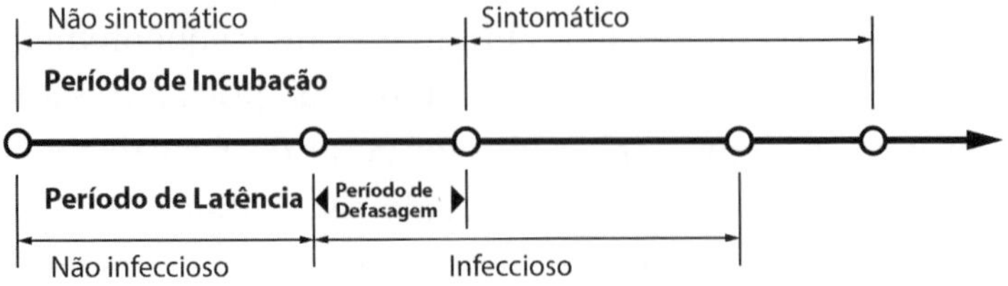

Figura 5: Períodos importantes no curso de uma infecção, com durações ilustrativas, mostram que se o período de latência for menor que o período de incubação, como no SARS-2, pode haver transmissão assintomática (uma "brecha na quarentena") durante o período de defasagem.

No SARS-1, o período de latência foi igual ou talvez um pouco mais longo do que o período de incubação, de modo que os pacientes geralmente não eram infecciosos até que apresentassem os sintomas. Mas, no SARS-2, esse não é o caso. Embora os pacientes com Covid-19 demorem em média cerca de sete dias desde a exposição para apresentar os sintomas, uma porcentagem significativa de portadores pode espalhar a doença por dois a quatro dias *antes* de serem sintomáticos. O anúncio dessa descoberta foi uma notícia desagradável que muitos políticos e outros esperavam negar e que, no começo da pandemia, muitos médicos, inclusive eu, desejavam que não se confirmasse. Mas, desde o início, as evidências publicadas na China corroboraram essa descoberta. Um minucioso estudo inicial de 468 pares de infectantes-infectados (por exemplo, dentro de famílias que viajaram juntas) descobriu que 12% envolviam transmissão *antes* de o infectante ser sintomático.[37] E um exame de 124 pacientes de Wuhan com um histórico evidente de contato descobriu que 73% dos casos secundários estavam infectados *antes* do aparecimento dos sintomas nos casos primários.[38] Estudos subsequentes de diferentes países confirmaram essas observações.[39] Na verdade, em muitos casos, parecia que um a dois dias antes de uma pessoa manifestar os sintomas era quando a Covid-19 talvez fosse mais contagiosa.

A transmissão assintomática pode representar um desafio óbvio para a gestão de saúde pública, uma vez que pacientes podem espalhar a doença inadvertidamente. Se a maior parte da transmissão ocorre antes que a doença seja aparente (como acontece no HIV), medidas de controle *reativas* (nas quais os profissionais de saúde pública aguardam o aparecimento de casos para tomar medidas como rastreamento de contato e quarentena) serão ineficazes. Por outro lado, o controle bem-sucedido da doença (como aconteceu com o SARS-1) é facilitado pela baixa transmissão por pessoas assintomáticas, uma vez que as pessoas que estão claramente doentes são mais fáceis de identificar e colocar em quarentena antes que possam espalhar a doença em demasia. Ou seja, mesmo que colocássemos em quarentena todas as pessoas com sintomas de SARS-2, outras pessoas infectadas, sem sintomas, escapariam da rede e seriam capazes de transmitir a doença. Para ficar claro, a existência de transmissão assintomática de SARS-2 *não* significa que os médicos não devam se preocupar em avaliar os pacientes quanto a sintomas como febre e pedir-lhes que se isolem. Isolar portadores e pacientes ainda é essencial. Mas essa ação por si só não é capaz de impedir a epidemia. Essa é a razão pela qual a *testagem* de pessoas assintomáticas ou minimamente sintomáticas é tão importante e por que o atraso na implementação de testes generalizados para Covid-19 nos Estados Unidos (em comparação com, digamos, a Coreia do Sul) foi tão lamentável. Os testes permitem que os pacientes saibam que estão infectados, mesmo quando não apresentam sintomas, e permite que as autoridades sugiram (ou obriguem) o isolamento domiciliar nesses casos.

Além da CFR e do período de defasagem, outro parâmetro-chave do SARS-2 foi investigado no início de 2020: quantos novos casos cada caso origina? Para cada infectado, quantas outras pessoas, em média, são infectadas por esse indivíduo? Esse número é conhecido como *número efetivo de reprodução,* denotado como R_e (às vezes também conhecido como *taxa de reprodução efetiva*).

O R_e é diferente de um parâmetro mais básico, o R_0 (pronuncia-se "R zero"), que foi o que a personagem de Kate Winslet rabiscou em um quadro branco diante de uma incrédula equipe de mídia no filme *Contágio.* O R_0 é o número médio esperado de infecções secundárias para cada caso primário *em uma população incauta e totalmente suscetível, sem histórico anterior da doença.* O R_0 mensura a capacidade de um patógeno de *iniciar* um surto e reflete o grau em que é infeccioso na *ausência* de quaisquer medidas para controlá-lo. O R_e, no entanto, reflete a propagação em tempo real da epidemia mais tarde em seu curso, quando a população não é mais "incauta". O R_e é suscetível a reações humanas.

Alguns patógenos são intrinsecamente mais transmissíveis e se espalham com mais facilidade de uma pessoa para outra, enquanto outros são muito menos infecciosos. Por exemplo, o sarampo é uma das doenças mais infecciosas conhecidas, com um R_0 estimado entre 12 e 18 (ou seja, um único infectado, em geral, é capaz de infectar entre doze e dezoito pessoas). O da catapora é de 10 a 12. O da varíola é de 3,5 a 6. O do Ebola é de 1,5 a 1,9. O da influenza sazonal varia de 0,9 a 2,1.[40]

Quando o número de reprodução (seja R_0, seja R_e) é superior a 1, significa que o número de casos aumentará. Essa é a própria definição de uma epidemia infecciosa. Quando o número de reprodução é inferior a 1, a contagem de casos cairá com o tempo (já que cada caso existente não pode nem se substituir), e a epidemia é contida. Quando o número de reprodução é de aproximadamente 1 (seja de forma natural, seja por causa das ações que a sociedade realiza), a doença está se mantendo estável — o que é parte do que queremos dizer ao afirmarmos que uma doença infecciosa se tornou endêmica em uma população.

Em outras palavras, não é apenas a infecciosidade intrínseca do patógeno que importa. Aspectos do *hospedeiro* e do *ambiente* também importam, e é por isso que o número de reprodução efetiva, R_e, é importante. Por exemplo, imagine que nós, os infelizes hospedeiros do SARS-2, adotamos o comportamento extremo de cada um morar sozinho em uma cabana no topo de uma montanha. Nesse caso, as pessoas inicialmente infectadas não conseguiriam espalhar o patógeno para mais ninguém. Ou imagine que, em algum ponto no final da epidemia, a maioria das pessoas ficou imune ao patógeno. Isso certamente afetaria sua transmissibilidade. Em ambos os casos, à medida que a epidemia progredisse, uma pessoa doente teria cada vez menos probabilidade de encontrar pessoas suscetíveis à infecção. O R_e diminui naturalmente à medida que a epidemia avança porque as pessoas suscetíveis são infectadas e, como resultado, morrem ou sobrevivem e adquirem imunidade (em maior ou menor grau). Assim, os comportamentos e atributos do hospedeiro do patógeno são importantes. Como o meio ambiente importa? Imagine que um patógeno é muito sensível ao calor e, portanto, se espalha com facilidade em climas frios, mas não em climas quentes. Como consequência desses fatores relacionados ao hospedeiro e ao ambiente, o mesmo patógeno se sairia de maneira muito diferente se infectasse eremitas no Monte Atos no verão ou festeiros habitantes da cidade de Nova York no inverno.

Para o SARS-1, o R_0 foi calculado para estar na faixa de 2,2 a 3,6, e provavelmente está entre 2,6 e 3.[41] Mas o R_e pode variar, dependendo de nossa resposta coletiva à doença. Por exemplo, no início do surto de SARS-1 em Singapura, o R_e talvez fosse 7 durante a primeira semana, mas a cidade-Estado respondeu prontamente para interromper a epidemia implementando procedimentos como quarentena, e esse número caiu para 1,6 na segunda semana, depois para abaixo de 1 na terceira semana.

Tal como acontece com os períodos de incubação e de latência, essas descrições do número de reprodução relacionaram-se até agora com a situação epidêmica *na média*. Com um R_0 médio de 3, um único caso de SARS-1 criou três novos. Mas houve variação. Alguns pacientes não infectaram ninguém ou infectaram apenas uma pessoa, enquanto outros infectaram dezenas de outras pessoas, como vimos com o Dr. Liu (embora não necessariamente por culpa própria). Essas pessoas são conhecidas como superpropagadoras. A Figura 6 ilustra como algumas cadeias de transmissão podem acabar em um beco sem saída e como outras podem gerar muitas vítimas. Os círculos indicam pessoas e as linhas indicam interações sociais e oportunidades de transmissão. Os círculos pretos são pessoas infectadas e os brancos são pessoas não infectadas. O caso índice, na extrema esquerda em preto, infecta quatro pessoas, que, por sua vez, têm um número variável de conexões e não infectam ninguém, infectam três outras pessoas ou infectam muitas pessoas em um evento de superpropagação.

Essa *variação* no R_0 entre indivíduos de uma população pode ser quantificada, e essa quantificação pode ter efeitos sutis, mas importantes, no curso de uma epidemia. Quanto maior for essa variação (ou dispersão), maior será a probabilidade de uma epidemia apresentar *ambas* características: eventos de superpropagação *e* cadeias de transmissão sem saída. Ou seja, uma epidemia envolvendo uma população de pessoas para a qual o R_0 é um 3 constante para cada indivíduo pode ter um curso muito diferente de uma epidemia envolvendo uma população para a qual o R_0 varia de 0 a 10, mesmo se o R_0 médio ainda for 3. Se essa variação no R_0 for grande, o risco de um surto começando em qualquer pessoa cai substancialmente, pois haverá muito mais pessoas que não transmitem o patógeno do que pessoas que o transmitem. Nesse caso, muitas importações de pessoas infectadas de um lugar para outro são necessárias para semear a epidemia no novo local. No Capítulo 1, vimos um exemplo disso em Seattle, onde a cadeia de transmissão na verdade se extinguiu com o Paciente Zero. Outras importações para Seattle foram necessárias para deflagrar a epidemia na cidade.

Considere a seguinte hipótese para ilustrar de forma simplificada essa ideia. Digamos que haja um grupo de cem pessoas infectadas com um vírus. Uma delas é uma superpropagadora que pode disseminar a doença para 300 pessoas, e 99 não são infecciosas. O R_0 médio nessa população hipotética de cem é 3, mas há uma variação muito grande na infecciosidade. Se apenas uma pessoa de tal população for escolhida aleatoriamente para viajar para outro lugar, isso significa que, em 99 de 100 vezes, a viagem não resultará em *epidemia*. Em comparação, se houver um grupo de cem pessoas em que cada uma pode transmitir a doença a três, o R_0 médio ainda é 3, mas agora não há variação na infecciosidade. Escolher um membro desse segundo grupo para viajar para outro lugar significa que o evento *certamente* começará uma epidemia no destino. Embora em ambos os grupos o patógeno tenha o mesmo R_0 médio, o fato de a *variação* do R_0 ser *menor* para o último grupo significa que o patógeno tem muito mais probabilidade de semear novas infecções em outras comunidades.

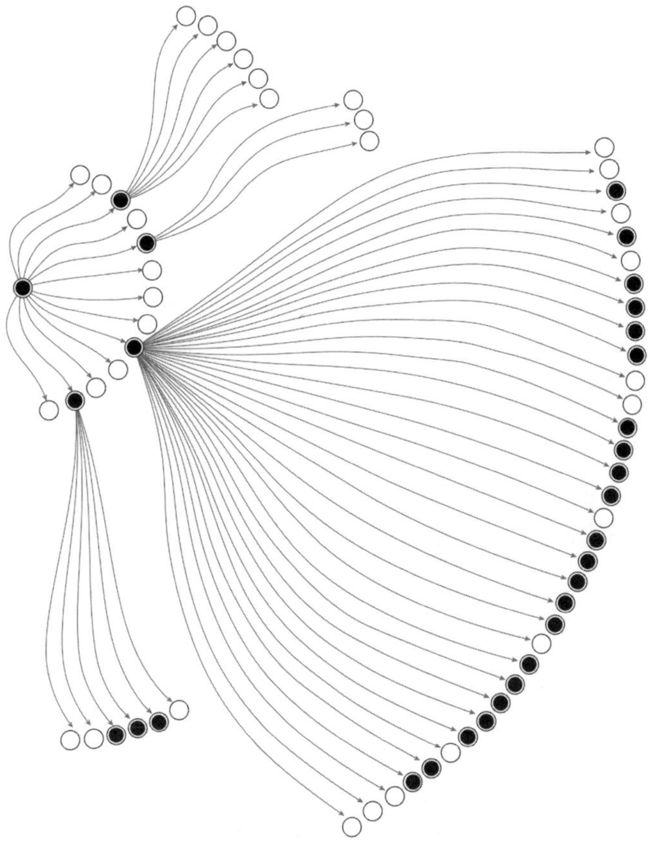

Figura 6: A variação na disseminação de um patógeno em um conjunto de conexões sociais pode resultar em um evento de superpropagação e em cadeias de transmissão sem saída (círculos em preto são pessoas infectadas e círculos brancos são pessoas não infectadas).

Uma epidemia com grande variação no R_0 individual se manifesta com muitos superpropagadores e eventos de superpropagação. Foi o que aconteceu com o SARS-1,[42] no qual estimou-se que quatro importações eram necessárias para que uma cadeia de transmissão fosse iniciada (as outras três importações não iniciariam epidemias e se extinguiriam). No entanto, quando ocorreu um surto, era provável que fosse explosivo. Para o SARS-2, parece que a variação no R_0 é um pouco menor do que para o SARS-1; portanto, embora ocorram eventos de superpropagação, eles são menos comuns do que as cadeias de transmissão mais frequentes e sem grandes consequências.[43]

A origem da superpropagação e da variação no número de reprodução, seja quantificada como R_0, seja como R_e, pode estar relacionada, mais uma vez, não apenas ao patógeno, mas também ao hospedeiro e ao ambiente. As diferenças individuais nos hospedeiros são importantes. Por razões que não são bem compreendidas, algumas pessoas podem liberar mais vírus ou podem expeli-lo por um período mais longo, criando mais casos secundários. Ou elas podem ter variações em sua propensão a tossir, o que as torna mais propícias a espalhar o vírus. As diferenças individuais de comportamento também podem ser importantes; pessoas que gostam de passar mais tempo em grandes grupos socializando ou que deixam de lavar as mãos com frequência têm maior probabilidade de se tornarem superpropagadoras.

Alguns casos de superpropagação podem estar relacionados simplesmente ao fato de que alguns indivíduos entram em contato com um grande número de pessoas no curso rotineiro de suas vidas ou podem ter mais conexões sociais. Para ser justo, as pessoas populares têm maior probabilidade de serem infectadas, bem como de infectar várias outras (a exemplo dos muitos políticos e atores infectados no início da pandemia de Covid-19). Considere, por exemplo, o diagrama de rede social na Figura 7, que mostra 105 pessoas reais. Cada círculo é uma pessoa, e as linhas indicam amizades entre pares de pessoas. A pessoa A tem quatro conexões e a B, seis. B será capaz de espalhar o patógeno mais facilmente do que A. Mas agora olhe para C em comparação com B. Ambas têm seis conexões. Mas C tem outra característica: os amigos de C têm mais conexões do que os amigos de B. Isso torna C mais central na rede, o que fica evidente na própria imagem. E isso significa que C pode, em geral, espalhar o patógeno mais rapidamente para mais pessoas do que A ou B.

Em muitas redes sociais do mundo real, a maioria das pessoas tem poucos contatos e uma pequena minoria tem muitas conexões. Essa pequena minoria é aquela que muitas vezes se torna superpropagadora.

Portanto, o SARS-2 tem mais probabilidade de infectar essas pessoas bem relacionadas, e é mais provável que elas o espalhem para um grande número de pessoas.[44] Na verdade, os modelos matemáticos de uma doença que se dissemina por essas redes com superpropagadores espelham fielmente a trajetória observada de casos reais de Covid-19.[45] No entanto, apenas ter um grande número de contatos, independentemente de como são definidos ou apurados, não significa que alguém seja *necessariamente* um superpropagador — lembre-se de que, ao rastrearem os contatos do casal de Illinois (o primeiro caso de transmissão pessoa a pessoa de SARS-2 confirmado por laboratório), as autoridades de saúde descobriram que *nenhum* de seus 372 contatos foi infectado.[46]

A existência de variação natural no número de amizades e conexões dos indivíduos traz mais uma implicação. Isso significa que pode não ser necessário ter tantas pessoas expostas a um vírus antes que uma população atinja o importante limiar conhecido como imunidade de rebanho. Imunidade de rebanho é a ideia de que um grupo de pessoas pode ser coletivamente imune a uma doença infecciosa, mesmo que nem todos na população sejam individualmente imunes. O termo tem origem veterinária, mas se aplica bem a seres humanos. O conceito é que, se um número suficientemente grande de pessoas adquiriu imunidade a uma doença (seja por contrair e sobreviver à infecção, seja por se vacinar), então é improvável que qualquer indivíduo nessa população que contraia a doença tenha contato com outra pessoa a quem possa infectar. Como consequência, mesmo se a cadeia de transmissão de alguma forma fosse iniciada, ela se extinguiria.

Todavia, é aí que a estrutura das redes sociais entra mais uma vez em ação. Como as pessoas variam em quantidades de conexões sociais, indivíduos populares com muitas conexões (como a pessoa C) tendem a ser infectados mais cedo no curso de uma epidemia do que pessoas aleatórias escolhidas na mesma população. Por causa de suas muitas interações sociais, as pessoas populares têm um risco maior de exposição. Por exemplo, quando meu laboratório analisou um surto durante a pandemia de influenza H1N1 de 2009, descobrimos que, a cada pessoa extra a identificar um indivíduo como amigo, havia uma propensão de ele contrair a gripe oito dias mais cedo no curso da epidemia. Isso significa que, na Figura 7, B seria infectado cerca de dezesseis dias antes de A, pois B tem dois amigos a mais do que A.[47]

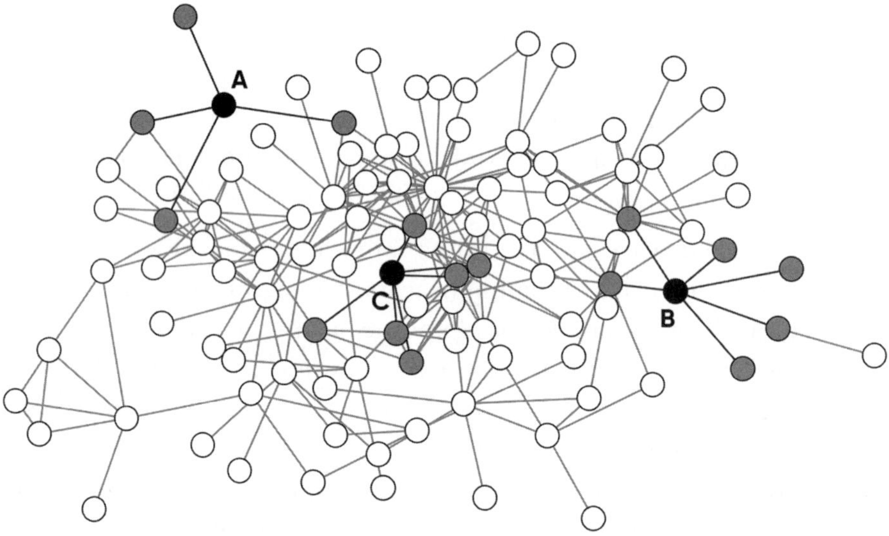

Figura 7: Esta é uma rede social real de 105 pessoas e as conexões entre amigos. Três pessoas (também conhecidas como nós em uma rede) com diferentes números de conexões são destacadas. O nó A tem quatro amigos. Os nós C e B têm seis amigos, mas é mais provável que C adoeça e espalhe um patógeno como o SARS-2, porque C é mais central.

No entanto, isso também significa que as pessoas populares têm maior probabilidade de se tornarem imunes no início de uma epidemia. E, se todas as pessoas populares se tornassem imunes cedo, relativamente mais caminhos para o vírus se espalhar pela sociedade seriam extintos. Pessoas impopulares são menos preocupantes do ponto de vista do controle epidemiológico, pois intrinsecamente infectam menos pessoas, então sua imunidade é menos importante. Isso também significa, aliás, que vacinar pessoas com muitas conexões é mais útil do que vacinar pessoas com poucas conexões.

Por fim, o *ambiente* pode facilitar eventos de superpropagação, como um surto de SARS-2 em um coro no estado de Washington em março de 2020. O ato de cantar envolve a expulsão do ar com grande força, o que provavelmente contribui para a propagação. Nesse caso, uma pessoa infectada fazia parte de um grupo de 61 cantores que permaneceram em um local densamente povoado por duas horas e meia.[48] Cinquenta e dois deles contraíram o vírus do caso índice; dentre eles, três foram hospitalizados e, destes, apenas um sobreviveu. Uma análise na Coreia do Sul mostrou que os surtos eram mais comuns nas aulas de zumba do que nas aulas de Pilates por um motivo semelhante.[49] A respiração pesada, rápida e profunda ou os gritos podem ser um fator de risco para a transmissão, enquanto a respiração lenta e suave, não. Mas os ambientes fechados desempenham um papel importante. Outros eventos de superpropagação envolveram a reunião de um grande número de pessoas em ambientes internos. Em um funeral na Geórgia, em 29 de fevereiro de 2020, alguém espalhou o vírus para duzentas pessoas, o que acelerou uma epidemia mais ampla naquele estado.[50] Em fevereiro, algo semelhante aconteceu em Boston em uma reunião de executivos de uma empresa de biotecnologia — dezenas de pessoas foram infectadas.[51] E tem havido surtos superpropagadores em prisões, lares de idosos, hospitais, fábricas e outros locais fechados onde as pessoas estão densamente aglomeradas. Um estudo de 318 surtos de três ou mais casos na China nos primeiros dias da pandemia descobriu que todos, exceto um, ocorreram em ambientes fechados.[52]

Uma das implicações positivas da superpropagação é que, se pessoas ou ambientes propensos a ela puderem ser identificados, os esforços de controle de infecção podem ser direcionados, levando, talvez, a grandes ganhos em eficácia e eficiência. Não precisamos necessariamente interromper todas as interações sociais; podemos nos concentrar em convenções e casas noturnas lotadas, por exemplo. E podemos transferir eventos religiosos ou de outro tipo para ambientes externos ou para o modo online.

Para mais uma comparação, consideremos brevemente a segunda epidemia mortal de coronavírus antes desta: a da MERS, sigla em inglês que significa Síndrome Respiratória do Oriente Médio. A MERS apareceu pela primeira vez em 2012 e tem sintomas muito semelhantes aos das duas pandemias de SARS. Em 2020, havia apenas cerca de 2.500 casos em todo o mundo. A maioria deles (80%) ocorreu na Arábia Saudita, embora a doença tenha surgido em 26 outros países, quase sempre em pessoas que viajaram para o Oriente Médio.[53] A doença também teve origem em morcegos, mas o hospedeiro intermediário são os camelos, que, ao que parece, adquiriram o vírus há algumas décadas. O contato com um camelo infectado (ou produtos de camelo) pode levar à infecção, assim como um contato substancial com uma pessoa infectada.

A CFR estimada para a MERS é de 35%, o que a torna cerca de três vezes mais mortal do que o SARS-1. Mas o R_0 é baixo. A transmissão pessoa a pessoa não é fácil. A maioria dos casos ocorre entre contatos familiares íntimos ou profissionais de saúde que cuidam de um paciente infectado. Vários estudos sugeriram que o R_0 da MERS é, na verdade, cerca de 1, ou mesmo abaixo (embora outros estudos tenham o estimado entre 2,0 e 2,8).[54] Como já aprendemos, um valor tão baixo seria inferior ao "limiar da epidemia", uma vez que um R_0 de 1 significa que cada paciente transmite o vírus a apenas uma pessoa, impossibilitando de forma efetiva o crescimento de uma epidemia.

A partir dessa revisão dos parâmetros epidemiológicos básicos, podemos ver que, em comparação com o SARS-1 em 2003, o SARS-2 em 2020 tem características intrínsecas que o tornam muito mais ameaçador.

Na maioria das estimativas, o R_0 do SARS-2 é quase igual ao do SARS-1, em cerca de 3. Na verdade, isso é preocupantemente alto para um patógeno; basta compará-lo ao R_0 da gripe comum, que é de 0,9 a 2,1.[55] Mas o SARS-2 tem uma dispersão menor em R_e, o que significa que as cadeias de transmissão têm menos probabilidade de serem becos sem saída, o que torna a disseminação do SARS-2 mais fácil do que a do SARS-1. O SARS-2 também é menos mortal do que o SARS-1, com um CFR de menos de 1% (em comparação com cerca de 10% do SARS-2). Como vimos, isso torna o SARS-2 paradoxalmente *mais* preocupante, porque um número maior de pessoas sobrevive, e se locomove por mais tempo, para transmiti-lo. Por fim, e talvez o mais importante, ao contrário do SARS-1, o SARS-2 tem um período de defasagem positivo; isso permite a transmissão assintomática e dificulta muito as respostas tradicionais de saúde pública baseadas em detecção e quarentena.

O resultado de todos esses fatores é que há uma probabilidade muito alta de que o SARS-2 infecte uma grande porcentagem da população antes que a pandemia termine — um parâmetro epidemiológico conhecido como *taxa de ataque* (o número total de casos de infecção em uma população no final de uma epidemia dividido pela população total). Para o SARS-1, a taxa de ataque foi infinitesimal, com apenas uma pequena fração do planeta infectada até o fim da pandemia, já que 8.422 pessoas em 6,314 bilhões representam apenas 0,00013%. No entanto, para o SARS-2, provavelmente pelo menos 40% da população humana será infectada até o final, talvez até 60%.

Assim como esses parâmetros epidemiológicos nos ajudam a comparar o SARS-2 com outros coronavírus, eles também podem nos ajudar a aprender com as pandemias de doenças respiratórias causadas por outras espécies de vírus, como o da gripe.

Durante quase trinta anos, tenho ensinado sobre o declínio da mortalidade nos Estados Unidos durante o século XX. Esse declínio teve muitas causas, incluindo o aumento da riqueza em nossa sociedade, mudanças nos comportamentos e nas práticas de saúde pública (como saneamento e vacinação) e o surgimento da medicina moderna (embora, como veremos no Capítulo 3, as intervenções médicas tenham desempenhado um papel menor do que se possa imaginar). No entanto, independentemente da razão para isso, quando olhamos para a curva das taxas gerais de mortalidade em nossa sociedade no século XX, a mortalidade cai continuamente ao longo do tempo, com apenas ocasionais pontinhos ascendentes de resistência ao nosso progresso. Porém, no gráfico da Figura 8, há um enorme aumento de mortes em 1918. Sempre destaquei esse pico discrepante para meus alunos — essa é a chamada pandemia de gripe espanhola. Meus alunos a encararam como uma curiosidade exótica, e eu comentei o assunto como uma relíquia enterrada em segurança no passado, da mesma forma que um pai contaria ao filho adulto como este se curou da leucemia quando era pequeno. Mas era tolice imaginar que tal coisa não pudesse acontecer de novo.

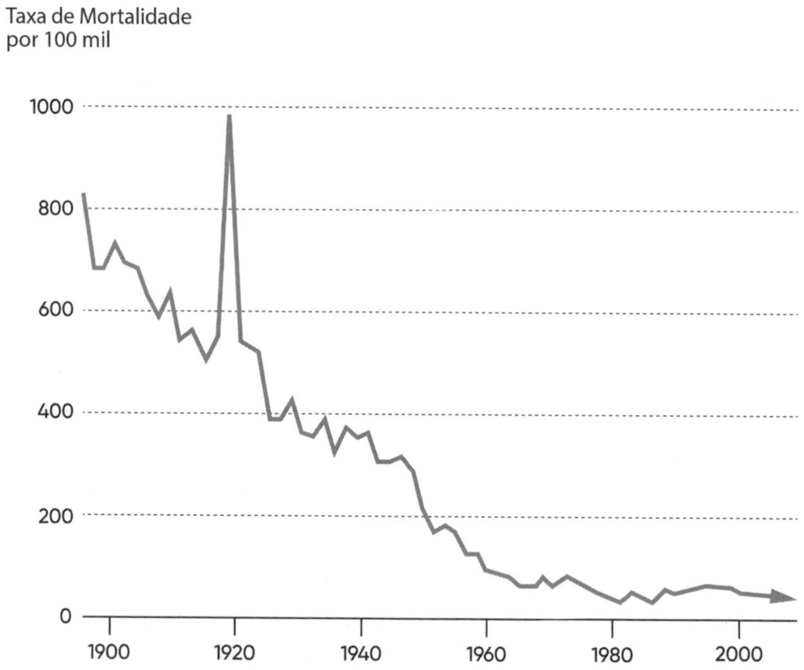

Figura 8: Desde 1900, a mortalidade nos Estados Unidos diminuiu no geral, mas o aumento na mortalidade durante a pandemia de influenza de 1918 se destaca.

É claro que não é surpreendente que poucas pessoas além de historiadores e epidemiologistas se lembrem dos detalhes da pandemia de influenza de 1918, a praga mais mortal do século passado. Mas a maioria das pessoas com quem conversei desde o início da pandemia de SARS-2, incluindo aquelas com idade suficiente para tê-las vivenciado, também não se lembra das pandemias de influenza de 1957 ou 1968. Eu tinha seis anos em 1968, essa é a minha desculpa. Entretanto, me lembro da pandemia de gripe suína de 1976 que nunca se materializou, apesar de ter sido profetizada. Lembro principalmente porque a vacina lançada para combater o vírus causou uma condição neurológica grave, mas reversível (síndrome de Guillain-Barré) em uma em cada 100 mil pessoas, e um dos meus professores na Harvard School of Public Health escreveu um livro sobre o assunto, que li em 1987.[56] Também me lembro bem da pandemia de H1N1 de 2009, outra gripe suína, essa originária do México, já que naquela época eu era professor da Harvard Medical School e fazia pesquisas sobre o surto. Embora a pandemia de 2009 seja recente, a maioria das pessoas nem se lembra dela simplesmente porque foi muito branda e houve poucas mortes. E, assim, ela também não conquistou o respeito do público.

Como alguém que estudou todos os surtos de gripe ocorridos no século passado, naturalmente usei-os como pontos de referência quando a Covid-19 começou a ganhar força. Em fevereiro de 2020, quando as estimativas preliminares sobre a CFR e o R_0 para o SARS-2 começaram a chegar da China, fiquei cada vez mais convencido de que a mais semelhante à de Covid-19 era a pandemia de influenza de 1957. Eu sabia que não seria leve, como a pandemia de H1N1 de 2009, e temia (mas duvidava) que seria como em 1918.[57] Na época, eu dava aulas de saúde pública em Yale. Em janeiro, início do semestre — quando ainda estava alheio ao bater de asas da borboleta na China —, ministrei minha aula usual para os alunos sobre a "aberrância" que a pandemia de 1918 havia causado na curva do declínio constante de mortalidade durante o século XX. Eu não esperava que, dentro de dois meses, nós enfrentássemos um risco real de outro aumento.

Em 5 de março de 2020, dei uma palestra sobre Covid-19 e sua provável gravidade. Os alunos sairiam para o recesso de primavera no dia seguinte; e, enquanto eu olhava para o mar de rostos curiosos e felizes, tentei ser esperançoso e objetivo. Temia que eles não pudessem voltar ao campus, já que a pandemia provavelmente pioraria durante o recesso. E eu estava certo.

A fim de me parametrizar, usei uma abordagem clássica. Montei uma amostra de pandemias respiratórias do século XX e as representei em um gráfico usando dois números: a CFR (que indexava a gravidade da doença) e o R_0 (que indexava a transmissibilidade), conforme mostrado na Figura 9.[58] Fazer isso realmente focou minha atenção. Usei estimativas desses parâmetros divulgadas pela China em fevereiro e me pareceu que o SARS-2 tinha letalidade e transmissibilidade intermediárias, tornando-o pelo menos tão grave quanto a pandemia de influenza de 1957. Por fim, houve 115.700 mortes excedentes nos Estados Unidos ao longo de três anos em decorrência da pandemia de 1957 (naquele ano, a população do país era de 172 milhões e o câncer matou 255 mil pessoas).[59] Isso seria equivalente a cerca de 300 mil norte-americanos morrerem de Covid-19 até o final da pandemia, um número que com certeza ultrapassaríamos, apesar de nossas extensas paralisações.

Para ser claro, o vírus da influenza causador da pandemia de 1957 é totalmente diferente do coronavírus que causa a Covid-19. Ambos são ribovírus, o que significa que usam RNA em vez de DNA para seu código genético, mas essa é uma classificação muito ampla; é como dizer que golfinhos e elefantes são mamíferos. Os dois tipos de vírus vêm de ramos muito diferentes da árvore genética, de filos distintos. Existem quatro tipos amplos de vírus influenza, denominados como A, B, C e D. As pandemias de influenza resultam do surgimento de cepas virais novas, muitas vezes de recombinação genética em reservatórios animais (em geral, pássaros ou porcos). A pandemia de 1957 foi causada pelo influenza A do subtipo H2N2. Os vírus da influenza A são divididos em subtipos com base em duas proteínas em suas superfícies: hemaglutinina (H) e neuraminidase (N). Existem dezoito tipos diferentes de hemaglutinina (marcados como H1 a H18) e onze tipos diferentes de neuraminidase (N1 a N11). Embora isso, em princípio, produza potencialmente 198 combinações diferentes, apenas 131 subtipos foram detectados na natureza. Os tipos de influenza que hoje circulam em nossa espécie e causam a conhecida influenza sazonal incluem os subtipos A (H3N2) e A (H5N1). As espécies de vírus que causam surtos podem ser geneticamente diferentes, mas ainda expressam os mesmos tipos de proteínas em sua superfície.

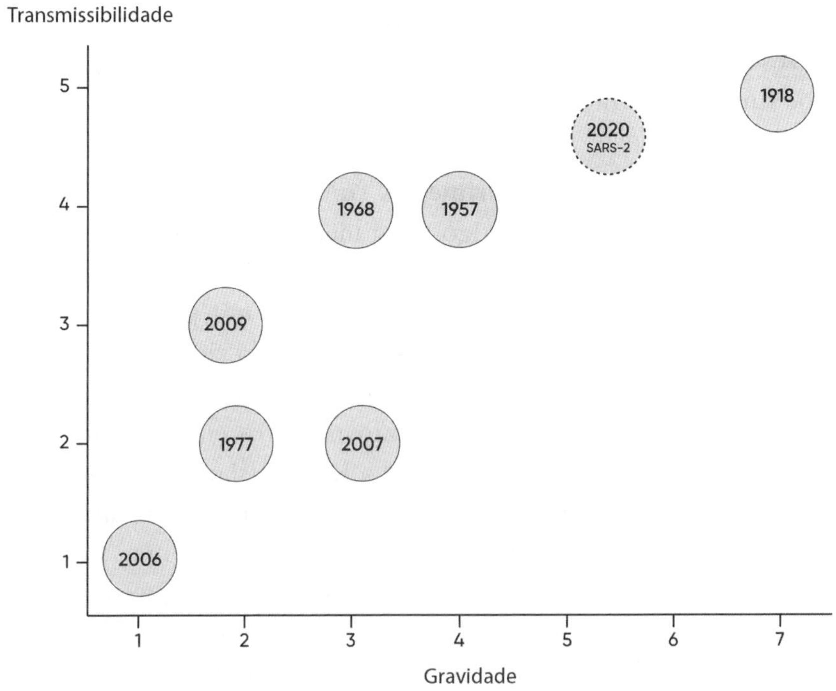

Figura 9: O gráfico de um século de pandemias respiratórias em termos de transmissibilidade e gravidade (letalidade) mostrou que a epidemiologia básica do SARS-2 o tornava uma ameaça séria.

A pandemia de 1957 provavelmente começou na China central e se tornou conhecida no resto do mundo em abril de 1957.[60] Em todo o globo, matou 1,1 milhão de pessoas, mas houve grande variação regional; por exemplo, houve 0,3 mortes por 10 mil pessoas no Egito e 9,8 mortes por 10 mil pessoas no Chile. Essa variação entre os locais — comum em pandemias respiratórias — às vezes é desconcertante. Em 1957, a riqueza de um país e sua latitude explicavam 43% da variação no excedente de mortalidade da pandemia de gripe.[61] A forma como as pessoas em uma determinada área vivem (da densidade populacional ao tamanho da família e ao período de abertura das escolas) também pode ter um papel importante. É possível que exposições anteriores a patógenos semelhantes possam conferir algum tipo de imunidade em certas áreas, e a ocorrência de um evento precoce de superpropagação pode afetar os resultados. Mas no geral, de modo irritante e frequente, não somos capazes de explicar por que algumas partes do mundo ou algumas partes de um país são mais afetadas do que outras. Muitas vezes, é apenas uma questão de sorte.

Nos Estados Unidos, os primeiros rumores da pandemia de 1957 surgiram em um pequeno artigo, com menos de 150 palavras, no *New York Times* em 17 de abril de 1957: "Hong Kong Luta Contra Epidemia de Influenza." A notícia mencionava que 250 mil pessoas em Hong Kong haviam sido afetadas (10% da população da cidade). A pandemia atingiu os Estados Unidos seis semanas depois, em 2 de junho, em um grupo de militares a bordo de contratorpedeiros em Newport, Rhode Island. Mas outros surtos, não ligados a Rhode Island, logo ocorreram na Califórnia. O primeiro começou em 20 de junho, em um acampamento para adolescentes em Davis. Nas semanas seguintes, ocorreram mais de quinze surtos semelhantes em acampamentos juvenis em todo o estado. E então, no final de junho, houve uma convenção envolvendo 1.800 jovens de 43 estados e vários países estrangeiros, realizada em Grinnell, Iowa. Vários dos participantes estiveram em contato com casos anteriores na Califórnia. Cerca de duzentas pessoas adoeceram no evento e outros cinquenta casos surgiram depois que os participantes voltaram para casa. Mesmo assim, o International Boy Scout Jamboree foi realizado em Valley Forge, Pensilvânia, de 10 a 24 de julho, praticamente sem problemas. Apenas alguns casos esporádicos foram registrados, apesar de o evento reunir mais de 53 mil meninos e funcionários de todas as partes do mundo.[62]

Mais tarde, tudo isso foi cuidadosamente rastreado por uma equipe de epidemiologistas que publicou um artigo em 1961 com um mapa desenhado à mão mostrando os movimentos de pessoas infectadas representados por setas em negrito; parecia um mapa das operações militares da Segunda Guerra Mundial.[63] A pandemia arrefeceu um pouco com o avançar do verão, mas ressurgiu quando as escolas abriram no outono. Em setembro, estava em todos os lugares dos Estados Unidos e houve um pico de mortes excedentes em outubro. Em 16 de dezembro de 1957, a primeira onda havia quase desaparecido. No entanto, como é típico, houve ondas subsequentes da epidemia, com outro pico de mortes excedentes em fevereiro de 1958 e de novo em abril de 1959.

Ondas de casos e picos de mortes têm a ver com muitos fatores. As doenças respiratórias são influenciadas pelo clima. Por exemplo, a gripe regular (não pandêmica) tem uma sazonalidade básica — a pneumonia e a influenza respondem por cerca de 6% do total de mortes no verão e por 8% no inverno.[64] Em geral, esses vírus respiratórios viajam entre os hemisférios Norte e Sul, afetando qual deles estiver no inverno.

No verão, o calor e a umidade relativos podem afetar por quanto tempo o vírus sobrevive fora de nossos corpos (ou, possivelmente, como nossos corpos conseguem resistir a ele).[65] Mas, além da temperatura, o ritmo de trabalho e da vida escolar muda sazonalmente. No inverno, as pessoas ficam em ambientes fechados e mais densamente aglomeradas. Todas essas razões podem fazer com que o número de reprodução efetiva de um patógeno diminua até certo ponto no verão. Quando isso acontece, em um processo conhecido como forçamento sazonal, pode ocorrer um acúmulo de indivíduos suscetíveis durante o período de redução da transmissão.[66] As pessoas que teriam ficado doentes não ficam, e se acumulam para o inverno. Como uma represa, o clima e o comportamento do hospedeiro impedem a epidemia. Mas, com o tempo, a barragem se rompe. Isso resulta em surtos recorrentes (e, em última análise, um padrão sazonal) após a introdução inicial do patógeno.

O padrão de infecção que engloba crianças em idade escolar e trabalhadores adultos que são afetados e se recuperam, bem como pessoas muito jovens e muito velhas que morrem, é um fenômeno geral. O vírus se espalha entre as pessoas que frequentam escolas e ambientes de trabalho; então é levado para casa, onde mata indivíduos nos extremos etários — bebês e idosos — que estão no fim das cadeias de transmissão. Aliás, esse é também o motivo pelo qual imunizar os idosos, embora reduza suas mortes, não tem muito efeito no curso real da epidemia. A imunização de pessoas em idade produtiva ajuda a quebrar as cadeias de transmissão pelas redes sociais e pode ser muito mais eficaz na prevenção de mortes em nível populacional (uma ideia que se assemelha ao que discutimos anteriormente a respeito de direcionar a imunização para as pessoas com mais conexões sociais).

É importante notar que, no final da pandemia de 1957, *nem* todos foram infectados. A taxa geral de ataque nos Estados Unidos parece ter sido de cerca de 24%, embora varie de um lugar para outro (chegou a 41% em parte da Louisiana).[67] A pandemia de 1957 terminou após três anos, quando um número suficiente de pessoas ficou imune e a população adquiriu imunidade de rebanho. Em parte, isso foi conseguido por meio da vacinação generalizada (as vacinas contra a gripe foram inventadas em 1945).[68] Possivelmente, o patógeno se tornou menos virulento com o tempo, outra característica típica das doenças infecciosas.

A pandemia de gripe de 1918 (incorretamente denominada como se tivesse se originado na Espanha) afetou e matou muito mais pessoas do que a pandemia de 1957. É possível que 39 milhões de pessoas tenham morrido em todo o mundo, o que representa 2,1% da população, e alguns especialistas estimam que esse número chegue a 100 milhões (devido à possível identificação incorreta de mortes e aos relatórios insuficientes).[69] Na época, a expectativa de vida ainda era baixa nos Estados Unidos (em 1915 era de 52,5 anos para homens e de 56,8 para mulheres) e as doenças infecciosas ainda eram a principal causa de morte. Mesmo assim, a gripe de 1918 teve um impacto adverso poderoso. Os Estados Unidos tiveram uma taxa cumulativa de mortalidade de 0,52% da população, ou 550 mil pessoas, incluindo um em cada cem homens com idades entre 25 e 34 (de novo, algumas estimativas são mais altas).[70] Para efeito de comparação, nos Estados Unidos em 2020, isso se traduziria em 1,721 milhão de mortes. O impacto da pandemia foi tão substancial que, por um tempo, afetou a expectativa de vida média total nos Estados Unidos, reduzindo-a em dez anos. Como vimos na Figura 7, ela de fato interrompeu a trajetória de melhora da mortalidade no país.

A taxa de mortalidade da gripe de 1918 variou de país para país e de lugar para lugar. Por exemplo, em Bristol Bay, Alasca, chegou a 40%, mas, na extremidade inferior, variou de 1,6% no Rio de Janeiro, Brasil; 3% em Zamora, Espanha; 6% em Gujarat, Índia; e 10% em Ciskei, África do Sul.[71] Parte disso se deve às diferentes respostas de saúde pública dentro e entre os países. Por exemplo, a Coreia era uma exceção em 1918 (tal como é agora); um policial em Tóquio, depois que as autoridades coreanas proibiram todo tipo de aglomeração, comentou com certa desolação: "Não podemos fazer isso no Japão."[72]

Considerando o quão mortal foi essa pandemia, é surpreendente que ela não seja mais nítida em nossa memória coletiva fora dos círculos de saúde pública. Todos aprendem fatos sobre a Primeira Guerra Mundial, mas poucos aprendem sobre a pandemia, que foi muito mais mortal. Talvez seja porque morrer de uma doença em casa parece menos dramático do que morrer nas trincheiras. Mas a morte provocada pela gripe em 1918 era terrível. As pessoas respiravam com dificuldade enquanto seus pulmões se enchiam de fluido sanguinolento. Os sintomas em geral começavam com duas manchas amarronzadas nas bochechas que escureciam rapidamente todo o rosto (algo conhecido como *cianose heliotrópica*). A doença avançava de uma coloração "ameixa escura e avermelhada" na pele para um tom azulado e, finalmente, preto, espalhando-se dos pés e mãos para todo o corpo. O tórax e o abdômen do paciente ficavam distendidos. Alguns morreram de forma rápida diretamente pela ação do vírus, porém, com mais frequência, foi a pneumonia bacteriana secundária que os matou. Em suma, não era nada como a morte absurdamente glamorosa da gripe espanhola mostrada em um episódio de *Downton Abbey*.

A origem da pandemia de 1918 não é clara, mas sabemos que foi provocada por um vírus do tipo influenza H1N1. Relatórios da época indicaram que, em muitas ocasiões, ocorreram surtos simultâneos em humanos e porcos, mas não está claro que espécie originou a doença na outra. Acredita-se que o reservatório natural do vírus da gripe sejam as aves aquáticas selvagens, mas os humanos nem sempre são suscetíveis a contrair a doença diretamente das aves. Como os porcos podem ser infectados com cepas de gripe aviária e humana, suspeita-se que eles sejam parte integrante do processo que possibilita que um vírus se torne capaz de infectar humanos — razão pela qual chamamos intermitentemente as pandemias de influenza de "gripe aviária" ou "gripe suína". De vez em quando, ocorre uma mistura de material genético dessas cepas aviárias com cepas existentes de humanos ou suínos e, ao estilo Frankenstein, isso leva à criação de uma nova variedade do vírus que pode então causar surtos grandes ou menores, dependendo das mutações.

Nos últimos vinte anos, uma espécie de arqueologia genética nos permitiu aprender mais sobre o que aconteceu em 1918. Espécimes de tecido preservado dos pulmões de dois soldados norte-americanos que morreram em setembro de 1918 (um em Nova York e outro na Carolina do Sul), bem como uma amostra muito preciosa de uma mulher inuíte que havia sido enterrada no permafrost desde novembro de 1918, nos permitiram reconstruir a sequência genética do vírus e, até mesmo, trazê-lo de volta à vida (em um laboratório seguro no CDC) para entender melhor essas mutações e suas implicações fisiológicas e epidemiológicas.[73]

A primeira onda da pandemia ocorreu na primavera e no verão de 1918 [no hemisfério Norte]. O vírus era altamente contagioso, mas causou relativamente poucas mortes. Por motivos que não estão totalmente esclarecidos, em agosto daquele ano, uma forma muito mais letal e infecciosa da doença surgiu e se espalhou pelo mundo. Nos Estados Unidos, o principal impacto foi sentido entre setembro e novembro de 1918 e, em algumas cidades norte-americanas, muitos milhares de pessoas morreram por semana. Houve três ondas primárias: um pico na primavera de 1918; uma segunda onda rápida no outono de 1918 (com pico em outubro); e uma terceira onda um ano depois, no inverno de 1919. A pandemia finalmente arrefeceu no verão seguinte, conforme mostrado na Figura 10.

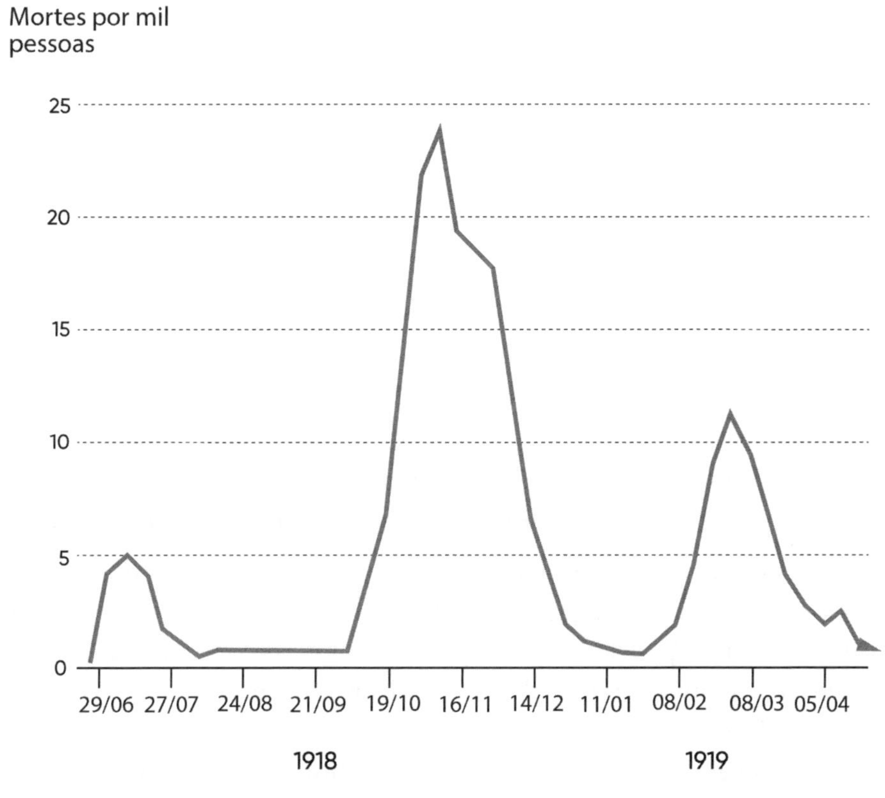

Figura 10: Houve três ondas de mortes durante a pandemia de gripe espanhola de 1918; a segunda onda foi quatro vezes mais mortal do que a primeira.

Há algumas evidências de que a doença passou de porcos para humanos no Kansas, infectando um cozinheiro em Camp Funston, um centro de treinamento do Exército dos EUA, em 4 de março de 1918.[74] De lá, se espalhou com os deslocamentos das tropas para a Costa Leste e depois para a França, em abril. A pandemia emergiu, causando perturbações militares significativas na Europa. Enquanto a morbidade era mais alta no Exército dos EUA (26%, com mais de 1 milhão de homens infectados em 1918), o Exército alemão relatou 700 mil casos, e as Forças Expedicionárias Britânicas relataram 313 mil casos na França (talvez metade das forças britânicas tenham sido afetadas).[75]

Em agosto de 1918, a gripe irrompeu de novo em três locais: Boston (chegando lá de navios europeus); Brest, França (via deslocamento de tropas); e Freetown, Serra Leoa (por meio de um navio da Marinha britânica). Destes e outros pontos, espalhou-se pelos Estados Unidos e por todo o mundo. A maioria das mortes ocorreu no período entre setembro e dezembro de 1918. A doença foi devastadora. No início de setembro de 1918, por exemplo, o Dr. Victor Vaughan, cirurgião-geral interino do exército, recebeu ordens urgentes para ir a Camp Devens, nos arredores de Boston. Quando chegou, ficou surpreso: "Vi centenas de jovens robustos uniformizados entrando nas enfermarias do hospital. Todos os leitos estavam ocupados, mas pacientes não paravam de chegar. Os rostos exibiam um tom azulado; a tosse expelia a expectoração sanguinolenta. De manhã, os cadáveres foram empilhados no necrotério como lenha."[76] No dia em que ele chegou, 63 homens morreram de gripe.

Um estudo detalhado feito na Noruega, onde havia dados parciais sobre o status socioeconômico das vítimas, demonstrou que a primeira onda atingiu os pobres, mas a segunda atingiu os ricos.[77] Afligiu líderes mundiais, incluindo o presidente Woodrow Wilson; o primeiro-ministro francês, Georges Clemenceau; e o primeiro-ministro britânico, David Lloyd George. Algumas autoridades acreditam que a gripe antecipou até mesmo o fim da Primeira Guerra Mundial. Essa segunda onda nos Estados Unidos terminou de forma muito abrupta; por exemplo, após atingir o pico na cidade de Nova York em 20 de outubro de 1918, a doença praticamente desapareceu da metrópole em 24 de novembro.[78]

Existem muitas teorias sobre por que a segunda onda foi pior. Uma delas sugere que ela atingiu uma população já enfraquecida, ainda mais desgastada pela guerra e pela fome. Isso também pode estar relacionado a como as circunstâncias particulares da guerra favoreceram a evolução de uma cepa mais mortal do vírus. Em geral, os patógenos evoluem para serem menos mortais, uma vez que não convém a seus interesses matar os hospedeiros. Um hospedeiro morto não pode espalhar o germe para outras pessoas, portanto causar doenças mais brandas é "melhor" para o patógeno, do ponto de vista darwiniano. Pessoas que estão muito doentes ficam em casa na cama ou morrem, e aquelas que estão apenas levemente doentes continuam com suas vidas, preferencialmente espalhando cepas mais brandas do patógeno. Mas, nas trincheiras da Primeira Guerra Mundial, o processo foi invertido. Soldados com uma cepa branda permaneceram no campo de batalha ou onde quer que estivessem, muitas vezes morrendo de outras causas, enquanto os doentes mais graves ou à beira da morte eram transportados para hospitais lotados, muitas vezes em trens abarrotados. Portanto, é possível que a cepa mais letal do vírus tenha se beneficiado, espalhando-se para mais pessoas.

A Filadélfia foi uma das cidades norte-americanas mais atingidas, junto com outras cidades industriais densamente povoadas, como Pittsburgh, Lowell e Chicago. A onda inicial da gripe chegou à Filadélfia em um navio mercante britânico. O diretor de saúde da cidade, um ginecologista chamado Wilmer Krusen, teve que decidir se a fecharia totalmente ou tomaria medidas mais contidas. O problema era que um desfile em apoio ao esforço de guerra estava planejado para 28 de setembro de 1918 (não muito diferente da grande reunião do Partido Comunista Chinês em Wuhan em 2020). O evento não foi cancelado e cerca de 200 mil pessoas — mais de um décimo da população da cidade — compareceram. O Philadelphia Liberty Loans Parade tinha três quilômetros de extensão e até uma banda marcial liderada por John Philip Sousa. Em dois dias, a capacidade hospitalar da cidade foi ultrapassada. Pouco depois, em 3 de outubro, a epidemia se alastrou como um incêndio. As pessoas morreram tão rápido que caixões se amontoaram nas ruas e voluntários tiveram que cavar valas comuns.[79] O evento foi chamado de "o desfile mais mortal da história norte-americana".

Em Nova York, a epidemia também chegou por via marítima. Em 11 de agosto de 1918, o navio norueguês *Bergensfjord* comunicou-se por rádio para informar que dez passageiros e onze tripulantes estavam doentes. O navio aportou no Brooklyn, onde foi recepcionado; os pacientes foram levados para hospitais próximos e o navio foi colocado em quarentena.[80] Ainda assim, a epidemia se instalou na cidade de Nova York e se espalhou rapidamente; em seu pico, em 20 de outubro de 1918, morreram mais de oitocentas pessoas (de gripe e pneumonia).

Essa contagem de mortes no pico da segunda onda não foi diferente da primeira onda de Covid-19 na cidade de Nova York em 2020, mas a cidade tinha menos de um terço do tamanho naquela época. No final da pandemia de 1918, mais de 30 mil pessoas haviam morrido na cidade de Nova York.

Em resposta à pandemia de influenza, a cidade de Nova York se beneficiou do que era um sistema de saúde pública muito sofisticado para a época, aprimorado em parte por anos de experiência no tratamento de outras doenças infecciosas, como tuberculose, febre amarela e difteria. Além de escalonar o horário comercial para evitar o congestionamento na hora do rush, a cidade estabeleceu mais de 150 centros de saúde para gerenciar a vigilância de doenças e coordenar o atendimento a pacientes (principalmente) em isolamento domiciliar voluntário.

Na época, tal como agora, as autoridades se esforçavam para decidir se fechavam escolas, teatros e metrôs. O comissário de saúde, Royal S. Copeland, médico homeopata e mais tarde senador dos Estados Unidos, de modo geral, era favorável a manter as atividades, mas os doentes eram rigorosamente colocados em quarentena em suas casas ou em instituições especiais. A maioria dos pacientes não era infecciosa antes do início dos sintomas, o que significava que esse isolamento poderia ser empregado como meio de controle da doença. O uso de máscaras foi incentivado. O compartilhamento de copos em bebedouros foi desencorajado. E houve uma gigantesca campanha de educação para a saúde pública; milhares de cartazes e 1 milhão de folhetos escritos em inglês, italiano, alemão e iídiche orientavam os cidadãos a cobrir a boca e o nariz e não escarrar em público. Uma campanha para desestimular o hábito de escarrar em público havia sido iniciada vinte anos antes, mas foi intensificada durante a pandemia. Avisos por toda a cidade traziam mensagens como CUSPIR ESPALHA A MORTE. Funerais públicos foram proibidos; apenas os cônjuges eram permitidos.

Notoriamente, Copeland não fechou as escolas, alegando que as casas eram mais perigosas. Seu raciocínio era: "Nova York é uma grande cidade cosmopolita e em algumas casas há negligência quanto ao saneamento moderno... Nas escolas, as crianças ficam sob a guarda constante de inspetores médicos. Esse trabalho faz parte do nosso sistema de controle de doenças. Se as escolas fossem fechadas, pelo menos 1 milhão de crianças seriam mandadas para suas casas e se tornariam 1 milhão de possibilidades de doença. Além disso, não haveria ninguém para dar atenção especial à sua condição."[81] A Dra. S. Josephine Baker, a progressista chefe da higiene infantil, argumentou a favor de manter as crianças na escola, onde elas poderiam minimizar a exposição a situações domésticas anti-higiênicas e receber alimentos e cuidados caso estivessem doentes.[82] As escolas também eram vistas como um canal para levar informações sobre saúde às famílias. Copeland sofreu enormes críticas, mas a estratégia acabou justificada pelos resultados. As decisões de saúde pública sempre envolvem concessões difíceis e utilitárias entre benefícios e custos para diferentes pessoas.

A cidade de Nova York acabou mantendo as medidas de quarentena em vigor por 73 dias e iniciou a quarentena relativamente cedo em comparação com outras cidades, como a Filadélfia (cerca de duas semanas antes do curso de sua epidemia). Como consequência, no fim, a cidade de Nova York teve aproximadamente metade das mortes excedentes da Filadélfia.[83]

Quantificar mortes excedentes é uma técnica estatística empregada com frequência por estudiosos modernos na análise de epidemias, mas foi proposta pela primeira vez por um dos fundadores da epidemiologia, William Farr, em Londres em 1847. Farr definiu essa quantidade como o número de mortes observadas durante uma epidemia além do esperado em circunstâncias normais.[84] Essa abordagem é especialmente apropriada para quantificar epidemias históricas, que podem ter diferentes definições de doença ou para as quais há poucos registros disponíveis.

A técnica foi novamente utilizada em 2020, na pandemia de Covid-19, dada a incerteza de se saber com precisão quantas pessoas estão de fato morrendo da doença. Ao rastrear as mortes excedentes em geral ou para uma categoria específica de causas, como "pneumonia e influenza", é possível detectar um aumento de casos nos Estados Unidos no final de fevereiro e início de março, mesmo antes de a Covid-19 ser amplamente reconhecida como um problema; isso ajuda a quantificar a possível subnotificação devido a casos mal diagnosticados ou negligenciados. Por exemplo, uma análise de dados nacionais — do início de janeiro de 2020 até 28 de março de 2020 —, realizada por cientistas em Yale, descobriu que a Califórnia relatou 101 mortes devido à Covid-19 durante esse período, mas, na verdade, houve 399 mortes excedentes devido à pneumonia e à gripe. Muitas ou a maioria dessas mortes certamente foram causadas pela Covid-19. Analisando todas as causas de morte combinadas em Nova York e Nova Jersey nesse mesmo período, os pesquisadores descobriram que houve um aumento de até três vezes no total de mortes quando a pandemia varreu os dois estados durante sua primeira onda, independentemente de quantos casos de Covid-19 foram de fato diagnosticados por profissionais de saúde.[85] E, ao analisar todos os Estados Unidos até o final de maio de 2020, os pesquisadores concluíram que o número relatado de mortes por Covid-19 era provavelmente 22% menor do que o número real de mortes.[86]

Finalmente, a quantificação das mortes excedentes nos permite resumir o impacto geral da pandemia na saúde das pessoas. O vírus mata algumas pessoas diretamente, infectando-as, e outras indiretamente, por exemplo, levando-as a adiarem a ida ao hospital por outras doenças e, assim, morrerem desnecessariamente; ou aumentando os suicídios, como resultado da depressão, devido à perda de emprego ou ao isolamento social. Mas a pandemia também salvou algumas vidas. Por exemplo, as mortes por acidentes de trânsito diminuíram durante o inverno e a primavera de 2020, à medida que menos pessoas estavam nas estradas; houve menos mortes causadas por complicações de procedimentos médicos não críticos, pois os hospitais cancelaram procedimentos eletivos; menos bebês nasceram prematuros (possivelmente porque as mães estavam sob menos estresse físico ou menos expostas a todos os patógenos); e menos pessoas perderam a vida devido a problemas respiratórios, pois a cessação da atividade fabril reduziu a poluição do ar.[87]

O surgimento de pandemias não se restringe ao século XX ou a doenças respiratórias causadas por coronavírus ou gripe, é claro. Surtos dramáticos de doenças infecciosas afligem os seres humanos há muito tempo. Os patógenos são tão importantes para nossa espécie quanto os predadores que enfrentamos em nosso distante passado evolutivo. E as doenças infecciosas, tal como outras forças importantes — da invenção da agricultura e das cidades à ocorrência de crises econômicas e guerras —, moldaram nossas sociedades em nosso passado histórico.

A peste original referia-se a uma condição particular — a peste bubônica. Essa condição tem o que o historiador Frank Snowden chamou de "quatro protagonistas". Primeiro, há a própria bactéria causadora, *Yersinia pestis*.[88] Então, há a pulga pela qual ela se locomove. Depois, tem o rato que transporta as pulgas e que serve de hospedeiro. E, por fim, existem os infelizes humanos que, tal como os ratos, são exterminados pelo patógeno. As bactérias se movem de um animal para outro e de uma espécie para outra (por exemplo, de ratos para nós) por meio das pulgas. Portanto, a peste é mais bem compreendida como uma doença que afeta principalmente roedores selvagens e só nos afeta por acidente. Nesse sentido, ela se assemelha a outros patógenos zoonóticos (significando "originários de animais") que temos considerado.

Como a peste também afligia os ratos, eles também sofreram mortes horríveis, geralmente pouco antes dos humanos. Na Europa medieval, costumava-se notar que eles subiam até a superfície em busca de água e, em seguida, caíam mortos pelas ruas no que é chamado de "invasão dos ratos". Os ratos frequentemente aparecem em pinturas de cenas de peste por esse motivo — eles são um mau presságio.

E, uma vez que uma pulga carregando *Yersinia* salta de um rato para um humano, o patógeno pode se alastrar como um incêndio. O contato físico próximo entre humanos permite que as pulgas passem diretamente de pessoa para pessoa. Em uma ironia profunda, as pulgas evoluíram para encontrar hospedeiros, em parte, detectando o calor de seus corpos. Portanto, uma vez que o hospedeiro morre e o cadáver esfria, as pulgas começam a pular para encontrar um novo hospedeiro.

Isso significava que elas pousavam em pessoas que cuidavam do corpo de entes queridos recém-falecidos.

Em contraste com outras doenças infecciosas que em geral afetam os muito jovens e os muito velhos, a peste mata indiscriminadamente. E outra das qualidades especiais da peste bubônica era o extraordinário número de fatalidades e a velocidade com que matava. Cada vez que a peste surgiu, a força letal foi tão grande que observadores contemporâneos cogitaram que toda a humanidade poderia ser aniquilada.

A peste causou mortes horríveis, muitas vezes dolorosas e desumanas, com manifestações visíveis no corpo. Diz-se que as pessoas que morrem de peste têm um odor fétido. Certos relatos até sugeriam, para minha surpresa, que era o fedor que afastava os cuidadores, mais do que o medo de contrair a doença. O patógeno se desloca até os nódulos linfáticos e causa inchaços dolorosos, chamados de bubões, dos quais obtemos o adjetivo *bubônico*. Eis como Michael de Piazza descreveu a peste negra durante um surto em Messina, em 1347:

> *Apareciam bolhas de queimadura e furúnculos em diferentes partes do corpo: nos órgãos sexuais; em outros, nas coxas ou nos braços; e, em outros, no pescoço. A princípio eram do tamanho de uma avelã e o paciente sofria violentos ataques de calafrios, que logo o deixavam tão fraco que não conseguia mais ficar em pé, mas era forçado a deitar-se na cama, consumido por uma violenta febre e vencido por grande tribulação. Logo os furúnculos cresciam até o tamanho de uma noz, depois de um ovo de galinha ou de ganso, e eram extremamente dolorosos e irritavam o corpo, fazendo-o vomitar sangue ao enfraquecer os humores orgânicos. O sangue subia dos pulmões afetados para a garganta, produzindo um efeito putrefato e, por fim, de decomposição em todo o corpo. A doença durava três dias, e no máximo no quarto dia o paciente falecia.*[89]

A maioria das doenças infecciosas não "quer" nos matar, pois isso impede sua capacidade de se espalhar. Então por que a peste era tão mortal? A explicação depende da presença de um terceiro elemento: a pulga. O germe normalmente não podia se espalhar de uma pessoa para outra por conta própria. Para que passasse de um hospedeiro para outro, primeiro tinha que ser consumido por uma pulga e acabar *no organismo da pulga*. Entretanto, uma pulga, mesmo quando faz uma grande refeição, ingere apenas uma pequena quantidade de sangue. Para os micróbios se espalharem, eles tinham que ser difusos o bastante no sangue humano para que mesmo aquela pequena refeição das pulgas tivesse o patógeno em quantidade suficiente para infectar o próximo hospedeiro. Isso significa que a bactéria tinha que crescer e dominar o corpo rapidamente para que houvesse bactérias suficientes para realmente chegar à pulga. E, assim, a bactéria evoluiu para criar níveis enormes de *bacteremia* (a presença de bactérias circulando na corrente sanguínea, também conhecida como *sepse*), com até 100 milhões de germes por mililitro cúbico de sangue humano.

No entanto, em algumas circunstâncias, era possível para a *Yersinia* se espalhar diretamente de pessoa para pessoa sem a necessidade de pulgas. Essa foi uma das formas mais temidas e mortais de peste, chamada *peste pneumônica*. Nela, a bactéria entra nas secreções dos pulmões de uma pessoa; portanto, se ela tossir ou espirrar, as gotículas sairão do sistema respiratório dessa pessoa para o sistema respiratório de outra. Como resultado, os surtos não dependeram de ratos ou pulgas. Isso pode ajudar a explicar os surpreendentes surtos de peste em ambientes onde essas criaturas não prosperariam facilmente, como no Norte da Europa.

Estima-se que a peste bubônica tenha matado cerca de 200 milhões de pessoas ao longo dos 1.400 anos que devastou populações em todo o mundo, principalmente em três grandes pandemias que começaram nos séculos VI, XIV e XIX.[90]

Em uma variedade de locais, os arqueólogos encontraram poucas evidências de variação na mortalidade da doença relacionada a atributos demográficos ou de saúde. A peste bubônica não poupou ninguém.[91] A primeira dessas pandemias, conhecida como a peste de Justiniano, começou em 541 E.C. e teve dezoito ondas sucessivas antes de terminar em 755 E.C. Acredita-se que tenha se originado na África. As razões pelas quais se extinguiu não são bem compreendidas, e evidências históricas, arqueológicas e epidemiológicas mais recentes sugerem que, embora grave, a peste de Justiniano não foi tão disruptiva para a história do Mediterrâneo ou da Europa como se pensava.[92]

A segunda peste, uma das pandemias mais catastróficas de todos os tempos, começou na Ásia Central e atingiu a Europa em 1347.[93] Durou de forma intermitente por quase quinhentos anos e depois desapareceu na década de 1830. A última epidemia de peste na Inglaterra ocorreu em 1665, mas houve um surto substancial na Itália em 1743. A primeira onda da segunda praga, que durou de 1347 a 1353, é o que chamamos de peste negra, embora esse termo não fosse usado na época. Durante essa primeira onda, impulsionada por um ambiente favorável de vilas e cidades densamente povoadas e pela pobreza substancial, quase metade da população da Europa foi exterminada. Sua força era tão poderosa que até atuou como uma pressão seletiva, mudando o curso da evolução humana. Como veremos no Capítulo 8, muitas pessoas podem ter características genéticas que refletem o fato de seus ancestrais terem sobrevivido a ela.

Por fim, em 1870, ocorreu a terceira onda, principalmente na Índia, que é conhecida como a "peste moderna". Essa epidemia causou entre 13 e 15 milhões de mortes, a maioria em Mumbai, entre 1898 e 1910. No século XX, nos Estados Unidos, o CDC estima que houve pouco mais de mil casos de peste entre 1900 e 2016, concentrados na maior parte no Sudoeste e na Califórnia, entre caçadores e outras pessoas expostas a animais silvestres.[94] Nós de fato nem pensamos mais nela como uma peste; apenas chamamos de infecção por *Yersinia*. E pode ser curada de maneira direta com estreptomicina ou tetraciclina, antibióticos-padrão em qualquer arsenal médico.

Os médicos na Europa medieval corriam um risco especial durante a peste — como é típico de profissionais de saúde em epidemias —, mas isso também aconteceu com pessoas de outras profissões, como padres, coveiros, padeiros (porque o armazenamento de grãos atraía ratos) e até mesmo vendedores ambulantes. Ao me deparar com essa lista de ocupações de risco para a peste, não pude deixar de notar a analogia com nossa situação em 2020. Trabalhadores essenciais que nos vendem comida sempre parecem mais expostos.

Os navios também eram um local de risco e, no mar, não havia como escapar. Às vezes, a peste arrebatava tantas vidas que um navio ficava à deriva, todos os passageiros e tripulantes mortos. O mesmo acontecera durante a peste de Justiniano. Um antigo relato observou "navios no meio do mar cujos marinheiros foram repentinamente atacados pela ira (de Deus), e (os navios) tornaram-se tumbas para seus capitães e continuaram à deriva nas ondas, carregando os cadáveres de seus proprietários".[95] Embora com maior destruição na época, essa é outra analogia com nossa situação — os navios de cruzeiro afetados pelo coronavírus em 2020.

Em seu famoso livro *Um Diário do Ano da Peste*, escrito em 1722, Daniel Defoe observou que "o perigo de morte imediata para nós mesmos eliminou todos os laços de afeto, toda a preocupação com os outros".[96] Muitas vezes as pessoas eram abandonadas para morrer sozinhas. A morte repentina provocada pela peste trouxe problemas religiosos para sociedades tão dependentes da absolvição clerical. A incapacidade de se preparar para a morte, de expiar os pecados e de realizar a última cerimônia era considerada uma indignidade extraordinária. Claro, as pessoas em todos os lugares querem ter a chance de se preparar para a morte, e um estudo feito pelo meu laboratório descobriu que 84% dos norte-americanos achavam que "sentir-se preparado para morrer" era "muito importante no final da vida".[97] Poucas coisas mudaram quanto aos surtos de doenças infecciosas graves. A peste na Europa medieval também deu origem a reiterados episódios de bodes expiatórios e caça às bruxas. E, com o mesmo ímpeto de medo, isso gerou reavivamentos religiosos à medida que as pessoas buscavam apaziguar um Deus irado.

Ironicamente, embora o surgimento de Estados-nação modernos, caracterizados pela vida urbana e pelo comércio extenso, tenha contribuído para a enormidade dos surtos de doenças infecciosas, esses mesmos fatores também equiparam os humanos com ferramentas para reagir. Por exemplo, no século XV, o Departamento de Saúde de Veneza construiu instalações em ilhas remotas onde todos os navios que chegavam tinham que se isolar por quarenta dias — o que originou o termo *quarentena* (da palavra italiana *quaranta*). Essa duração teve fundamento na Bíblia, que frequentemente se refere ao número quarenta no contexto da purificação, como os quarenta dias e noites que durou o dilúvio no Gênesis; os quarenta dias que Moisés passou no Monte Sinai antes de receber os Dez Mandamentos; os quarenta dias da tentação de Cristo; e os quarenta dias da Quaresma.[98]

No entanto, para os viajantes terrestres, a quarentena era muito mais difícil de aplicar. Esforços para tal deram origem ao *cordon sanitaire* — uma faixa de fortes e postos militares intercalados ao longo de uma fronteira e patrulhados por tropas, na tentativa de impedir o movimento de mercadorias e pessoas contaminadas. Estranhos tiveram a entrada negada ou foram submetidos à quarentena. Havia claramente algum reconhecimento, se não total entendimento, de que os casos poderiam ser importados de outro lugar:

> *Alguns genoveses, que a doença obrigou a fugir, cruzaram os Alpes em busca de um lugar seguro para morar e chegaram à Lombardia. Alguns traziam consigo mercadorias e as venderam enquanto estavam em Bobbio, e então o comprador, seu anfitrião e toda a sua família, junto com vários vizinhos, foram infectados e morreram repentinamente da doença.*[99]

No final do século XVIII e no início do século XIX, esse cordão, construído pelo império austro-húngaro e reforçado quando se sabia da ocorrência de surtos, estendia-se por mil milhas, do mar Adriático aos Alpes.[100] Essas ações sugerem que as epidemias preocuparam profundamente nossos predecessores e motivaram enormes esforços de controle.

A escala de mortalidade da peste é realmente difícil de compreender. Conforme já observado, estima-se que 30% a 50% de *toda* a população europeia morreu em um período de cinco anos durante a primeira onda, de 1347 a 1351.[101] Em alguns locais, aldeias e populações foram totalmente dizimadas. Estima-se que 60% da população de Florença e Siena morreram.[102] Tantas pessoas faleceram tão rápido que os trabalhadores que cavavam as valas comuns não conseguiram acompanhar o ritmo. Eis como Baldassarre Bonaiuti, um historiador florentino, descreveu a situação em 1348:

> *Em todas as igrejas, ou na maioria delas, cavavam valas profundas, até à linha de água, largas e profundas, consoante o tamanho da freguesia. E os responsáveis pelos mortos os carregaram nas costas na noite em que morreram e os jogaram na vala, ou então pagaram um alto preço aos que o fizessem por eles. Na manhã seguinte, se havia muitos [corpos] na trincheira, eles os cobriam com terra. E então mais corpos eram colocados em cima, com um pouco mais de terra; eles colocavam camada sobre camada, assim como alguém coloca camadas de queijo em uma lasanha.*[103]

E, mesmo depois de tamanha devastação, a peste continuava voltando.

Uma das teorias sobre o motivo pelo qual a peste finalmente acabou na Europa teve pouco a ver com as ações dos protagonistas humanos. Em vez disso, envolveu a competição entre ratos. No início do século XVIII, uma variedade maior, o rato-marrom, parece ter chegado à Europa e expulsado o rato-preto nativo de seu antigo habitat. O rato-marrom era agressivo com as espécies de ratos concorrentes, mas tinha medo de humanos e procurava evitá-los. Outro fator que se acredita ter influenciado foi uma onda de frio especialmente severa em 1650, que coincidiu com o fim da peste.[104] Como vimos, as epidemias dependem de uma interação complexa de patógeno, hospedeiro e ambiente.

Muitas outras pragas que não abordamos surgiram em seus próprios tempos, incluindo surtos de varíola que afligiram os norte-americanos nos séculos XVII e XVIII, cólera e febre amarela no século XIX, poliomielite, sífilis e HIV no século XX.[105] Ainda assim, pandemias na escala da Covid-19 são raras.

Há algo sobre uma ameaça que se repete nos confins da memória viva, a cada cinquenta ou cem anos, e faz nossa espécie parecer especialmente frágil. Quando tal ameaça reaparece, o sofrimento humano é combinado com a triste percepção de que deveríamos tê-la previsto. Em geral, as epidemias se aproveitam dos aspectos mais profundos e altamente evoluídos de nossa humanidade. Nós evoluímos para viver em grupos, para ter amigos, para nos tocar e nos abraçar, e para enterrar e lamentar os mortos. Se vivêssemos como eremitas, não seríamos vítimas de doenças contagiosas. Mas os germes que nos matam em tempos de pragas muitas vezes se espalham precisamente por causa de quem somos. E assim, por séculos, nossa reação em tempos de pragas foi redescobrir a necessidade de renunciar a esses aspectos de nossa natureza por um tempo.

Esquecemos as lições de pandemias anteriores por diferentes razões. Em alguns casos, elas estão simplesmente muito distantes em nossa memória coletiva ou muito obscurecidas por outros eventos. Essas pragas se tornaram objetos de investigação para pequenos grupos de historiadores ou cientistas acadêmicos — ou são objetos de tradições orais ou mitos. Durante a Páscoa judaica no início de abril de 2020, vários de meus amigos judeus comentaram que as pragas bíblicas sempre foram abstratas para eles, mas agora pareciam mais reais; o ponto principal da história no Seder ficou mais evidente. Em outros casos, as razões para o esquecimento são mais prosaicas, mais epidemiológicas, mais relacionadas a números: a doença pandêmica específica não foi fatal o suficiente (influenza H1N1 de 2009); não atingiu pessoas suficientes porque não era infecciosa o bastante (MERS); se extinguiu muito rápido (SARS-1); atingiu um subgrupo confinado da população humana (Ebola); ou foi controlada por uma vacina (sarampo e poliomielite), por tratamento (HIV) ou por erradicação (varíola), permitindo que a maioria das pessoas simplesmente a esqueça.

Embora a maneira como vivemos na época da pandemia de Covid-19 possa parecer estranha e antinatural, na verdade não é nada disso. As pragas são uma característica da experiência humana. O que aconteceu em 2020 não era novo para nossa espécie. Era novo apenas para *nós.*

3.
Separação

> Decidiram impedir tanto a entrada quanto a saída de qualquer um que se rendesse a impulsos súbitos de desespero ou frenesi. A abadia foi devidamente abastecida. Com tais precauções, os cortesãos poderiam desafiar o contágio. O mundo externo deveria cuidar de si mesmo. Nesse ínterim, era tolice se lamentar ou sequer pensar. O príncipe havia fornecido todos os apetrechos e os recursos para o prazer. Havia bufões, improvisadores, bailarinos, músicos, além de beleza e vinho. Lá dentro havia todos esses deleites e segurança. Do lado de fora estava a "Morte Rubra".
>
> — Edgar Allan Poe,
> "A Máscara da Morte Rubra" (1842)

Embora as pragas façam parte da experiência humana há muito tempo, quando ganhou terreno no início de 2020, o coronavírus encontrou um ambiente científico e médico totalmente diferente do das pandemias anteriores. Os cientistas podem sequenciar com rapidez o genoma do vírus, o que lhes permite identificar novas variantes e rastrear sua disseminação. Temos a capacidade de inventar e implantar testes genéticos para diagnosticar infecções de maneira rápida e precisa. Podemos rastrear o fluxo de pessoas ao redor do globo usando dados de telefones celulares. Temos UTIs e respiradores computadorizados que não eram sequer imagináveis no passado. Temos classes totalmente novas de drogas antivirais e um profundo conhecimento da biologia e farmacologia do vírus. E podemos usar a internet para compartilhar informações de forma instantânea e ampla.

Ainda assim, até que ponto tudo isso realmente nos ajudou? Não nos saímos muito melhor na contenção de um vírus do que nossos antepassados, e eles tinham menos recursos. Apesar de todos os avanços da ciência e da medicina no século passado, é humilhante e aterrador pensar em como as coisas mudaram pouco. A proibição de reuniões públicas e a imposição do uso de máscaras parecem um retorno às ferramentas primitivas de uma idade da pedra epidemiológica. No entanto, ameaças familiares exigem medidas familiares.

Existem duas formas amplas de responder a uma epidemia. A primeira são as *intervenções farmacêuticas*, tais como medicamentos e vacinas, que cientistas de todo o mundo se apressam para desenvolver. Nesse aspecto, estamos certamente em melhores condições do que aqueles que nos precederam. Durante séculos, as pessoas tentaram tratar doenças com pavorosas poções preparadas sem qualquer base científica e, quase sem exceção, inócuas. Durante a peste negra, os tratamentos menos perigosos aos quais as infelizes almas eram submetidas incluíam esfregar o corpo com cebolas picadas (ou cobras mortas, se disponíveis). Se isso falhasse, autoflagelação, arsênico e mercúrio seriam as opções. Este último pode até fazer algum sentido. Na verdade, em 1918, os médicos notaram uma intrigante imunidade à gripe em soldados com sífilis que estavam sendo tratados com mercúrio em uma clínica francesa de doenças venéreas. A notória toxicidade do mercúrio, no entanto, garantiu que a cura fosse, em alguns aspectos, pior do que a doença, uma lastimável recorrência na história da medicina.[1]

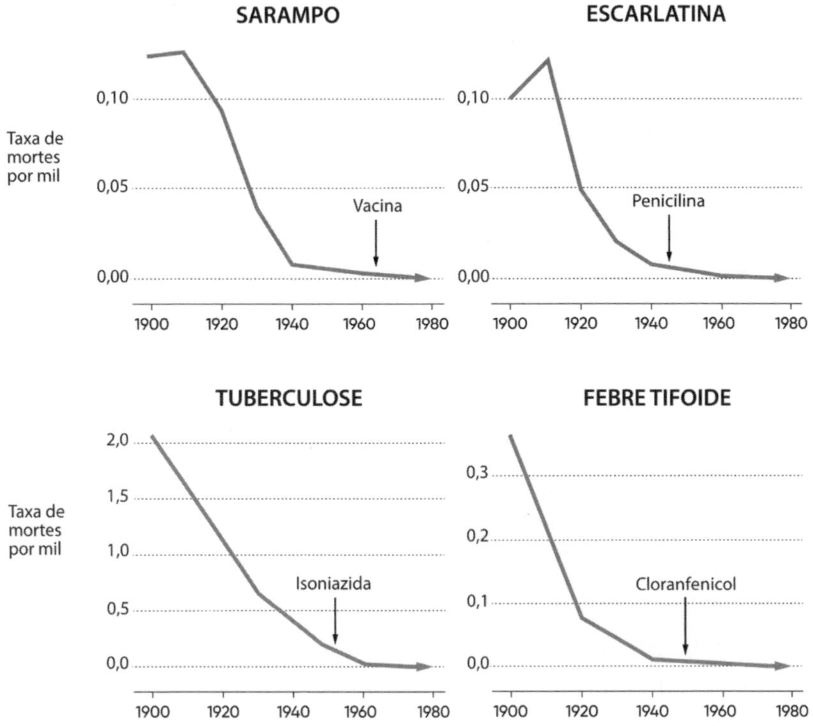

Figura 11: A hipótese de McKeown, ilustrada aqui, mostra as contribuições relativamente pequenas de intervenções médicas específicas — que ocorrem em diferentes momentos para cada condição apresentada — no controle de doenças infecciosas.

No entanto, ao contrário do que muitas pessoas pensam, a medicina na verdade desempenhou um papel surpreendentemente pequeno no declínio da maioria das doenças infecciosas ao longo do tempo. Uma das maneiras mais poderosas de ilustrar isso é traçar as taxas de mortalidade de várias doenças infecciosas a partir de 1900. As taxas caem em algum ponto, e então há uma linha longa e relativamente plana de baixas taxas de mortalidade. Parece razoável imaginar que as taxas de mortes por sarampo, por exemplo, foram altas e caíram repentinamente depois que uma vacina foi descoberta e lançada em 1963. Podemos esperar o mesmo padrão em outras infecções, como escarlatina, tuberculose, febre tifoide e difteria. Mas, se marcarmos com uma seta o ano em que uma vacina ou tratamento específico para cada uma dessas condições foi inventado, veremos de forma reiterada que a seta na verdade está na parte longa e plana da curva, bem depois do início da queda (conforme mostrado na Figura 11). Se você imaginar uma criança descendo uma ladeira íngreme de trenó, a vacina ou terapia medicamentosa para a doença chegaria durante o longo período de desaceleração na parte plana no final do trajeto.

Gráficos como esse foram propostos pela primeira vez pelo médico e historiador britânico Thomas McKeown, em 1966, para ilustrar que a medicina moderna *não* era a principal força causadora do desaparecimento de doenças infecciosas.[2] A causa real, argumentou McKeown, eram as melhorias socioeconômicas e a implementação de medidas de saúde pública. Por exemplo, o grande aumento da riqueza em todo o mundo durante os últimos dois séculos tem proporcionado aos humanos cada vez mais acesso à água limpa e a alimentos seguros, frutos dos avanços tecnológicos e científicos. Esses avanços, aliados às melhorias no planejamento familiar e na educação, têm desempenhado um papel maior na redução da propagação de infecções do que vacinas ou tratamentos. Esses argumentos ficaram conhecidos como a hipótese de McKeown, que foi totalmente validada. Para ser claro, isso não quer dizer que não devamos usar medicamentos! Eles ainda evitam a perda de muitas vidas — mas não na extensão imaginada.

Fatores complementares semelhantes — socioeconômicos e farmacêuticos — desempenham um papel na forma como enfrentamos epidemias agudas em um determinado momento, e não apenas doenças infecciosas ao longo do tempo. Além das intervenções farmacêuticas, temos uma segunda maneira de responder: *as intervenções não farmacêuticas*, ou INFs. As INFs podem ser de duas categorias amplas: individuais e coletivas. No âmbito individual, elas incluem esforços como lavar as mãos, usar máscaras, isolar-se e abster-se de apertos de mão. Por definição, essas ações envolvem um certo nível de escolha pessoal e, embora em casos extremos as pessoas tenham sido punidas por desrespeitar as regras (como ocorreu em 1918 em São Francisco, quando membros de um grupo antimáscara foram presos), os indivíduos costumam ter algum controle sobre as medidas de mitigação que estão dispostos a adotar para conter a doença.

Entretanto, as ações coletivas são, em geral, coordenadas (e ordenadas) pelos governos. Embora possam não agradar todo mundo, elas envolvem e afetam todos. Essas ações incluem fechamento de fronteiras e de escolas, proibição de grandes aglomerações, desinfecção de espaços públicos, instituição de testes, rastreamento de contatos, quarentena, fornecimento de educação pública e ordens de permanência em casa. Como esses tipos de INFs muitas vezes impõem ônus aos cidadãos que não estão (ou pelo menos não aparentam estar) infectados, esses esforços podem provocar ressentimento e até resistência.

Uma forma alternativa de pensar sobre a ampla gama de INFs é baseada no método pelo qual elas se destinam a conter a epidemia. Algumas intervenções, sejam individuais, sejam coletivas, alcançam seus efeitos reduzindo a transmissibilidade do patógeno — por exemplo, usar máscaras, lavar as mãos e higienizar locais públicos. Essas são intervenções para redução da transmissão. Outras funcionam modificando o padrão de interações humanas para privar o patógeno de oportunidades de se espalhar — por exemplo, autoisolamento, quarentena e fechamento de escolas. São intervenções de redução de contato e constituem as medidas de distanciamento social que viraram assunto em 2020.[3] Para ser claro, a distância precisa ser *física*, não social. A última coisa que o público deve ser aconselhado a fazer é criar mais distância *social* entre amigos e familiares em um momento em que a proximidade física é restrita.

As abordagens individual e coletiva não são mutuamente exclusivas e funcionam melhor se usadas em conjunto, como o emprego de quimioterapia e radiação para tratar o câncer. Consideraremos vários tipos de INFs e como elas se combinam para formar uma estratégia eficaz no combate a uma pandemia viral e, em seguida, examinaremos como essas estratégias se desenvolveram com a disseminação da pandemia de Covid-19.

Em 15 de março de 2020, o Dr. Anthony Fauci, chefe do Instituto Nacional de Alergias e Doenças Infecciosas (NIAID, na sigla em inglês), declarou publicamente que um "lockdown nacional" poderia ser necessário.[4] Logo depois, governador após governador impôs ordens para que a população permanecesse em casa, começando com a Califórnia, em 19 de março, depois Nova York, em 22 de março e, por último, Missouri, em 6 de abril.[5] Mesmo antes disso, inúmeras empresas passaram a implementar regras de trabalho remoto, e os norte-americanos reduziram sua mobilidade por conta própria, como vimos em Seattle. A maioria das pessoas não é estúpida; elas preferem não sair de casa quando um patógeno mortal está à espreita. Uma análise dos dados de mobilidade de telefones celulares, publicada pelo *Washington Post* em 6 de maio, revelou que o pico de nossos esforços coletivos de permanência em casa aconteceu em 7 de abril, quando os norte-americanos passaram 93% do tempo em suas casas, em comparação a 72% em 1º de março.[6] Portanto, durante os primeiros meses da pandemia de 2020, as pessoas ficaram em casa tanto quanto possível, a menos que não tivessem alternativa ou trabalhassem na área de saúde, saneamento, produção ou distribuição de alimentos ou outras indústrias essenciais.

Os norte-americanos deram esse passo extremo e tomaram outras medidas significativas (como fechar escolas, discutidas mais adiante) por uma razão, e não apenas para salvar a própria pele. Essas intervenções pretendiam interromper cadeias de transmissão e, assim, ajudar uns aos outros. O objetivo das INFs era *achatar a curva*. Essa expressão, tal como o próprio vírus, saltou da obscuridade para a consciência pública nessa época, migrando de periódicos acadêmicos e sites pouco visitados do CDC para a primeira página de todos os jornais e para o burburinho das ruas. No Dan and Whit's, um armazém geral localizado em Vermont, onde moro — cujo slogan "Se não temos, você não precisa" parecia cada vez mais adequado —, ouvi um jovem balconista murmurar, enquanto reajustava sua máscara, que estava "exausto de achatar essa curva".

Mas o que exatamente significa achatar a curva? Suponha que 10 milhões de norte-americanos contrairão uma infecção nos primeiros dez meses de uma epidemia. Faz toda a diferença se todos eles adoecerem durante o primeiro mês ou se 1 milhão de pessoas adoecerem por mês durante dez meses. Se todos os pacientes adoecessem durante o primeiro mês, o sistema de saúde entraria em colapso. Além disso, se não tivéssemos implementado esforços para achatar a curva e diminuir a força da onda epidêmica que nos atingiu, é possível que mais de 1 milhão de norte-americanos tivessem morrido nos primeiros meses da pandemia. A Figura 12 ilustra como isso funciona. O gráfico mostra o número de casos por dia (o tempo está no eixo x e a contagem de casos está no eixo y). Quando a curva epidêmica é não achatada, a contagem de casos é concentrada; quando a curva é achatada, a contagem é mais espalhada.

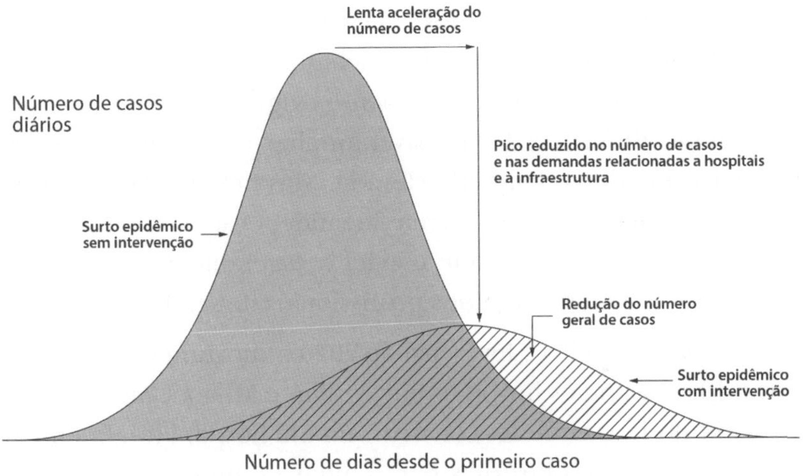

Figura 12: O processo para achatar a curva de um surto epidêmico resulta em uma série de benefícios, incluindo a diminuição do pico de demanda por cuidados de saúde, o adiamento do pico e a redução do número geral de mortes.

Os primeiros estudos na China, na Itália, no Reino Unido e nos Estados Unidos mostraram que cerca de 20% dos infectados com SARS-2 precisaram de hospitalização, e cerca de 5%, de cuidados de UTI.[7] Se 5% de 10 milhões de pessoas precisassem de UTI, isso exigiria 500 mil leitos de UTI. Os Estados Unidos têm apenas 100 mil leitos desse tipo. Nenhuma nação tem capacidade para lidar com tantas pessoas gravemente doentes de uma vez. Os Estados Unidos também têm menos leitos hospitalares *per capita* do que outros países industrializados; são 2,9 leitos por mil pessoas, enquanto a Coreia do Sul tem 11,5; o Japão, 13,4; a Itália, 3,4; a Austrália, 3,8; e a China, 4,2.[8] Outro requisito absolutamente essencial são médicos e enfermeiros para cuidar de todos os pacientes. Mas outras carências também podem ser danosas, como a escassez de equipamentos de proteção individual (EPI), de caixões e até de caminhões refrigerados para o transporte de corpos.

Na cidade de Nova York, a curva não foi achatada o suficiente para evitar o esgotamento desses recursos, e os noticiários mostraram enfermeiros usando sacos de lixo como EPI improvisado, e asilos e hospitais abarrotados com pilhas de corpos em risco de decomposição. No entanto, a cidade de Nova York conseguiu achatar a curva de modo a evitar a falta de respiradores, o que fatalmente exigiria algumas decisões de triagem muito difíceis. E foi possível ampliar a capacidade dos leitos de UTI para atender à demanda elevada. Mas uma epidemia séria prejudica gravemente qualquer sistema de saúde. O achatamento da curva permite que o sistema funcione e evita o esgotamento do estoque de equipamentos e a sobrecarga dos profissionais de saúde.

Relatórios em janeiro e fevereiro de 2020 indicaram que a pandemia de Covid-19 devastou os hospitais em Wuhan e Milão. Como mencionado no Capítulo 1, os chineses construíram um hospital totalmente novo em Wuhan em apenas dez dias para cuidar de milhares de pacientes. Médicos de outras regiões foram enviados em ônibus para atender hospitais locais.[9] No final de fevereiro, os italianos estavam fazendo tudo que em breve os norte-americanos nos hospitais de todo o país seriam obrigados a fazer: cancelar procedimentos eletivos, reaproveitar salas de operação como UTIs, fechar as portas de alguns prontos-socorros lotados e pressionar profissionais de saúde de outras áreas a trabalharem.[10] Os italianos convocaram médicos aposentados para ajudar.[11] "Aceitaremos qualquer pessoa: idosa ou jovem. Precisamos de pessoal, especialmente de médicos qualificados", declarou Giulio Gallera, funcionário de saúde na região afetada da Lombardia.

Achatar a curva possibilita ganhar tempo para salvar mais vidas. Respiradores e medicamentos não se esgotam. Os médicos e enfermeiros não ficam exaustos, por isso podem fazer um trabalho melhor no cuidado dos pacientes, o que significa menos mortes. Com condições menos restritas, menos profissionais de saúde contraem a doença, o que os mantém ativos na linha de frente. Ganhar tempo também nos permite preparar o sistema público de saúde; podemos desenvolver testes e procedimentos para rastreamento de contatos e aprender mais sobre o vírus em nossos laboratórios. Quando achatamos a curva, também adiamos algumas das infecções até um momento em que, simplesmente em virtude da passagem do tempo, os cientistas já podem ter inventado uma vacina, desenvolvido medicamentos eficazes ou aprendido a cuidar melhor dos doentes — tudo isso também reduz as mortes. Por fim, é sempre possível que o vírus sofra mutação e se torne menos perigoso, de modo que as pessoas que o contraiam mais tarde adquiram versões mais brandas e menos letais da doença. Em geral, esse é o caso das pandemias, mas pode levar algum tempo e nem sempre acontece (como vimos na pandemia de gripe de 1918). A Figura 12 reflete todos esses benefícios, representados pelo fato de a área total sob a curva, mensurando o número geral de mortes, ser menor na versão achatada do que na versão não achatada.

Vale esclarecer que achatar a curva significa desacelerar a propagação do vírus, não erradicá-lo. Mesmo depois que a curva foi achatada, o vírus reemergiu na China, nos Estados Unidos, em todos os países. No segundo trimestre de 2020, muitos norte-americanos não consideravam essa eventualidade. Houve comemorações de vitória. As pessoas pensaram que, uma vez que a curva fosse achatada, tudo acabaria. Infelizmente, nos Estados Unidos, uma curva mais plana ainda significava que tínhamos até mil mortes por dia entre março e setembro de 2020. Isso dificilmente poderia ser considerado uma vitória, embora pudesse ter sido pior.

O fechamento dos Estados Unidos no segundo trimestre de 2020 pode ter evitado 60 milhões de casos e provavelmente mais de 300 mil mortes durante o choque agudo da primeira onda da pandemia.[12] No entanto, o achatamento da curva impôs custos médicos, sociais e econômicos. As ordens de permanência em casa reduziram a transmissão do SARS-2 e as mortes por Covid-19, mas o isolamento social é prejudicial para a saúde mental e pode se refletir na elevação das taxas de depressão, suicídio e violência doméstica. E também pode ocasionar um aumento de mortes por outras doenças graves, como exacerbações de asma e AVCs, se os sintomas não forem tratados (no Capítulo 7, porém, discutiremos alguns benefícios que a renúncia ao tratamento médico traz para a saúde). Nas primeiras semanas da pandemia, muitos médicos notaram uma assustadora e intrigante ausência de visitas ao departamento de emergência não relacionadas à Covid e de casos cirúrgicos agudos. As cirurgias eletivas e não emergenciais foram reprogramadas em preparação para os casos de Covid-19, mas poucos médicos previram que as pessoas também evitariam atendimento para problemas graves de saúde. O Dr. Harlan Krumholz, um colega de Yale, descreveu um desaparecimento preocupante de pacientes com doenças cardíacas e presumiu que as pessoas com dor no peito poderiam estar evitando ir ao hospital.[13]

As medidas de distanciamento físico também impõem sérios custos sociais e econômicos. Se as escolas são fechadas, muitas crianças perdem o aprendizado acadêmico, e os pais não têm onde deixar os filhos. Se as empresas são fechadas, os adultos perdem seus empregos. E a perda de empregos foi surpreendente. Em 7 de maio de 2020, o Departamento do Trabalho informou que a taxa de desemprego ajustada sazonalmente nos Estados Unidos era de 15,5%.[14] Cumulativamente, até aquela data, 33 milhões de norte-americanos haviam perdido seus empregos, destruindo uma década de avanços no nível de emprego. Lendo o relatório, tive a sensação de que até o funcionário que compilou os dados para divulgação pública se surpreendeu: "O número total de pessoas que reivindicaram benefícios em todos os programas para a semana encerrada em 18 de abril foi de 18.919.371, um aumento de 2.416.289 em relação à semana anterior. Na semana equivalente em 2019, havia 1.673.740 pessoas reivindicando benefícios em todos os programas somados." Uma pesquisa divulgada no final de abril pelo Pew

Charitable Trusts descobriu que, no geral, 43% dos adultos relataram que eles ou alguém em sua casa havia perdido o emprego ou sofrido corte de salário como resultado da pandemia. É claro que o impacto recaiu sobretudo em adultos de baixa renda e minorias étnicas e raciais.[15] As manchetes desse período variaram de "Taxa de desemprego nos EUA sobe para 14,7%, a pior desde a era da depressão" a "Perda de empregos nos EUA atingiu os níveis da grande depressão".[16]

Bastava visitar o centro da cidade ou ler um jornal local para constatar esse fato. Em Hanover, New Hampshire, loja após loja fechou as portas definitivamente em maio. "O colapso do varejo remodelará a rua principal", dizia uma manchete local.[17] A dona de uma amada loja de *gelato* (intitulada a melhor dos Estados Unidos pela revista *Forbes*) foi incisiva ao justificar seu fechamento definitivo: não há modelo de negócios viável para vender sorvete sem pessoas amontoadas em filas serpenteando ao redor do quarteirão. As autoridades municipais implementaram formas inventivas de reaproveitar vagas de estacionamento para criar locais de refeições ao ar livre (como é comum na Europa). Mas não foi o suficiente para ajudar os restaurantes locais.

O Dow Jones Industrial Average caiu 37%, passando de 29.551 em 12 de fevereiro para 18.591 em 23 de março, embora tenha voltado para 25.734 em 1º de julho de 2020. No início de abril, não muito após o início do distanciamento físico generalizado nos Estados Unidos, estimou-se que, no segundo trimestre, a contração trimestre a trimestre seria de cerca de 10%, o que acabou sendo o caso.[18] Desde o início da coleta de dados, em 1947, a maior variação trimestre a trimestre havia sido o primeiro trimestre de 1958, quando a contração foi de 2,6%. Talvez não por coincidência, isso aconteceu depois da última grande pandemia respiratória a atingir os Estados Unidos. Esse impacto suplantou até mesmo a crise financeira do quarto trimestre de 2008, quando houve uma contração de 2,2% na economia.[19]

Esses dilemas exigem avaliações e cálculos impiedosos e são especialmente difíceis quando se trata de escolas e locais de trabalho. Por essa razão, muitas das intervenções implementadas pelos agentes públicos para achatar a curva se tornaram altamente politizadas em 2020, de maneiras que comprometeram a resposta da saúde pública e dificultaram ainda mais nossa reação. O que acaba perdido em meio à discussão sobre o distanciamento físico é que a eficácia dessas intervenções está tão bem estabelecida que elas não deveriam ser controversas. Por exemplo, *três anos antes* da pandemia, o Centro de Controle e Prevenção de Doenças dos EUA divulgou o relatório apropriadamente intitulado "Diretrizes de Mitigação da Comunidade para Prevenir a Influenza Pandêmica — Estados Unidos, 2017". O documento estava repleto de bons conselhos oferecidos por décadas. No entanto, em 7 de maio de 2020, um relatório do CDC fornecendo conselhos básicos semelhantes foi omitido pela Casa Branca sem qualquer justificativa. Os cientistas do CDC foram simplesmente informados de que as recomendações que prepararam sobre como as empresas poderiam reabrir após as paralisações (com sugestões básicas sobre práticas higiênicas e distanciamento físico) "nunca veriam a luz do dia".[20] Claro, o relatório vazou de qualquer maneira. A justificativa política subjacente para omitir o relatório talvez fosse diminuir o papel do governo federal para que os próprios estados fossem responsabilizados pela reabertura do país, o que significava, de um modo cínico, que assumiriam a culpa pelo retorno inevitável de surtos.

Implementar as INFs em tempo hábil e obter o apoio público para fazê-lo quando as coisas ainda não parecem tão ruins são desafios importantes para políticos e autoridades de saúde pública. As INFs são inconvenientes, antinaturais e, muitas vezes, extremamente caras, portanto é compreensível que muitas pessoas desejem evitá-las, em especial se ainda não viram as mortes de perto. Em qualquer epidemia, uma tarefa educacional básica dos líderes é ajudar as pessoas a entender o que está de fato acontecendo.[21] Na verdade, manter a confiança pública pode ser visto como uma intervenção não farmacêutica por si só, e não apenas uma forma de aumentar a eficácia de outras medidas. Conquistar a confiança pública necessária para implementar intervenções inconvenientes, mas que salvam vidas, requer uma comunicação honesta sobre os fundamentos de todas as políticas sugeridas, incluindo uma discussão sobre os difíceis dilemas necessários e a incerteza envolvida. Isso ajuda a melhorar o senso de propósito cívico e também a saúde pública.

Em 1918, a vontade coletiva foi controlada com mais facilidade do que em 2020, pois a gripe espanhola eclodiu em meio à Primeira Guerra Mundial. O público apoiava os decretos que limitavam suas liberdades porque essas regras eram vistas como uma forma de proteger as tropas norte-americanas no exterior. Um anúncio da Cruz Vermelha afirmava de forma explícita: "O homem, mulher ou criança que não usa máscara agora é um indolente perigoso." O governador da Califórnia descreveu o uso de máscara como o "dever patriótico" de todo norte-americano.[22]

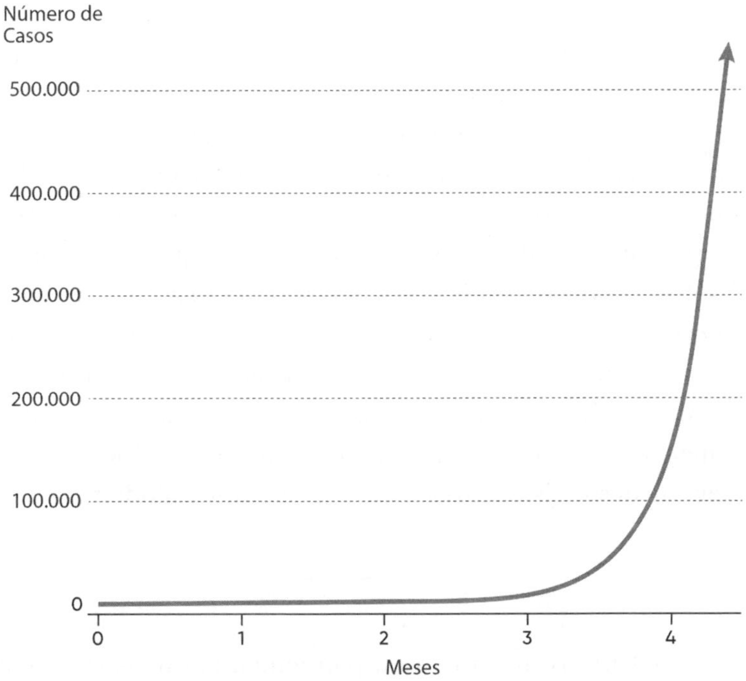

Figura 13: O crescimento exponencial, com um tempo de duplicação aproximado de uma semana, pode levar a um aumento repentino e drástico de casos.

Um dos detalhes mais fundamentais, e diabólicos, das doenças epidêmicas é o conceito de crescimento exponencial. Embora ele torne o achatamento da curva ainda mais importante, também dificulta o engajamento da vontade coletiva. Como muitos de nós aprendemos nas aulas de matemática do ensino médio, o crescimento exponencial envolve uma curva que tem uma parte longa e plana, depois uma parte ligeiramente arredondada e, em seguida, uma subida íngreme, como mostrado na Figura 13. No crescimento exponencial, durante um bom tempo, parece que nada está acontecendo. E então, de repente, tudo acontece de uma vez. Isso me lembra da observação de Vladimir Lênin: "Há décadas em que nada acontece; e há semanas em que décadas acontecem." Mas é muito difícil fazer as pessoas agirem enquanto estão na parte plana da curva.

No entanto, como vimos no Capítulo 2, a ação (ou inação) precoce faz uma grande diferença — por exemplo, houve um rápido aumento nos casos de gripe quando a Filadélfia não cancelou o Liberty Loans Parade. Portanto, no início da epidemia, é essencial ajudar o público a compreender o que provavelmente acontecerá mais tarde. Mas esse também é um dos motivos pelos quais é tão difícil soar o alarme. Se dissermos que muitos indivíduos ficarão doentes e que nosso mundo "em breve" sofrerá transformações, as pessoas olharão ao redor e concluirão que tudo parece normal o suficiente, então "muito obrigado, mas não precisamos de intervenções". E parece normal no dia seguinte também, então as Cassandras são vistas apenas como alarmistas. Quando as pessoas começam a morrer, é tarde demais para obter todos os benefícios das intervenções mais eficazes, embora elas ainda ajudem.

Nos Estados Unidos, no início da pandemia, algumas das objeções à implementação das INFs surgiram do desejo de adotar uma estratégia mais "natural" e permitir que a epidemia seguisse seu curso para atingir o ponto de imunidade de rebanho com mais rapidez.

A proporção de pessoas que precisam ser imunes para que uma sociedade tenha imunidade de rebanho depende de quão infecciosa é a doença; quanto menos infecciosa, menos indivíduos precisam ser imunes. E quanto maior o R_0, maior a fração de pessoas que devem ser imunes para impedir uma epidemia. Essa é a razão pela qual o sarampo, que está entre as doenças mais contagiosas conhecidas, requer níveis muito altos de vacinação na população para evitar surtos. Cerca de 6% de pessoas não vacinadas em uma área é o suficiente para dar ao sarampo a oportunidade de criar um surto, como vimos nos últimos anos em regiões dos Estados Unidos onde um grande número de pessoas se recusou a ser vacinado.[23] Ou seja, 94% ou mais da população deve estar imune, naturalmente ou por meio de vacinação, para interromper a epidemia de sarampo.

No entanto, para patógenos com um R_0 mais baixo, uma porcentagem menor de pessoas imunes é suficiente. A fórmula $(R_0\text{-}1)/R_0$ é usada para esse cálculo. Se utilizarmos um R_0 de 3 para o SARS-2, significa que 67% da população deve ser imune. Mas essa porcentagem é, até certo ponto, uma superestimativa. A base epidemiológica para os cálculos do número de reprodução de patógenos pressupõe que todas as pessoas em uma população têm chances iguais de interagir com todas as outras pessoas, mas sabemos que isso não é verdade no mundo real. Algumas pessoas têm poucas conexões e interações sociais e outras têm muitas, como vimos no Capítulo 2. Se as pessoas populares se tornam imunes, naturalmente ou por meio de vacinação, isso significa que, para alcançarmos a imunidade de rebanho, menos pessoas devem ser imunes do que o cálculo anterior sugere.

É difícil estimar o tamanho exato do efeito, pois depende de muitos fatores. Mas a conclusão é que, se os mais populares estiverem super-representados no início da pandemia de Covid-19, uma porcentagem *menor* de toda a população precisa se tornar imune — talvez 40% a 50%.

A imunidade de rebanho é uma das razões pelas quais as epidemias terminam sem que todos sejam infectados. Em essência, quando um número suficiente de pessoas que são cadeias de transmissão para infecções se torna imune, o patógeno não tem como continuar a se mover pela população. Isso é parte da explicação de por que a pandemia de gripe de 1957, por exemplo, terminou com uma fração menor da população afetada do que o previsto por cálculos a partir de seu R_0.

Outra questão importante na imunidade de rebanho é a vulnerabilidade à infecção. Um exercício de modelagem feito pelo epidemiologista Marc Lipsitch e colaboradores sugeriu que, quando os casos caem para um determinado nível, pode ser desejável nos engajar deliberadamente em períodos intermitentes de relaxamento das INFs. Isso permitiria que alguns membros de nossa população (em especial os menos vulneráveis) fossem expostos ao vírus e desenvolvessem imunidade. À medida que os casos aumentassem, teríamos que recuar novamente. Dependendo da sazonalidade do patógeno, ou seja, até que ponto a propagação e a letalidade do vírus são maiores no inverno do que no verão, teríamos que aderir ao distanciamento físico entre 25% e 75% do tempo para aumentar a imunidade, sem sobrecarregar nosso sistema de saúde e, ao mesmo tempo, continuando a isolar os membros vulneráveis de nossa sociedade. É claro que, à medida que o tempo passasse e cada vez mais pessoas se tornassem imunes, os períodos em que precisaríamos manter o distanciamento físico seriam mais curtos e menos frequentes. Dessa forma, para alcançar a imunidade de rebanho com o menor custo geral em termos de infecções e mortes, poderíamos, ao menos em teoria, controlar o número e a vulnerabilidade das pessoas que ficariam imunes.

Por conta de tudo isso, muitas dúvidas surgiram após o início da pandemia. Devemos apenas deixar a epidemia nos atingir como uma grande onda? Por que não acabar de uma vez com ela? Essa linha de raciocínio parece sensata em alguns aspectos; não podemos de fato impedir que o patógeno infecte muitas pessoas a menos que tenhamos uma vacina, e os esforços para detê-lo exigem que devastemos nossa economia e talvez até causemos muito mais mortes em decorrência dessas medidas. Afinal, a pobreza também é mortal.

Alguns países consideraram essa abordagem em 2020. Os britânicos chegaram a cogitar a ideia de "enfrentar a tempestade", mas acabaram desistindo. Estimativas sombrias de um rápido aumento nas mortes levaram a um lockdown nacional tardio no Reino Unido.[24] Em abril de 2020, o próprio primeiro-ministro Boris Johnson contraiu a doença depois de meses de displicência e acabou na UTI por vários dias.[25] A Suécia, a única entre seus vizinhos escandinavos, adotou uma tática como essa, com o objetivo de isolar os vulneráveis e os idosos, enquanto permitia que os jovens e saudáveis seguissem com suas atividades da forma mais sensata possível, a fim de atingir níveis suficientes de imunidade populacional. Em maio de 2020, a Suécia tinha pelo menos quatro vezes a taxa de mortes por Covid-19 que seus vizinhos nórdicos com demografia e economia semelhantes, e começou a corrigir cautelosamente seu curso.[26] No final das contas, o mentor da estratégia admitiu que a política não funcionou conforme planejado.[27] De modo crucial, a economia sueca foi tão duramente atingida quanto as economias dos vizinhos que optaram pelo lockdown total. As saúdes física e econômica estão inextricavelmente ligadas.

Porém, no início, alguns políticos e especialistas nos Estados Unidos fizeram um estardalhaço alegando que o país deveria seguir o modelo sueco, ou seja, tentar alcançar a imunidade de rebanho. Mas é ridículo comparar a Suécia aos Estados Unidos. O primeiro é um país de 10,2 milhões de pessoas com um sistema de bem-estar social do berço ao túmulo, relativamente poucos problemas de saúde, uma cultura de vida ao ar livre e cidadãos orientados à coletividade e obedientes às regras. Nada disso se assemelha aos Estados Unidos, cujos cidadãos têm taxas muito mais altas de pobreza, problemas de saúde e outros fatores de risco. Mais tarde, em 2020, exortações simplistas para "abrir" os Estados Unidos — como se fosse tão fácil quanto abrir uma torneira — subestimaram grosseiramente a complexidade do delicado equilíbrio necessário para o controle de uma pandemia. E, de qualquer maneira, achatar a curva não apenas adia as mortes, mas também impede algumas delas, como vimos anteriormente.

Ainda assim, se não formos capazes de desenvolver uma vacina, a imunidade de rebanho é, em última análise, o caminho que seguiremos como sociedade em todo o mundo, de forma deliberada ou não. Sem dúvida, alguns países administrarão isso melhor do que outros, e meu palpite é que as nações que se sairão melhor serão aquelas com alta credibilidade pública e forte liderança baseada na ciência.

Quando um patógeno circula por toda população, muitas medidas de contenção não são mais necessárias e a epidemia termina. Até que isso aconteça, a fim de extinguir uma epidemia, o R_e deve ser reduzido para menos de 1 (o que significa que cada caso existente não é mais capaz de se reproduzir). Mas, até então, contenção e redução de danos são os objetivos. Consideramos a seguir várias INFs à nossa disposição para atingir essas metas.

Para começar, analisaremos as medidas de higiene. Ações individuais, como lavar as mãos, e medidas coletivas, como saneamento, são cruciais para combater doenças contagiosas. Os norte-americanos nascidos depois de 1940 têm pouca noção da importância de uma boa higiene, pois têm (em sua maioria) comida e água limpas e não se lembram da destruição causada por doenças infecciosas. Em 1900, a expectativa de vida era baixa sobretudo porque muitas crianças morriam antes de seu quinto aniversário. Naquela época, as pessoas morriam menos de doenças cardíacas e câncer do que de pneumonia, difteria e diarreia.

No início da pandemia de 2020, a lavagem das mãos foi enfatizada e muitas pessoas abstiveram-se de abraços e apertos de mão. Uma grande pesquisa nacional conduzida no final de abril de 2020 relatou que uma porcentagem incrivelmente alta de norte-americanos — 96% — afirmou seguir à risca as recomendações para lavar as mãos com regularidade, e 88% declarou seguir à risca as recomendações para desinfetar superfícies tocadas com frequência.[28] Algumas pessoas usavam luvas. Mas a mudança mais visível e drástica na higiene foi o uso de máscaras, que fez seu retorno depois de cem anos. A mesma pesquisa nacional descobriu que, no final de abril de 2020, 75% dos norte-americanos relataram seguir as recomendações de usar máscara fora de casa.

As máscaras faciais foram pontos de conflito e confusão no início da epidemia, mas têm sido usadas há muito tempo para combater doenças respiratórias, como revelam as fotos de cenas nas ruas durante a pandemia de 1918. Mesmo naquela época, as pessoas compreendiam a utilidade dessa intervenção simples, e estudos científicos detalhados sobre sua eficácia foram publicados há um século.[29] Em maio de 2020, as máscaras se proliferaram em algumas partes dos Estados Unidos, mas enfrentaram uma violenta reação em outras. Muitas empresas, municípios e estados passaram a exigi-las, e enfrentaram grande resistência (o que em alguns casos levou à reversão da medida) devido ao clamor popular.

No início, muitas autoridades, incluindo o CDC e o Cirurgião-geral dos Estados Unidos, fizeram recomendações contrárias à adoção universal da máscara porque os Estados Unidos tinham suprimentos limitados de equipamentos de proteção individual. Temia-se que recomendar o uso universal privaria os profissionais de saúde de suprimentos preciosos. A Organização Mundial da Saúde também desencorajou as máscaras até abril de 2020.[30] Se a verdadeira motivação era preservar as máscaras para profissionais de saúde, não fazia sentido enganar o público, que estava compreensivelmente confuso com as mensagens desencontradas contidas na declaração "As máscaras são tão valiosas que devem ser dadas a um profissional de saúde, mas vocês não precisam delas, pois não faria diferença". A credibilidade necessária foi perdida com o discurso dúbio.

Além das preocupações com o fornecimento de EPIs, havia um mal-entendido crucial sobre o papel das máscaras na contenção da propagação do vírus. Uma vez que a Covid-19 pode ser transmitida por indivíduos assintomáticos, uma das funções fundamentais do uso de máscara não é tanto se proteger contra a infecção, mas, sim, evitar a transmissão da infecção para *os outros*.[31] Máscaras podem ser usadas para proteger o usuário da *entrada* de partículas virais, mas isso normalmente requer uma máscara mais especializada, como a N95 [ou PFF2, segundo a especificação brasileira]. No entanto, vale esclarecer que as máscaras de pano são úteis. Ainda assim, qualquer máscara pode ser usada para proteger as outras pessoas da *saída* de partículas virais, amortecendo a força propulsora das gotículas que saem da boca. Uma máscara bloqueia as gotículas da mesma forma que tapar a saída de uma mangueira é mais eficaz para conter o jato de água do que tentar pegar todas as gotas no ar usando um balde.

Impedir que as gotículas se espalhem não requer nenhum equipamento médico especial. Mesmo as máscaras de algodão caseiras conseguem diminuir a transmissão do patógeno. Elas podem reduzir drasticamente — em até 99% — o número de partículas virais expelidas ao espirrar, tossir ou até falar. Além disso, encorajar a produção doméstica de máscaras — pelo menos entre as famílias que, ao contrário da minha, têm membros capazes de costurar — não ameaça os suprimentos médicos de EPI nem incentiva as pessoas a estocá-las.

As máscaras também protegem o usuário de outras maneiras. Por um lado, elas nos impedem de tocar o próprio rosto. Costumamos tocar o rosto cerca de uma vez a cada quatro minutos.[32] Fatos como esse me fizeram pensar que os estranhos trajes usados pelos médicos da peste do século XVII — casacos encerados e máscaras compridas, com um bico que lembrava um pássaro — possam ter desempenhado uma função semelhante. A explicação para o bico é que ele continha ervas para afastar os vapores miasmáticos que, segundo pensavam, transmitiam a infecção. Mas talvez também tenha servido para impedir que o médico tocasse o próprio rosto. Outro efeito benéfico das máscaras é avisar *aos outros* que deveriam manter distância do usuário, como mostrado por um experimento engenhoso que envolvia observar discretamente as distâncias que as demais pessoas mantinham de experimentadores que usavam máscaras em filas de supermercados e correios.[33]

Em 6 de abril de 2020, publiquei, junto com alguns colegas de Yale, uma análise política sobre a utilidade das máscaras, em parte para ajudar a resolver a confusão e a resistência ao uso de máscaras.[34] Nossa análise de 46 países ao redor do mundo mostrou que, nos primeiros meses da pandemia, os países onde o uso de máscaras sempre foi a norma (como Taiwan) tiveram muito menos mortes do que aqueles onde não era. Claro, é difícil fazer comparações entre os países porque há muitas outras variáveis, e o uso de máscara pode ser um indicador para a adoção de outros comportamentos de combate a doenças (por exemplo, lavar as mãos, bem como a existência e a observância às normas de um sistema de saúde público eficiente). No entanto, descobrimos que o crescimento da taxa de mortalidade foi de 21% em países sem regras de uso de máscaras e 11% em países com tais normas. Se todas as famílias nos Estados Unidos usassem máscaras de tecido, isso geraria um ganho, em cálculos conservadores, de pelo menos US$3 mil por família, decorrente do risco reduzido de mortalidade causado pela desaceleração de disseminação do vírus. Na verdade, mesmo que as máscaras reduzissem a taxa de transmissão do vírus em apenas 10%, nossos modelos indicam que centenas de milhares de mortes seriam evitadas em todo o mundo, gerando trilhões de dólares em valor econômico. É um grande efeito para uma medida singela.

Portanto, ao baixar o R_e, as máscaras por si só podem ter um grande efeito nas pandemias respiratórias. Por exemplo, uma máscara com apenas 50% de eficácia na redução da transmissão por gotículas usada por apenas 50% das pessoas é capaz de reduzir o R_e de 2,4 para cerca de 1,35 — quase o mesmo nível da gripe sazonal. Isso significa que cem casos de infecção gerariam, após um mês, 31.280 casos em um cenário sem o uso de máscaras e apenas 584 com a utilização de máscaras. Essa redução permite que a equipe médica cuide melhor do número reduzido de pacientes e implemente o rastreamento de contatos e as medidas de quarentena de maneira mais eficaz. Claro, se as máscaras fossem ainda mais eficientes e a adesão fosse maior, a epidemia poderia ser debelada, com um R_e menor que 1. Se 70% ou mais da população em uma situação urbana típica usasse máscaras de boa qualidade (ou seja, com cerca de 70% de eficácia), isso impediria um surto em grande escala de um patógeno respiratório de uma doença moderadamente contagiosa como a Covid-19.[35]

Para cidadãos de países sem normas preexistentes quanto ao uso de máscara, pode ser chocante ver as pessoas em público com os rostos cobertos. Mas normas podem mudar. A República Tcheca conseguiu passar do uso não normativo de máscaras para uma adesão quase universal em dez dias, em grande parte devido ao incentivo de celebridades influenciadoras e um vídeo viral com a hashtag #Mask4All [#MáscaraParaTodos]. E, no final de março, a medida foi formalizada por decreto governamental.[36] O slogan da campanha — "Minha máscara protege você; sua máscara me protege" — era uma forma poderosa de apelar ao altruísmo das pessoas, mudando o significado da medida. A ação ganhou ampla circulação internacional nos primeiros dias da pandemia. Até mesmo os nudistas da República Tcheca eram advertidos pela polícia a tapar a boca e o nariz.[37] A campanha converteu uma atitude individual voluntária em uma ação coletiva amplamente aceita.

Mesmo assim, tem havido uma proliferação de recusas e protestos em algumas partes dos Estados Unidos. Algumas pessoas classificaram a questão como liberdade individual, segurando cartazes com os dizeres MEU CORPO, MINHA ESCOLHA, uma referência cínica a argumentos pró-escolha no debate sobre o aborto. Em meados de 2020, os confrontos nas lojas e a violência aumentaram enquanto um público já irritado tentava se reajustar ao novo normal.[38] Na Geórgia, o governador Brian Kemp, desafiando as boas práticas de saúde pública, proibiu explicitamente as cidades e os condados de promulgar regras que exigiam máscaras.[39] Claro, como vimos, a razão pela qual as pessoas podem ser obrigadas a usar máscaras é o fato de elas impedirem a transmissão das doenças para *outras pessoas*, algo análogo às leis que protegem os indivíduos do fumo passivo. Usar máscaras é um "bem público", algo para o qual todos contribuem e do qual todos se beneficiam, como pagar impostos para a criação de um corpo de bombeiros.

Para exemplificar os pequenos sacrifícios pelo bem comum, os agentes políticos precisam usar máscaras em público. Fiquei estarrecido quando, no início de maio, vi o vice-presidente dos Estados Unidos visitar a Mayo Clinic e aparecer em fotos sem máscara, enquanto todos ao seu redor a usavam. Foi um contraste gritante com os apelos ao patriotismo um século atrás, durante a pandemia de gripe de 1918. Usar máscara deve ser considerado um dever cívico, assim como votar. Na verdade, é extremamente improvável que os norte-americanos consigam retornar às interações econômicas mais típicas *sem* adotar a prática por alguns anos.

Entretanto, há um limite para o que indivíduos agindo por conta própria conseguem fazer, não importa o quanto lavem as mãos, usem máscaras e pratiquem o distanciamento físico. A ação coletiva é necessária para conter a propagação do patógeno. Consideremos uma sequência de possíveis intervenções coletivas organizadas da menos à mais onerosa: fechamento de fronteiras, teste e rastreamento, proibição de reuniões, fechamento de escolas e ordens de permanência em casa que os Estados Unidos finalmente implantaram nas primeiras semanas da pandemia.

Uma das respostas mais intuitivas e antigas a uma epidemia é o fechamento das fronteiras.[40] Se as doenças vêm de outros países, parece fazer muito sentido restringir as viagens, razão pela qual essa ideia ocorreu a todos e foi implementada em todas as pragas. Um observador ponderou sobre essa questão durante a peste negra:

> *Como resultado, os habitantes, desatinados pelo terror, ordenaram que nenhum estrangeiro permanecesse nas estalagens e que os mercadores por quem a peste se espalhava fossem obrigados a deixar a área imediatamente. A praga mortal reinou em toda parte, e cidades antes populosas, por causa da morte de seus habitantes, agora mantinham seus portões firmemente fechados para que ninguém pudesse invadir e roubar os pertences dos mortos.*[41]

De fato, em uma grande pesquisa nacional realizada no final de abril de 2020, 94% dos norte-americanos aprovavam a restrição de viagens internacionais. E 86% eram favoráveis até à restrição de viagens domésticas.[42]

Entretanto, como vimos no Capítulo 1, na maioria das circunstâncias, somente o fechamento de fronteiras não funciona. Ele pode atrasar a chegada de um patógeno, mas, com raras exceções, não a impede, mesmo em nações insulares onde a medida é mais fácil de ser implementada. Em 2020, tanto a Nova Zelândia quanto a Islândia tentaram.[43] A primeira infecção por SARS-2 na Islândia foi confirmada em 28 de fevereiro de 2020, em uma pessoa que havia retornado da Itália, antes mesmo que o país fosse identificado como de alto risco. Menos de três semanas depois, a Islândia classificou todas as viagens de origem internacional como de alto risco.[44] Mesmo assim, o vírus se espalhou por causa de outras importações invisíveis. A Nova Zelândia, no entanto, que foi liderada de forma muito hábil pela primeira-ministra Jacinda Ardern, se saiu extremamente bem com a primeira onda da pandemia e acabou se declarando livre do vírus em junho de 2020, embora pequenos novos surtos logo tenham se seguido. Que eu saiba, a única tentativa moderadamente bem-sucedida de fechamento total da fronteira foi em quatro ilhas do Pacífico Sul na pandemia de 1918; elas foram capazes de retardar — mas não impedir — a importação do patógeno entre três e trinta meses.[45] Na prática, não existe fechamento total de fronteiras — os cidadãos no exterior ainda podem voltar para casa e as pessoas podem se deslocar ilegalmente.

Um patógeno com transmissão assintomática, como o SARS-2, torna o fechamento de fronteiras ainda mais difícil. A natureza furtiva de tais germes ajuda a explicar por que a medida sensata e amplamente usada de fechar as fronteiras tende a não funcionar. Por exemplo, uma análise do papel da checagem de temperatura e do isolamento obrigatório de pessoas após a entrada na China durante a pandemia de H1N1 de 2009 — originada no México em março — mostrou que, na melhor das hipóteses, os controles de fronteira atrasaram a propagação da pandemia em menos de quatro dias.[46]

Além disso, no momento em que os formuladores de políticas pensam em fechar as fronteiras ou até mesmo no momento em que tomam ciência da epidemia, em geral o vírus já se infiltrou em seu território. E, uma vez que a transmissão comunitária de uma epidemia começa para valer, a prevenção de novas importações tem pouco impacto. Na verdade, os casos importados são, a partir de então, apenas uma fração dos casos existentes. Um modelo formal que avaliou o que aconteceria se todos os voos fossem cancelados no trigésimo dia após o início de uma pandemia (o que seria incrivelmente rápido) concluiu que, mesmo se 99,9% de todos os voos fossem cancelados, a medida adiaria o pico de ataque de uma doença moderadamente transmissível (com um R_0 de 1,7) em apenas 42 dias.[47]

Restrições nas viagens aéreas *domésticas* em um país como os Estados Unidos são relativamente ineficazes, dada a quantidade de viagens rodoviárias existentes. As tentativas dos governadores de fechar as fronteiras com outros estados no final de março de 2020, além de serem duvidosas do ponto de vista constitucional, pareciam mais uma espécie de teatro de segurança. Quando o governador da Flórida, Ron DeSantis, sugeriu que indivíduos em veículos com placas do estado de Nova York fossem detidos na fronteira, a medida foi vista por muitos como um mero esforço para transferir a responsabilidade pelo patógeno para pessoas de fora. Essa pode ser uma forma política comum de lidar com doenças pandêmicas, mas não faz sentido em termos de saúde pública.

Eu moro em Norwich, Vermont, uma cidade rural de 3 mil habitantes. Em janeiro de 2020, ao tomar conhecimento da pandemia, pensei tolamente: *Ok, ela vai chegar aqui, mas só seis meses depois de atingir todas as grandes cidades dos EUA*. E o que aconteceu? No final de fevereiro, um médico residente voltou da Itália para Hanover, New Hampshire, cidade que fica a menos de dois quilômetros da minha, na margem oposta do rio Connecticut que divide os dois estados, e é lar da Dartmouth College. Embora fosse médico e tivesse buscado atendimento aos sintomas respiratórios que apresentou, ele não obedeceu às instruções para se isolar e foi a um grande "mixer" (um nome bastante apropriado) de alunos de pós-graduação e professores, onde infectou outras pessoas da minha cidade. Nos primeiros mapas do surto nos Estados Unidos, um pontinho vermelho foi assinalado no meu cantinho seguro do mundo desde o início da epidemia.[48]

Em geral, como não é realista interromper a importação, uma alternativa é tentar conter a epidemia por meio de testes, rastreamento e isolamento, sobretudo nos casos iniciais que chegam ou são detectados em uma determinada região. Embora os médicos no início do século XVI demonstrassem uma compreensão preliminar dos princípios subjacentes a esse rastreamento de contatos ao tentar sondar o movimento da sífilis em sua sociedade, o primeiro exemplo registrado dessa estratégia, como a conhecemos hoje, ocorreu mais tarde naquele século.[49]

Em 1576, o médico italiano Andrea Gratiolo tratava pacientes com peste bubônica perto do Lago Garda, na cidade de Desenzano, quando ouviu rumores de que uma mulher havia chegado de Trento com a doença. Percebendo que a mulher havia viajado em um pequeno barco em contato próximo com mais de uma dezena de pessoas, Gratiolo decidiu investigar os outros passageiros e descobriu que nenhum apresentava sinais de infecção. Gratiolo usou suas evidências para argumentar que a mulher não poderia ter importado a doença de Trento, caso contrário outros passageiros teriam adoecido.[50]

No final do século XVIII, o médico inglês John Haygarth rastreou as conexões de infectados com varíola para demonstrar que a doença se propagava apenas por meio do contato próximo com indivíduos ou materiais infectados, e não por longas distâncias, como alguns médicos pensavam.[51] Talvez o exemplo mais infame de rastreamento de contatos na história da saúde pública tenha sido o caso de Mary Mallon, ou "Maria Tifoide", no início do século XX. Ao rastrear os contatos de empregos anteriores de Mary, um engenheiro sanitário chamado George Soper percebeu que sete outras famílias para as quais ela tinha trabalhado também haviam enfrentado casos de febre tifoide.[52] Mais tarde, Mary se tornou a primeira portadora assintomática identificada de febre tifoide nos Estados Unidos e foi forçada a passar grande parte do resto de sua vida em quarentena involuntária.

A história de Mary Mallon se destaca como um exemplo da permanente tensão entre as liberdades civis e a saúde pública. E foi no início do século XX que o rastreamento de contatos foi implementado pela primeira vez como uma política amplamente instituída. Naquela época, os epidemiologistas estavam fazendo progresso na elucidação de detalhes dos períodos de incubação, da imunidade e da causalidade biológica das doenças infecciosas, fatores que influenciavam a formulação de políticas.

O uso de detetives de saúde pública que identificam indivíduos infectados e rastreiam seus contatos tem sido uma medida fundamental de controle de doenças empregada por agentes de saúde pública por muitas décadas. As escolas inglesas foram algumas das primeiras instituições a adotar um rastreamento de contatos rigoroso em resposta ao sarampo. A tuberculose tornou-se o motivo mais comum para as crianças se ausentarem da escola por longos períodos na Inglaterra, levando o rastreamento de contatos a se expandir para a vida doméstica. Na época do surto de tuberculose na Inglaterra durante a Primeira Guerra

Mundial, o rastreamento de contatos havia se tornado uma prática comum em muitas escolas urbanas.[53] Nos Estados Unidos, em 1937, a estratégia foi proposta pela primeira vez pelo Cirurgião-geral Thomas Parran para impedir a disseminação da sífilis entre as tropas, e um programa foi estabelecido de forma definitiva no final dos anos 1940 (embora Parran também tenha feito parte do infame Estudo da Sífilis Não Tratada de Tuskegee, que deliberadamente deixou negros sem tratamento para a doença).[54] Ao longo do século XX, o rastreamento de contatos desempenhou um papel importante na erradicação da varíola e nos esforços para controlar doenças infecciosas tão variadas como HIV/Aids, tuberculose, influenza, Ebola e, é claro, Covid-19.[55]

Hoje em dia, quando as pessoas infectadas com uma doença contagiosa são identificadas, seja porque apresentam sintomas, seja porque os testes deram positivo para infecção ativa, uma equipe especializada as entrevista de forma minuciosa — até mesmo intrusiva — para ajudá-las a se lembrar de todos com quem elas possam ter entrado em contato durante o período de tempo de infecciosidade. Esses contatos são então rastreados e avisados de que podem ter sido expostos. Isso é feito de forma rápida e anônima (os contatos não são informados sobre quem pode tê-los infectado). Esses indivíduos são instruídos sobre a doença, incluindo seus sintomas, e orientados a se isolar, a monitorar a si mesmos quanto a sinais da doença e a permanecer em contato com as autoridades de saúde pública. Ou podem ser colocados em quarentena.

À medida que as epidemias se espalham, o rastreamento de contatos passa a ser um trabalho gigantesco. Em abril, quando conversei com membros do Departamento de Saúde de Singapura, por exemplo, fiquei surpreso ao saber que eles empregavam 5 mil rastreadores de contato em uma população de cerca de 5 milhões de pessoas. Em todo o país, uma pessoa a cada mil trabalhava apenas para esse propósito. Na época, Singapura havia acumulado apenas 9.125 casos. Nos Estados Unidos, isso representaria ter 330 mil pessoas engajadas nessa missão.

O trabalho hercúleo envolvido nesse processo deixa claro por que tantas empresas de tecnologia e outras entidades se apressaram em oferecer soluções tecnológicas para rastreamento de contatos. Até mesmo rivais como Apple e Google se uniram para desenvolver tecnologia para facilitá-lo. Em Singapura, Israel, China, Taiwan e Coreia do Sul, registros de telefones e cartões bancários e até câmeras de reconhecimento facial foram usados para esse fim. A China introduziu códigos de cores (verde, amarelo ou vermelho) que podiam ser verificados nos telefones com o uso de scanners; os códigos indicavam não infecção e não exposição; exposição; ou infecção.[56] Os indivíduos recebiam mensagens com base em parâmetros definidos por modelos de computador, que os notificava de que haviam entrado em contato com uma pessoa contaminada e aconselhava-os a se isolarem. Além da questão de muitos falsos positivos, a ameaça às liberdades civis nesses casos é enorme.

Ao contrário da China, onde todos os contatos *suspeitos* foram imediatamente removidos de suas casas e isolados em instalações apartadas enquanto aguardavam a confirmação do diagnóstico, nos Estados Unidos o rastreamento de contatos nos primeiros dias da pandemia teve uma abordagem menos intrusiva, embora ainda minuciosa, pelo menos na teoria. O CDC definiu como contato próximo de uma pessoa com coronavírus alguém que esteve "a menos de 1,80m de um infectado por pelo menos 15 minutos a partir de 48 horas antes do início dos sintomas até o momento em que o paciente é isolado". Esse é um critério um tanto arbitrário, visto que o vírus pode se espalhar por muito mais do que um 1,80m.[57] No entanto, ele abrange a maioria das circunstâncias de transmissão. Os contatos foram orientados a ficar em casa, manter o distanciamento físico e se monitorar por quatorze dias. Mas, com uma definição tão ampla de *contato próximo*, é possível perceber como seria trabalhoso encontrar e aconselhar tantos contatos.

Se perdermos nossa chance de detectar pacientes e rastrear seus contatos quando há apenas alguns casos importados, o sistema pode ficar sobrecarregado demais para viabilizar a estratégia. Foi o que aconteceu nos Estados Unidos em maio de 2020. Quando o primeiro caso de coronavírus foi detectado em Vermont, em março, dois agentes de saúde pública do estado demoraram um dia para rastrear as treze pessoas que haviam tido contato com o paciente. Esses indivíduos foram colocados em quarentena e instruídos a monitorar seus sintomas. Nenhum deles ficou doente. Daniel Daltry, um dos dois oficiais que fizeram o rastreamento, declarou com ironia que "foi um feliz desfecho".[58] Porém, poucos dias depois de rastrear os contatos desse paciente, ele e seu colega foram sobrecarregados com novos casos que começaram a "surgir em um efeito dominó". Não havia como sua pequena equipe rastrear todos eles, mesmo no estado com o menor número de casos do país.

Com o surgimento da pandemia de Covid-19, os estados adotaram uma miscelânea de formas de rastreio de contatos e suprimento da mão de obra necessária. Em Massachusetts, o governador decidiu construir um "exército de rastreio de contatos" e recorreu a uma organização sem fins lucrativos local, a Partners in Health, fundada por dois de meus amigos de faculdade de medicina, Paul Farmer e Ophelia Dahl. Usando a experiência adquirida a duras penas no rastreamento de contatos para surtos em outras partes do mundo, o grupo planejou contratar e treinar mil rastreadores de contatos que trabalhassem de suas casas (onde estavam confinados de qualquer maneira), cada um fazendo de vinte a trinta ligações por dia, o que significava que eles poderiam cobrir até 20 mil contatos. Em Utah, funcionários do governo que desempenhavam outras funções foram designados para esse fim. São Francisco tentou formar uma equipe de 150 pessoas para a tarefa, recrutando bibliotecários e estudantes de medicina da cidade. Alguns propuseram transformar o Corpo da Paz, que havia suspendido suas operações globais, direcionando seus 7 mil voluntários repatriados para formar um grupo de rastreio de contatos nacional. O editor do *Journal of the American Medical Association* chegou a propor suspender o primeiro ano de treinamento dos 20 mil novos estudantes de medicina dos Estados Unidos, a fim de direcioná-los para esse fim.[59]

Todas essas medidas presumiam que as pessoas contatadas atenderiam seus telefones e estariam dispostas a falar, se isolar ou fazer um teste; e, em junho de 2020, havia sinais desanimadores de que esse não seria o caso. Os esforços locais também foram prejudicados pela falta de uma abordagem federal robusta para o rastreamento de contatos, e os estados foram imprudentemente deixados à própria sorte para administrar uma ameaça que não respeitava as fronteiras.

O rastreamento muitas vezes anda de mãos dadas com a *testagem* para identificar indivíduos doentes ou suscetíveis. Mas os testes servem a outros propósitos. Eles podem ser usados de maneira concentrada para identificar reservatórios de infecção, como em profissionais de saúde, moradores de rua ou prisioneiros. Podem ser empregados para ajudar a controlar surtos em locais específicos, como fábricas ou lares de idosos. E, ao rastrear a epidemia, os testes são incrivelmente úteis para garantir que a nação não voe às cegas. Mas, em meio à fervorosa discussão em torno da testagem — ou da falta dela —, o público muitas vezes ficou sem entender a eficácia e as limitações dos testes. Eles são uma importante arma, mas são imperfeitos.

Dois tipos de testes podem avaliar a infecção por coronavírus. O primeiro é para o próprio vírus; envolve colher um pouco de muco (ou, em breve, saliva) da garganta ou do nariz do paciente (muitas vezes bem no fundo — um paciente descreveu como uma "cutucada no cérebro") e processá-lo para extrair o RNA proveniente do vírus. Esse RNA tem sua sequência analisada e comparada a um padrão de referência do RNA para o patógeno. Nos primeiros dias da epidemia, todos os testes nos Estados Unidos eram realizados no Centro de Controle de Doenças, em Atlanta.

Um segundo tipo não testa o vírus, mas os anticorpos contra ele — as proteínas que nosso corpo fabrica para combater o vírus. Isso requer a coleta de uma amostra do sangue do paciente, por punção digital ou venosa, que é testada para anticorpos especializados contra o vírus (testes de saliva também foram desenvolvidos). Os dois principais tipos de anticorpos são o IgM, que é produzido em apenas três dias após a exposição ao vírus e tem uma duração temporária, e o IgG, que é produzido um pouco mais tarde, cerca de cinco dias após a exposição, e que circula na corrente sanguínea por talvez até um ano.

A detecção desses anticorpos indica que a pessoa foi previamente infectada com o patógeno. Pessoas com teste positivo para os anticorpos geralmente não são infecciosas, já que o vírus costuma não estar mais presente nessa fase. Muitos meses após o início da pandemia, a duração da infecciosidade ainda não era conhecida com precisão. A maioria das pessoas eliminou o vírus de seus corpos em algumas semanas, mas outras continuaram a testar positivo para o vírus até quatro semanas depois, apesar de terem gerado uma resposta de anticorpos.[60]

Infelizmente, os Estados Unidos fracassaram na implementação do teste para detecção do vírus — se o país fosse um aluno de um de meus cursos, eu não hesitaria em reprová-lo. E seu desempenho foi apenas moderadamente bom na implementação do teste de anticorpos, que começou para valer no final de abril — nesse quesito, eu daria ao país a nota 5. Cientistas na China e em Singapura desenvolveram esses dois tipos de teste no final de janeiro de 2020 e os implementaram amplamente.

Muitas outras nações ao redor do mundo começaram os testes para o vírus no início de 2020, mas os Estados Unidos, não. O país cometeu três tipos de erros. Em primeiro lugar, e mais importante, o CDC lançou um kit de teste com falhas e, quando o erro foi detectado, a resposta foi desnecessariamente lenta. Em segundo lugar, a FDA se recusou a permitir que os laboratórios de hospitais desenvolvessem os próprios testes, embora a maioria dos hospitais de elite nos Estados Unidos fosse capaz e estivesse ansiosa para fazê-lo. Terceiro, o Departamento de Saúde e Serviços Humanos demorou para trabalhar com laboratórios externos a fim de aumentar a disponibilidade de testes comerciais, para os quais havia um enorme mercado, e não o fez até que fosse tarde demais. Esses erros foram identificados em tempo real por muitos especialistas de todo o espectro político, e li sobre eles com crescente alarme durante os meses de fevereiro e março. O comportamento das autoridades nesse estágio da resposta à pandemia é digno de uma comédia pastelão. O mundo assistiu com incredulidade e consternação enquanto a nação mais rica do mundo, com seu renomado CDC (que forneceu o modelo para centros de controle de doenças em todo o mundo) e o atendimento médico mais sofisticado, fracassou em propiciar a mais básica das intervenções em saúde pública. Não é como se o CDC não tivesse um histórico de sucesso em situações semelhantes; durante a pandemia de H1N1 de 2009, a agência desenvolveu e distribuiu mais de 1 milhão de testes nos Estados Unidos apenas duas semanas após a descoberta do vírus.[61]

A falta de coordenação no nível federal, motivada em parte pela politização indevida da pandemia, prejudicou severamente os Estados Unidos. O Dr. Tom Frieden, ex-diretor do CDC, descreveu a resposta federal de fevereiro e março como um "fracasso épico", e eu concordo totalmente.[62] A falta de testes no início da pandemia de 2020 significa que os Estados Unidos não foram capazes de detectar casos de transmissão comunitária e, portanto, foram incapazes de implementar procedimentos para isolar indivíduos infectados ou expostos e conter o vírus. Sem testes, as autoridades não conseguiram identificar reservatórios de infecção. Como resultado, a presença do patógeno continuou a crescer exponencialmente a ponto de impossibilitar o rastreamento de contatos. Durante grande parte do segundo trimestre de 2020, os pesquisadores simplesmente não sabiam quantas pessoas haviam sido infectadas, onde elas estavam e se as intervenções não farmacêuticas destinadas a achatar a curva surtiram algum efeito. Sem testes, as autoridades de saúde pública foram obrigadas a colocar toda a população sob restrições de interações sociais, em vez de apenas aqueles que estavam doentes ou haviam sido expostos. Sem testes, era impossível fazer uma abordagem mais precisa da quarentena. Esse fracasso impôs enormes encargos econômicos a muitos.

Em abril, ficou claro que não havia um plano nacional para combater a pandemia, e os governadores começaram a trabalhar juntos, aliados a especialistas em doenças e ex-agentes públicos de diversas administrações, para desenvolver uma estratégia coordenada. Como era de se esperar, essa estratégia envolvia intensificar os esforços de testagem e rastreamento, a fim de limitar as restrições àqueles que estavam infectados e permitir que outros retornassem ao trabalho.

Mesmo assim, conforme a epidemia progredia, não havia políticas em vigor para testar amostras aleatórias e representativas de norte-americanos, seja com testes diretos de detecção do vírus, seja com testes de anticorpos para rastrear a imunidade. Isso também foi crucial. Todos os testes eram realizados em indivíduos que apresentavam sintomas ou que haviam tido contato com pessoas com resultado positivo. Mas, se testarmos apenas pessoas com sintomas, a fração de resultados positivos do teste será alta e parecerá que há mais infectados do que realmente há. Por outro lado, se testarmos apenas as pessoas ansiosas por causa da doença e que não apresentam fatores de risco, podemos subestimar a prevalência da doença. A única maneira de ter certeza é testar amostras aleatórias da população.

Além disso, uma vez que o teste para detecção do vírus nos diz apenas se alguém está com a infecção ativa, independentemente de sintomas, ele não esclarece a exposição cumulativa — ou seja, quantas pessoas já foram expostas. Apenas o teste de anticorpos consegue fazer isso. Esse tipo de informação é crucial para saber se nossas respostas à pandemia, por mais rigorosas que tenham sido, estavam fazendo alguma diferença ou eram justificadas. Essa informação também ajuda a determinar a taxa de mortalidade por infecção, porque temos um indicador mais confiável de quem pode ter tido infecções assintomáticas. E nos diz se estamos chegando perto de ter um número suficiente de pessoas imunes em uma população para alcançar a imunidade de rebanho.

Ainda assim, por mais necessário que seja o teste, ele tem limitações. Um de seus problemas é depender da taxa básica de pessoas realmente afetadas pela doença. Nenhum teste é perfeito e todos podem produzir resultados falso-positivos e falso-negativos. Mas a situação pode se tornar ainda mais complicada quando o teste está sendo usado em uma população com baixa taxa da condição que está sendo medida. Suponha que um teste de gravidez tenha uma taxa de erro de 5% de falsos positivos (ou seja, em 5% das vezes, ele atestará incorretamente que uma pessoa está grávida). Em um grupo de cem grávidas, a taxa de erro do teste não importa, porque não há pessoas não grávidas no grupo, e ele identificará corretamente todas como grávidas. No entanto, se aplicarmos o mesmo teste a uma amostra de cem meninos de seis anos, o fato de que obviamente nenhum poderia estar "grávido" significa que o teste identificará incorretamente cinco deles como positivos.[63] Então, se um teste tem alguma taxa de resultados positivos para pessoas que realmente têm uma condição, mas também, inevitavelmente, alguma taxa de resultados positivos em pessoas *sem* a condição, a precisão do teste será afetada pela taxa subjacente da condição na população.

Mesmo uma pequena porcentagem de falsos positivos pode ter um efeito drástico quando poucas pessoas na população-alvo realmente têm a doença. Para condições com baixa prevalência — como seria a presença de anticorpos contra um vírus no início de uma epidemia —, muitos dos testes positivos seriam na verdade falsos positivos, e assim os testes superestimariam a prevalência do vírus (a menos que o teste seja excepcionalmente bom).

Além disso, a testagem e o rastreamento dependem muito um do outro para serem realmente eficazes. O teste por si só pouco ajuda a controlar um vírus. Ele nos diz apenas quem já tem ou teve o vírus, não por onde o patógeno se espalhou. Da mesma forma, o rastreamento por si só não ajuda muito se não pudermos identificar indivíduos assintomáticos. O rastreamento também fica comprometido se não for viável colocar em quarentena os indivíduos detectados, seja porque eles não querem ou não podem se isolar em casa, seja por não termos lugares onde possam ficar — por exemplo, se são sem-teto ou vivem em um ambiente lotado. Apenas quando é possível testar, rastrear *e* isolar conseguimos quebrar as cadeias de transmissão e controlar o vírus.

Entretanto, quando o número de casos aumenta muito, seja porque a contenção falhou, seja por causa da própria natureza do patógeno — como aconteceu em muitas partes dos Estados Unidos no final de março —, o rastreamento de contatos não é mais possível na escala necessária. Nesse ponto, a implementação generalizada de distanciamento físico é fundamental a fim de desacelerar a epidemia e reduzir o número de casos, de modo que o rastreamento de contatos possa ser novamente viável. Uma das razões pelas quais os sul-coreanos conseguiram evitar o emprego de medidas de distanciamento físico mais rigorosas é terem rapidamente implantado procedimentos extraordinários de teste e rastreamento (aliados à adoção do uso universal de máscaras).

Se a testagem, o rastreamento e o isolamento falharem em impedir a disseminação do patógeno, o que pode ser feito? É preciso diminuir a interação social por meio de medidas de distanciamento físico. Quanto menos pessoas o indivíduo médio entrar em contato a cada dia, melhor. E o fechamento de escolas tem sido historicamente uma das maneiras mais eficazes para interromper as cadeias de transmissão. No final de março de 2020, 94% das escolas norte-americanas foram fechadas, a maioria delas durante o ano letivo.[64] Isso reduziu a interação social entre as 56,6 milhões de crianças e cerca de 3 milhões de professores do país (números que não incluem os muitos outros funcionários ligados às escolas, como zeladores, motoristas de ônibus e fornecedores de serviços de alimentação, ou as muitas crianças na pré-escola e creches e seus 2 milhões de cuidadores).[65]

No início da pandemia do coronavírus, fui solicitado a fornecer conselhos sobre o fechamento de escolas em um grande estado do Sul dos Estados Unidos e aos diretores de várias escolas em todo o país.[66] Todos esses líderes escolares se debatiam com a difícil decisão de fechar as escolas. O bom funcionamento das escolas — com as crianças brincando no parquinho, o transporte escolar e os rituais matinais de inúmeras famílias trabalhadoras fazendo lanches e enviando seus filhos durante o dia para que elas próprias possam trabalhar — é algo muito difícil de prescindir. Muitos milhões de crianças nos Estados Unidos dependem das escolas não apenas para o almoço, mas também para o café da manhã e, às vezes, até para o jantar. Essas crianças vêm de ambientes em que o lugar mais seguro para elas é, na verdade, a escola (um argumento que também foi defendido explicitamente em 1918 na cidade de Nova York). Fechar as escolas pode prejudicar as crianças em situação de negligência ou insegurança em casa e que se beneficiam dos cuidados atentos de um professor. Além disso, profissionais de saúde e socorristas são essenciais em uma crise; fechar escolas pode significar sua impossibilidade de ajudar na epidemia porque estão presos em casa cuidando dos próprios filhos.[67]

Apesar de algumas objeções, as escolas fecharam em todo o país. O fechamento total de escolas e a mudança para o aprendizado a distância foi um evento importante que a maioria dos norte-americanos nunca havia experimentado, e as famílias em todo o país reagiram com variados graus de incredulidade, angústia, alívio e resignação. Professores e pais acharam a transição para o aprendizado remoto difícil ou, em alguns casos, impossível — a infraestrutura irregular do país relegou alguns professores a realizarem videoconferências em seus carros e muitas famílias não tinham internet nem notebooks. Vídeos de pais perplexos e sobrecarregados rapidamente se tornaram virais, incluindo um de uma mulher israelense perdendo a calma (para dizer o mínimo) com a perspectiva de ajudar os vários filhos nas tarefas escolares em casa e ainda ter de trabalhar. Outros enfrentaram a situação, mais uma vez, com humor ácido; uma foto do outdoor de uma loja de bebidas com os dizeres ESCOLA EM CASA? COMPRE SEUS SUPRIMENTOS AQUI se tornou viral. O fechamento das escolas expôs muitas realidades quanto ao equilíbrio entre vida e trabalho presentes antes do fechamento, incluindo a diferença no impacto entre homens e mulheres e entre ricos e pobres. Mais uma vez, a pandemia destacou e ampliou desafios sociais de longa data.

Então, fechar escolas era a coisa certa a fazer? A maior parte da pesquisa para outras infecções respiratórias corrobora a afirmação de que o fechamento de escolas ameniza a força da epidemia, adiando o pico e reduzindo o número de casos.[68] Provavelmente, isso também é verdade no caso da pandemia de Covid-19, embora as evidências que estão surgindo sejam confusas e, na prática, seja quase impossível ter certeza.[69] Uma questão ainda mais difícil diz respeito ao usual cálculo utilitário da saúde pública — se as vidas salvas com o fechamento das escolas valem, de fato, o custo de curto e longo prazo para as crianças e a sociedade. Para complicar a situação, há uma porcentagem reconhecidamente pequena de famílias e crianças para as quais o fechamento das escolas no segundo trimestre de 2020 parece ter sido benéfico, ou pelo menos não prejudicial, do ponto de vista educacional ou socioeconômico. Esse grupo inclui crianças que vivem em ambientes domésticos acolhedores e estimulantes (alguns dos quais têm um pai ou avô que não trabalha e está disponível durante o dia), bem como alunos mais velhos de todas as origens que experienciavam ansiedade, fadiga, bullying ou esgotamento nos horários escolares tradicionais e que programam e gerenciam muito bem o próprio tempo.

Os obstáculos para a *reabertura* segura das escolas fechadas durante o segundo trimestre de 2020 também pareciam intransponíveis em muitas comunidades e incluíam, para citar apenas algumas: a condição assustadoramente decrépita das instalações escolares, que expunha os ocupantes ao risco de doenças respiratórias; a falta de financiamento para implementar novos protocolos necessários às diretrizes de saúde pública recomendadas; e a necessidade de adaptar o currículo e as práticas de ensino para levar em conta a gama muito mais ampla de resultados de aprendizagem e necessidades psicológicas que as crianças provavelmente apresentariam quando retornassem à escola. Distritos escolares em todos os Estados Unidos também lutaram para encontrar um equilíbrio entre as medidas adequadas de saúde pública em uma população de adultos e crianças de várias idades, com objetivos igualmente importantes de promover a saúde e o bem-estar (como a necessidade de um aluno do jardim de infância de ver o rosto do professor; dos alunos do ensino médio de ter atividades extracurriculares; ou dos professores mais velhos de evitar contrair a infecção). Em julho de 2020, com os casos aumentando drasticamente em todo o país, as pesquisas mostraram que 71% dos pais e mães norte-americanos achavam arriscado reabrir escolas.[70]

Embora ainda haja muito que não sabemos sobre o impacto de longo prazo do fechamento de escolas em 2020 na nossa sociedade, acho justo presumir que haverá muitas consequências imprevistas e, em grande parte (mas não exclusivamente), negativas. Porém, quero me concentrar não tanto na questão de se os custos do fechamento de escolas "valem a pena" em termos econômicos ou sociais, mas, sim, em como o fechamento de escolas funciona para conter uma epidemia, quais tipos as sociedades adotam e por que ele é considerado o penúltimo passo, logo abaixo das ordens de permanência em casa, na gama de intervenções não farmacêuticas disponíveis.

Existem dois tipos de fechamento de escolas. O primeiro é o *reativo*, que é o fechamento de uma escola (ou todas as escolas de um distrito) quando um caso (ou casos) foi diagnosticado na escola. Esse é relativamente incontroverso e quase todo mundo — professores, pais, políticos

— clama por ele quando um caso é detectado em uma escola. Modelos detalhados mostram que, se o fechamento da escola for reativo, tratando-se de um vírus moderadamente transmissível, os casos cumulativos da doença podem diminuir 26% e o pico da epidemia pode ser atrasado em dezesseis dias.[71]

No entanto, o fechamento reativo de escolas, embora racional e frequentemente útil, não é suficiente. Na minha opinião, se os tomadores de decisão estão preparados para fechar escolas, elas deveriam ser fechadas *antes* de o primeiro caso surgir em uma escola, quando os casos de doenças começarem a aparecer na comunidade ou em áreas próximas. Esse é o chamado fechamento *proativo* e é mais controverso. Análises rigorosas mostram que o fechamento proativo é uma das intervenções mais benéficas que podem ser empregadas para reduzir o impacto de doenças epidêmicas.[72]

Então, se uma escola está preparada para fechar de forma reativa quando houver um surto interno, por que não fechar um pouco mais cedo de forma proativa e obter mais benefícios? Se houver transmissão comunitária do patógeno *perto da escola*, é certo que estará *dentro dela* em breve. Portanto, fechar a escola proativamente, uma ou duas semanas antes que fosse fechada de forma reativa, oferece vantagens substanciais. Esperar para implementar o fechamento reativo representa todos os mesmos encargos para as escolas e os pais, mas oferece menos benefícios em relação ao controle da epidemia.

Pode ser difícil estimar com precisão os benefícios do fechamento de escolas. Ele é claramente mais benéfico em surtos nos quais as próprias crianças são substancialmente afetadas pela doença (como no caso da poliomielite). Ainda assim, é importante observar que o objetivo principal do fechamento de escolas é reduzir a interação social, não necessariamente proteger as crianças de infecções. Ao diminuir radicalmente as interações sociais em uma comunidade, o fechamento de escolas pode ter um efeito poderoso (mesmo que, como no caso do SARS-2, as crianças sejam relativamente poupadas de adoecer). Em parte, funciona por impedir as crianças de atuarem como vetores (o que de fato pode ocorrer com o SARS-2) e, em parte, por forçar *os adultos* a ficarem em casa. Quando os epidemiologistas desenvolvem modelos para avaliar o impacto do fechamento de escolas, às vezes incluem um parâmetro que mensura qual fração dos adultos de uma comunidade deve ficar em casa como resultado. Em princípio, eles poderiam ser incentivados ou mesmo ordenados a ficar em casa enquanto os filhos ainda frequentassem a escola; na realidade, isso não acontece porque parar de trabalhar é economicamente devastador e, na minha opinião, porque temos tendência a dar menos ênfase às necessidades das crianças em comparação com as dos adultos.

Nas escolas norte-americanas, os milhões de crianças e adultos estão em maior proximidade física e por períodos mais longos (35 horas ou mais por semana) do que os adultos na maioria dos locais de trabalho. O impacto da proibição de grandes reuniões ocasionais, como eventos esportivos ou serviços religiosos, não chega nem perto do efeito do fechamento de escolas. Por causa disso, o fechamento de escolas é a INF mais importante que pode ser empregada, salvo pela ordem de permanência em casa.

Um inventivo estudo examinou o impacto do fechamento de escolas e outras INFs, bem como seu timing preciso, durante a pandemia de gripe de 1918. Analisou 43 grandes cidades dos EUA e concluiu que quanto *mais cedo* as escolas foram fechadas (idealmente antes de surtos), menor o número de mortes excedentes.[73] Além disso, quanto *mais tempo* o fechamento de escolas (e outras intervenções não farmacêuticas, como proibições de reuniões) fosse mantido, menor era a taxa de mortalidade final. Conforme mostrado na Figura 14, St. Louis fechou suas escolas antes que os casos locais já tivessem dobrado e as manteve fechadas por mais tempo (143 dias) do que Pittsburgh (53 dias). Ao final da pandemia, St. Louis teve menos da metade das mortes excedentes de Pittsburgh (358 em 100 mil pessoas em comparação com 807 em 100 mil). É claro que poderia haver outras diferenças pertinentes entre essas cidades, e esses estudos observacionais são limitados. Mas não podemos atribuir aleatoriamente cidades inteiras a diferentes tipos de INFs para fazer um experimento verdadeiro; portanto, devemos obter o máximo de dados possível.

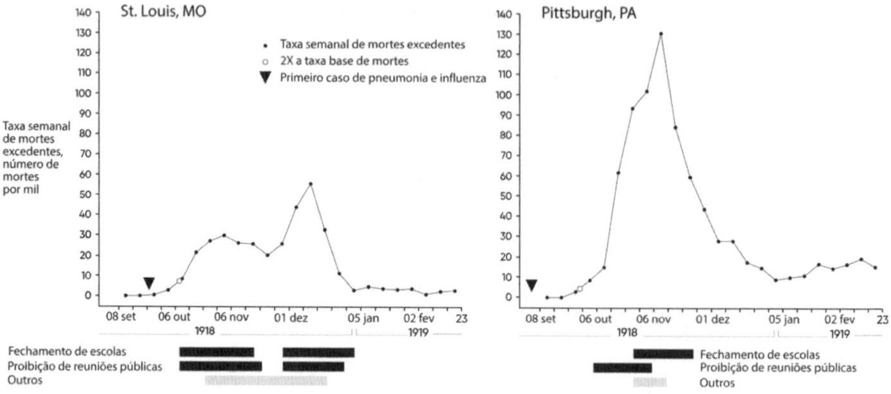

Figura 14: O timing e a natureza diferentes das intervenções não farmacêuticas implementadas em St. Louis e Pittsburgh durante a pandemia de gripe espanhola de 1918 foram associados a um resultado muito melhor, em termos de mortalidade, em St. Louis do que em Pittsburgh.

Em 2020, vimos várias abordagens diferentes para o fechamento de escolas em todo o mundo. O Japão fechou as escolas de todo o país no final de fevereiro de 2020 e planejava mantê-las fechadas até abril.[74] Os japoneses aprenderam com surtos anteriores, incluindo o de H1N1 em 2009.[75] Por outro lado, Singapura não optou pelo fechamento de escolas e, em vez disso, implementou com sucesso um procedimento rigoroso e elaborado de checagem de temperatura e lavagem das mãos em suas escolas.[76] A Itália fechou escolas em todo o país de forma reativa no início de março, tarde demais para conter a força da epidemia.[77] Nos Estados Unidos, as diretrizes do CDC ainda eram muito hesitantes e o órgão evitou recomendar o fechamento até 5 de março de 2020.[78] Mas, no início de março, pelo menos 46 mil escolas foram fechadas (estavam programadas para fechar ou fecharam brevemente e reabriram), afetando pelo menos 21 milhões dos 56,6 milhões de alunos do ensino fundamental e médio nos Estados Unidos. Ao final do ano letivo, 55,1 milhões de alunos em mais de 124 mil escolas tiveram suas escolas fechadas.[79]

Os norte-americanos teriam dificuldades para decidir se as escolas deveriam retomar as aulas presenciais no último trimestre de 2020. No entanto, se os agentes públicos não podem ou não querem manter as escolas fechadas, eles têm outras opções para, pelo menos, reduzir o contato físico. Primeiro, nem toda família se sentirá confortável em mandar os filhos para a escola durante um surto — em alguns distritos escolares em zonas quentes, como a cidade de Nova York em março de 2020, muitos pais já mantinham os filhos em casa antes do anúncio do fechamento das escolas.[80] Permitir que essas famílias façam essa escolha diminui a transmissão para outras pessoas e pode ser considerado um serviço público. As escolas normalmente se preocupam com a evasão escolar (em especial para alunos em risco, como crianças desabrigadas). Mas essas regras podem ser suspensas de forma benéfica ou as escolas podem oferecer alguma forma de instrução remota opcional para famílias que precisem.[81] Professores e administradores também podem implementar outras medidas práticas para minimizar o risco. Uma adaptação importante seria oferecer às crianças de todas as idades mais tempo em atividades ou até em aulas ao ar livre, uma vez que a transmissão de doenças é muito menos provável ao ar livre do que em ambientes fechados.[82] Muitos professores do ensino infantil descobriram os inúmeros benefícios do aprendizado ao ar livre, o que pode ser útil para as crianças de outras maneiras.[83]

Ainda outras medidas, como incremento nos procedimentos de limpeza, verificações de temperatura e lavagem mais frequente das mãos, consumirão tempo e dinheiro, mas devem ser implementadas tanto quanto possível. Qualquer pessoa que conviva com crianças sabe que os professores precisam supervisionar com afinco a higiene pessoal, mesmo para crianças mais velhas. Aumentar a distância física entre os alunos é um desafio em escolas superlotadas, onde as aulas às vezes são ministradas em corredores, mas é uma medida importante. Cancelar as aulas de educação física e os treinos de fanfarras e proibir a interação nas áreas comuns são medidas óbvias, embora lamentáveis. As escolas também podem limitar visitantes externos, excursões e eventos sociais não essenciais. Mudanças no calendário escolar e modelos híbridos de aprendizagem presencial e remota podem ajudar. Mas uma escola com tantas restrições não é uma escola como normalmente entendemos o termo. Esses são dilemas difíceis.

Para compreender os desafios de implementar estratégias de INF em meio a uma pandemia e os perigos impostos pelo fracasso em fazê-lo, vamos analisar com mais profundidade a resposta da cidade de Nova York na epidemia de 2020. Para uma cidade tão sofisticada com um departamento de saúde pública renomado e com uma história de ações em grande parte bem-sucedidas em 1918, é de surpreender que a cidade de Nova York tenha tropeçado em sua resposta à pandemia, ficando atrás de outras cidades na implementação de medidas de distanciamento físico e pagando o preço em número de doentes e mortos. Claro, é difícil ter certeza se qualquer tipo de intervenção, a menos que precoce e extrema demais, realmente poderia ter interrompido a epidemia em um centro de transporte gigantesco, heterogêneo e densamente povoado como a cidade de Nova York. Mas agir com mais rapidez certamente salvaria vidas durante a primeira onda da pandemia de Covid-19. O Dr. Tom Frieden, ex-diretor do CDC, estimaria mais tarde que, se Nova York tivesse adotado medidas de distanciamento físico generalizado, mesmo uma ou duas semanas antes, o número de mortos poderia ter sido reduzido em 50% a 80%.[84]

Com base apenas em uma análise dos padrões de viagens nacionais e internacionais, é muito provável que o vírus já estivesse à solta na cidade de Nova York em meados de fevereiro de 2020, o mais tardar.[85] As análises genéticas indicam isso. A análise filogenética de 84 genomas distintos de espécimes de SARS-2 coletados na cidade até 18 de março confirmou que houve várias introduções independentes do vírus na cidade, principalmente da Europa, sobretudo da Itália, mas também de outras partes dos Estados Unidos.[86] Se eu tivesse que adivinhar, diria que o vírus chegou à cidade em janeiro.

O primeiro caso confirmado de Covid-19 na cidade de Nova York só foi diagnosticado em 1º de março. A paciente era uma mulher de 39 anos, profissional de saúde e residente em Manhattan, que acabara de voltar do Irã.[87] Naquela época, apenas 32 pessoas haviam feito o teste de Covid no estado de Nova York, mas um modelo baseado em padrões de viagem estimava que já havia mais de 10 mil pessoas infectadas no estado.[88] No dia seguinte ao anúncio desse primeiro caso conhecido, o governador de Nova York, Andrew Cuomo, e o prefeito da cidade de Nova York, Bill de Blasio, anunciaram que os rastreadores de contato procurariam todas as pessoas que estavam no mesmo voo que a paciente. Posteriormente, foi revelado que isso não aconteceu, porque era função do CDC fazer isso, e o órgão não priorizou o procedimento.[89] Esse foi um início nada auspicioso para o desenrolar já conhecido do surto em Nova York. Os eventos se desenvolveriam com muita rapidez nas quatro semanas seguintes, em conformidade com o crescimento exponencial das epidemias.

Em sua declaração sobre o primeiro caso, o governador Cuomo procurou evitar o pânico, dizendo: "Não há motivo para ansiedade indevida — o risco geral continua baixo em Nova York. Estamos gerenciando a situação com diligência e continuaremos a fornecer informações assim que estiverem disponíveis."[90] Embora o desejo de evitar o pânico seja louvável (ainda que eu não tenha visto nenhuma evidência de pânico nos nova-iorquinos), essa falsa segurança foi equivocada, dado o que sabíamos sobre o impacto do vírus na China e na Europa.

Dois dias depois, em 3 de março, a cidade de Nova York confirmou seu segundo caso de Covid-19, em um advogado de cinquenta anos chamado Lawrence Garbuz, que não tinha histórico de viagens recentes e que estava doente desde meados de fevereiro. Em 27 de fevereiro de 2020, Garbuz procurou o pronto-socorro com febre, mas entrou em coma rapidamente e acordou três semanas depois.[91] Esse foi o primeiro caso de transmissão comunitária surgido na cidade.[92] Foi um sinal de que o vírus estava à solta. Os agentes públicos enxergavam apenas a ponta do iceberg.

Garbuz morava no subúrbio de New Rochelle e trabalhava no centro de Manhattan. Na sequência da descoberta de seu caso, várias instituições — desde uma sinagoga até a escola da filha de Garbuz — foram fechadas, e muitas pessoas, incluindo profissionais de saúde que inicialmente cuidaram dele, foram colocadas em quarentena.

Para ajudar a prevenir a propagação da infecção, a Guarda Nacional foi mobilizada. Em 10 de março, o governador anunciou uma "área de contenção" com um raio de 1,6km a partir de New Rochelle, que funcionaria de 12 a 25 de março.[93] Os guardas nacionais limparam escolas e entregaram alimentos aos indivíduos em quarentena, mas também estabeleceram uma zona onde todas as escolas, os locais de culto e os lugares de grandes reuniões foram fechados e as aglomerações, proibidas. Ainda assim, essa dificilmente era uma quarentena no nível de Wuhan — as pessoas eram livres para se locomover e ir para Manhattan trabalhar, por exemplo.

Em 6 de março, havia mais 22 casos conhecidos na cidade de Nova York. Do total de 44 casos no estado naquela época, 29 eram suspeitos de estarem ligados a Garbuz. A cidade requisitou mais testes ao governo federal à medida que o número de casos aumentava. Menos de cem pessoas haviam sido testadas até aquela data, e as autoridades municipais notificaram o governo federal de que a falta de testes "prejudicou nossa capacidade de enfrentar essa epidemia".[94]

Os testes na cidade de Nova York foram muito restritos desde fevereiro devido às limitações nacionais mais amplas que discutimos anteriormente. Em 7 de fevereiro, especialistas em doenças infecciosas na cidade foram informados por telefone de que os critérios federais restringiriam os testes a pacientes com febre alta o suficiente para requerer hospitalização e com histórico de viagens à China nos quatorze dias anteriores. "Naquele momento, acho que todos na sala perceberam que estávamos condenados", um médico recordaria mais tarde.[95] O rastreamento de contatos seria simplesmente impossível devido à falta de testes e à limitada mão de obra para acompanhar os resultados. A cidade de Nova York tinha cinquenta rastreadores de contato na época; em comparação, Wuhan tinha 9 mil.

Os nova-iorquinos começaram a ficar ansiosos, segundo relatado pelo *New York Times*: "Esse sentimento reverbera ao longo dos metrôs e calçadas da cidade de Nova York, onde as usuais multidões e interações aleatórias com estranhos — características entranhadas à magia e ao tecido desta cidade — são vistas com uma cautela inquietante na era do novo coronavírus."[96] Até 5 de março, talvez para promover sentimentos de normalidade, o prefeito Bill de Blasio ainda encorajava o uso do metrô, e uma foto o mostrava sorrindo em um vagão lotado.[97] "Estou aqui no metrô para dizer às pessoas: não há nada a temer, sigam com suas vidas, avisaremos caso tenham que mudar de hábito, mas agora, não", disse. Em minha opinião, isso foi extremamente irresponsável.

Em 9 de março, as deliberações sobre o fechamento proativo das escolas ainda estavam em andamento.[98] Mas algumas escolas começaram a ter que fechar de modo reativo. A escola Horace Mann fechou após notificar os pais de que um de seus alunos estava sendo testado para o coronavírus.[99] Os especialistas estavam preocupados e continuaram tentando soar o alarme. Trinta e seis médicos infectologistas da cidade de Nova York endossaram fortemente o fechamento das escolas em uma carta pública ao prefeito, datada de 12 de março de 2020.

No entanto, Bill de Blasio planejava manter as escolas abertas e declarou em 13 de março: "Estamos fazendo o possível para manter as escolas abertas."[100] O prefeito, assim como os agentes públicos em 1918, temia que as famílias pobres não tivessem onde deixar seus filhos. "Se fecharmos repentinamente as escolas, como asseguraremos o sustento dessas crianças e de seus pais?", declarou, mais tarde, um de seus assessores. "Não estamos nos bairros nobres. Não podemos dizer às pessoas para ficarem em casa e brincarem com seus filhos no quintal."[101] Mas Demetre Daskalakis, então chefe do controle de doenças municipal e conselheiro do prefeito, ameaçou pedir demissão se as escolas não fossem fechadas. Professores de escolas públicas também se rebelaram.

Como o fechamento das escolas era inevitável, não está claro de que serviria esse atraso. Dois dias depois, em 15 de março, Bill de Blasio cedeu e finalmente fechou as escolas. Planos foram feitos para fornecer creches a profissionais de saúde e socorristas. Na época, a cidade tinha 329 casos confirmados de Covid-19; em comparação, São Francisco havia fechado as escolas três dias antes, quando tinha apenas dezoito casos confirmados.

Durante o mês de março, o processo de tomada de decisões foi difícil. Os desenvolvimentos eram rápidos e os líderes estavam em modo reativo. Em 11 de março, depois de muitos protestos de especialistas em saúde pública, inclusive eu, o desfile do Dia de São Patrício, que atrai cerca de 150 mil participantes e 2 milhões de espectadores, foi prudentemente cancelado — pela primeira vez em 250 anos — e, assim, Nova York evitou cometer o mesmo erro da Filadélfia em 1918.[102] Em 12 de março, tanto o governador Cuomo (no estado) quanto o prefeito Bill de Blasio (na cidade) declararam estado de emergência e proibiram grandes aglomerações.[103] Em 17 de março, teatros, casas de shows, clubes noturnos e restaurantes foram fechados.[104]

Finalmente, em 20 de março, o governador emitiu uma ordem de permanência em casa a partir de 22 de março, fechando todas as atividades não essenciais e basicamente obrigando os nova-iorquinos a ficarem em casa o máximo possível. Àquela altura, Nova York tinha 8.452 casos; e, apesar de deter 6% da população dos Estados Unidos, tinha cerca de metade de todos os casos conhecidos.[105] Em comparação, o estado da Califórnia havia atingido esse nível de distanciamento físico em 19 de março, poucos dias antes, quando tinha 1.009 casos.

A ordem do governador determinava que:

- "Todas as atividades não essenciais no estado serão fechadas."
- "Reuniões não essenciais, independentemente do tamanho e do motivo (por exemplo, festas, celebrações ou outros eventos sociais), estão canceladas ou adiadas neste momento."
- "Qualquer concentração de indivíduos fora de casa deve ser limitada aos trabalhadores que prestam serviços essenciais, e o distanciamento social deve ser praticado."
- "Quando em público, os indivíduos devem praticar o distanciamento social de pelo menos 1,80m uns dos outros."
- "As empresas e entidades que prestam outros serviços essenciais devem implementar regras que ajudem a promover o distanciamento social de pelo menos 1,80m."

- "Pessoas doentes não devem sair de casa, a menos que para receber cuidados médicos e somente após uma teleconsulta para determinar se sair de casa é do melhor interesse de sua saúde."

As ruas da cidade de Nova York ficaram assustadoramente desertas. Mais tarde, Cuomo prorrogaria o decreto até o final de abril.[106] Alguns nova-iorquinos ignoraram as regras, é claro, lotando os espaços públicos (já que permanecer confinado nos pequenos espaços residenciais da cidade era um problema para muitos).

No entanto, já era tarde demais. Em 22 de março, a cidade de Nova York havia se tornado o epicentro da pandemia nos Estados Unidos, respondendo por cerca de 5% dos casos confirmados no mundo na época.[107] No início da epidemia, tanto o prefeito quanto o governador apostaram demais no grande e sofisticado sistema de saúde de Nova York, argumentando que certamente ele conseguiria lidar com a crise. Os administradores dos hospitais também expressaram confiança. Mas, em 18 de março, o prefeito Bill de Blasio informou que mais de mil médicos aposentados da cidade haviam atendido ao seu apelo no dia anterior para se voluntariarem, assim como ocorrera na Itália.[108] Os departamentos de emergência e unidades de terapia intensiva "fervilhavam de dermatologistas, oftalmologistas e neurologistas 'realocados'".[109]

Em 25 de março, os hospitais começaram a relatar condições "apocalípticas".[110] E em 27 de março, semelhante ao que aconteceu em Wuhan, o Corpo de Engenheiros do Exército foi enviado para a cidade de Nova York para converter o Centro de Convenções Jacob Javits, de cerca de 168 mil metros quadrados, em um hospital civil com 2.910 leitos.[111] A cidade implorou às autoridades federais que nacionalizassem a produção de EPIs e respiradores, que estavam se esgotando rapidamente; o prefeito estimou que tinham apenas dez dias de suprimentos restantes. Em um comunicado resignado, o governador observou que "40% a 80% da população acabará contraindo o vírus. Tudo o que estamos tentando fazer é desacelerar a propagação, mas ele irá se propagar".[112] Naquela data, a cidade contava com 1.800 pacientes internados, sendo 450 em UTIs, e apenas 99 óbitos. Essa foi uma mudança radical no tom e no conteúdo dos comentários do governador Cuomo apenas três semanas antes — o que é típico em epidemias graves que se disseminam rapidamente.

Em três semanas, desde a viagem de metrô, o prefeito de Blasio também mudou de tom. Ele agora declarava: "O pior ainda está por vir. Abril vai ser muito pior do que março. E temo que maio possa ser pior do que abril."[113] No início de abril, a China e o estado do Oregon enviaram respiradores para a cidade de Nova York.[114] O prefeito conclamou qualquer pessoa da cidade que tivesse um respirador, incluindo veterinários, a se apresentar, declarando: "Cada um deles será útil."[115] De fato, em 21 de abril, devido à sobrecarga de pacientes com Covid-19, o estado de Nova York emitiu novas diretrizes drásticas, orientando os paramédicos a não tentarem reanimar as pessoas que já estivessem sem pulso quando eles chegassem ao local. "Eles estão negando às pessoas uma segunda chance de viver", observou o chefe do sindicato que representa os paramédicos da cidade. "Nosso trabalho é trazer os pacientes de volta à vida. Essa diretriz tira isso de nós."[116]

O sistema de saúde estava sobrecarregado com o volume de casos, e recebi relatos preocupantes de meus amigos médicos da cidade. Eles descreveram a situação como "horrível" e "irreal" com a chegada incessante de pacientes em estado muito grave e a superlotação das UTIs. Era como "um campo de refugiados em uma zona de guerra", observou uma enfermeira.[117] As condições de trabalho eram extremamente difíceis, exigindo que os profissionais usassem camadas de equipamentos de proteção. Eles se sentiam desconfortáveis, mas também temiam a iminente indisponibilidade dos EPIs. Médicos e enfermeiros improvisavam equipamentos com materiais de escritório ou levavam EPIs de casa. Os necrotérios dos hospitais lotaram. Em 25 de março, cerca de 85 reboques refrigerados foram enviados pela FEMA para acomodar os corpos.[118] As regras foram relaxadas para que os crematórios locais pudessem "trabalhar 24 horas por dia".[119]

Alguns profissionais de saúde começaram a adoecer, e muitos morreram depois de serem internados em seus próprios hospitais.

Surgiram fotos de profissionais de saúde exaustos — vestidos com o que pareciam trajes espaciais brancos — descansando do lado de fora dos hospitais, tomando um pouco de sol antes de voltar para a batalha. Em algumas fotos, seus rostos apresentavam bolhas e hematomas por usar máscaras justas o dia todo. As fotos me lembraram da famosa imagem de bombeiros desmaiados e dormindo não muito longe de um incêndio florestal ainda ativo. E a situação também me lembrou da epidemia de SARS-1 nos hospitais das capitais asiáticas anos antes. Cuidei de pacientes em hospitais de elite, com suprimentos abundantes em todos os carrinhos de apoio, e sou um cidadão dos Estados Unidos, um país rico desde que nasci, e não conseguia acreditar no que estava acontecendo. Nossa nação gasta 17,7% de seu PIB em saúde, e esse era o nosso nível de preparação?[120]

Inicialmente, o vírus atingiu a cidade de Nova York de maneira aparentemente imparcial, ceifando a vida de trabalhadores do transporte coletivo a celebridades. Mas logo, é claro, o fardo foi maior para os menos privilegiados. Comunidades de imigrantes da classe trabalhadora, como as do centro de Queens, foram especialmente afetadas. Os bairros adjacentes de Corona, Elmhurst, East Elmhurst e Jackson Heights emergiram como um "epicentro dentro de um epicentro". Com uma população combinada de 600 mil pessoas, esses bairros tiveram 7.260 casos de coronavírus em 8 de abril, enquanto Manhattan como um todo, com três vezes a população, teve 10.860 casos.[121]

Tal como aconteceu nas pragas do passado, aqueles que tinham meios fugiram da cidade. Uma análise dos registros de telefones celulares de uma grande amostra de nova-iorquinos durante o mês de março demonstrou que, enquanto a população da cidade diminuiu apenas cerca de 4% a 5% no geral, em alguns dos bairros mais ricos os números chegaram a mais de 50%.[122] As pessoas começaram a deixar a cidade no início de março, antes que as INFs fossem oficialmente implementadas. Enquanto a maioria dos residentes mais ricos fugiu para lugares próximos no interior do estado de Nova York e Connecticut, muitos outros foram rastreados até o Arizona, Michigan e sul da Califórnia.[123]

Em 31 de março, o governador Cuomo observou: “Estou cansado de estar um passo atrás deste vírus. Estamos tentando recuperar o atraso. Retardatários não vencem o jogo.”[124] E ele estava certo. Enquanto ele falava, havia 76.946 casos no estado.[125] Em 6 de abril, havia 72.181 casos confirmados e pelo menos 2.475 mortes somente na cidade de Nova York, e a cidade detinha 25% das mortes por Covid-19 nos Estados Unidos. A ordem de permanência em casa foi prorrogada até 29 de abril.[126] Em 15 de abril, a pandemia finalmente atingiu o pico nos hospitais de Nova York, resultado das INFs implementadas três semanas antes — dentro do prazo previsto, dada a epidemiologia de propagação do vírus e o tempo de progressão clínica da doença (até duas semanas para o paciente sentir os sintomas e mais uma semana para ficar gravemente doente).

No final de abril, a curva havia sido achatada. Mas o resultado do surto foi surpreendente: uma pesquisa de testes de anticorpos em todo o estado descobriu que 21,2% dos residentes da cidade contraíram Covid-19 na primeira onda.[127] E as análises revelaram que viagens oriundas de Nova York semearam uma onda de surtos de coronavírus em todo o resto dos Estados Unidos.[128]

Embora as estratégias das INFs tenham funcionado na cidade de Nova York, ainda existem muitas incógnitas sobre como as respostas da cidade podem ter gerado um resultado mais ou menos devastador. Um dos maiores mistérios das pandemias é por que algumas regiões são atingidas e outras, poupadas. Na pandemia de gripe de 1957, como vimos no Capítulo 2, havia uma enorme variação no número de casos e mortes de um lugar para outro, e o mesmo foi observado em 2020 nos Estados Unidos e em todo o mundo com a Covid-19. Sem dúvida, quando a poeira baixar, mapas coloridos de todos os países mostrarão os pontos críticos onde o fardo da morte foi mais severo. Algumas dessas variações terão a ver com diferentes políticas implementadas pelos governos em nível nacional e local. Algumas terão a ver com o comportamento imprevisível dos casos importados que iniciam as epidemias locais, como vimos tanto na China quanto nos Estados Unidos. Algumas terão a ver com as condições ambientais ou os perfis demográficos. Algumas podem até estar relacionadas a diferenças genéticas na cepa do vírus que atinge uma determinada área. Uma quantidade muito pequena pode estar associada à variação genética em humanos de um lugar para outro; algumas populações podem ter resistência genética. Mas a maior parte dessas variações será apenas devido ao acaso — como o visto em fotos após um tornado onde muitas casas são destruídas bem ao lado de algumas que inexplicavelmente permanecem de pé.

Nos primeiros meses da pandemia, muitos especialistas tentaram compreender por que alguns países se saíram melhor do que outros. O que a China fez e como o fez? Como a Coreia do Sul e Taiwan conseguiram conter a pandemia? Como essas duas democracias ricas poderiam servir de modelos para países europeus ou para os Estados Unidos? Todos os dias, as pessoas acompanhavam os gráficos que mostravam uma espécie de tabela de classificação, país a país, muitas vezes em cores diferentes, indicando a trajetória ascendente da pandemia. Os países asiáticos — China, Coreia do Sul, Japão, Singapura e Taiwan — desviaram-se em plateaus mais longos e mais baixos.

Porém, o que me impressionou não foi tanto como explicar essas diferenças que possivelmente estavam relacionadas ao timing e à natureza das INFs adotadas ou a outras características dessas sociedades, mas, sim, como as trajetórias foram tão semelhantes em todos os países *antes* que as intervenções fossem implementadas. No início, o vírus apenas nos matou e quase não foi afetado pelo sistema político, religião, sistema de saúde, ambiente de mídia e uma miríade de outros atributos de nossas sociedades. Afinal, somos humanos, e o vírus realmente não se importa com os detalhes. A trajetória *ascendente* quando a pandemia inicialmente se enraizou em cada nação foi terrivelmente semelhante.

Além disso, as próprias pessoas sabiam o que fazer, apesar dos fracassos ou sucessos das respostas de seus países. O público começou a se distanciar fisicamente antes de ser instruído ou ordenado a fazê-lo. Por exemplo, análises do fluxo de pessoas em lojas e das reservas em restaurantes em todo o mundo revelaram que a movimentação começou a diminuir algumas semanas antes da implementação das políticas de INF coletivas. A sincronia do declínio nas reservas de restaurantes nos países da OCDE, vista no aplicativo online OpenTable, foi notável. Cada país tinha diferentes políticas de distanciamento, diferentes leis e culturas e diferentes taxas de Covid-19; mas todas as reservas de restaurantes caíram a zero ao longo de quinze dias, quando a epidemia começou.[129] Os pais também começaram a retirar seus filhos da escola antes que o fechamento oficial fosse anunciado. Na época em que as escolas públicas de Nova York foram fechadas, como vimos anteriormente, uma porcentagem substancial de crianças já estava ficando em casa.[130]

Assim, independentemente do que as pessoas faziam ou de quem eram, o importante era responder coletivamente, permanecendo em seu espaço e respeitando o distanciamento físico. Isso levanta a possibilidade de que o necessário para desviar a trajetória seja simplesmente atingir algum nível geral de resposta. Não importa a combinação específica de intervenções não farmacêuticas, desde que um certo limiar seja alcançado, a pandemia pode ser controlada.

Esse distanciamento físico e colapso econômico, essa *desaceleração*, são características das pragas. Durante a peste de Justiniano, há mais de 1.500 anos, o sacerdote e historiador João de Éfeso observou o seguinte:

> *E, em todos os sentidos, tudo foi reduzido a nada, foi destruído e se transformou em tristeza... [E] a compra e a venda cessaram, e as lojas, com todas as suas riquezas mundanas indescritíveis, e as grandes lojas dos agiotas fecharam. A cidade inteira então parou como se tivesse morrido... Assim, tudo cessou e parou.*[131]

Esses relatos dos efeitos de doenças epidêmicas graves são assustadoramente familiares. Uma economia envolve trocas, e estas dependem de interações sociais. É difícil ter uma economia — ou uma sociedade — em funcionamento se as pessoas são incapazes de interagir. As pragas são um período de perda não apenas de vidas, mas de meios de subsistência — e de rotinas, conexões, liberdade e muito mais.

4.

Luto, Medo e Mentiras

> A praga não era nada; o medo da praga era muito mais terrível.
>
> — Henri Poincaré, *La Géodésie Française* (1900)

Wanda DeSelle, uma enfermeira de 76 anos de Madera, Califórnia, não tinha nenhum familiar ao seu lado quando morreu de coronavírus em 30 de março de 2020. Sua filha, Maureena Silva, havia se despedido dela via FaceTime alguns dias antes, pedindo-lhe que piscasse se conseguisse ouvi-la. DeSelle contraíra o vírus três semanas antes, quando compareceu ao funeral de um jovem colega do consultório médico onde trabalhou por quarenta anos. Pelo menos outras quatorze pessoas contraíram a doença naquele mesmo funeral, em um evento de superpropagação. DeSelle posteriormente transmitiu o vírus para a filha, que adoeceu enquanto cuidava dela e que, por sua vez, o transmitiu para a própria filha. Tanto a filha quanto a neta se recuperaram a tempo de comparecer ao funeral de DeSelle. Mas foi um enterro que poucos poderiam ter imaginado apenas algumas semanas antes: um funeral que a família e alguns poucos amigos enlutados acompanharam em seus veículos, estacionados a 25 metros de distância do caixão, que foi baixado para a sepultura por quatro funcionários da funerária usando máscaras e luvas brancas.[1]

Os membros da unida comunidade judia ultraortodoxa em Crown Heights, Brooklyn, são profundamente engajados nos rituais diários compartilhados e nas interações pessoais, então a alta taxa de mortalidade da Covid-19 e o distanciamento físico que ela impôs foram um golpe especialmente severo. Um rabino organizou uma linha telefônica especial para transmitir antigas orações judaicas aos moribundos em um aparelho de viva-voz colocado próximo ao leito de pacientes isolados da UTI. "Meu camarada judeu", dizia uma voz em tom tranquilizador, "sua família deseja muito estar com você pessoalmente. No entanto, devido às circunstâncias atuais, simplesmente não é seguro ou permitido".[2] E então o rabino recitava o Salmo 91:10-11: "Nenhum mal o atingirá, desgraça alguma chegará à sua tenda. Porque a seus anjos ele dará ordens a seu respeito, para que o protejam em todos os seus caminhos." O Talmude chama essa passagem de "canção das pragas". Uma interpretação afirma que, enquanto ascendia a uma nuvem que pairava sobre o Monte Sinai, o próprio Moisés a compôs, recitando essas palavras como proteção contra os anjos da destruição.

Para mim, é difícil descrever o quanto meus colegas médicos de cuidados paliativos e eu trabalhávamos — quando eu ainda estava atendendo pacientes — para impedir que as pessoas morressem sozinhas. Fazíamos o possível para que as famílias recebessem um aviso sobre a morte iminente, para que pudessem estar presentes nos momentos finais — para o bem dos familiares e do paciente. Aprimoramos nossas habilidades de prognóstico para ajudar nesse objetivo, que consideramos essencial. Na verdade, escrevi dois livros sobre prognóstico, pois ele é fundamental para garantir aos pacientes uma "boa morte".[3] Se os pacientes tinham que morrer sem seus entes queridos, nós, médicos, muitas vezes nos sentávamos à beira do leito e segurávamos suas mãos. Fiz isso muitas vezes, observando o tipo específico de padrão respiratório crescente e decrescente que os pacientes costumam apresentar perto do fim da vida (conhecido como respiração de Cheyne-Stokes) e temendo o terrível som suave do estertor da morte que, por vezes, os pacientes emitiam quando finalmente paravam de respirar. Mais de uma vez, tive a sensação de que a mão do paciente havia ficado estranhamente mais flácida pouco antes da morte. Não consigo explicar. Talvez fosse o sinal de sua rendição.

Em outras ocasiões, nós, médicos de cuidados paliativos, projetávamos maneiras complexas de fazer com que os pacientes tivessem alta do hospital, contornando obstáculos burocráticos e descobrindo como administrar medicamentos de formas não intravenosas para que pudessem morrer em casa, entre seus entes queridos. E assim, dadas as normas que internalizei, os muitos relatos que li de famílias proibidas de visitar seus entes queridos durante os primeiros dias da Covid-19 (para reduzir a propagação da infecção ou para economizar equipamentos de proteção individual) me impressionaram como ações não apenas desumanas, mas imorais.

No entanto, como acontece em todas as outras epidemias graves, muitas pessoas morreram sozinhas em 2020. As famílias foram privadas da chance de se despedir ou de experienciar o luto da maneira devida. Em um estudo que fiz com alguns colegas, publicado em 2000, documentamos que 81% dos pacientes e 95% dos familiares sentiam que a presença da família no momento da morte era muito importante (a menor porcentagem entre os pacientes pode refletir suas preocupações de não sobrecarregar suas famílias).[4] Mas o sistema de saúde dos Estados Unidos não foi capaz de honrar esses desejos durante a pandemia.

Como médico, odiava notificar um familiar da morte de um ente querido. Lembro-me de um telefonema em particular que precisei fazer quando era médico residente na Universidade da Pensilvânia, em 1990. A esposa de meu paciente simplesmente não conseguia entender o que eu estava tentando lhe dizer; era como se eu falasse outro idioma. Durante a primeira onda da pandemia de Covid-19 na cidade de Nova York, outro médico explicou como tentou consolar pelo telefone o marido de uma paciente morta. "Ele estava passando por uma situação muito difícil. Era um homem mais velho, estava ficando sozinho em casa, e não havia nenhum familiar com ele no momento." O médico disse que a situação o fez recordar experiências anteriores na África: "Isso aconteceu com o Ebola. A família era mantida afastada. Não havia funerais. A sensação que tenho é a mesma."[5]

As pandemias graves são um período de luto. Quando a taxa de mortalidade de uma praga é muito alta, a situação é devastadora. Eis um relato de Petrarca sobre a peste negra:

> *O que devemos fazer agora, irmão? Agora que perdemos quase tudo e não encontramos descanso. Quando podemos esperar? Onde devemos procurar? O tempo, como dizem, escorreu por entre nossos dedos. Nossas esperanças estão enterradas com nossos amigos. O ano de 1348 nos deixou solitários e desamparados, pois tirou de nós riquezas que não podiam ser restauradas pelos mares Cáspio, da Índia ou dos Cárpatos. As últimas perdas estão além da recuperação, e a ferida da morte está além da cura.*[6]

Felizmente, a Covid-19 não é nem remotamente tão terrível quanto a peste bubônica. Mas as epidemias mortais sempre geram epidemias paralelas de natureza psicológica ou existencial — menos tangíveis, mas igualmente virulentas. Luto, raiva, medo, negação, desespero e até anomia são reações emocionais esperadas à perda pessoal e coletiva em um surto grave de doença infecciosa.

Às vezes, pode ser difícil ter um profundo senso desse sofrimento, seja porque as pessoas que vivenciam uma pandemia estão paralisadas tentando evitar suas próprias calamidades, seja por conta da magnitude das perdas. O velho ditado sobre a indiferença que pode surgir em face da mortalidade em massa vem à mente: "Uma morte é uma tragédia, um milhão de mortes, uma estatística" (uma variante dessa frase geralmente é atribuída a Stalin). A autora Laura Spinney, em seu relato sobre a pandemia de gripe de 1918, descreveu os muitos milhões de mortes causadas pela influenza (amplificadas pelo grande número de pessoas feridas e deslocadas na Primeira Guerra Mundial) como a "matéria escura do Universo, tão íntima e familiar que não deve ser pronunciada".[7]

Cem anos depois, os norte-americanos têm menos experiência com mortes prematuras e também estão menos conformados com ela. Muitas pessoas vivem décadas sem ver a morte de perto. Enquanto um século atrás a maioria dos norte-americanos morriam em casa, cercados por seus entes queridos, isso é menos comum agora.[8] Mas, mesmo assim, em 2020 me pareceu haver uma aquiescência perturbadora às mortes por Covid-19. Quando a contagem de mortes chegou a 100 mil (coincidentemente no Memorial Day), houve um breve ímpeto de luto coletivo. Em 24 de maio de 2020, a primeira página do *New York Times* estampava apenas nomes de mortos. Mas a notícia do marco foi rapidamente eclipsada por escândalos políticos e protestos dramáticos. Muitas pessoas não tinham realmente uma imagem da doença ou do ritual de morte que ela impõe. Foi doloroso? Indigno? Solitário?

É claro que o luto não é experienciado apenas pelas vidas ceifadas, mas também pela perda de nosso modo de viver. Adultos perderam seus empregos ou até suas carreiras. Pessoas que não conseguiram pagar hipotecas perderam suas casas. Cientistas que conheço investiram anos na construção de aparatos científicos e tiveram que abandonar suas pesquisas. Crianças ficaram sem a escola, as amizades e as brincadeiras ao ar livre. Inúmeros casamentos e férias foram cancelados, em alguns casos de forma definitiva. Empreendedores perderam seus negócios. Cultos religiosos, aulas, sessões de aconselhamento e reuniões de Alcoólicos Anônimos, todos online, foram substitutos monótonos para as conexões autênticas que os humanos evoluíram para desejar, mas tiveram que abandonar.

Na nova realidade imposta pela pandemia, quase todos experimentaram alguma privação. Às vezes, as perdas eram realmente permanentes ou graves — vidas, relacionamentos, carreiras ou negócios perdidos. Porém, mesmo as perdas comparativamente menores pareciam angustiantes e eram generalizadas. Não devíamos apertar a mão de nossos vizinhos ou convidá-los para o jantar. Não podíamos mais sair para restaurantes, bares, cafés, clubes noturnos, salões de beleza ou academias da mesma forma que antes, se é que poderíamos sair. Mesmo ocorrências pequenas e cotidianas podem intensificar a sensação de perda. Não sou muito ligado à moda, mas depois de apenas três meses de lockdown, vestindo camiseta e jeans todos os dias, eu olhava para os meus ternos no armário e sentia falta de usá-los. Sempre reclamo que tenho que fazer muitas viagens profissionais, mas um dia, em maio, vi minhas malas guardadas e senti uma certa melancolia.

O impacto psicológico prejudicial das pragas é enfatizado há muito tempo. No século V, A.E.C, a respeito de uma praga em Atenas de etiologia desconhecida (as possibilidades variam do tifo ao Ebola), o general grego e historiador Tucídides observou:

> *De longe, a característica mais terrível da doença era o abatimento que se seguia assim que alguém se sentia doente, pois o desespero em que mergulhava instantaneamente tirava seu poder de resistência e o tornava uma presa muito mais fácil para a doença; além disso, havia o terrível espetáculo de homens abatidos como ovelhas, por terem contraído a infecção cuidando uns dos outros.*[9]

No século II, o imperador e filósofo romano Marco Aurélio afirmou que algo que ele chamou de "corrupção da mente" era muito mais perigoso durante uma epidemia do que "qualquer miasma e deterioração do ar que respiramos".[10]

Em abril de 2020, uma pesquisa nacional conduzida para avaliar o bem-estar emocional revelou significativo sofrimento para uma porcentagem considerável da população. Comparando as respostas às pesquisas de 2019, as pessoas se sentiram pior em vários aspectos em 2020. A porcentagem de pessoas que relataram sentimentos de satisfação foi de 64%, em comparação a 83% em 2019. Os índices de preocupação (52% versus 35%), tristeza (32% versus 23%) e raiva (24% versus 15%) foram todos maiores.[11] Em 2020, percentuais significativos de pessoas também relataram tédio (44%) e solidão (25%). A população estava preocupada com a doença e seus efeitos. Por exemplo, outra pesquisa realizada no final de abril de 2020 relatou que 67% dos norte-americanos estavam "um pouco preocupados" ou "muito preocupados" em contrair o coronavírus. Mas estavam ainda mais preocupados que seus familiares pegassem o vírus, sendo que 79% expressaram esse medo.[12] Outro estudo mais clínico descobriu que, enquanto em 2018, 3,9% dos norte-americanos experienciavam sofrimento psicológico grave, em abril de 2020, o número era de 13,6%, colocando-os em sério risco de problemas psiquiátricos de longo prazo.[13]

Os sentimentos dos norte-americanos durante a pandemia diferiram de acordo com variáveis como renda familiar e gênero. Adultos com renda familiar anual inferior a US$36 mil têm menos probabilidade de se sentirem felizes (56%) e estão mais propensos a se sentirem preocupados (58%), entediados (49%) e solitários (38%) em comparação com aqueles que ganham mais de US$90 mil (75%, 48%, 39% e 19%, respectivamente). As mulheres relataram se sentir tão felizes quanto os homens (71% versus 73%), mas estavam mais preocupadas (51% versus 44%) e mais solitárias (27% versus 20%).[14]

Com o tempo, em outra pesquisa realizada depois que os esforços de mitigação para achatar a curva da doença estavam bem encaminhados, os norte-americanos se mostraram um pouco menos temerosos de contrair o coronavírus (57% estavam preocupados, em abril, em comparação a 51%, em maio), mas um pouco mais preocupados em enfrentar severas dificuldades financeiras (48% em abril em comparação a 53% em maio).[15] No entanto, apesar dessas apreensões, os norte-americanos em geral entendiam que o vírus precisava ser controlado antes que as coisas pudessem voltar a ser como antes. De modo geral, pelo menos dois terços dos norte-americanos classificaram, naquele momento, como "muito importantes" as seguintes condições para retomar as atividades cotidianas normais: (1) quarentena obrigatória para qualquer um com teste positivo para coronavírus; (2) terapias médicas aprimoradas para prevenir ou tratar Covid-19; e (3) redução significativa no número de novos casos ou mortes.[16]

Além do luto, as epidemias também geram medo. O medo pode ser contagioso, formando uma espécie de epidemia paralela. Contágios de germes, emoções e comportamentos podem agir de forma independente ou podem se entrelaçar.[17] E o medo tem uma vantagem até mesmo sobre os patógenos mais contagiosos — enquanto as doenças requerem contato com indivíduos infectados, o medo pode ser transmitido por indivíduos contaminados ou apenas temerosos.[18]

Reagimos ao medo causado pelas epidemias de várias maneiras, muitas das quais destinadas a reivindicar o controle sobre a ameaça. Por exemplo, as pessoas tendem a culpar os outros pela doença, o que lhes dá a sensação de que têm alguma influência sobre a força que as está afetando. É mais reconfortante acreditar que existe um agente humano responsável pelo problema, pois isso significa que o esforço humano pode fornecer uma solução eficaz. É muito mais assustador imaginar que a praga se origina de um deus vingativo e implacável ou de um mundo natural indiferente e cruel.

Esse desejo por um senso de controle pode ser destrutivo, especialmente porque as pessoas costumam direcionar a culpa para grupos minoritários ou aqueles considerados estranhos ao grupo. Um desafio importante para as autoridades de saúde pública e líderes mitigarem esse efeito durante uma pandemia é reconhecer as emoções negativas e os sentimentos de impotência generalizados e ajudar as pessoas a reagir de maneira eficaz e construtiva, oferecendo uma forma de extravasarem suas emoções.[19]

Essa é uma das razões pelas quais faz sentido que as autoridades de saúde pública incentivem o uso de máscaras, e também é por isso que as pessoas podem achar a medida benéfica: isso lhes dá algo concreto para fazer diante da ameaça, independentemente dos exatos benefícios das máscaras (que são consideráveis). Isso as ajuda a restaurar o senso de controle. Outro exemplo é o ato de exaltação pública coletiva aos trabalhadores da saúde, visto na cidade de Nova York e em Londres, que também proporciona às pessoas um senso de controle e solidariedade social.[20] Esse benefício psicológico é importante por si só, e tais atos podem, por sua vez, fomentar a disposição de se engajar em outras práticas mais penosas, difíceis e desafiadoras. Manter o medo e a ansiedade sob controle é fundamental.

Porém, é mais fácil falar do que fazer. Às vezes, o que as pessoas fazem para afastar o medo, restaurar o senso de controle e atribuir a culpa pode ser bastante estapafúrdio. Nos Estados Unidos, durante o surto de poliomielite de 1916, o público enfrentou um enigma: o vírus atingiu desproporcionalmente crianças nos subúrbios e em áreas rurais menos povoadas. Como isso seria equacionado aos estereótipos profundamente arraigados de que moradores de cortiços urbanos e imigrantes são vetores de doenças? Um jornal de Nova Jersey deu um salto conceitual ao publicar o desenho de uma mutuca gigante ameaçando um bebê indefeso com a seguinte legenda:

Eu sou o assassino de bebês!
Venho de latas de lixo descobertas,
De poças nas sarjetas e sujeira nas ruas,
Dos estábulos e quintais abandonados,
Casas desleixadas — todos os tipos de lugares imundos,
Amo rastejar em mamadeiras e lábios de bebês;
Amo limpar meus pés insalubres em alimentos expostos
Em lojas e mercados frequentados por tolos.

Criar um vetor *imaginário* conectou a doença de crianças inocentes a grupos considerados dignos de culpa e, ao mesmo tempo, sugeriu um modo de evitar riscos e restaurar o senso de controle. Um germe não pode ser visto, mas uma mosca, sim, e as ações necessárias para lidar com as moscas foram positivas e ajudaram as pessoas a se sentirem mais no controle (usando telas e mata-moscas). A teoria da mosca também ajudou a explicar como a doença pode ter surgido em casas limpas de bairros mais abastados: o perigo era propagado a partir de uma fonte de risco composta de estranhos. Na realidade, é claro, a poliomielite é transmissível sobretudo pela ingestão de material fecal de uma pessoa infectada (por exemplo, por meio de água ou alimentos contaminados). Como Anne Finger explica em sua comovente história autobiográfica e cultural do vírus da poliomielite: "A mosca se tornou uma portadora, não apenas do contágio, mas de emoções desarvoradas."[21]

O medo causado por epidemias pode fazer até com que as pessoas evitem aqueles que estão tentando ajudar a controlar a doença. Em 30 de março de 2020, o médico de emergência Richard Levitan se apresentou para trabalhar no Hospital Bellevue, de Nova York. Residente de New Hampshire, ele — assim como outros voluntários de todo o país que atenderam ao chamado do governador Andrew Cuomo — correu para ajudar a aliviar a sobrecarregada equipe da UTI nos hospitais da cidade. O próprio Dr. Levitan havia sido treinado no Bellevue e era um especialista em intubação, a espinhosa tarefa de inserir o tubo endotraqueal em pacientes gravemente enfermos submetidos à ventilação mecânica. “Esta [pandemia] é o desafio das vias aéreas do século”, declarou. “Vias respiratórias são a minha área. Não vou ficar de fora.”[22]

O Dr. Levitan planejava se instalar no apartamento desocupado do irmão, mas logo enfrentou um obstáculo incômodo: um dos notoriamente desagradáveis conselhos de habitação de Nova York recusou a residência temporária com base no fato de que ele estaria trabalhando com pacientes infectados. Ele argumentou que o prédio estava praticamente deserto e que parte dos moradores remanescentes provavelmente já estavam infectados, enquanto ele vinha de um estado de baixa prevalência da doença. Mas não fez diferença.

Outras histórias surgiram de enfermeiros temporários (que trabalham em rotatividade em hospitais por algumas semanas ou meses) sendo despejados sem aviso prévio pelos proprietários, às vezes com hostilidade e ameaças de que seus pertences seriam jogados fora. Entretanto, como uma enfermeira do Havaí argumentou enfaticamente: “[Nós] somos as mesmas pessoas que cuidarão de vocês se acabarem no hospital… e, se eu tiver que dormir no meu carro, não estarei em minha melhor forma.”[23]

Os médicos e enfermeiros são treinados para empregar precauções de segurança para si próprios e para os outros, e tomam medidas extraordinárias para preservar a saúde de todos, tanto dentro como fora do hospital. Na verdade, como observou o Dr. Atul Gawande: “Diante de um tremendo risco, os hospitais norte-americanos aprenderam como não se tornar locais de disseminação.”[24] No sistema de saúde de Boston, com uma equipe hospitalar de 75 mil pessoas, houve tão poucas transmissões no ambiente de trabalho que, no segundo trimestre de 2020,

Gawande declarou que os hospitais deveriam fornecer um modelo de como reabrir com sucesso outros setores da economia. Mas isso não impediu um juiz da Flórida de ordenar a custódia temporária de uma criança de quatro anos para o ex-marido de uma médica de emergência, apesar de ela argumentar que estava fazendo o possível para manter a filha segura e que, se ainda fosse casada, ninguém tiraria a criança da própria casa.[25]

É claro que não queremos profissionais de saúde dormindo em carros ou perdendo a guarda dos filhos, mas as pessoas podem agir de modo contraproducente, tanto do ponto de vista individual quanto do coletivo, quando dominadas por fortes emoções. É difícil não considerar esses exemplos como resultado de uma atmosfera de medo gerada por uma doença epidêmica.

Ainda assim, as pessoas temerosas também podem desempenhar um papel positivo quando o medo as paralisa a ponto de se isolarem dentro de casa, usarem máscaras ou realizarem outras ações úteis para si mesmas e para a sociedade como um todo. Essa reação, em geral, reduzirá o impacto da epidemia, diminuindo o número de pessoas em circulação. Pessoas assustadas não estão exatamente ansiosas para socializar no bar do bairro. No entanto, esse benefício pode ser efêmero; uma "cura" prematura do medo pode resultar no retorno de indivíduos, antes temerosos, ao convívio geral em um momento inoportuno — como quando um surto não foi suficientemente controlado —, contribuindo, assim, para ondas subsequentes da epidemia. Para complicar ainda mais a situação, se o medo resultar na fuga das pessoas — o que, como vimos, é uma reação comum a surtos —, isso pode aumentar a intensidade geral da epidemia, fornecendo novas sementes de disseminação em áreas não afetadas. E o medo que resulta na estigmatização ou na culpabilização, ou que fomenta a ansiedade a ponto de as pessoas não conseguirem assimilar informações úteis, também pode piorar o impacto da epidemia.

Um exemplo extraordinário dos danos causados por uma epidemia de medo ocorreu na Índia em 1994, com um surto de peste bubônica. Na era moderna, a doença foi praticamente erradicada na Índia, embora tenha integrado uma "trindade" mortal de infecções, junto com a cólera e a varíola, durante grande parte da história do país. A partir do início de agosto de 1994, após uma sequência típica de aumento de pulgas e a observação de mortandade de ratos, alguns casos de peste bubônica foram diagnosticados na aldeia de Mamla, distrito de Beed, no estado de Maharashtra.[26] Em 14 de setembro, o governo da Índia anunciou publicamente que um surto de peste bubônica atingira Beed.

Poucas horas após o anúncio, houve um pânico generalizado. E, em 23 de setembro de 1994, surgiram relatos de peste pneumônica, a variante ainda mais mortal, na cidade industrial de Surat, no estado vizinho, Gujarat. Entre 21 de setembro e 20 de outubro, 1.027 pacientes com pneumonia grave foram internados em hospitais daquela cidade, e 146 dos casos foram, por algum motivo, presumidos como peste pneumônica.[27] No entanto, os investigadores permaneceram céticos, pois nenhum caso de peste bubônica ou de surtos na população de ratos foi observado em Gujarat, ambos os quais geralmente precedem a peste pneumônica. Havia outras características epidemiológicas que também tornavam o diagnóstico suspeito. Por exemplo, quase nenhuma transmissão comunitária foi documentada. As pessoas ficavam doentes, mas seus familiares, não. Não havia agrupamento geográfico de casos na cidade; eles eram espalhados. Outra observação curiosa no surto de Surat foi que a maioria dos casos iniciais era de homens jovens que trabalhavam na indústria de corte de diamantes.[28] Ademais, a peste pneumônica primária é extremamente rara (em geral observada em pessoas que manuseiam animais infectados).

Apesar dos motivos para o ceticismo, a reação de pânico foi extraordinária. A pulverização maciça de DDT e outros inseticidas foi implementada. Todos os restaurantes e barracas de comida, bem como todos os locais públicos de reunião, foram fechados. Quase toda a produção industrial parou por mais de um mês. A circulação de turistas na Índia diminuiu quase pela metade. Um número extremamente grande de pessoas em toda a Índia — algumas bem longe de Surat — se automedicou com tetraciclina, muitas vezes de maneira perigosa e aleatória. Em cidades distantes como Mumbai e Nova Delhi, as pessoas começaram a usar máscaras. Cerca de 1 milhão de pessoas — um quarto da população de Surat — fugiram em vagões de trem lotados.

Descobriu-se que não havia realmente ocorrido um surto material de doença. Segundo alguns relatos, ninguém estava infectado com a peste.[29] Anos depois, haveria a confirmação, com base em análises laboratoriais e genéticas, de apenas dezoito casos de peste na cidade, embora não parecessem ligados entre si.[30] A resposta, porém, mostrou que o medo da doença tem sua própria epidemiologia, sua própria dinâmica de disseminação.

Na mais fascinante epidemia de medo, conhecida como *doença psicogênica em massa* ou *doença sociogênica em massa*, pessoas saudáveis adoecem em uma epidemia psicológica. Hoje em dia, esses termos são preferidos aos usados anteriormente, *histeria epidêmica* ou *histeria coletiva*.[31] Nesses surtos, as pessoas podem desenvolver sintomas físicos sem base fisiológica, movidos pela ansiedade e pelo medo. No tipo de "ansiedade pura", as pessoas relatam uma variedade de sintomas, incluindo dor abdominal, dor de cabeça, desmaios, tontura, falta de ar, náusea, entre outros. No tipo de "ansiedade motora", as pessoas podem se envolver em danças histéricas ou manifestar pseudoconvulsões.

No século XVII, os julgamentos das bruxas de Salem foram desencadeados por um surto de doença psicogênica em massa quando um grupo de meninas puritanas teve "ataques" e colocou a culpa de sua aparente possessão em várias mulheres locais. Os registros históricos de tais fenômenos datam de pelo menos 1374, quando, em estreita sucessão à peste negra, eclodiram coreomanias, ou "dançomanias", inicialmente em Aachen, Alemanha. Esses surtos consistiram em pessoas que,

> *conectadas por uma ilusão comum, exibiram tanto nas ruas como nas igrejas o seguinte estranho espetáculo. De mãos dadas, elas formaram círculos e pareceram ter perdido todo o controle sobre seus sentidos, continuaram dançando juntas, independentemente dos espectadores, por horas, em delírio selvagem, até que, por fim, caíram no chão em estado de exaustão. Elas então reclamaram de extrema opressão e gemeram como se estivessem em agonias da morte.*[32]

Naquela época, os sintomas costumavam ser atribuídos a demônios e bruxaria, mas, nos tempos modernos, o gatilho costuma ser identificado como algum tipo de contaminação ambiental. Normalmente, esses surtos ocorrem em escolas ou ambientes ocupacionais (talvez isso explique os cortadores de diamantes de Surat), onde as pessoas estão em contato próximo.

Por exemplo, em 1998, houve um surto na Warren County High School, em McMinnville, Tennessee. A escola tinha 1.825 alunos e 140 funcionários. Certo dia, uma professora acreditou ter sentido cheiro de gasolina e se queixou de dor de cabeça, falta de ar, tontura e náusea. Alguns de seus alunos logo desenvolveram sintomas semelhantes. Enquanto a sala de aula estava sendo evacuada, outros alunos, testemunhando a comoção, passaram a relatar as mesmas queixas. Um alarme de incêndio foi acionado e a escola, esvaziada. A professora e vários alunos foram transportados de ambulância para um hospital próximo, à vista de outros alunos e professores que estavam do lado de fora por causa do alarme. Por fim, 100 pessoas acabaram no hospital e 38 foram internadas. A escola foi fechada.[33]

Uma minuciosa investigação das possíveis causas ambientais para a doença foi conduzida pelo CDC. Nenhuma fonte física foi identificada apesar de muitos testes e avaliações. Os investigadores concluíram que os fatores psicogênicos foram os responsáveis. Eles descobriram que a doença estava associada à observação direta de outra pessoa doente durante o surto em um processo contagioso.[34] Exemplos semelhantes ocorrem aproximadamente a cada dois anos em algum lugar dos Estados Unidos.

Outros tipos de reações emocionais podem incitar outros contágios comportamentais. Por exemplo, quando as pessoas desrespeitaram as regras de uso de máscaras ou distanciamento físico em partes dos Estados Unidos em maio de 2020, elas reforçaram as percepções umas das outras sobre segurança e controle de uma forma que era contraproducente para seus próprios interesses e os de nossa sociedade.[35] As grandes festas que vi em fotos tiradas no Missouri, no Michigan e na

Flórida em junho de 2020 me lembraram de uma versão em miniatura das coreomanias vistas no passado. Conforme já observado, no caso de possíveis epidemias paralelas de um vírus e de medo, pode haver contágio biológico e social. As pessoas geralmente imitam os comportamentos visíveis de indivíduos ao seu redor, então pode haver pontos de inflexão em ambas as direções. À medida que cada vez mais pessoas começam a usar máscaras e obedecer às regras de distanciamento físico, mais indivíduos seguem o exemplo. Por outro lado, à medida que cada vez mais pessoas ignoram essas práticas, menos indivíduos as levam a sério. Como disse o psicólogo Matthew Lieberman: "Nossos cérebros são construídos para garantir que seguiremos as crenças e os valores das pessoas ao nosso redor."[36]

Outra vítima da peste é a verdade. Algumas das reações mais prejudiciais e autolesivas a uma epidemia são a negação e a mentira. Epidemias mortais sempre carregam consigo essas duas companheiras. Infelizmente, as tecnologias de mídia modernas fornecem uma grande quantidade de desinformação, o tipo de coisa com que os charlatões do passado só podiam sonhar.

No caso do coronavírus, a pandemia começou com uma grande mentira originada na China logo no início e que durou até meados de janeiro: a supressão de informações sobre o que estava acontecendo em Wuhan. Essa é parte da razão pela qual, para muitos milhões de chineses, o Dr. Li se tornou um símbolo do desejo de expressão livre e honesta. Antes de morrer de Covid-19, o próprio Li declarou a uma revista chinesa em seu leito de hospital: "Acho que deveria haver mais de uma voz em uma sociedade saudável e não aprovo o uso do poder público para interferências excessivas."[37]

Em março, algo semelhante começou a acontecer em hospitais dos Estados Unidos. Em Bellingham, estado de Washington, não muito longe de Seattle, o Dr. Ming Lin foi demitido após dezessete anos de trabalho no PeaceHealth St. Joseph Medical Center porque, durante o pico do surto, postou pedidos de equipamento de proteção pessoal no Facebook e lamentou o fato de o hospital não levar a sério a proteção de pacientes e profissionais de saúde. Dr. Lin (que já havia trabalhado na cidade de Nova York durante os Ataques de 11 de Setembro) expressou sua devida preocupação sobre o hospital se recusar a rastrear a presença do vírus em todos os pacientes fora da instalação antes de levá-los para dentro da emergência lotada, o que pode contribuir para a propagação da infecção.[38] Quando soube desse caso pela primeira vez, fiquei estupefato com a audácia e o absurdo de demitir um médico por falar abertamente no meio de uma epidemia, quando ele era mais necessário do que nunca.

Um cirurgião ortopédico que trabalhava em uma zona quente de Covid-19 no Nordeste dos Estados Unidos relatou: "Recebemos alertas diários para sermos muito prudentes com as postagens em contas pessoais. Eles se referiam a várias questões: números de casos, gravidade dos casos, disponibilidade de testes e EPIs."[39] Um médico de um hospital em Indiana postou um apelo por máscaras N95 nas redes sociais. Os administradores o avisaram para não fazer isso de novo, pois faria o hospital parecer incompetente.[40] Em Chicago, Lauri Mazurkiewicz, enfermeira do Northwestern Memorial Hospital, foi demitida após enviar um e-mail aos colegas expressando o desejo de usar mais EPIs durante o trabalho. Uma de suas preocupações era que ela pudesse transmitir o vírus para seu pai de 75 anos, que sofria de doenças respiratórias.[41] Houve muitos incidentes desse tipo nos Estados Unidos no segundo trimestre de 2020.

Hospitais de todo o país emitiram memorandos atabalhoados tentando impedir os funcionários de se manifestar. Na cidade de Nova York, a vice-presidente executiva de comunicações e marketing do hospital Langone Health System, da Universidade de Nova York, informou ao corpo docente e à equipe que todas as perguntas da mídia deveriam ser encaminhadas a seu escritório. Ela continuou: "Qualquer pessoa que não aderir a esta política, ou que falar ou divulgar informações à mídia sem a permissão explícita do Escritório de Comunicações e Marketing, estará sujeita à ação disciplinar, incluindo demissão."[42] Os professores de medicina que trabalhavam no hospital não ficaram satisfeitos com a nota, para dizer o mínimo, como alguns deles me informaram.

Nos últimos trinta anos, tem havido uma mudança na forma como vemos os médicos — de profissionais independentes para meros funcionários de grandes organizações, que muitas vezes são lideradas por pessoas que têm pouco apreço pelos cuidados clínicos. A pandemia exacerbou ainda mais essa tensão. Um médico de família em Massachusetts comentou: "Há algumas décadas temos sofrido com a perda de autonomia e a difamação" e a epidemia de coronavírus está "fazendo com que isso venha à tona".[43] Em todo o país, administradores que deveriam encontrar maneiras de melhorar a eficiência de seus hospitais ou obter o equipamento de que médicos e enfermeiros precisavam para cuidar de pacientes tentavam controlar a epidemia censurando ou omitindo más notícias.

O amordaçamento dos médicos também ocorreu nos mais altos escalões do governo dos Estados Unidos. O presidente Trump afastou e quase demitiu a Dra. Nancy Messonnier — funcionária do CDC que era diretora do Centro Nacional de Imunização e Doenças Respiratórias —, pois, durante uma coletiva de imprensa em 25 de fevereiro de 2020, ela comentou, com toda honestidade, que o CDC estava se preparando para uma pandemia: "Não é uma questão de saber se isso vai acontecer, mas quando e quantas pessoas neste país terão doenças graves." O presidente não gostou do fato de sua declaração ter resultado em uma ligeira queda no mercado de ações — como se ficar calado sobre a pandemia iminente pudesse prevenir a doença ou as perdas econômicas que ela inevitavelmente causaria. Na verdade, um dos grandes absurdos da pandemia de Covid-19 nos Estados Unidos foi o enfraquecimento e amordaçamento do amplamente respeitado CDC.[44] No mesmo dia, o secretário de Saúde e Serviços Humanos, Alex Azar, afirmou de forma absurda que o vírus estava "contido" nos Estados Unidos.[45] Mas não podemos vencer o vírus com silêncio ou mentiras. Só a verdade e um megafone ajudam nessas lutas.

Em outro exemplo, em 22 de maio de 2020, o CDC publicou recomendações atualizadas, exortando as comunidades religiosas a "considerar suspender ou pelo menos diminuir o uso de coro, conjuntos musicais, cantos congregacionais e cânticos durante os cultos e outras programações, caso apropriado dentro da tradição da fé". Como o SARS-2 era conhecido por se espalhar por esses meios, tal orientação era factual e potencialmente salvaria vidas.

A Casa Branca exigiu que a postagem fosse removida. Tal como na China antes, o fluxo de informações epidemiológicas precisava de aprovação política.[46] Em um erro ilusório, a Casa Branca insistiu em acrescentar que a orientação "não se destina a infringir os direitos protegidos pela Primeira Emenda". No entanto, como qualquer local de grandes reuniões, as igrejas podiam ser locais para a propagação de doenças, e vários surtos em igrejas já haviam se mostrado mortais.[47] No entanto, como a Suprema Corte observou na mesma época (em um caso diferente envolvendo igrejas da Califórnia), a questão principal era se as organizações seculares e religiosas estavam sendo tratadas de forma diferente pelo Estado durante uma emergência de saúde pública.[48] Fornecer informações sobre o risco de cânticos ou grandes aglomerações em relação às doenças respiratórias contagiosas, mesmo que o exemplo específico sejam as igrejas, não poderia ser considerado inconstitucional. Esses tipos de restrição ao fluxo de informações costumam ser justificados com base no fato de que reduzem o pânico ou promovem a coerência, mas resultam com tanta frequência em efeitos prejudiciais que é difícil defender essas explicações.

Nada disso era novidade, é claro. Cientistas federais já foram silenciados por expressões politicamente inconvenientes de fatos científicos básicos durante epidemias. Durante a epidemia de HIV em 1987, o Cirurgião-geral Everett Koop, que havia sido escolhido pelo presidente Reagan por sua oposição ao aborto, surpreendeu muitos nos círculos conservadores e liberais ao pedir uma linguagem explícita para descrever os riscos do HIV, incluindo discussões sobre sexo anal e uso de preservativo. Como Koop argumentou:

As pessoas me criticam porque veem homossexuais, usuários de drogas ou pessoas promíscuas como seres inaceitáveis, e acham que a Aids é apenas o que eles merecem. Minha resposta a isso é que eu sou o Cirurgião-geral dos heterossexuais e dos homossexuais, dos jovens e dos velhos, dos morais e dos imorais, dos casados e dos solteiros. Não tenho o luxo de decidir de que lado quero estar. Portanto, direi a todos como se manter vivo, não importa quem seja. Esse é o meu trabalho.[49]

No entanto, Koop foi desautorizado pelo secretário de Educação, William J. Bennett, que passou a instilar considerações ideológicas nesse tópico de saúde pública. Bennett insistia que os esforços de educação sobre a Aids fossem "baseados em valores" e não envolvessem "materiais moralmente ambíguos".[50]

Como consequência da intervenção de Bennett, os materiais de informação do governo tornaram-se vagos e até enganosos do ponto de vista epidemiológico. Entretanto, como não havia tratamento ou vacinação para prevenir a doença naquela época, a educação pública e as intervenções de saúde pública eram de fato as únicas ferramentas disponíveis. Formas de redução da transmissão (por exemplo, uso de preservativo) ou redução do contato (como a diminuição do número de parceiros sexuais) eram necessárias. O presidente Reagan só se dignou a mencionar a epidemia após seis anos de governo — novamente, como se não mencionar uma epidemia pudesse de alguma forma fazê-la desaparecer.

Dinâmicas psicológicas e políticas semelhantes ocorreram com o SARS-2. Não foram apenas os norte-americanos médios que se apegaram ao pensamento ilusório de que o vírus "não era pior do que a gripe" ou que simplesmente desapareceria por conta própria. Até o presidente dos Estados Unidos, com os melhores epidemiologistas e aparatos de inteligência do mundo à disposição, engajou-se em intensa negação pública. "Ninguém jamais pensaria que uma coisa dessas poderia acontecer", insistiu o presidente ao acusar falsamente a antiga administração de não fazer planos de preparação para a pandemia enquanto ele próprio havia dissolvido a equipe de resposta a epidemias em 2018.[51]

Sabemos por vazamentos subsequentes que o presidente de fato recebeu informações sobre a gravidade do vírus e seu potencial pandêmico pelo menos desde o início de janeiro de 2020.[52]

E ainda assim, conforme documentado pelo *Washington Post*, ele afirmou reiteradamente que "iria passar". Em 10 de fevereiro, quando havia 12 casos conhecidos, Trump declarou que achava que o vírus "iria embora" em abril, "com o calor". Em 25 de fevereiro, quando havia 53 casos conhecidos, voltou a afirmar: "Acho que é um problema que vai desaparecer." Em 27 de fevereiro, com 60 casos, ele disse a infame frase: "Fizemos um trabalho incrível. Vamos continuar. O vírus vai desaparecer. Um dia — como um milagre — ele vai desaparecer." Em 6 de março, quando havia 278 casos e 14 mortes, ele voltou a declarar: "Vai passar." Em 10 de março, quando havia 959 casos e 28 mortes, suas palavras foram: "Estamos preparados e fazendo um ótimo trabalho em relação a isso. E o vírus vai desaparecer. Mantenham a calma. Vai passar." Em 12 de março, com 1.663 casos e 40 mortes registradas, ele insistiu: "Isso vai passar." Em 30 de março, com 161.807 casos e 2.978 mortes, ele ainda dizia: "Vai passar. Vocês sabem disso — sabem que já está indo embora e vai desaparecer. E teremos uma grande vitória." Em 3 de abril, com 275.586 casos e 7.087 mortes, ele reiterou: "Isso vai passar." E continuou, repetindo o mesmo discurso: "Está indo embora... Eu disse que estava indo embora e está."[53] Em comentários em 23 de junho, quando os Estados Unidos atingiram 126.060 mortes e cerca de 2,5 milhões de casos, Trump declarou: "Nós estávamos nos saindo muito bem antes da praga e estamos indo muito bem depois dela. Está passando."[54] Essas declarações continuaram à medida que os casos e as mortes não paravam de aumentar. Nem o vírus nem as declarações de Trump desapareceram.

Além de negar a ameaça do vírus, Trump promoveu a desinformação sobre outras respostas essenciais à crise. Em 2 de março de 2020, ele afirmou que uma vacina estaria pronta "nos próximos meses", embora, na realidade, o prazo fosse consideravelmente mais longo.[55] Em 6 de março, Trump falsamente insistiu que "qualquer pessoa que quiser um teste pode fazer", apesar da frustração generalizada entre médicos e pacientes em relação ao suprimento manifestamente insuficiente de tais testes.[56] Ele repetia essas declarações com frequência, comentando os "maravilhosos" e abundantes testes e gabando-se da superioridade norte-americana, ao mesmo tempo em que não comparava as taxas de teste em outros países em uma base *per capita*.[57]

O que explica esses desvios da realidade e por que eles não conseguem provocar a indignação ou mesmo a discussão em tantas pessoas? Em parte, o presidente estava atendendo ao desejo de um grande número de norte-americanos de que a calamidade simplesmente desaparecesse. Além disso, a negação da realidade da pandemia de Covid-19 é a mais recente manifestação de uma fenda aberta entre ciência e política que vem se ampliando há décadas nos Estados Unidos, especialmente quando o consenso científico traz implicações inconvenientes para os legisladores, como discutiremos no Capítulo 7.[58] Mas a linha do tempo de uma pandemia é muito mais rápida do que a de outras controvérsias públicas sobre ciência (como as mudanças climáticas), o que significa que a realidade da situação e as consequências de atos políticos divorciados da realidade científica se apresentam de forma muito mais imediata e evidente.[59]

Em localidade após localidade nos Estados Unidos e no mundo, as pessoas pareciam chocadas com o fato de o vírus poder devastar sua população e superlotar seus hospitais, embora tivesse feito exatamente isso em outros lugares apenas algumas semanas antes. Houston, cujos hospitais foram abarrotados em junho, parecia ter esperado um destino diferente do de Nova York, cujos hospitais superlotaram em março, assim como a cidade de Nova York pensava ser diferente de Wuhan, que foi assolada em fevereiro. Essa negação foi um aspecto muito perigoso da pandemia de Covid-19.

A negação é um velho aliado dos patógenos. Eis um comentário de um médico durante a grande praga de Marselha em 1720, que foi o último grande surto de peste bubônica na Europa Ocidental:

Já o público, propenso a se iludir e acreditar no que deseja que seja verdade, atribuiu a doença dessas pessoas a qualquer coisa, e não à peste, e começou

> *até a caçoar de seus próprios alertas. Mas o sutil destruidor, zombando tanto das precauções dos sábios quanto das piadas dos incrédulos, estava secretamente se espalhando por toda parte.*[60]

Tudo isso é muito humano. E, assim como o medo pode oferecer algum lado positivo para a resposta à pandemia, suponho que a negação também possa oferecer algumas vantagens — por exemplo, permitindo que as pessoas continuem suas vidas apesar da ameaça.[61]

Um tipo semelhante de pensamento ilusório emergiu durante os intensos protestos após o assassinato brutal de George Floyd em Minneapolis, em 25 de maio de 2020. O homem negro de 46 anos já estava algemado e dominado no chão quando um policial se ajoelhou em seu pescoço até causar sua morte. O fato, na esteira de muitos casos semelhantes, levou protestos massivos a irromper em todo o país.[62] Em grande parte, isso se devia à raiva reprimida em relação à desigualdade racial, mas os altos níveis de desemprego, os longos períodos de confinamento em casa, as experiências emocionalmente exigentes (incluindo a morte de entes queridos) que muitas pessoas estavam enfrentando e a desilusão com o presidente com certeza impulsionaram os protestos. Os manifestantes pareciam representar uma ampla faixa de norte-americanos em todas as linhas étnicas e raciais, a julgar pelas imagens divulgadas.

Entretanto, muitos especialistas que antes eram da opinião de que as escolas precisavam fechar e que mesmo pequenos funerais eram perigosos agora pareciam dispostos a ignorar os riscos das reuniões em massa por uma causa justa a qual apoiavam politicamente.[63] Para ser justo, a maioria dos manifestantes usava máscaras e os protestos foram ao ar livre, o que é muito menos arriscado. Mas as mensagens de saúde pública eram inconsistentes. Quase ao mesmo tempo, apesar do rápido aumento no número de casos, vários governadores reabriram seus estados. No início de junho, o governador do Tennessee afrouxou as restrições, permitindo feiras e desfiles. "Graças ao trabalho árduo e contínuo do povo do Tennessee e dos proprietários de negócios que operam com responsabilidade, somos capazes de reabrir ainda mais a economia do nosso estado", entoou o governador Bill Lee com otimismo.[64] Mas o vírus não se importa se o motivo da reunião é um protesto, um funeral ou um desfile.

Existem muitas pessoas, e não apenas aquelas em posições de poder, que se convenceram de que a realidade é "socialmente construída" — que não existe realidade objetiva, existe apenas aquilo que definimos usando as faculdades humanas. Essa é uma ideia filosófica bastante interessante. Mas isso também levou à crença de que podemos mudar a realidade manipulando palavras ou imagens: se chamamos algo por um nome diferente, ele passa a ser de fato diferente. Isso é, em um sentido estrito, apenas parcialmente verdade. O vírus é real e não importa como o consideramos ou o que dizemos sobre ele. Durante toda a pandemia, esse tipo de pensamento prevaleceu, infundindo-se em exemplos desde o início, quando figuras políticas em todo o mundo e nos Estados Unidos pensaram que o vírus poderia ser negado ou rechaçado por declarações positivas, até entre março e setembro de 2020, quando os protestos de direita e esquerda pareciam refletir a crença de que o vírus havia desaparecido ou que não afetaria muitas pessoas, contanto que sua causa fosse justa.

No entanto, a realidade é importante. Uma análise estima que, se medidas de controle, como distanciamento físico, tivessem sido implementadas apenas uma semana antes nos Estados Unidos, o país teria registrado 61,6% menos infecções e 55% menos mortes até 3 de maio de 2020.[65] Embora a responsabilidade pela pandemia não possa ser colocada sobre os ombros de uma única pessoa, grupo ou instituição — e os Estados Unidos não foram o único país a minimizar os primeiros sinais de alerta do vírus —, uma das grandes tragédias da pandemia de Covid-19 é que alguns dos piores resultados poderiam ter sido evitados se a complexidade da situação fosse reconhecida e se medidas fossem postas em prática no momento apropriado.

Durante a pandemia de Covid-19, a desinformação esteve por toda parte. Uma pesquisa com 8.914 pessoas, divulgada em 18 de março de 2020, revelou que 29% dos norte-americanos acreditavam que o SARS-2 fora desenvolvido em um laboratório chinês em Wuhan.[66] O Wuhan Institute of Virology, um laboratório de alta segurança — nível de biossegurança 4 (NB-4) — para a realização de pesquisas com os patógenos mais mortais, está, de fato, localizado lá. Esse laboratório foi criado inicialmente na década de 1950 e reinaugurado com alarde como um laboratório NB-4 em 2017, incorporando os muitos cuidados típicos desse tipo de instalação. E é verdade que, na época da reinauguração, "alguns cientistas fora da China se preocuparam com a possibilidade de fuga de patógenos e do acréscimo de uma dimensão biológica às tensões geopolíticas entre a China e outras nações".[67]

No entanto, a teoria da conspiração de que o SARS-2 foi geneticamente modificado *de forma deliberada* surgiu quase junto com o vírus, em janeiro de 2020.[68] No final de fevereiro, alguns comentaristas apoiavam a teoria, em parte embasada nas declarações públicas feitas pelo governo chinês sobre como aprimorar as precauções de segurança em laboratórios de microbiologia.[69] O argumento era o seguinte: por que as autoridades chinesas desejariam aumentar a segurança se o SARS-2 não tivesse escapado de um laboratório? Mas me perguntei: por que anunciariam tais mudanças se o SARS-2 tivesse realmente escapado? Em fevereiro, o senador Tom Cotton, do Arkansas, divulgou publicamente essa teoria sobre as origens do vírus.[70] O presidente Trump fez o mesmo em maio de 2020, apesar do fato de as próprias agências de inteligência norte-americanas, junto com geneticistas experientes, terem concluído que o vírus não fora geneticamente modificado.[71]

Na verdade, há muitos argumentos contra essa teoria da conspiração. Como o SARS-2 é fatal sobretudo para idosos e doentes crônicos, ele não seria uma arma biológica muito eficaz; algo que visasse pessoas jovens e saudáveis seria melhor em termos de potencial devastação. Mas, de forma mais persuasiva, as análises genéticas detalhadas do patógeno mostram um padrão de descendência a partir de um coronavírus previamente detectado em morcegos, bem como um padrão de mutações genéticas que ocorrem aleatoriamente, não compatíveis com a engenharia genética intencional.[72]

No entanto, é muito difícil excluir de forma definitiva a possibilidade de uma liberação *acidental* de um patógeno *natural* coletado de morcegos e levado ao laboratório para estudo. Mas, como sabemos a partir de muitos exemplos que doenças zoonóticas "saltarem" para os humanos é o curso normal dos eventos, como é o caso do SARS-1, o equilíbrio das probabilidades, pelo menos para mim e para a maioria dos especialistas, ainda se inclina fortemente para um movimento casual de um patógeno que ocorre na natureza.

Outra teoria inicial duvidosa era que o vírus foi de alguma forma disseminado por torres de telefones celulares 5G. Isso levou ao incêndio e à destruição de muitas dessas torres no Reino Unido. Após uma discussão inicial sobre esse tópico entre redes online marginais dos Estados Unidos, algumas celebridades norte-americanas o difundiram, incluindo o ator Woody Harrelson, que direcionou seus 2 milhões de seguidores no Instagram para um vídeo sobre essa teoria (embora posteriormente tenha excluído a postagem). A cantora britânica MiA também compartilhou comentários sobre a conspiração. Mais tarde, em abril, Ineitha Lynnette Hardaway e Herneitha Rochelle Hardaway Richardson, personalidades da mídia social e ex-apresentadoras da Fox Nation — conhecidas como Diamond e Silk —, também alertaram seus milhões de seguidores sobre a conexão entre o 5G e o coronavírus.[73]

Para não ficar para trás, a máquina de propaganda do governo chinês entrou em ação. Em outubro de 2019, Maatje Benassi, reservista do Exército dos EUA e mãe de dois filhos, tinha ido a Wuhan para participar de uma competição de ciclismo como parte dos Jogos Mundiais Militares (uma espécie de Olimpíada para as Forças Armadas). Por razões desconhecidas, um teórico da conspiração norte-americano decidiu conectar a ideia de que, de alguma forma, Benassi levara o coronavírus para Wuhan aos diferentes rumores de que o vírus era proveniente dos Estados Unidos e integrava uma conspiração do país contra a China, e não o contrário. Ele proclamou isso a seus 100 mil seguidores no YouTube. Os meios de comunicação na China afiliados ao Partido

Comunista Chinês ficaram mais do que felizes em promover a recém-inventada teoria em seu próprio país, gerando enorme atenção em muitos sites de mídia social chineses. As consequências dessa mentira na vida real foram terríveis para Benassi e sua família, que se tornaram alvos de teóricos da conspiração. O secretário de Defesa dos Estados Unidos, Mike Esper, declarou que era "completamente ridículo e irresponsável" que o governo chinês promovesse essa afirmação, o que era irônico, considerando as próprias declarações falsas do presidente Trump sobre vários aspectos da pandemia.[74]

Todo tipo de desinformação se multiplicou durante a pandemia. Na verdade, as teorias da conspiração podem se assemelhar aos patógenos em sua capacidade de mutação, evoluindo para se adequar ao ambiente em que sobrevivem e se espalham. E, tal como o vírus, essa desinformação pode nos prejudicar.

As desinformações a respeito das supostas curas para o vírus também eram abundantes. Como se por mágica, desde o início da pandemia, vendedores ambulantes de todos os tipos passaram a oferecer panaceias que não funcionavam e nem podiam funcionar.[75] Muitos aproveitaram as poderosas ferramentas de mídia moderna que lhes permitiram alcançar milhões de pessoas. Uma organização na Flórida que se autodenomina Genesis II Church of Health and Healing [Igreja de Saúde e Cura Gênesis II] foi ordenada por um juiz a parar de vender sua "poção sacramental para o coronavírus", que consistia em um poderoso agente alvejante normalmente usado como um químico industrial.[76] A organização descreveu seu suposto elixir como uma "solução mineral milagrosa".

Alex Jones, personalidade da mídia e negador do massacre de Sandy Hook que parece buscar incessantemente maneiras de lucrar com o sofrimento alheio, também entrou em ação. Sua operação InfoWars, que consiste em um blog, feeds de áudio e vídeo e uma loja online, começou a comercializar produtos contendo prata coloidal para tratar o coronavírus. A substância não tem efeito antiviral conhecido, embora ingeri-la em demasia possa deixar a pele azulada. "Esse produto mata toda a família de coronavírus à queima-roupa", declarou ele em uma transmissão ao vivo em 10 de março de 2020.[77] Uma empresa de Oklahoma chamada N-Ergetics afirmou que "a prata coloidal ainda é o único suplemento antiviral conhecido que mata todos os sete coronavírus que infectam humanos. Esta pneumonia de gripe chinesa de Wuhan tem um remédio não tradicional que mata com sucesso coronavírus, de causadores da gripe a doenças pandêmicas, *in vitro*, há mais de 100 anos".[78] Devo dizer que identificar com precisão o número correto de espécies de coronavírus conhecidas por infectar humanos foi um belo toque. Até Jim Bakker, outro impostor (e golpista televangelista condenado da década de 1980), entrou em ação, vendendo um produto similar à base de prata.

Muitas empresas de remédios à base de ervas, com nomes como Herbal Amy e Quinessence Aromatherapy, também decidiram explorar a oportunidade. Tal como os fornecedores de alvejante e prata, elas receberam cartas de advertência de agências reguladoras governamentais. A GuruNanda, com sede na Califórnia, usou a mídia social online e seu site para fazer sua proposta: "O que é esse novo coronavírus e como você pode preveni-lo e/ou tratá-lo?", perguntou, antes de afirmar que seu produto de olíbano era uma forma de "diminuir suas chances de se infectar".[79] Em Los Angeles, um ativista dos direitos dos animais foi intimado pela Federal Trade Comission por vender ilegalmente um suplemento de ervas que alegava tratar o coronavírus. Esse produto, vendido sob a marca Whole Leaf Organics, supostamente continha "dezesseis cepas de extrato de ervas selecionadas manualmente" que preveniam e tratavam Covid-19.[80] No Instagram, "influenciadores de beleza" como Michelle Phan promoveram "óleos essenciais" como um tratamento para a doença. Na mesma mídia, a "guru do bem-estar" Amanda Chantal Bacon sugeriu o uso de "alquimia baseada em plantas".[81] Um pastor da Califórnia sugeriu óleo de orégano. E houve muitos outros.

Percebendo o dilúvio de produtos falsos, a FDA tentou conter a maré ao lançar uma carta aberta em 6 de março de 2020, alertando o público: "Atualmente não há vacinas, pílulas, poções, loções, pastilhas, medicamentos controlados ou de venda livre disponíveis para tratar ou curar a doença causada pelo coronavírus."[82] Mas uma mentira já atravessou o mundo enquanto a verdade ainda está calçando seus sapatos. E, de qualquer maneira, Donald Trump mais uma vez enfraqueceu a mensagem do governo. Durante uma espantosa entrevista coletiva em 23 de abril de 2020, o presidente especulou que alvejante administrado de forma tópica, oral ou via injeção poderia ajudar e que irradiar pessoas com luz ultravioleta poderia curar a doença.[83] Os fabricantes de Clorox e Lysol tiveram que emitir declarações implorando aos norte-americanos para não injetar ou ingerir seus produtos, pois isso poderia matá-los. Havia certa ironia nessa reviravolta, considerando-se a velha história da Lysol de se autopromover como desinfetante "feminino" (era usado, ineficazmente, como anticoncepcional).[84]

Pior ainda, Trump usou seu discurso agressivo de uma forma mais sustentada para reiterar as alegações de que a hidroxicloroquina, um agente antimalárico, poderia curar ou prevenir Covid-19. Embora uma série de estudos não controlados tivesse levantado a possibilidade de que esse medicamento pudesse ajudar, muitos médicos, inclusive eu, ficaram profundamente alarmados com essa recomendação, não apenas porque o medicamento pode provocar toxicidade cardíaca, mas também porque não havia boas evidências de sua utilidade. Trump apoiou fervorosamente a droga, apesar das repetidas advertências da comunidade científica de que não havia evidências conclusivas sobre sua eficácia. Assim como o uso de máscaras, as opiniões sobre a eficácia da hidroxicloroquina se tornaram um teste político decisivo.

A cloroquina e a sua prima, hidroxicloroquina, são usadas há muito tempo contra a malária e também para tratar a artrite e o lúpus. Em fevereiro de 2020, surgiram alguns artigos online de cientistas chineses sugerindo a possível utilidade dessas drogas no tratamento de pacientes com Covid-19.[85] Mas a conexão entre hidroxicloroquina e Covid-19 realmente começou em 11 de março de 2020, quando um pequeno grupo de investidores e um filósofo defenderam a substância como uma potencial cura para o vírus em uma thread do Twitter. Eles divulgaram um artigo no Google Docs (já excluído) sugerindo que a droga poderia tanto tratar como prevenir a Covid-19, associando falsamente várias universidades e a Academia Nacional de Ciências ao artigo. Logo, eles foram convidados para dois programas diferentes da Fox News.[86]

Em 21 de março de 2020, horas depois da aparição deles na Fox News, Trump tuitou que a combinação de hidroxicloroquina e azitromicina (um antibiótico) pode ser "uma das maiores viradas de jogo na história da medicina".[87] No dia seguinte, Trump anunciou de seu púlpito na Casa Branca que a "droga promissora [hidroxicloroquina]" havia sido aprovada para uso imediato, o que não era verdade.[88] No final de março, no mesmo briefing, os próprios membros da força-tarefa de coronavírus do governo Trump, incluindo o Dr. Fauci, hesitaram em promover a droga. Em 29 de março, a FDA a aprovou para uso emergencial, estipulando que deveria ser administrada apenas a pacientes com Covid-19 hospitalizados quando a participação em um ensaio clínico não fosse uma opção.

Infelizmente, a princípio, a retórica do presidente teve mais impacto do que as publicações científicas. Uma grande e representativa pesquisa nacional, realizada no final de abril de 2020, descobriu que 40% dos entrevistados declararam que haviam obtido informações dos briefings do presidente norte-americano nas 24 horas anteriores, o que supera veículos como CNN (37%), Fox News (37%) e MSNBC (19%).[89] Somente entre 23 e 25 de março, a Fox News promoveu a hidroxicloroquina 146 vezes.[90] Em 22 de março, um casal no Arizona bebeu um produto para limpar aquários após ver que continha fosfato de cloroquina (que não era a forma farmacêutica da cloroquina), causando a morte do homem. Sua esposa se lembra de ter pensado: "Ei, não é sobre isso que eles estão falando na TV?"[91]

De abril a maio, a comunidade científica e a FDA divulgaram vários relatórios alertando o público sobre os efeitos prejudiciais, até mesmo fatais, da hidroxicloroquina. Em 24 de abril, a FDA emitiu um alerta de segurança, uma vez que a droga pode resultar em perigosas arritmias cardíacas. Revistas médicas também publicaram artigos alertando sobre os mesmos efeitos negativos. Esses efeitos colaterais cardíacos podem ser especialmente fatais para pacientes com Covid-19 grave, que geralmente são mais velhos ou têm doenças cardíacas.[92] Pequenos estudos iniciais usando a droga em humanos começaram a surgir com resultados inconclusivos ou com uma indicação de que as drogas poderiam ser prejudiciais devido à toxicidade cardíaca.[93] Em maio e junho, vários estudos observacionais maiores não encontraram nenhuma associação benéfica entre o uso da droga e a redução do risco de intubação ou morte, quer as drogas fossem usadas no início ou no final do curso da doença.[94] Mais tarde, no início de junho de 2020, um ensaio randomizado de alta qualidade envolvendo 821 pacientes mostrou que a droga não prevenia Covid-19; em julho, dois outros ensaios clínicos randomizados, um com 4.716 pacientes e outro com 667 pacientes, mostraram que a droga também não ajudou os pacientes que já estavam doentes.[95] Mesmo assim, em 18 de maio de 2020, a hidroxicloroquina voltou às manchetes nacionais quando o presidente norte-americano a defendeu da forma mais fervorosa possível, anunciando que estava tomando a droga como prevenção. Não está claro por que Trump fez isso, mas vários membros de sua equipe da Casa Branca tinham testado positivo para o vírus na semana anterior.

As ações de charlatões que promovem curas milagrosas e se aproveitam de nossas emoções em todos os níveis da sociedade não são isentas de consequências. Elas desperdiçam recursos individuais e coletivos. Levam a um grande enfraquecimento da ciência e da racionalidade quando mais precisamos delas. E proporcionam uma falsa sensação de segurança, encorajando comportamentos de risco e, portanto, a propagação do vírus.

Superstições e desejos desesperados de prevenção e cura sempre surgiram em épocas de peste. Por exemplo, durante a peste de Justiniano, João de Éfeso observou:

> *Espalhou-se entre os sobreviventes o boato de que, se atirassem jarras das janelas dos andares superiores nas ruas e elas arrebentassem lá embaixo, a morte fugiria da cidade. Quando mulheres tolas e [fora de si] sucumbiram a essa loucura em um bairro e jogaram jarras pela janela.... O boato se espalhou de um bairro a outro, e por toda a cidade, e todos sucumbiram a essa tolice, de forma que, por três dias, as pessoas não puderam sair às ruas, pois aqueles que haviam escapado da morte (da peste) estavam assiduamente (ocupados), sozinhos ou em grupos, em suas casas, afugentando a morte ao quebrar jarros.*[96]

Podemos ver muitas das ideias que circulam com relação ao Covid-19 sob a mesma ótica. Uma pesquisa de uma amostra representativa de norte-americanos realizada no final de março de 2020 relatou que, somente na semana anterior, 34% dos entrevistados afirmaram ter testemunhado alguém ser informado via mídia social de que havia compartilhado desinformação sobre a Covid-19, e 23% dos entrevistados relataram que eles próprios se sentiram compelidos a corrigir alguém online. Uma porcentagem ainda maior, 68%, endossou a ideia de que as pessoas deveriam reagir ao ver outros compartilhando mentiras.[97]

Uma extensa análise dos dados do Twitter — entre 16 de janeiro e 15 de março de 2020 — revelou que o compartilhamento de sites repletos de desinformação era quase tão comum quanto o compartilhamento de links para sites confiáveis, como o do CDC.[98] Discussões online de cinco mitos específicos aumentaram visivelmente no início de março, incluindo a eficácia de remédios caseiros como "comer alho, beber chá de gengibre, beber prata ou beber água" e teorias da conspiração sobre o vírus ser uma arma biológica projetada pelo "governo chinês, governo dos EUA, a mídia liberal, [ou] Bill Gates".

Outra análise de 200 milhões de tuítes sobre a pandemia, coletados de janeiro a maio de 2020, descobriu que 62% dos mil principais retuitadores eram bots. Havia mais de uma centena de tipos diferentes de informações imprecisas, incluindo curas de charlatões, mas os bots realmente prevaleciam nas conversas online sobre o fim das ordens de permanência em casa e a "reabertura dos Estados Unidos". Os pesquisadores concluíram que a atividade dos bots parecia orquestrada, possivelmente por agentes do governo russo ou chinês, e muitos dos tuítes promovidos pelos bots se referiam a teorias de conspiração, como a que afirmava que o coronavírus estava ligado a torres de telefones celulares 5G.[99] Há evidências crescentes de que os governos chinês e russo têm um programa antigo e contínuo para minar a confiança dos norte-americanos na ciência e nos cientistas.[100] E análises formais de uma rede de interações entre 100 milhões de pessoas no Facebook mostram que os usuários que espalham mentiras — por exemplo, sobre os riscos da vacinação — muitas vezes são mais capazes de ocupar posições de poder estrutural na rede, dominando a conversa e superando cada vez mais as informações verdadeiras.[101]

A circulação de verdades e mentiras durante a pandemia de coronavírus também aumentou de forma inadvertida pelo uso crescente, por cientistas, de uma nova ferramenta de comunicação, conhecida como servidores de preprint, que de certa forma contribuiu para a confusão. Por mais de sessenta anos, o método empregado para publicar um artigo científico tem sido o mesmo: os pesquisadores submetem seus artigos às revistas, os editores os distribuem anonimamente aos pares dos pesquisadores, e esses cientistas tentam encontrar falhas no estudo ou fazer sugestões para melhorias.[102] Os autores do artigo então respondem a essas críticas — um processo que geralmente envolve várias rodadas de revisão e atrasos substanciais — e o artigo é publicado (ou, mais frequentemente, rejeitado). A revisão por pares não é uma garantia de precisão, mas, tal como o sistema de júri para a justiça criminal, é — como alguns de meus colegas costumam brincar — o "pior sistema que temos, exceto qualquer outro".

Entretanto, no início da década de 1990, alguns cientistas começaram a lançar seus artigos em servidores de preprint, antes do processo de revisão por pares; isso permite que seus pares tenham ampla oportunidade de comentar os artigos antes de serem enviados para uma revisão formal. Existem muitos desses servidores e sistemas, entre eles arXiv, BioRxiv, medRxiv, socARxiv, psyARxiv, SSRN e NBER. Uma vez que os sistemas são geralmente abertos a todos — não apenas a cientistas —, jornalistas e cidadãos comuns têm, cada vez mais, acessado essas informações. Por um lado, o acesso à pré-publicação aumenta a velocidade de disseminação de informações úteis e propicia o esforço mais amplo possível para eliminar imprecisões. Por outro lado, as informações podem ser falsas, incompletas ou, no mínimo, não examinadas cuidadosamente (até mesmo estudos robustos são melhorados significativamente por meio de revisão por pares), e os leigos em geral não têm as habilidades para avaliar sua validade científica. Durante a pandemia de coronavírus, portanto, os servidores de preprint contribuíram para a disseminação de informações verdadeiras, mas também para o que a OMS chamou de "infodemia" de informações falsas.

Plataformas online como Twitter e Medium também alimentaram esse fenômeno. Muitos cientistas refutaram ideias ruins e tiveram conversas produtivas online. Mas também vimos a ampla disseminação de falsidades e ideias malucas que poderiam afetar adversamente as políticas de saúde e os cuidados clínicos. Por exemplo, no início, muitas estimativas exageradas de R_0 para SARS-2 chamaram a atenção do público. Embora provavelmente o verdadeiro valor desse parâmetro esteja em torno de 3, estimativas significativamente mais altas, de até 7, surgiram no final de janeiro. Elas foram amplamente divulgadas e causaram um tremendo — e, como se viu, falso — alarme.[103] A verdade sobre esse patógeno já era ruim o suficiente, sem o exagero de informações preliminares para piorar a situação. Outro exemplo flagrante foi um preprint falso que afirmava que o coronavírus continha inserções de material genético do HIV — o que é impossível. Na época em que os cientistas desmascararam esse estudo, levando à sua retirada integral, ele já havia entrado em ampla circulação no Twitter e até mesmo na grande mídia.

As epidemias de emoções e desinformação interagem de maneiras preocupantes com a epidemia subjacente do próprio patógeno. E isso, por sua vez, destaca novamente o papel crucial da educação pública durante uma pandemia. Mesmo que a ciência seja tênue e as descobertas possam mudar devido a novas observações, os agentes públicos podem e devem ser sensíveis e honestos. Obviamente, é aceitável que mudem de ideia e atualizem ou mesmo revertam conselhos anteriores. Mas podemos reduzir o cinismo e fortalecer a vontade coletiva se as razões para tais mudanças forem apresentadas e a força da evidência — e o grau de incerteza — for comunicada sempre que as informações forem compartilhadas.

Considerando o que o vírus fez conosco e o que fizemos a nós mesmos em resposta, tínhamos muitos motivos para nos desesperar. E, além desses choques biológicos e sociais, também nos deparamos com o problema da incerteza sobre a natureza dos desafios que enfrentamos. Nossa adversidade suscitou respostas psicológicas comuns à nossa espécie: sentimos tristeza e pesar; reagimos com ansiedade, medo e raiva; e tentamos esconder a verdade uns dos outros e até de nós mesmos.

Essas respostas e esses comportamentos emocionais podem ser vistos apropriadamente como partes fundamentais das epidemias. Podemos até dizer que a definição de uma doença epidêmica deve incluir o fato de que ela pode ter efeitos psicológicos descomunais. E a resposta da saúde pública às epidemias deve ser impulsionada não apenas pelos aspectos médicos, sociais e econômicos da ameaça, mas também pelas dimensões psicológicas. Para lidar com uma praga no século XXI, respondemos não apenas com intervenções familiares, mas também com sentimentos familiares.

5.

Nós e Eles

> Qualquer reminiscência de assistência mútua ou piedade havia desaparecido de suas mentes; cada um pensava apenas em si mesmo. Aquele que estava doente era visto como um inimigo comum, e se por acaso alguém tivesse o azar de cair na rua, exausto pelo primeiro paroxismo febril da peste, não havia porta que se abrisse para ele, mas, com picadas de lança e apedrejamentos, obrigavam-no a se arrastar para fora do caminho dos que ainda estavam saudáveis.
>
> —Jens Peter Jacobsen, *A Peste em Bergamo* (1882)

Em fevereiro de 1349, no Dia de São Valentim, as autoridades municipais de Estrasburgo decidiram que os cerca de 2 mil residentes judeus eram os responsáveis pela praga — envenenando a água, criando deliberadamente aranhas em vidros ou… a razão não importava, apenas era culpa dos judeus.[1] Diante da escolha de se converter ao cristianismo ou ser condenado à morte, cerca de metade dos judeus da cidade escolheu a primeira opção. O resto foi recolhido, levado para o cemitério judeu e enterrado vivo. As autoridades de Estrasburgo também aprovaram uma lei proibindo a entrada de judeus na cidade.

O impulso de culpar os outros por causarem infecções ou por estarem infectados é poderoso, e o registro histórico é rico em exemplos devastadores. Alguns cristãos também foram mortos em carnificinas semelhantes em outras cidades, conforme descrito no depoimento de uma testemunha:

> *Você deve saber que todos os judeus que vivem em Villeneuve foram queimados seguindo o devido processo legal, e em agosto três cristãos foram esfolados por seu envolvimento no envenenamento. Eu próprio estava presente nessa ocasião. Muitos cristãos foram igualmente detidos por esse crime em outros lugares, como Évian, Genebra, La Croisette e Hauteville, os quais finalmente, à beira da morte, confirmaram que distribuíram o veneno que lhes foi dado pelos judeus. Alguns desses cristãos foram esquartejados; outros, esfolados e enforcados. Alguns comissários foram nomeados pelo conde para punir os judeus, e creio que não restou nenhum vivo.*[2]

Em Milão, três séculos depois, em 1630, outro surto de peste precisava de um bode expiatório. O alvo da fúria da cidade foi um grupo de quatro espanhóis acusados de espalhar deliberadamente a peste, esfregando um unguento nas portas das residências. Eles foram torturados e confessaram. A punição consistia em ter as mãos cortadas, ter o corpo quebrado na roda e, finalmente, para garantir, ser queimado na fogueira. Uma chamada coluna da infâmia foi erguida no local de sua execução para impedir que outras pessoas propagassem a praga pela cidade. Em retrospecto, a verdadeira infâmia era a tentação de culpar os outros, geralmente estranhos ou minorias, pela calamidade em tempos de peste.

Esses exemplos são dramáticos e parecem relíquias de uma época distante e bestial. Mas esse pensamento primitivo está sempre presente, como um instrumento pronto para ser usado quando surge uma doença infecciosa mortal. Por exemplo, embora fosse do conhecimento geral que Franklin Delano Roosevelt havia emergido de um surto de pólio com vigor suficiente para servir por três mandatos como presidente dos Estados Unidos (nada menos que durante a Grande Depressão e a

Segunda Guerra Mundial), as atitudes em relação aos sobreviventes da pólio e às suas famílias muitas vezes eram ignorantes e cruéis. Notícias identificando crianças vitimadas eram rotineiramente publicadas em jornais, supostamente para proteger o público. Embora alguns desses alertas tenham inspirado a caridade da vizinhança, os pais de Mike Pierce — um garoto que tinha cinco anos quando adoeceu em 1949 — foram rejeitados pela comunidade de Southington, Connecticut, e "perderam todos os seus amigos" quando um grupo de peticionários conseguiu escorraçar a família da cidade. Na idade adulta, o próprio Pierce teve a oportunidade de confrontar o mentor da petição, um homem que ele sonhava matar. No entanto, quando finalmente encontrou o velho, preferiu um aperto de mãos. "Eu poderia ter esmagado a mão dele, mas apenas o cumprimentei, dizendo: 'Prazer em conhecê-lo.' Quando ele olhou para mim, desviou os olhos. Eu sabia que era o vitorioso, e ele apenas se escapuliu dali, sem graça."[3]

Alguns sobreviventes da pólio gravemente incapacitados chegaram a ser usados para instilar terror nas crianças saudáveis a fim de que não ignorassem as precauções destinadas à sua segurança. Judith Willemy de Lowell, Massachusetts, lembra-se de quando foi levada com sua turma da escola fundamental para ver uma criança sobrevivente:

> *Todos nos enfileiramos, e do lado de fora da escola havia um grande caminhão. Subimos por uma escada e no meio do caminhão havia uma criança deitada em uma maca dentro de uma cápsula. A única coisa visível era sua cabeça, e acima de sua cabeça havia um espelho. Sabíamos que ela tinha poliomielite, o que significava que não podia andar, mas ela estava naquela cápsula tão grande, então quanto de seu corpo havia sobrado? Ficamos nos perguntando se ela tinha feito algo terrível, será que fora nadar? Passamos por ela, contemplando a cena, quase como uma exibição em um circo... O episódio deixou uma impressão real de como não fomos ensinados que ela era uma pessoa, como essa pessoa deve ter se sentido enquanto era observada. Foi uma experiência terrível, e sinto muito que a criança tenha sofrido tanto.*[4]

Como vimos no Capítulo 4, esse tipo de pensamento temeroso e desumanizador também pode encontrar expressão no desejo aparentemente sensato de fechar fronteiras, identificando "estranhos" como a fonte de um problema. Em 2020, muitas pessoas nos Estados Unidos, incluindo o presidente, atiçaram a fogueira da discriminação antiasiática. Uma coisa é dizer, de forma correta, que o vírus se originou na China, mas outra bem diferente é enquadrar falsamente esse evento como um ataque. No início de maio de 2020, Trump afirmou: "Este é realmente o pior ataque que já sofremos. É pior do que o de Pearl Harbor. Pior do que o de 11 de Setembro. Nunca houve um ataque como este."[5]

Em parte para reduzir o risco desse tipo de discriminação, há alguns anos, a Organização Mundial da Saúde emprega a convenção de não mais nomear patógenos de acordo com sua procedência.[6] Isso contraria a tradição — diversas enfermidades, como a febre maculosa das Montanhas Rochosas, a doença de Lyme, o vírus do Nilo Ocidental, a encefalite de St. Louis, o Ebola, a síndrome respiratória do Oriente Médio e muitas outras, foram nomeadas de acordo com seu local de origem ou da primeira descoberta. Até a gripe espanhola fazia referência a um local de origem, embora, como vimos antes, evidências indiquem que ela surgiu no Kansas, não na Espanha. E mesmo entre os próprios chineses, conforme revelaram as análises que fiz com meus colaboradores chineses, era comum chamar o vírus por um nome de lugar; nos primeiros dias da pandemia, inúmeras pesquisas online feitas por cidadãos chineses incluíam o termo *pneumonia de Wuhan* conforme as pessoas passaram a procurar informações.[7]

Claro, esse assunto assumiu importância geopolítica devido ao extraordinário ônus médico e econômico em todo o mundo. Dada a devastação em termos de vidas e dinheiro perdidos na China, é difícil acreditar que os chineses desejassem uma epidemia para chamar de sua. É verdade que muitas pandemias se originaram na China, como vimos, e isso tem alguma relação com as práticas agrícolas e culinárias da região. Mas o país também é grande e populoso (e densamente povoado em algumas regiões), então é mais provável que as pandemias emerjam lá apenas por esses motivos. E já tivemos pandemias originadas em todos os continentes, inclusive na América.

No entanto, nos primeiros dias da pandemia nos Estados Unidos, muitas pessoas tentaram atribuir a culpa pelo vírus aos indivíduos etnicamente chineses ou que apenas pareciam asiáticos. Houve notícias de discriminação por parte de algumas pessoas em relação aos ásio-americanos.[8] Isso se assemelha à maneira como muitos árabes-americanos e muçulmanos foram condenados ao ostracismo ou atacados após o 11 de Setembro.[9]

E a ameaça real é outra criatura, um vírus, um integrante do mundo natural sem outro objetivo além da continuidade da própria existência. Infelizmente, isso não impede alguns políticos e líderes religiosos de considerar as epidemias como forma de retaliação contra vítimas individuais e nossa sociedade em geral. Durante a emergente epidemia de HIV nos Estados Unidos na década de 1980, lembro-me de muitas dessas figuras públicas engajando-se em uma cruzada contra os homossexuais, a população na qual a doença foi identificada pela primeira vez. Desde o senador Jesse Helms, que cortou o financiamento do inovador projeto Gay Men's Health Collective com o argumento de que promoveria a "perversão", até o secretário de Educação William Bennett e a ex-rainha da beleza e garota-propaganda de suco de laranja Anita Bryant, houve uma infinidade de figuras públicas que usaram a doença como uma desculpa conveniente para expressar ódio contra aqueles que consideravam estranhos.[10] A epidemia de HIV também foi estratificada por fatores socioeconômicos, não apenas pela identidade sexual. Ela afligiu de modo desproporcional os afro-americanos e os pobres. E eles também foram culpados por sua situação, como se tivessem feito algo para merecê-la.

Ideias assim — culpar grupos de imigrantes ou demonstrar indiferença para com os pobres ou idosos — reapareceram em 2020. Até mesmo alguns religiosos levantaram novamente essa bandeira hedionda. Mas por que deveríamos culpar alguém por se infectar com um germe irracional que não faz distinção entre nós? Se o patógeno não discrimina, por que deveríamos?

Preciso deixar claro que não estou dizendo que as pessoas que praticam sexo desprotegido ou se recusam a usar máscaras não estão, por meio do comportamento, desempenhando um papel no próprio destino e no destino daqueles ao seu redor. Mas nosso foco deve ser nos *comportamentos*, não nos seres humanos que adoecem ou nos grupos a que por acaso pertençam. Esse sempre foi um princípio central de campanhas de saúde pública bem-sucedidas.

Os primeiros dias da pandemia de Covid-19 forneceram muitos exemplos desalentadores dos níveis aos quais algumas pessoas chegam para traçar distinções espúrias e demarcar fronteiras arbitrárias. Em 1º de abril de 2020, o navio de cruzeiro *Zaandam* foi impedido de atracar na Flórida porque 193 passageiros e tripulantes apresentaram sintomas semelhantes aos da gripe e oito testaram positivo para Covid-19. Na verdade, quatro passageiros já haviam morrido desde que o navio saíra de Buenos Aires três semanas antes, no dia 7 de março. O governador da Flórida, Ron DeSantis, declarou que não permitiria que o navio atracasse. De acordo com a lei marítima, o navio teria que retornar ao país de sua bandeira (nesse caso, as Bahamas). No entanto, muitas das pessoas no navio eram cidadãs norte-americanas que queriam permissão para ingressar no próprio país.

No final de 1º de abril, o governador DeSantis anunciou que permitiria o desembarque dos 49 residentes da Flórida, mas de mais ninguém.[11] Havia cerca de 250 outros norte-americanos a bordo. De fato era relevante que eles não fossem residentes da Flórida? Claro, havia também centenas de cidadãos de outros países, principalmente do Canadá e da Europa, que estavam desesperados para desembarcar. O que as linhas artificiais em um mapa têm a ver com as verdadeiras questões clínicas e morais pertinentes?

Bem antes do início da pandemia, em setembro de 2019, três trabalhadores de Nova Jersey fixaram residência em uma pequena ilha no

Maine para trabalhar em uma obra. No final de março de 2020, embora nenhum deles tivesse apresentado sintomas consistentes com infecção por coronavírus, começaram a circular rumores de que esses forasteiros representavam um risco de contágio. Certo dia, os três homens notaram que a internet havia parado de funcionar. Eles saíram para investigar e descobriram que uma árvore havia sido derrubada deliberadamente para bloquear a estrada e impedi-los de sair e, no processo, a fiação fora arrancada. Enquanto os forasteiros estavam do lado de fora, surgiram vários indivíduos armados. Eles retornaram para dentro e usaram um rádio para se comunicar com a Guarda Costeira em busca de ajuda. Eles também usaram um drone para monitorar a atividade do grupo armado. A deputada estadual Genevieve McDonald, representante da ilha, declararia mais tarde: "Agora não é o momento de desenvolver ou encorajar uma mentalidade de 'nós contra eles'. Visar as pessoas por causa das placas de seus carros não ajudará a nenhum de nós."

Ocasionalmente, um esforço do tipo "nós contra eles" para fechar uma fronteira pode fazer um pouco mais de sentido. Em 27 de março de 2020, em Old Crow, uma vila remota de cerca de 280 pessoas no extremo norte do Yukon, um jovem casal desembarcou de um avião. Eles haviam saído de Quebec para evitar a pandemia emergente. Os moradores reconheceram imediatamente que eles não deveriam estar ali e insistiram para que se isolassem em um apartamento no segundo andar do único armazém desse pequeno vilarejo. A comunidade tinha apenas um posto de enfermagem e um médico que fazia visitas a cada dois meses ou mais, e os moradores não podiam correr o risco de um surto de coronavírus. Em 48 horas, o policial local acompanhou o casal até um avião para que partisse. Um líder comunitário local relataria mais tarde que o casal havia lhe dito que "havia se conectado com a comunidade por meio de um sonho".[12] "Infelizmente", respondeu o líder, "sonhos não são passaportes".

Em princípio, pelo menos, a disseminação indiscriminada de um patógeno devastador tenderia a diminuir as divisões, uma vez que uma ameaça comum poderia ajudar as pessoas a reconhecerem um destino compartilhado. Essa ideia otimista, de que uma praga pode aumentar a igualdade natural entre os seres humanos, tem ecoado ao longo da história, como observou o antigo historiador Procópio ao escrever sobre a peste de Justiniano:

> *Mas, para esta calamidade, é totalmente impossível expressar em palavras ou conceber em pensamento qualquer explicação, exceto, de fato, atribuí-la a Deus. Pois não surgiu em uma parte do mundo nem sobre certos homens, nem se limitou a qualquer estação do ano, de modo que em tais circunstâncias fosse possível encontrar explicações sutis de uma causa, mas abrangeu todo o mundo e arruinou a vida de todos os homens, embora difiram entre si nos mais variados graus, não respeitando nem sexo, nem idade. Por mais que os homens sejam diferentes... no caso dessa doença, a diferença de nada valeu.*[13]

Em 2020, alguns observadores argumentaram que o micróbio poderia, por vários meios, ser um equalizador. Primeiro, pode fazer com que as pessoas percebam que o que acontece com os indivíduos ao seu redor é de interesse de todos, mesmo que apenas por motivos egoístas. Aqueles que antes não se preocupavam com os sem-teto podem querer melhorar as condições de vida deles apenas para reduzir o risco de fornecer um reservatório para um patógeno. Em segundo lugar, alguns observadores, como o economista Robert Shiller, especularam que uma pandemia poderia diminuir a desigualdade econômica no médio prazo, reduzindo a riqueza daqueles que haviam investido no mercado de ações ou levando a uma tributação mais progressiva.[14] Os que estão no topo têm mais a perder do que os que estão na base, portanto, reduzir a riqueza aumenta a igualdade. Terceiro, e de forma mais sombria e irônica, se um patógeno mata pessoas muito velhas e muito jovens, ele deixa para trás mais pessoas de meia-idade, reduzindo, assim, as diferenças de idade entre os sobreviventes. Ou, se um patógeno mata preferencialmente indivíduos com doenças crônicas, ele deixa para trás as pessoas com melhor saúde geral.

No entanto, na realidade, as pandemias costumam aumentar e destacar a desigualdade. Pessoas ricas são capazes de proteger sua saúde e sustento de forma mais eficaz do que as demais. Lembre-se de que, há milhares de anos, os indivíduos mais abastados fogem para suas casas de campo para evitar as pestes. E a doença epidêmica não é uma assassina imparcial. Os patógenos quase sempre afetam os membros mais fracos de qualquer grupo, seja isso definido por uma doença crônica, seja por idade avançada, seja por pobreza substancial.

Somente quando a doença mata frações muito grandes de uma população em um local — como no caso da peste bubônica, do Ebola ou da varíola introduzidos nas populações indígenas norte-americanas —, as distinções sociais deixam de ter importância. Essa observação foi usada na primeira onda da peste negra pelo Papa Clemente VI para fazer pressão contra o antissemitismo. Ele usou uma lógica impecável:

Recentemente, no entanto, foi trazido à nossa atenção pela fama pública — ou, mais precisamente, infâmia — que muitos cristãos estão atribuindo a praga, infligida por Deus ao povo cristão por seus próprios pecados, aos envenenamentos realizados pelos judeus por instigação do diabo, e motivados pela própria ira assassinaram impiamente muitos judeus, sem exceção de idade ou sexo; e que os judeus foram falsamente acusados de tal comportamento ultrajante para que pudessem ser legitimamente levados a julgamento perante os juízes apropriados — o que nada fez para aplacar a raiva dos cristãos, mas a inflamou ainda mais. Enquanto esse comportamento continuar sem oposição, parece que seu erro foi endossado.

Se os judeus, por acaso, fossem culpados ou estivessem cientes de tais atrocidades, uma punição suficiente dificilmente poderia ser concebida; no entanto, devemos estar preparados para aceitar a força do argumento de que não pode ser verdade que os judeus, por tal crime hediondo, são a causa ou o motivo da praga, porque em muitas partes do mundo a mesma praga, pelo oculto julgamento de Deus, afligiu e aflige os próprios judeus e muitas outras raças que nunca viveram ao lado deles.[15]

Esse papa permaneceu em Avignon durante a peste, supervisionando o cuidado dos doentes e moribundos. Ele mesmo nunca adoeceu, embora tantas pessoas tenham morrido que, quando os cemitérios lotaram, ele teve que consagrar todo o rio Ródano para que pudesse ser considerado um solo sagrado onde os corpos seriam jogados. Mesmo isso não foi suficiente, então ele proclamou que todos os que morreram de peste — não importava quem fossem — haviam sido perdoados de seus pecados.[16]

Claro, o vírus não tem vontades e não discrimina deliberadamente as pessoas. Mas, devido a uma variedade de fatores sociológicos e biológicos, quem você é importa. As pragas podem amplificar as divisões sociais existentes e muitas vezes criar novas — entre os doentes e os saudáveis ou entre aqueles considerados limpos ou contaminados. E, em tempos de peste, testemunhamos um abismo entre aqueles que são considerados inocentes e aqueles considerados culpados. Surge o pensamento maniqueísta simplório — bem contra o mal, nós contra eles. Analisaremos algumas divisões existentes em nossa sociedade que o coronavírus destaca — como idade, sexo, raça e status socioeconômico — e, em seguida, algumas novas que provavelmente fomentará.

Uma das características incomuns do SARS-2 é a forma como seu impacto varia de acordo com a idade. A maioria das infecções respiratórias, como a pandemia de gripe de 1957, manifesta o que é chamado de curva em U em um gráfico que mostra a idade e a probabilidade de morte entre aqueles que contraem a doença, conforme ilustrado na Figura 15.[17] Bebês, crianças pequenas e idosos correm maior risco de morte, mas crianças mais velhas e adultos em idade produtiva correm menor risco. A famosa pandemia de gripe de 1918 teve uma curva em forma de W. Os muito jovens e os muito velhos corriam mais risco, mas também havia um risco elevado no meio da distribuição de idade, aumentado em pacientes por volta dos 25 anos. Os cientistas vêm estudando isso há décadas, mas ainda não sabem ao certo por que aconteceu. Pode ter a ver com pandemias anteriores que expuseram e conferiram alguma imunidade a certas coortes de pessoas em momentos específicos de suas vidas ou com a maneira particular como os indivíduos foram expostos no período que antecedeu a Primeira Guerra Mundial. Finalmente, existem epidemias com curvas em L. Algumas têm a forma de L para frente, em que existe um risco elevado entre os muito jovens e um risco relativamente plano para todas as outras idades. Esse foi o caso da poliomielite (uma doença não respiratória), que devastou crianças, mas em grande parte poupou adultos. Ou podemos ver uma forma de L invertida, que apresenta um risco baixo para os jovens e elevado para os idosos. Esse é o padrão incomum que vemos na pandemia de coronavírus de 2020.

Em geral, as crianças são muito atingidas por doenças infecciosas. Elas são o seu principal assassino em todo o mundo; mais de 58% das mortes de crianças menores de cinco anos são devido a infecções, com uma lista de flagelos que inclui tétano, malária, sarampo, HIV, coqueluche e inúmeros patógenos que causam pneumonia e diarreia fatais.[18] Portanto, achei reconfortante que as crianças parecessem escapar da ação predatória da Covid-19. Como pais de quatro filhos com idades entre 10 e 28 anos, minha esposa, Erika, e eu — como tantas outras pessoas ao redor do mundo — nos consolamos com o fato de que eles corriam um risco relativamente baixo de morte por SARS-2.

A idade afeta o processo de infecção de várias maneiras. Em primeiro lugar, existe a taxa de ataque, que é a probabilidade de alguém na população contrair a doença.[19] A taxa de ataque para Covid-19 varia de acordo com a idade, e pessoas mais jovens têm menos probabilidade de serem infectadas. Isso ficou claro no início. Em Wuhan, nenhuma criança testou positivo para o vírus entre novembro de 2019 e meados de janeiro de 2020.[20] Os primeiros estudos na China acompanharam famílias que viviam e viajavam juntas e demonstraram que, mesmo em grupos muito próximos, as crianças tinham menos probabilidade de adoecer. Por exemplo, crianças menores de nove anos vivendo com um membro da família infectado tiveram uma taxa de ataque de 7,4%, e adultos com idades entre 60 e 69 anos em situação semelhante tiveram uma taxa de ataque de 15,4%.[21] Muitos estudos subsequentes confirmaram essa observação.[22] A transmissão entre mulheres grávidas e seus filhos no útero (conhecida como "transmissão vertical") também parece relativamente rara para Covid-19.[23]

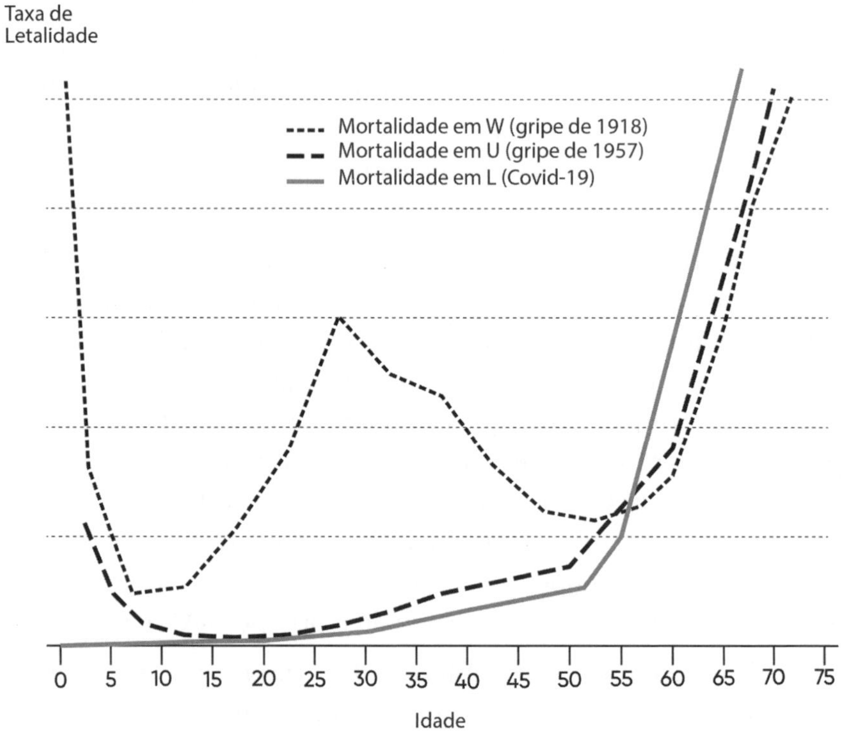

Figura 15: A mortalidade por patógenos respiratórios pode depender da idade de várias maneiras padronizadas, conforme mostrado nessas curvas hipotéticas.

Não apenas a taxa de ataque é baixa em crianças, mas a taxa de letalidade também é muito baixa para os jovens que foram infectados (embora tenham ocorrido casos raros de complicações graves).[24] Em Wuhan, conforme demonstrou um estudo posterior, uma proporção muito pequena de pessoas com menos de dezenove anos desenvolveu doença grave (2,5%) ou crítica (0,2%). Muitas análises subsequentes confirmaram isso.[25] Um estudo com 2.143 pacientes pediátricos na China, por exemplo, descobriu que apenas um deles (de quatorze anos) morreu.[26] Nos Estados Unidos, foi observado um padrão de idade semelhante para Covid-19.[27] No geral, a mortalidade entre os menores de vinte anos é muito baixa, da ordem de uma a três pessoas morrendo em cada 10 mil que adoecem. Para pacientes com mais de 55 anos, o número sobe para cerca de um em cem. Para pacientes com oitenta anos ou mais, aumenta para cerca de um em cada cinco.[28] Essa é a curva L invertida. Para ser claro, os jovens podem ter complicações não letais que podem deixá-los com morbidade pulmonar, neurológica, cardíaca ou renal de longo prazo. E, claro, com milhões de pessoas infectadas nos Estados Unidos, houve e haverá casos de jovens morrendo.

Esse padrão de mortalidade também foi observado na pandemia de SARS-1 de 2003; em Hong Kong, não houve morte de pacientes com menos de 24 anos, todavia mais da metade dos pacientes com mais de 65 morreram.[29] A propósito, parte da variação geográfica na mortalidade geral nos Estados Unidos e no mundo pode estar relacionada a diferentes distribuições de idade em populações distintas; a pandemia poderia ser muito menos letal em um país com uma população jovem, como a Nigéria, do que em um país com uma população mais velha, como a Itália.

O que explica a relativa falta de suscetibilidade das crianças ao SARS-2? Existem diferenças comportamentais e ambientais (como menor exposição em longo prazo à fumaça e à poluição), mas algumas hipóteses biológicas proeminentes sugerem que isso também tem a ver com diferenças no receptor ACE2, alvo do vírus para a entrada na célula; distinções no sistema imunológico que rechaça o vírus; e diferenças na exposição a vacinas ou a outros vírus que podem influenciar colateralmente os efeitos da Covid-19.

Alguns estudos observaram diminuições na expressão de ACE2 associadas ao aumento da idade, sugerindo que a abundância de receptores

ACE2 ou diferenças na atividade desses receptores podem, de alguma forma, paradoxalmente, ajudar a fortalecer a imunidade das crianças contra o vírus.[30] Vários fatores de risco para Covid-19 — incluindo idade avançada, hipertensão, diabetes e doenças cardiovasculares — também compartilham, em uma extensão variável, um grau de deficiência do receptor ACE2.[31] A distribuição exata dos receptores ACE2 no sistema pulmonar também pode variar com a idade e isso também pode desempenhar um papel. O papel dos receptores ACE2 na fisiopatologia da Covid-19 exigirá muito mais pesquisas para ser esclarecido.[32]

Outras hipóteses apontam para aspectos inatos do sistema imunológico que diferem com a idade. Por exemplo, as crianças têm imunidade mais adaptativa (otimizada para patógenos com que nunca tiveram contato prévio), enquanto os adultos têm mais imunidade dirigida à memória (voltada para patógenos com que já tiveram contato).[33] As células imunes dedicadas a combater agentes estranhos em crianças podem ser mais eficientes do que as dos adultos, permitindo-lhes criar anticorpos mais eficazes contra patógenos, incluindo o SARS-2.[34] Os sistemas imunológicos mais jovens também podem ser muito imaturos para sofrer tempestades de citocinas, a prejudicial reação exagerada do sistema imunológico que desempenha um papel importante na morbidade e mortalidade do Covid-19.[35]

Outra teoria é que a vacinação infantil de rotina pode fornecer às crianças imunidade cruzada contra o SARS-2. Em particular, a vacina da BCG contra a tuberculose (não usada atualmente nos Estados Unidos) recebeu atenção substancial devido ao seu papel protetor não específico que poderia ter um efeito em novos vírus.[36] Outros especialistas especulam que a exposição das crianças a outros vírus pode lhes fornecer imunidade cruzada protetora para o SARS-2 (uma ideia que também pode ajudar a explicar as diferenças regionais na gravidade da pandemia); e há a ideia oposta de que a imunidade prévia de adultos a outros coronavírus pode agravar a Covid-19 para sua faixa etária ao exacerbar reações imunológicas exageradas a um novo coronavírus.[37] Ainda outra ideia é que interações competitivas entre vírus devido à presença de outros vírus nos pulmões das crianças limitem o crescimento do SARS-2 e, assim, mitiguem a gravidade da Covid-19.[38] Em suma, há uma infinidade de hipóteses e mais pesquisas são necessárias.

Embora a taxa de ataque e a mortalidade sejam claramente mais baixas em crianças, ainda resta saber se os jovens podem espalhar a doença com a mesma facilidade que os mais velhos, ou seja, se eles são mais ou menos *infecciosos*. Para ser claro, as crianças podem de fato transmitir a doença, que foi uma das razões pelas quais o fechamento de escolas foi adotado como uma ferramenta eficaz para conter a epidemia de Covid-19. Mas a questão é até que ponto as crianças podem ser menos infecciosas do que os adultos. No extremo, se as crianças, por acaso, fossem totalmente incapazes de transmitir a infecção, o ímpeto para fechar escolas teria diminuído, embora milhões de professores e pais ainda pudessem ser vetores da doença nesses locais.

A infecciosidade infantil tem sido um assunto de intenso estudo, com a maioria dos trabalhos concluindo que as crianças provavelmente não foram os principais impulsionadores da pandemia de Covid-19.[39] No entanto, ainda há incertezas sobre essa questão, e o fato de que a maioria das evidências disponíveis foi coletada em condições de lockdown pode significar que não possam ser extrapoladas para circunstâncias normais. Poucos estudos abordaram diretamente a transmissão de SARS-2 por crianças por meio de rastreamento detalhado de contatos, mas os que foram feitos (por exemplo, na Suíça e na França) relataram que as crianças são igualmente ou um pouco menos infecciosas do que os adultos.[40] Uma explicação potencial para menor infecciosidade é que os sintomas mais leves de indivíduos mais jovens, incluindo tosse mais fraca e menos persistente, podem reduzir a disseminação de partículas infecciosas. Ou o fato de as crianças serem mais baixas do que os adultos pode reduzir essa disseminação, uma vez que as gotículas respiratórias têm uma trajetória descendente. Ainda outra possibilidade é que o fechamento de escolas torne as crianças menos propensas a se infectarem e, portanto, menos propensas a servir como casos índice.

No entanto, as crianças tendem a ter mais interações sociais do que os adultos, o que pode compensar a chance menor de espalhar o vírus.[41]

Independentemente da magnitude do papel das crianças na transmissão do SARS-2, o fechamento das escolas pode ser injusto para as crianças, considerados os muitos problemas acarretados pela ausência de aulas, como vimos no Capítulo 3. Além disso, embora a morte por Covid-19 seja rara em crianças, elas ainda são adversamente afetadas por nossas *respostas* à pandemia de Covid-19, que envolve desemprego, deslocamento e medo. As crianças são muito afetadas em desastres.

Apesar do meu grande alívio pelo fato de os jovens serem poupados nesta pandemia, achei a narrativa de "são apenas os idosos que morrem" muito perturbadora, especialmente quando esse "sacrifício" é, na verdade, evitável. Embora os idosos, é claro, tenham menos anos de vida pela frente, comentários como esse dão a impressão de que algumas vidas valem menos do que outras ou que os idosos contribuem pouco para a sociedade ou suas famílias. Dada a onipresente tentação de pensar que a morte por uma doença contagiosa afeta *outro* grupo que não o nosso, não é surpreendente que as pessoas façam comentários assim. No entanto, estamos falando dos pais, avós, amigos e vizinhos de todos.

Ser idoso também é um fator de risco de outra forma. No início de abril de 2020, muitos hospitais nos Estados Unidos preparavam políticas relacionadas à triagem que se baseavam, em parte, na idade. Relatos da necessidade de tal triagem surgiram na Itália no mês anterior.[42] Se as circunstâncias exigirem, os muito velhos devem ter os respiradores negados ou removidos para que possam ser reatribuídos a pessoas mais jovens com maior probabilidade de sobrevivência. A perspectiva brutal de uma triagem de campo de batalha chegou às principais cidades e aos proeminentes hospitais norte-americanos. Para mim, isso era quase inconcebível. Eu estava familiarizado com um episódio infame envolvendo a retirada involuntária de suporte de vida e eutanásia em um hospital em Nova Orleans durante as prementes circunstâncias do furacão Katrina.[43] Mas a ideia de que poderíamos ter de nos envolver nesse tipo de triagem em grande escala nos Estados Unidos não me ocorrera antes.

No entanto, teria sido imprudente *não* considerar essa possibilidade. O Hospital Yale New Haven, ao qual sou afiliado, divulgou uma política bem elaborada em 10 de abril de 2020:

> *[O protocolo] foi criado com o objetivo de maximizar a sobrevida do maior número possível de pacientes. Ele visa mitigar o sofrimento moral e o isolamento experimentados pelos médicos à medida que enfrentamos os conflitos inerentes entre a defesa do paciente individual e o imperativo de alocar recursos escassos da forma mais justa possível para maximizar a saúde pública. Essas diretrizes foram fortemente influenciadas por aquelas desenvolvidas em outros lugares, e nossas diretrizes, por sua vez, orientam as que estão sendo elaboradas em outros hospitais em Connecticut...*
>
> *Todos os cálculos de pontuações de triagem e decisões relacionadas serão feitos com base em avaliações individuais de pacientes usando os melhores dados clínicos objetivos disponíveis. Em todos os casos, fatores clinicamente irrelevantes, incluindo, entre outros, valor social percebido, raça, etnia, gênero, identidade de gênero, orientação sexual, religião, status de imigração, condição de encarceramento, capacidade de pagamento, falta de moradia, suposto status "VIP" e deficiências não relacionadas à probabilidade de sobrevivência, não serão considerados.*

Além disso, o hospital observou que o protocolo foi distribuído "para fins informativos — ele NÃO está ativo e será ativado apenas como último recurso, depois que todas as outras vias para expandir a capacidade tiverem sido exauridas". Embora a primeira onda da pandemia não tenha exigido tais medidas em nenhum hospital dos Estados Unidos, pelo menos até julho de 2020, a pressão sobre o sistema de saúde do país ainda era imensa, como demonstraram relatórios da cidade de Nova York.

Mais polêmica surgiu quando o governo federal tentou sugerir que a idade *não* deveria ser um fator em tais decisões, pois equivaleria à discriminação por idade e uma violação da Lei dos Norte-americanos com Deficiências. Mas a questão principal na triagem é decidir se a alocação de recursos terá potenciais benefícios suficientes para ser justificada ou se esses recursos poderiam ser mais bem alocados em outro lugar. A triagem é, por definição, um cálculo difícil, imperfeito e utilitário. E fazemos triagem na medicina o tempo todo — com candidatos a transplantes, por exemplo, em que alguns pacientes são priorizados para receber órgãos.[44]

Vimos um exemplo desse ato de equilíbrio nas regras inicialmente transmitidas a paramédicos na cidade de Nova York no final de abril de 2020 (discutido no Capítulo 3), instruindo-os a não tentar ressuscitar certos pacientes para limitar seu risco e preservar recursos preciosos "a fim de salvar o maior número de vidas".[45] A ordem foi rescindida posteriormente, mas era um claro lembrete das concessões que, em tempos normais, não teriam sido necessárias.

Todas essas circunstâncias de racionamento dos cuidados de saúde se resumem à sobrevivência. É provável que a pessoa sobreviva ou não? E por quanto tempo? E, por sua vez, a capacidade de sobrevivência depende muito da idade e das condições médicas prévias do indivíduo. Não é possível fazer a triagem de pacientes e ignorar esses fatores. Em tempos de peste, as distinções sociais como idade e estado de saúde são inevitavelmente destacadas.

Desde o primeiro artigo que relata os casos iniciais de Covid-19 em Wuhan, publicado em 24 de janeiro de 2020, ficou claro que os homens superavam as mulheres como vítimas da doença; eles constituíram 73% dos primeiros 41 casos relatados.[46] E os homens eram mais propensos a apresentar sintomas e a morrer ao adoecer. Um estudo posterior de 4.103 pacientes no sistema do Hospital da Universidade de Nova York durante o mês de março descobriu que, embora o mesmo número de homens e mulheres testasse positivo para o vírus, os homens tinham maior probabilidade de adoecer e ser hospitalizados e também de ficarem gravemente doentes e morrer.[47] No geral, a mortalidade entre homens é 50% maior do que das mulheres.[48]

Quando essa assimetria de gênero foi observada pela primeira vez na China, ela foi atribuída às taxas muito mais altas de tabagismo entre homens chineses em comparação às mulheres, mas análises subsequentes mostraram que esse não era o motivo principal. Uma explicação mais convincente é que os homens em idades mais avançadas geralmente apresentam pior saúde do que as mulheres; eles tendem a ter outros fatores de risco para o desenvolvimento de um caso grave de Covid-19, como hipertensão, diabetes, doenças cardiovasculares e câncer. Na amostra da cidade de Nova York, o ajuste para esses fatores eliminou a disparidade por sexo tanto na admissão hospitalar quanto na mortalidade.

No entanto, outros atributos distintos no sistema imunológico de homens e mulheres podem explicar parte da diferença. Os hormônios sexuais estrogênio, progesterona e testosterona modulam as respostas das células imunes inatas a várias doenças infecciosas, incluindo infecções virais, e podem afetar a suscetibilidade e a gravidade da Covid-19.[49] Estrogênio e progesterona (ambos encontrados em níveis mais elevados em mulheres) podem ajudar a proteger as mulheres de Covid-19, promovendo a expressão ou atividade de receptores ACE2 que podem ajudar a rechaçar o vírus e mitigar reações imunológicas exageradas. A testosterona (encontrada em níveis mais elevados nos homens) pode ter o efeito oposto.[50] As mulheres também podem apresentar imunidade superior contra a Covid-19 devido à alta densidade de genes relacionados ao sistema imunológico existente no cromossomo X. Enquanto as células nos homens têm apenas um único cromossomo X materno, nas mulheres elas têm um cromossomo X materno e paterno. As células femininas inativam um dos dois cromossomos X, resultando em um mosaico de células com combinações distintas de variantes de genes. Essa variedade pode resultar em uma vantagem imunológica em comparação com a expressão mais fixa em homens.[51]

Assim como outras doenças infecciosas, o coronavírus ataca de forma diferenciada ao longo das linhas socioeconômicas. Embora essa pandemia não tenha causado as desigualdades estruturais em nossa sociedade, ela as ressaltou de forma severa.

Já vimos como, na cidade de Nova York, as taxas de infecção eram muito mais altas nas áreas de baixa renda e com muitos imigrantes, como o centro do Queens. Também vimos como os residentes mais ricos da cidade poderiam simplesmente fugir do vírus, trabalhando de forma remota, longe do centro do surto. A maioria dos empregos de baixa renda não pode ser realizada de forma remota. Cozinheiros, auxiliares de enfermagem, caixas de supermercados, trabalhadores da construção, zeladores, prestadores de cuidados infantis e motoristas de caminhão não podem trabalhar em casa. Os indivíduos dessas ocupações que não perderam o emprego devido à desaceleração da economia estão em ambientes que os colocam em maior risco de contrair a infecção. E, como muitos desses cargos carecem de seguro saúde adequado, esses trabalhadores não tinham fácil acesso a cuidados de saúde (ou mesmo dias de licença médica) quando adoeciam. Portanto, muitas pessoas da classe trabalhadora continuaram indo ao trabalho mesmo doentes e não procuraram tratamento. E as pessoas que trabalharam enquanto estavam doentes acabaram agravando a epidemia.

A natureza intrínseca de uma doença infecciosa altamente contagiosa revela as maneiras pelas quais a desigualdade gritante e a falta de cuidados de saúde universais prejudicam a sociedade em geral. Deixar a infecção sem diagnóstico, ou, pior, sem tratamento, cria o que os cientistas sociais chamam de *externalidades* — um efeito colateral que tem consequências para partes não diretamente envolvidas. Se formos obrigar as pessoas a agir de certas maneiras que diminuem a propagação da infecção (como se afastar do trabalho) ou que aumentam o risco de infecção (como ir trabalhar doente), então, certamente, fornecer acesso a cuidados de saúde deve fazer parte do acordo. Além disso, os Estados

Unidos são um exemplo incomum entre as democracias ricas por não fornecer licença médica universal garantida. Essas observações destacam o fato de que todos devemos nos preocupar com o que acontece em relação à saúde de nossos vizinhos (e não apenas durante uma pandemia, quando os problemas são mais óbvios).

Por vezes, as dificuldades enfrentadas pelos pobres durante a pandemia foram terrivelmente severas. Um relato muito comovente envolveu Akiva Durr, mãe de duas meninas e residente em um dos bairros mais carentes de Detroit. Como ela não conseguiu pagar a conta, sua casa estava sem água há seis meses. Antes da pandemia, ela recebia água de vizinhos e amigos para dar banho nas filhas. "Eu dava banho nelas dia sim, dia não, ou banho de esponja para economizar água", relatou. "É deprimente."[52] Os membros da família já haviam organizado suas vidas para usar o banheiro e obter água potável enquanto estavam na escola ou no trabalho, mas, com a ordem de permanência em casa, isso não era mais possível. Essa não é uma situação rara — estima-se que, antes da pandemia, 15 milhões de norte-americanos enfrentavam cortes de água anualmente —, mas a falta de água para uma boa higiene é especialmente preocupante para toda a comunidade durante um surto.

Com clareza brutal, o impacto da calamidade econômica que se desenrolou em face da paralisação por causa da Covid-19 tornou-se evidente nas fotos de bancos de alimentos surgidas em abril de 2020. Essas instituições foram levadas ao limite, uma vez que muitas fontes prévias de apoio, como campanhas mensais de distribuição de alimentos em igrejas e doações em restaurantes, haviam cessado. Um banco de alimentos de San Antonio, Texas, atendeu aproximadamente 10 mil famílias na quinta-feira, 9 de abril de 2020. O dia começou com meia tonelada de alimentos em 25 carretas no enorme estacionamento onde a equipe fazia a distribuição. Mas eram tantas pessoas que a comida começou a acabar, e Eric Cooper, o CEO do banco de alimentos de San Antonio, ligou para seu depósito para que enviasse mais caminhões. Fotos aéreas do estacionamento mostraram milhares de carros alinhados, serpenteando pela rodovia por quilômetros. Cada carro recebeu cerca de cem quilos de mantimentos. Foi a maior distribuição de alimentos em um único dia na história de quarenta anos da organização sem fins lucrativos. "Hoje foi um dia difícil", declarou Cooper. "Nunca tivemos uma demanda tão grande quanto agora."[53] Sua organização não conseguia atender às necessidades e ele esperava a ajuda da "Guarda Nacional ou de alguém".

Não foi apenas no Texas. Bancos de alimentos em todo o país relataram enormes picos na demanda, já que muitos milhões de trabalhadores demitidos recorriam a eles em busca de ajuda. Enquanto eu olhava fotos de diversos lugares espalhados pelos Estados Unidos — em Orem, Utah; Carson, Califórnia; Pittsburgh, Pensilvânia; Hialeah, Flórida; Baltimore, Maryland —, não pude deixar de pensar em imagens semelhantes das filas de alimentos em 1918.[54]

Outro fator que aumenta o perigo para aqueles com baixa renda é que eles têm maior probabilidade de viver ou trabalhar em condições de superlotação. Muitos norte-americanos pobres não conseguem adotar o distanciamento físico dentro de suas próprias casas. Mesmo as pessoas que se situam na faixa intermediária da distribuição de renda do país tiveram problemas para colocar um membro da família em quarentena em um quarto separado com banheiro privativo. E, para mais de meio milhão de desabrigados nos Estados Unidos, a diretriz de "ficar em casa, ficar seguro" (mensagem contra o coronavírus na área rural de Vermont) deve ter parecido ridícula, para não dizer irritante.[55] Não é de surpreender que um estudo com 402 adultos sem-teto, que dormiam em um abrigo em Boston nos dias 2 e 3 de abril de 2020, descobriu que 36% deles testaram positivo para o SARS-2, enquanto na cidade como um todo, na época, a porcentagem era provavelmente menos de 2%.[56]

As condições de superlotação também levaram a uma explosão de infecções em prisões e cadeias de todo o país. Os Estados Unidos têm mais pessoas encarceradas *per capita* do que qualquer nação do planeta — segundo algumas medidas, os números se igualam aos da União Soviética na era de Stalin —, e os encarcerados são predominantemente de famílias de baixa renda. Nas prisões norte-americanas, é impossível para os presos manter distância física. As rotinas exigem que todos os prisioneiros toquem as mesmas superfícies e se acotovelem pelos mesmos corredores estreitos. Essa é, por definição, uma comunidade confinada e, uma vez que uma infecção se enraíza, ela se espalha como um incêndio. Sem surpresa, em uma lista de surtos elaborada pelo *New York Times*, trinta dos cinquenta maiores surtos registrados até 17 de maio de 2020 ocorreram em prisões, incluindo os quatro maiores dentre todo tipo de local nos Estados Unidos.

Os frigoríficos também foram duramente atingidos. Além de lares de idosos e prisões (e do porta-aviões USS *Theodore Roosevelt*, ancorado em Guam), os frigoríficos eram, até 17 de maio de 2020, o local de surto mais frequente (quinze dos cinquenta principais surtos). Na verdade, o maior surto fora de uma prisão foi em um frigorífico.[57] O frigorífico Smithfield em Sioux Falls, Dakota do Sul, teve 1.095 casos. Às vezes, diante de um surto, as empresas implementam políticas tolas (do ponto de vista da saúde pública), como pagar mais aos funcionários para comparecer ao trabalho. O Smithfield, por exemplo, ofereceu um "bônus de responsabilidade" de US$500 para os trabalhadores que não faltassem a um turno durante todo o mês de abril, o que certamente agravou o surto.[58] Uma abordagem melhor teria sido pagar mais aos trabalhadores regularmente (para que gostassem mais de seus empregos e para que a fábrica pudesse recrutar mais trabalhadores) e, ao mesmo tempo, aumentar e liberar as licenças médicas para que os trabalhadores doentes pudessem ficar em casa (é claro, logo após um surto, a produção teria que ser reduzida). Essas mudanças no quadro de funcionários aumentariam os preços da carne para os consumidores, mas isso é parte do custo de responder a uma pandemia como sociedade. Ter um vírus circulando impõe ônus a todos.

A frequência de surtos de Covid-19 em frigoríficos cresceu tanto que houve preocupação em alguns setores de que o suprimento de alimentos do país seria afetado.[59] Em 28 de abril, no site da Casa Branca, o presidente declarou que pretendia invocar a Lei de Produção de Defesa (normalmente destinada a emergências de guerra) para obrigar os frigoríficos a permanecerem abertos.[60] O presidente declarou que essas empresas faziam parte da "infraestrutura crucial" do país, visto que "o fechamento de qualquer uma dessas fábricas poderia interromper nosso suprimento de alimentos e impactar negativamente nossos esforçados agricultores e pecuaristas". Infelizmente, nenhuma menção foi feita ao impacto prejudicial sobre os esforçados trabalhadores de frigoríficos que enfrentavam infecções por Covid-19.

As fábricas de processamento de carne têm sido lugares notoriamente ruins para se trabalhar por um longo tempo e figuraram no centro do famoso romance *The Jungle* ["A Selva", em tradução livre], de Upton Sinclair, que descreve a vida de imigrantes que labutavam em frigoríficos de Chicago no início do século XX. O CDC divulgou uma análise dos surtos em maio de 2020 e observou que, das 115 instalações com mais de 130 mil trabalhadores em 19 estados, houve 4.913 casos (o que representava 3% da força de trabalho na época) e 20 mortes (uma CFR de 0,4%).[61] Esse relatório destacou a proximidade dos trabalhadores, as condições de moradia e o compartilhamento de meios de transporte lotados como fatores importantes. Em uma coletiva de imprensa em 7 de maio de 2020, o secretário de Saúde e Serviços Humanos, Alex Azar, se esforçou para culpar os aspectos sociais da vida dos trabalhadores, em vez das condições dentro das instalações. Mas essa explicação fazia pouco sentido, pois os frigoríficos em todo o mundo também foram afetados — surtos foram relatados em países como Brasil, Austrália, Espanha, Irlanda, Portugal, Canadá, Alemanha e Israel —, e esses funcionários tinham diferentes condições de vida. Além disso, havia outras indústrias com forças de trabalho semelhantes, com condições de vidas similares, mas que não foram afetadas.

Por que os frigoríficos são mais suscetíveis a surtos de Covid-19 do que outros ambientes industriais? Conforme relatado pelo CDC, as condições de superlotação no trabalho certamente desempenham um papel importante. Mas não para por aí. O processamento de carnes é uma atividade perigosa, envolvendo cortes e escoriações. As fábricas são mantidas a baixas temperaturas, e com frequência o ambiente é muito turbulento. Equipamentos barulhentos exigem que os trabalhadores (que geralmente estão bem próximos e de frente um para o outro) gritem para serem ouvidos, o que provoca a expulsão do vírus pela boca (semelhante ao que aconteceu em outros surtos de SARS-2 em coros de igrejas).[62] O processamento de carnes também envolve a criação de aerossóis (por exemplo, pelo uso de serras), o que provavelmente já foi responsável por outros surtos ocupacionais.[63] E, como vimos no caso do surto de SARS-1, em 2003, vários eventos de superpropagação foram associados à aerossolização de fluidos corporais contaminados. Em 2020, também observamos casos envolvendo a possível aerossolização de vírus em secreções de pacientes em ambientes de UTI, por meio de respiradores ou nebulizadores com defeito, com a consequente disseminação do vírus para os profissionais de saúde.[64] Infelizmente, negligenciar os surtos nos frigoríficos pode ter levado, em algumas semanas, a repercussões nas comunidades vizinhas. O patógeno, tendo proliferado nas fábricas, espalhou-se para outras localidades.[65]

As disparidades étnicas e raciais na taxa de ataque e na CFR do coronavírus também se tornaram claras não muito depois que a pandemia atingiu os Estados Unidos. As descobertas tipificam os padrões usuais de carga diferencial de doenças infecciosas vistos no passado.

Tanto os casos quanto as mortes em grupos minoritários geralmente superam suas proporções nas populações locais. De acordo com dados do CDC até 28 de maio de 2020, hispânicos e afro-americanos nos Estados Unidos tinham cerca de três vezes mais probabilidade de se infectar com o SARS-2 e duas vezes mais de morrer do que os brancos. Essas tendências são evidentes em áreas rurais, condados em áreas de subúrbio e cidades. Por exemplo, 40% das pessoas infectadas que vivem em Kansas City, Missouri, são negras ou hispânicas, embora representem apenas 16% da população do estado. Os negros e hispânicos constituem 20% da população em Kent County, Michigan, mas representam 63% dos casos de Covid-19.[66]

Uma análise nacional de etnia e raça em casos de Covid-19 até 8 de julho de 2020 também encontrou diferenças substanciais entre brancos e negros no que se refere à mortalidade. Os negros constituíam 12,4% da população dos 45 estados e do Distrito de Columbia estudados, mas sofreram cerca de 22,6% das mortes. Levar em conta a diferença de idade entre negros e brancos tornou as comparações ainda piores. Ou seja, os negros são mais jovens que os brancos, em média, e deveriam ter uma taxa de mortalidade menor apenas por esse motivo. Um estudo nacional que corrigiu esse dado revelou que, no geral, eles tinham 3,8 vezes mais risco de morrer do que os brancos.[67] Curiosamente, o impacto diferencial do vírus de acordo com a raça variou entre os estados, mesmo após o ajuste para a idade. No Kansas, os negros tinham 8,1 vezes mais probabilidade de morrer do que os brancos; em Nova York, 4,5 vezes; no Mississippi, 3,4 vezes; e, em Massachusetts, 2,1 vezes.

Outra maneira de avaliar isso é observar a mortalidade absoluta. Nos estados duramente atingidos de Connecticut, Michigan, Nova Jersey e Nova York, mais de um em cada mil residentes negros morreu de coronavírus nos primeiros quatro meses da pandemia. Analisando apenas o estado de Nova York, dois em cada mil residentes negros morreram. Isso foi impulsionado em grande parte pela mortalidade na própria cidade de Nova York, onde a taxa se aproximou de três em cada mil negros morrendo no intervalo de poucos meses! Apenas como referência, considere que o risco de morte de um norte-americano médio de 40 anos, por *qualquer causa*, durante *todo o próximo ano*, é de cerca de dois por mil.

No passado, por vezes se pensava que os negros eram relativamente imunes a doenças contagiosas e, ao mesmo tempo, de alguma forma os culpados pelo próprio infortúnio caso adoecessem. Por exemplo, durante a epidemia de febre amarela (causada por um vírus transmitido por mosquitos) que atingiu a Filadélfia em 1793 e matou mais de 5 mil pessoas (em uma população de 50 mil), o clérigo e abolicionista afro-americano Absalom Jones declarou:

> *É até hoje uma opinião geralmente aceita nesta cidade que nossa cor não estava tão sujeita à doença quanto os brancos. Esperamos que nossos amigos nos perdoem por esclarecer este assunto em seus verdadeiros termos.*
>
> *O público foi informado de que, nas Índias Ocidentais e em outros lugares onde esta terrível enfermidade ocorrera, observou-se que os negros não eram afetados. Bom teria sido para vocês, e muito mais para nós, se essa observação tivesse sido comprovada por nossa experiência.*
>
> *Quando as pessoas não brancas contraíram a doença e morreram, nos obrigaram a acreditar que não era pela doença prevalente, até que o fato se tornou notório demais para ser negado, e então nos disseram que alguns morreram, mas não muitos. Assim, nossos serviços foram explorados com perigo para nossas vidas, apesar disso, vocês nos acusam de extorquir um pouco de dinheiro de vocês.*[68]

Nesses detalhes, Jones capta a realidade de que as pessoas da classe trabalhadora eram vistas como dispensáveis; seus serviços eram *indispensáveis,* mesmo com risco de vida, em um padrão não muito diferente do observado em 2020, quando trabalhadores essenciais tinham empregos que os colocavam em maior risco.

Comunidades hispânicas também foram duramente atingidas pelo vírus. Isso é menos evidente em comparações superficiais em todo o país — sua parcela da população na amostra já observada de 45 estados e do Distrito de Columbia é de 18,3%, e ainda assim elas sofreram 16,8% das mortes. Mas, quando esses números foram ajustados para a idade, os hispânicos tiveram um risco 2,5 vezes maior de morte em comparação com os brancos.[69] No estado de Nova York, durante os primeiros meses, um em cada mil residentes hispânicos morreu de Covid-19 e, mais uma vez, esses números foram impulsionados pela mortalidade na cidade de Nova York, onde a taxa ultrapassou dois por mil residentes hispânicos. Na cidade de Nova York, em 11 de abril de 2020, os hispânicos representavam 34% das mortes, mas eram 29% da população.[70]

Relatórios do Indian Health Service sugeriram que algo semelhante estava acontecendo entre os povos indígenas norte-americanos. Em 17 de julho de 2020, havia 26.470 casos confirmados de infecção por coronavírus entre os indígenas norte-americanos, com mais de 9 mil deles ocorrendo na enorme reserva Navajo, que se estende por partes do Novo México, Utah e Arizona.[71] A Nação Navajo abriga 250 mil pessoas e, no final de abril, apresentava a terceira maior taxa *per capita* de infecção por coronavírus dos Estados Unidos, depois de Nova Jersey e Nova York. Em julho de 2020, uma análise nacional revelou que os indígenas norte-americanos representavam 1% da população, mas 2% das mortes.[72]

O fardo para muitas comunidades indígenas foi enorme porque, embora sejam obrigadas a fornecer serviços nas reservas, elas não têm permissão para taxar seus cidadãos e dependem de cassinos e outros negócios que foram totalmente fechados como parte das medidas de distanciamento físico. E as famílias indígenas norte-americanas muitas vezes não têm uma rede de segurança econômica; a renda média anual para essas famílias é de cerca de US$39.700, o que é substancialmente menor do que a renda familiar típica norte-americana, que é de US$57.600.

Grande parte da diferença na destrutividade da Covid-19 ao longo das linhas étnico-raciais tem a ver com outros fatores de risco relacionados à contaminação ou à morte pela doença. Por exemplo, sabe-se que hipertensão, diabetes, obesidade e doenças cardiovasculares aumentam o risco de mortalidade entre as pessoas infectadas com o SARS-2, e essas condições são muito mais prevalentes na maioria das populações minoritárias. Não há dúvida de que parte, talvez a maior parte, da disparidade nos resultados da mortalidade pode ser explicada por esses fatores. Além disso, arranjos familiares em grupos minoritários e não minoritários também podem ajudar a explicar a diferença; nos Estados Unidos, 26% dos afro-americanos e 27% dos hispânicos vivem em famílias multigeracionais e coabitam com os avós; enquanto apenas 16% dos brancos o fazem.[73]

A segregação residencial também desempenha um papel importante no ônus das doenças. Ela está enraizada em uma série de diferentes fatores sistêmicos, mas o efeito prático contribui para um princípio na organização social humana conhecido como *homofilia*, um termo técnico que significa, em essência, "pessoas com as mesmas afinidades tendem a se agrupar". Nem todas as pessoas têm a mesma chance de interagir com todos os outros membros da sociedade. Se as pessoas tendem a passar tempo preferencialmente com membros de seu "próprio" grupo, seja lá como este for definido, então uma doença infecciosa que se introduz em uma comunidade se espalhará nessa comunidade, e as taxas serão mais altas nesse grupo simplesmente por esse motivo. Portanto, se um patógeno, por acaso, se infiltra em um grupo, ele se disseminará naquele grupo por um tempo antes de se espalhar para outros.

Algo semelhante aconteceu quando o HIV foi introduzido em nossa sociedade na década de 1980. Embora as práticas sexuais de homens gays tenham desempenhado um papel na disseminação da doença — em especial no que diz respeito ao número muito maior de parceiros, à maior simultaneidade de parceiros e à prevalência de sexo anal —, o simples fato de que o vírus por acaso se inseriu na comunidade gay significava que as taxas eram inicialmente mais altas naquele grupo em comparação com outras populações, e a epidemia foi mais intensa nesse grupo por muito mais tempo. Se o HIV tivesse começado em homens e mulheres heterossexuais, os gays pareceriam relativamente imunes, pelo menos no início. E, se um grupo for especialmente recluso, por qualquer motivo, uma epidemia se espalhará dentro dele até que seus membros tenham sido fortemente expostos, e demorará um pouco até que seja transmitida para outros grupos. Mas, inevitavelmente, os germes se espalharão. Esse é o objetivo deles.

Além desses fatores sociais estruturais, pode haver outras razões biológicas desconhecidas para alguns grupos étnicos e raciais terem níveis mais elevados do vírus, talvez relacionadas a exposições anteriores a outros patógenos ou variação na imunidade inata ao patógeno, como veremos no Capítulo 8. Mas, após levarmos em conta todos os fatores médicos e sociais anteriores usando métodos estatísticos — o que significa que os epidemiologistas podem comparar as taxas de letalidade entre pessoas negras e brancas que não difiram em relação a outras variáveis, como renda, estado de saúde anterior, educação, ocupação, residência e assim por diante —, com frequência descobrimos que as disparidades étnicas e raciais desaparecem.

Controlar outras características que variam entre os grupos, por sua vez, levanta a questão que os estatísticos chamam de modelo causal. Se fizermos ajustes quanto ao local onde as pessoas vivem, sua riqueza, suas ocupações e suas condições crônicas de saúde, é verdade que o "efeito" da raça pode desaparecer ou ser minimizado. O que isso realmente significa? Por um lado, poderíamos considerar essa análise dos dados da Covid-19 uma boa notícia, pois significa que não há efeito racial real — que a diferença racial é simplesmente uma pista falsa, e a real divergência está relacionada à prevalência diferencial de condições de saúde ou à variação na natureza das ocupações e assim por diante. Por outro lado, se de fato a *forma* como nossa sociedade está estruturada garante que etnia e raça estejam associadas a piores resultados nesses fatores sociais, então ajustar para esses fatores e concluir que a raça não tem qualquer impacto é precisamente a coisa errada a fazer. Quando ensino essas questões em minhas aulas de graduação, observo que descartar as diferenças raciais nos resultados de saúde por serem mediadas por outros fatores é um pouco como dizer, após ajustar com base na qualidade dos ingredientes, no ambiente, na sofisticação do cardápio e na existência de uma boa carta de vinhos, que não há diferença entre uma refeição no McDonald's e uma no restaurante mais sofisticado de Nova York.

E assim a pandemia de 2020 ressaltou diferenças e desigualdades de longa data. Mas também fomentou algumas novas dicotomias.

Na China, criou-se uma grande cisão entre habitantes de Wuhan e de outras localidades. A discriminação contra os residentes de Wuhan foi generalizada. Mesmo que uma pessoa não estivesse infectada e não visitasse a cidade há anos, o simples fato de ser de lá (como os documentos de identidade chineses invariavelmente indicavam) significava que a pessoa não conseguiria encontrar um apartamento para alugar em Beijing, a 1.600km de distância.[74] Nos Estados Unidos, seria como se os proprietários de Iowa se recusassem a alugar apartamentos para pessoas com carteira de motorista do estado de Nova York. No entanto, diferenças regionais semelhantes emergiram nos Estados Unidos de outras maneiras, como quando alguns governadores tentaram impedir a entrada de carros com placas de outro estado.

Ainda outras distinções também foram realçadas pelo vírus, como entre quem podia e quem não podia trabalhar em casa ou entre quem seguia e quem não seguia as recomendações das INFs (no que diz respeito ao uso de máscaras e à distância de segurança).

E o vírus criou mais uma divisão: entre imunes e não imunes. Nos primeiros anos desta pandemia, à medida que o vírus circula em nossa espécie, cada vez mais pessoas terão a doença e se recuperarão. Com base no que sabemos de outros coronavírus, isso conferirá imunidade de alguma duração. E parece provável que, mesmo que as pessoas sejam reinfectadas com o mesmo vírus, o segundo episódio será leve (embora seja muito cedo para termos certeza).[75]

No início da epidemia, junto com outros especialistas, defendi a disseminação de testes de anticorpos para nos permitir direcionar nossos esforços ao controle da epidemia e à identificação de pessoas imunes e que poderiam retornar ao trabalho com mais segurança (em especial profissionais de saúde). Mas me ocorreu que poderíamos ter uma espécie de cenário distópico, em que os empregadores oferecessem melhores salários para aqueles que provassem estar imunes. Na verdade, primeiro na Europa e depois nos Estados Unidos, as pessoas consideraram a ideia de testar a imunidade e emitir algum tipo de certificação para esse efeito. Os portadores de tais passaportes de imunidade poderiam então retornar a empregos não essenciais (não apenas para os essenciais) e participar de grandes reuniões com outros indivíduos igualmente imunes.[76]

A certificação de imunidade (após a vacinação ou recuperação da doença) não é algo sem precedentes. Hospitais e escolas exigem que os trabalhadores sejam vacinados e provem que não têm tuberculose. Quando Erika e eu nos casamos na Filadélfia, em 1991, fomos obrigados a fazer um exame de sangue para provar que não tínhamos sífilis. Os funcionários de clínicas veterinárias podem ser solicitados a provar que foram vacinados contra a raiva. Muitos países, incluindo os Estados Unidos, exigem que os imigrantes provem que foram vacinados contra vários patógenos contagiosos (em 2020, a lista nos Estados Unidos incluía quatorze doenças diferentes).[77] E, em Nova Orleans, antes da guerra civil, as pessoas imunes à febre amarela tinham um status especial (dizia-se que estavam "aclimatadas").[78]

No entanto, um programa de passaporte de imunidade seria diferente de exemplos anteriores e levanta uma série de questões práticas e éticas. Em primeiro lugar, durante o período inicial da pandemia, a imunidade só pode ser adquirida naturalmente, não com o uso de uma vacina segura. E, ao contrário dos exemplos anteriores, tal programa não seria restrito a profissões ou atividades específicas; os privilégios concedidos por tal certificado seriam muito mais amplos, como a liberdade de viajar, retornar à escola, frequentar locais de culto, voltar ao emprego ou fazer uso de serviços de namoro online.

A diferenciação com base no estado imunológico parece assustadora, mas não é *necessariamente* problemática do ponto de vista ético. Ao contrário da discriminação racial ou de gênero, as pessoas não estão permanentemente vinculadas a nenhum grupo — à medida que novas pessoas se recuperam da Covid-19, elas podem ingressar no grupo imune. De forma irônica, precisamente porque certos grupos minoritários foram de início expostos em graus diferenciados ao patógeno, eles estariam na linha de frente para a certificação de imunidade. Se algumas pessoas corriam maior risco de serem infectadas, por que deveriam ser negados os benefícios de poder documentar a imunidade posteriormente? A certificação de imunidade, se ampla e gratuitamente disponível, pode até mesmo corrigir em parte as disparidades socioeconômicas preexistentes que colocam as pessoas em risco especial de adquirir Covid-19 em primeiro lugar.

Entretanto, requerer um certificado de imunidade para acessar uma ampla gama de interações humanas cobiçadas exigiria a implementação de um processo de teste transparente, justo e acessível. Isso pode ser útil por outros motivos. Mesmo que um programa de certificação de imunidade formal não seja a abordagem certa, é um bem coletivo para promoção do conhecimento sobre quem está imune. Todos nós nos beneficiamos quando as pessoas conhecem seu estado imunológico. A Lei de Auxílio, Alívio e Segurança Econômica para o Coronavírus, aprovada em 2020, exigia que as seguradoras públicas e privadas arcassem com os custos dos testes de coronavírus e especificava que reembolsaria os hospitais por certos tipos de testes em pacientes não segurados. Isso significava, em princípio, que o teste estava disponível gratuitamente para todos os norte-americanos.

A distinção entre indivíduos imunes e não imunes também deveria, em teoria, inverter o padrão usual: as pessoas que foram expostas à doença seriam privilegiadas em vez de estigmatizadas. Mas, no início de maio de 2020, ainda não era o caso. Por exemplo, houve relatos de que os militares "desqualificariam permanentemente" os recrutas que tivessem tido Covid-19.[79] Isso parece irrefletido em vários níveis, principalmente porque esses indivíduos podem estar imunes, e ter soldados sem risco aceleraria a taxa de imunidade de rebanho nas Forças Armadas dos Estados Unidos (mesmo que houvesse outros custos associados a ignorar a exposição prévia ao SARS-2).

Já antes de maio de 2020, alguns sobreviventes da Covid-19 estavam sendo evitados por vizinhos e familiares. Samantha Hoffenberg, que morava em Manhattan, perdeu o pai para a doença em abril; ele a contraiu em um hospital onde fora internado para tratamento de demência. Mais tarde, ela também adoeceu. Ela estava empenhada em manter distância de seus entes queridos até que estivesse totalmente recuperada. Em 23 de abril, houve um incêndio em seu prédio e ela foi hospitalizada por inalar fumaça. Mesmo não estando mais infecciosa, seus familiares se recusaram a visitá-la. "Nunca estive em uma situação tão triste e sombria", disse ela. "E minha própria família está com tanto medo de mim que não é capaz de superar isso e perceber que estou enfrentando tudo sozinha."[80] Essa é uma experiência atemporal durante as pragas.

Finalmente, com todas as vantagens de ter imunidade, temos que considerar a possibilidade de algumas pessoas tentarem adoecer de forma deliberada, o que seria muito contraproducente do ponto de vista da saúde pública. Sem dúvida, alguns indivíduos fariam isso, mas a frequência provavelmente seria pequena, uma vez que a doença pode ser mortal e quaisquer vantagens para a certificação imunológica desapareceriam assim que surgisse uma vacina eficaz.

Com o tempo, provavelmente em 2022, ou toda a nossa sociedade terá imunidade de rebanho ou as vacinas estarão amplamente disponíveis, então as certificações de imunidade seriam apenas uma situação temporária. Essa divisão única em nossa sociedade, forjada pelo patógeno, se tornará menos evidente quando o período pandêmico inicial terminar.

Como vimos com a responsabilização das minorias durante a peste negra, as divisões geradas pela praga podem se transformar em violência e agitação social. Como se o próprio patógeno não fosse perigoso o suficiente, devemos nos preocupar com a possibilidade de nos voltar uns contra os outros. Com o enorme ônus econômico e o crescente fardo de casos e mortes, é razoável perguntar se a sociedade norte-americana enfrentará conflitos sérios. As pessoas pareceram se preocupar com essa possibilidade à medida que a pandemia se abateu sobre nós, já que as vendas de armas nos Estados Unidos dispararam. Março de 2020 teve uma das maiores taxas de vendas de armas de fogo de todos os tempos, com mais de 1,9 milhão de armas vendidas.[81] As buscas online por informações sobre armas também atingiram picos nunca antes vistos.[82] A compra de armas foi considerada tão essencial quanto a de alimentos e gasolina, e os governadores permitiram que as lojas de armas continuassem abertas. Felizmente, o mundo até agora foi poupado de graves surtos de violência diretamente ligados ao vírus.

Uma das características da Covid-19 que dificultava que as pessoas levassem a doença a sério era a falta de sintomas visíveis (na maioria dos casos). O cólera mata por intensa diarreia e desidratação, a ponto de os pacientes ficarem extremamente abatidos. A varíola causa marcas horrendas. A peste bubônica é desfigurante e fedorenta. A gripe espanhola de 1918 deixava as pessoas cobertas de manchas, e os doentes muitas vezes morriam ofegando por ar. A *visibilidade* dos sintomas dessas doenças, independentemente de sua letalidade muito mais elevada, mobilizou a ação pública. Além disso, no caso da Covid-19, o pouco que a mídia conseguiu captar visualmente sobre as mortes — como corpos envoltos em mortalhas e empilhados no chão de uma casa de repouso ou na traseira de um caminhão — transmitia uma sensação irreal e distante. Assim, como tantos doentes foram removidos dos centros de saúde ou ficaram sozinhos em casa sem ninguém para documentar seu sofrimento quando morreram, e como os relatos se concentraram principalmente nos sinais visíveis de colapso econômico (com fotos de lojas fechadas ou filas em bancos de alimentos), os norte-americanos não perceberam como era terrível a ação do vírus. As mortes e até o luto pelas vítimas da Covid-19 ocorreram estranhamente longe dos holofotes, tornando-os mais difíceis de serem mensurados.

Isso, por sua vez, afetou nossa capacidade de nos unir para lutar contra o patógeno. Na medida em que o risco de morte parecia distante e abstrato — um problema para *eles* em vez de para *nós* —, o sacrifício econômico e a destruição de nossas vidas pareciam injustificados. Os norte-americanos em geral se iludiram e se reconfortaram alegando: "É apenas um grupo de idosos em uma casa de repouso em Seattle", "São apenas trabalhadores de frigoríficos" ou "São apenas nova-iorquinos".

E assim, de todas as divisões sociais que surgem na época das pestes, talvez a mais significativa seja a cisão entre aqueles que conhecem alguém que morreu e os que não conhecem. Mas, à medida que mais pessoas morrem e mais de nós conhecemos alguém que morreu ou vemos uma morte de perto, a epidemia parecerá mais real e mais digna de uma resposta coordenada. Para cada 100 mil pessoas que morrem, há 1 milhão de pessoas que eram próximas a elas e 10 milhões de pessoas que as conheceram pessoalmente.[83] De forma lenta e progressiva, à medida que as mortes aumentam, veremos que esse é um problema que afeta todos nós.

As diferenças nas taxas de ataque do patógeno ao longo de linhas socioeconômicas preexistentes tornaram as diferenças entre nós mais proeminentes. E, embora essas diferenças sejam reais e frequentemente importantes, superenfatizá-las pode ser prejudicial, tanto prática quanto moralmente. Em um âmbito prático, na medida em que enfatizamos as taxas de ataque diferenciais entre os grupos em vez de nossa vulnerabilidade compartilhada, torna-se mais fácil classificar o problema como pertencente a *alguém* e até mesmo culpar as pessoas por sua situação. O mais útil, a meu ver, é enfatizar nossa humanidade comum. O necessário para enfrentar uma pandemia é a solidariedade e a vontade coletiva em prol do controle da doença.

6.

União

> O que é verdade em relação aos males deste mundo é também verdade em relação à peste. Pode servir para engrandecer alguns. No entanto, quando se vê a miséria e a dor que ela traz, é preciso ser louco, cego ou covarde para se resignar à peste.
>
> — Albert Camus, *A Peste* (1947)

Em meados de março de 2020, as aulas presenciais de Yale foram canceladas e Liam Elkind, estudante de graduação, estava em sua casa em Manhattan. Em busca de uma forma de ajudar outras pessoas quando a pandemia começou a se agravar, ele e um amigo fundaram a Invisible Hands, uma organização cujo objetivo era entregar mantimentos e outros artigos essenciais aos idosos e a outras pessoas em risco em sua vizinhança e além. Assim que o site entrou no ar, o interesse de voluntários e da mídia foi avassalador. Em quatro dias, mais de 1.200 pessoas haviam se voluntariado. Para alcançar clientes que dificilmente a encontrariam online, a Invisible Hands fez propaganda com folhetos à moda antiga que os voluntários traduziram em vários idiomas e pregaram em prédios pela cidade. Em um mês, a Invisible Hands inscreveu 12 mil voluntários, atendeu a mais de 4 mil pedidos de ajuda e iniciou um programa de subsídio para fornecer comida grátis também.[1]

Muitas dessas organizações entraram em ação em todo o país.[2] As sociedades de ajuda mútua, que existem há mais de cem anos, ressurgiram. A rede Mutual Aid Disaster Relief, por exemplo, é baseada na ideia de coletividade, cuidado recíproco e relações sociais igualitárias. "A ajuda mútua envolve o que costuma ser chamado de 'solidariedade, não caridade'. Não é uma esmola de alguma entidade de cima para baixo nem um emprego remunerado. Ela incorpora um espírito de empatia, generosidade e dignidade", declara o site.[3] Outras redes de apoio, como a Covid-19 Mutual Aid USA, compilaram recursos para pessoas que desejavam ajudar e indivíduos que precisavam de ajuda, organizando listas detalhadas de todas as redes de ajuda mútua em cada estado e cidade.[4] Uma estação de rádio em São Francisco mantinha um site com dezenas de links para uma ampla gama de sociedades locais de ajuda mútua; as pessoas podiam clicar em um link e preencher um formulário para solicitar ou oferecer assistência, desde ajuda com alimentação e saúde até assistência com direitos dos inquilinos ou abrigo.[5] Da mesma forma, a Mutual Aid NYC compilou organizações em várias categorias, incluindo atendimento a idosos; entrega e transporte; internet e tecnologia; saúde mental; segurança; e cuidados com animais de estimação.[6]

Os norte-americanos se ofereceram para ajudar seus vizinhos e suas comunidades de outras maneiras, apoiando ou trabalhando em bancos de alimentos e ajudando nas compras. As pessoas doaram seu tempo para produzir máscaras de pano ou fazer contato telefônico com pessoas que lutavam contra a solidão. Os bibliotecários adaptaram suas instalações para uma gama surpreendente de serviços, fornecendo refeições, Wi-Fi gratuito ou impressoras 3-D para fazer EPIs ou servindo como abrigos temporários para desabrigados.[7] Muitos norte-americanos continuaram a pagar seus empregados, embora eles não estivessem trabalhando, na esperança de preservar os negócios e ajudar os funcionários. Inúmeras pessoas que tinham condições, e muitas que não tinham, aumentaram suas doações de caridade.

Universitários em geral e estudantes de medicina presos em casa organizaram-se para oferecer serviços de creche a profissionais de saúde e de atividades essenciais ao funcionamento de hospitais, como zeladores e funcionários de refeitórios. Um grupo em Minnesota, chamado CovidSitters, conectou centenas de voluntários a pessoas que precisavam de creches.[8] Esse modelo foi posteriormente copiado em todo o país. "As pessoas estão realmente precisando de ajuda e eu só queria fazer parte da solução", disse a professora de escola pública Danielle Chalfie, que se ofereceu para cuidar dos filhos dos profissionais de saúde da linha de frente. "Estou cuidando das coisas para eles em casa para que possam sair e cuidar das pessoas."[9]

De acordo com uma pesquisa realizada no final de maio de 2020, 37% dos norte-americanos relataram ter doado dinheiro, suprimentos ou tempo para ajudar outras pessoas em sua comunidade, e 75% declararam ter apoiado negócios locais desde o início da pandemia.[10] Muitos norte-americanos também informaram monitorar seus vizinhos idosos ou doentes (43%) e potencialmente se expor ao vírus para ajudar outras pessoas (17%). Por outro lado, 14% pediram ajuda de outras pessoas em sua comunidade e 16% relataram ter recebido ajuda.

Os norte-americanos são famosos pela caridade. Alexis de Tocqueville se encantou com as sociedades de ajuda mútua quando viajou pelo jovem país em 1831, compilando observações para sua presciente obra *Da Democracia na América*. A esse respeito, pelo menos, a situação não mudou muito em dois séculos; os Estados Unidos estão em primeiro lugar no mundo em doações de caridade e, em uma base *per capita*, os norte-americanos doam mais de sete vezes mais do que os europeus, o que talvez não seja uma surpresa, dada a riqueza, a religiosidade e a vantajosa estrutura tributária do país. Nem mesmo o Canadá, vizinho geográfico e cultural, chega perto do nível de filantropia visto nos Estados Unidos. Ainda mais impressionante, as doações individuais representam 81% da caridade norte-americana — muito superior aos valores doados por fundações (14%) ou corporações (apenas 5%).[11]

Não deveria surpreender ninguém, então, que testemunhemos atos excepcionais de bondade além das ações mais primitivas e egoístas que vimos durante a pandemia. Em março de 2020, uma pesquisa com mais de 11 mil entrevistados descobriu que 46% das pessoas concordavam que a Covid-19 estava despertando o melhor dos norte-americanos, um número quase igual ao de pessoas que acreditavam que despertava o pior.[12] E a maioria dos norte-americanos, 61%, relatou ter muita fé na bondade e no altruísmo de seus concidadãos, uma porcentagem não muito diferente de 2018.[13]

Entretanto, há algo incomum no tipo de generosidade que vemos durante uma epidemia, quando o próprio ato de generosidade pode representar riscos materiais à saúde. Uma coisa é doar dinheiro, tempo ou sangue após um furacão; outra bem diferente é entregar mantimentos para um vizinho isolado em casa quando existe a possibilidade de você ser infectado no processo. O altruísmo em tempos de contágio nos pede que coloquemos as necessidades dos outros — em geral estranhos — antes das nossas. Vemos esse tipo de abnegação especialmente entre médicos, enfermeiros, bombeiros, professores, entre outros, pessoas treinadas para priorizar as necessidades dos mais vulneráveis.

O escritor Ernest Hemingway testemunhou esse fato durante a Primeira Guerra Mundial. Aos dezenove anos, recuperando-se dos próprios ferimentos sofridos como motorista de ambulância, ele observou a enfermeira por quem se apaixonou, Agnes von Kurowsky, cuidar de um jovem soldado que morria de gripe espanhola. Ao que parece, Hemingway ficou profundamente abalado ao ver que o jovem parecia se afogar no próprio muco. Em uma carta em que descreve essa cena (e se refere a Hemingway como "o garoto"), Agnes expressou intensa tristeza pela perda desse homem "doce, adorável e sorridente" que morrera em seus braços. Mais tarde, ela explicou que "enfermeiras treinadas costumam ser conhecidas por serem imprudentes com a própria saúde, enquanto se esforçam para preservar a dos outros".

Hemingway ficou tão impressionado com a abnegada coragem da enfermeira que baseou um conto nesse incidente. Nele, o narrador admite:

> *Foi o primeiro homem que vi morrer de gripe e isso me assustou. As duas enfermeiras o limparam e eu retornei para o meu quarto, lavei as mãos e o rosto, gargarejei e voltei para a cama. Eu me oferecera para ajudá-las, mas elas não aceitaram. Quando fiquei sozinho no quarto, descobri que estava muito assustado com a forma como Connor havia morrido e não consegui dormir.*

Estava assustado e em pânico. Depois de um tempo, a enfermeira por quem eu estava apaixonado abriu a porta, entrou no quarto e foi até minha cama.[14]

No entanto o narrador teme a companhia de sua amada, por medo do contágio, e admite isso depois que ela comenta: "Você está com muito medo de me beijar." Após uma pausa, a altruísta enfermeira declara que teria "sugado [o muco do paciente] com um tubo se isso fosse capaz de ajudá-lo".

E pessoas "normais" também estão dispostas a assumir riscos e contribuir para a sociedade. Por exemplo, muitos dos que se recuperaram da Covid-19 voltaram aos hospitais para doar sangue para um possível tratamento com anticorpos (que abordaremos com mais detalhes a seguir). Segundo um pesquisador da Mayo Clinic, a população judaica hassídica do Brooklyn, especialmente atingida pela Covid-19, foi a que mais contribuiu para essa causa. "De longe, o maior grupo são nossos amigos ortodoxos na cidade de Nova York", relatou ele. Quando os bancos de sangue na região de Nova York estavam abastecidos, membros dessa comunidade bastante reclusa viajaram durante a noite de carro para a Pensilvânia e Delaware para doar sangue, recebendo permissão de seus rabinos para viajar no Shabat, se necessário. "Vemos nossa recuperação como uma dádiva", explicou um doador. "Todos aqui receberam a dádiva desses anticorpos e querem usá-los para salvar pessoas."[15]

Até usar uma máscara é, em parte, um ato de gentileza, e não há garantia de que essa generosidade será correspondida. Além disso, em algumas partes do país, o uso de máscara é motivo para exclusão de lojas e restaurantes por causa da crença equivocada de que refletem paranoia ou algum tipo de oposição antiamericana à liberdade. "Quero [clientes] que não sejam ovelhas", disse o dono de uma taverna.[16] Mas as máscaras transmitem altruísmo, uma vez que os usuários obtêm uma proteção mais limitada do próprio uso de sua máscara (na maioria dos casos), como vimos no Capítulo 3.

Esses atos de gentileza, solidariedade e cooperação não são exclusivos da pandemia de Covid-19; eles foram observados em quase todas as epidemias da história humana. Anne Finger, sobrevivente da pólio, descreveu a extraordinária generosidade das famílias locais quando foi hospitalizada em 1954. Ela recebeu tantos presentes que se sentiu "soterrada de atenção". Quando o pai dela ia abastecer o carro, lhe diziam que "já estava pago".[17]

Ao contrário da guerra, da fome ou dos desastres naturais — como furacões ou terremotos —, durante os quais as pessoas podem se reunir, uma epidemia é uma catástrofe coletiva que deve ser vivida isoladamente. Uma força invisível nos separa fisicamente. Durante séculos, em tempos de peste, as pessoas se abrigaram em casa, evitando os vizinhos e amigos, e até morreram sozinhas. E vimos como as doenças epidêmicas podem inflamar tendências mais sombrias, fomentando o medo, a raiva e a culpabilização. Mas as epidemias também nos oferecem a oportunidade — na verdade, a necessidade — de nos unir. Elas ressaltam nossa vulnerabilidade compartilhada e nossa humanidade comum. Assim como outras ameaças coletivas, as epidemias clamam por solidariedade. Felizmente, os seres humanos desenvolveram características úteis: amor, cooperação e a capacidade de aprender e ensinar.

O amor e a conexão podem tornar o sofrimento mais suportável. Experimentos mostram que, se uma pessoa é obrigada a passar por uma experiência dolorosa (como ter o dedo indicador pressionado) ou estressante (como mergulhar o pé em água gelada), a dor é mais tolerada quando o parceiro está presente. Às vezes, os efeitos analgésicos e de alívio do estresse provocados pelo amor podem ser ativados apenas com o pensamento no parceiro.[18] E um relacionamento romântico em um momento de crise pode ser inestimável. A historiadora Miriam Slater tem uma lembrança vívida de sua infância, quando conheceu um casal que se apaixonou em um campo de concentração durante a Segunda Guerra Mundial: "Eles foram separados no campo de concentração. Ele me contou que fugia e ia até a cerca... ela fazia o mesmo e os dois se viam através da cerca. Perguntei: 'Como conseguia? Era muito perigoso.' O homem me respondeu: 'Os nazistas me espancariam se me encontrassem, mas por ela valeria a pena'."[19.]

Pesquisas em psicologia de desastres sugerem que o efeito de catástrofes — naturais ou não — nos relacionamentos depende muito do contexto. Em alguns casos, os desastres podem fomentar diretamente a instabilidade conjugal por meio de problemas econômicos ou de saúde mental, como perda de emprego ou depressão. No entanto, algumas pessoas contam com o apoio do cônjuge em momentos de perigo. Quando os pensamentos de morte se tornam mais evidentes, é bastante natural aproximar-se dos entes queridos para criar amortecedores cognitivos ou físicos contra o medo da morte. Por exemplo, um experimento com estudantes de graduação descobriu que aqueles que responderam a perguntas que exacerbavam pensamentos sobre a própria mortalidade ("Por favor, descreva brevemente as emoções que o pensamento de sua própria morte desperta em você" e "O que acha que acontecerá com você quando morrer e depois que estiver morto?") relataram maior comprometimento com seu parceiro romântico do que aqueles que foram designados a um grupo com perguntas emocionalmente neutras ou focadas na dor física.[20]

O impulso de casar durante uma crise às vezes é alimentado não apenas por um senso intensificado de intimidade, mas também por preocupações pragmáticas. Na véspera da paralisação das viagens globais, em março de 2020, Nathalie Hager e Mikhail Karasev, estudantes de astroengenharia da Universidade Columbia, estavam profundamente apaixonados, mas enfrentando a perspectiva de uma separação intolerável. Nathalie, cidadã alemã, voltaria para casa em Berlim, mas Mikhail, cidadão russo, foi impedido de entrar na União Europeia. No início, eles fizeram de tudo para encontrar uma solução, mas acabaram arranjando um casamento às pressas na prefeitura. Assim, Mikhail (após uma miríade de obstáculos) recebeu uma autorização de residência na Alemanha para que pudessem voar juntos para Berlim. O jovem de 21 anos explicou que não via o casamento apressado como um risco: "Quero muito passar o resto da minha vida com ela. Achei que era muito rápido, mas era a única maneira de ficarmos juntos."[21]

As taxas de casamento também aumentaram após desastres anteriores. Até certo ponto, catástrofes coletivas podem amplificar os sentimentos românticos por causa de um fenômeno conhecido como *atribuição errônea de excitação,* em que as pessoas confundem estimulação emocional ou mesmo perigo físico com um estado de excitação romântica.[22] Por exemplo, em 1989, o furacão Hugo atingiu a Carolina do Sul; a tempestade de categoria 4 causou mais de US$6 bilhões em danos físicos e afetou 40% de todas as residências. Naquele ano, as taxas de casamento em todo o estado aumentaram significativamente (em uma média de 0,70 por mil pessoas, o que pode parecer trivial, mas não é), revertendo temporariamente o constante declínio observado nas duas décadas anteriores ao desastre. As taxas de natalidade também experimentaram um aumento líquido de 41 nascimentos por 100 mil pessoas em 1990, e os 24 condados declarados como áreas de desastre experimentaram um crescimento ainda mais notável nas taxas de natalidade.[23] Os casamentos também aumentaram durante os primeiros estágios da Primeira e Segunda Guerra Mundial, e durante os períodos do pós-guerra. O ano de 1942, logo após a entrada dos Estados Unidos na Segunda Guerra Mundial, teve a maior taxa de casamento registrada até então (13,1 casamentos por mil pessoas) e atingiu o pico depois da guerra em 1946 (16,4 casamentos por mil pessoas). Casamentos em idades mais jovens e mais velhas do que o normal também aumentaram durante a guerra.[24]

No entanto, as taxas de divórcio em todo o estado da Carolina do Sul também aumentaram significativamente após o furacão Hugo, sendo que os 24 condados declarados como áreas de desastre exibiram o maior aumento nas taxas de divórcio.[25] E as guerras também mostraram influenciar o divórcio. As taxas de divórcio atingiram o pico (4,3 por mil habitantes para um total de 610 mil divórcios e anulações) em 1946, após o fim da Segunda Guerra Mundial, e diminuíram para 2,8 em 1948. A taxa de divórcio também aumentou durante e logo após a Guerra do Vietnã (1965–1973).[26] Essas observações corroboram a afirmação da psicoterapeuta Esther Perel de que as crises são um "acelerador de relacionamentos". Elas tendem a apressar os casais felizes a fortalecer seu comprometimento e a estimular os infelizes a se separarem.[27]

Dada a complexidade da ligação entre a catástrofe e o comportamento romântico, o impacto da Covid-19 sobre como as pessoas se apaixonam ou sobre a qualidade de seus relacionamentos íntimos ainda é desconhecido. Por exemplo, parece que a violência doméstica aumentou durante as ordens de permanência em casa no segundo trimestre de 2020. Embora algumas estimativas tenham mostrado uma redução de 25% nos crimes em geral, as taxas de violência doméstica aumentaram em pelo menos 5% em cinco das grandes cidades dos Estados Unidos.[28] Em Chicago, os chamados para a polícia por violência doméstica tiveram um aumento de 7% durante o período da ordem de permanência em casa em comparação com o mesmo período de 2019.[29] Mas, na cidade de Nova York, onde os relatórios policiais de violência doméstica caíram 15% em comparação com o ano anterior, os defensores advertiram que muitas vítimas podem não ter privacidade ou liberdade para denunciar abusos durante as drásticas restrições da cidade. O comissário de polícia Dermot Shea declarou estar preocupado com o fato de que "a violência está acontecendo e não está sendo reportada".[30]

A pandemia também influenciou o comportamento romântico de outras maneiras. Evidências anedóticas iniciais sugerem que a pandemia de Covid-19 está alimentando velhas chamas e intensificando a intimidade. Os norte-americanos estão se sentindo mais solitários do que o normal durante a pandemia, e pode ser por isso que as pessoas isoladas estão cada vez mais se comunicando com ex-parceiros por mensagens de texto ou mídias sociais.[31] O aumento da produção e do consumo de conteúdo de mídia social, o desejo insatisfeito de conexão romântica imposto pelo distanciamento físico e o fato de as pessoas estarem reavaliando suas vidas durante os momentos estressantes podem estar incitando ex-namorados e ex-namoradas a "saírem da toca".[32]

Uma pesquisa realizada em abril de 2020 com 6.004 membros do site de namoro Match.com descobriu que apenas 6% dos solteiros já haviam tido um encontro por chat de vídeo antes da pandemia, mas depois 69% declararam estar abertos a bate-papos por vídeo para encontrar um possível parceiro. Como a pandemia está prolongando o processo de namoro, as pessoas têm mais tempo para desenvolver um tipo mais confiável de amor "lento", que pode contribuir para casamentos mais duradouros após o fim da pandemia.[33] De acordo com a antropóloga biológica Helen Fisher: "Durante esta pandemia, os solteiros provavelmente compartilharão pensamentos muito mais significativos de medo e esperança — e aprenderão coisas vitais sobre um parceiro em potencial com mais rapidez." Essas revelações e a vulnerabilidade que transmitem podem fomentar a intimidade, o amor e o compromisso.

No entanto, para aqueles à procura apenas de conexões sexuais, o departamento de saúde da cidade de Nova York oferece alguns conselhos criativos. Em um folheto surpreendentemente franco e otimista sobre sexo seguro durante a pandemia de coronavírus, o departamento encorajou os nova-iorquinos a "escolherem espaços maiores, mais abertos e bem ventilados" para seus encontros de sexo grupal e os orientou a serem mais "criativos nas posições sexuais e no uso de barreiras físicas tal como paredes" quando em atividades envolvendo duas pessoas.[34]

Quando a pandemia começou, as capacidades inatas de nossa espécie para conexão e cooperação foram testadas por pessoas que tiveram que trabalhar em conjunto de forma positiva para implementar medidas de distanciamento físico. Embora evitar o contato próximo possa ir contra a natureza humana, o próprio fato de termos nos unido para criar uma resposta coordenada à ameaça enfrentada reflete outras capacidades com raízes evolutivas. Surgiram numerosos exemplos de indivíduos fisicamente distantes que, no entanto, se uniram para enfrentar a pandemia de maneiras simbolicamente poderosas. Um dos meus exemplos favoritos surgiu no final de março e início de abril de 2020. Os músicos de uma orquestra, todos isolados em suas próprias casas, gravaram execuções individuais de partes de uma sinfonia; os vídeos foram então editados para apresentar cada músico tocando lindamente. A bela execução de *Bolero*, de Ravel, da Filarmônica de Nova York, levou muitas pessoas às lágrimas. Essa foi uma ilustração perfeita de como nossa espécie social pode cooperar mesmo distante. Muitas pessoas em todo o mundo fizeram o mesmo, tocando e cantando juntas, a distância, de varandas e nas ruas. A espontaneidade de alguns desses gestos foi uma ilustração ainda mais poderosa de nossa capacidade inata de cooperação.

Um ponto-chave sobre o distanciamento físico e a permanência em casa é que as pessoas não estão agindo para ajudar a *si mesmas*, mas, sim, para ajudar *outras*. Demorou um pouco para entender. No início da pandemia, muitos pareciam pensar que o mais corajoso e altruísta a fazer era seguir com suas vidas e mostrar que não tinham medo do vírus. Alguns políticos também adotaram essa abordagem. Conforme a pandemia começava a atingir o Texas no final de março de 2020, e antes de devastar o estado em julho, o vice-governador Dan Patrick, com uma arrogância texana quase estereotipada, sugeriu que os idosos estariam dispostos a arriscar a vida para ajudar sua comunidade a evitar dificuldades econômicas: "Ninguém me procurou para perguntar: 'Como cidadão idoso, você está disposto a arriscar sua vida para preservar os Estados Unidos que amamos para seus filhos e netos?' E, se essa for a troca, estou dentro", disse. "E isso não me torna nobre, corajoso ou algo do tipo. Só acho que há muitos avós por aí neste país como eu... para quem o mais importante, o que mais amamos são nossos netos", acrescentou. "E eu quero viver e superar isso, mas não quero ver o país inteiro sendo sacrificado, e é assim que penso."[35] Eu entendo a ideia de que muitas pessoas estariam dispostas a fazer um sacrifício e até mesmo arriscar a vida, mas acho que as prioridades estão invertidas. De qualquer forma, a decisão dos idosos de assumir riscos por suas próprias famílias é diferente da decisão do governo por eles.

Mais ou menos na mesma época da declaração de Patrick, fui convidado a conversar com um grupo de padres episcopais em New Hampshire para discutir o tipo de trabalho pastoral que faziam e se deveriam manter suas igrejas abertas. Seu instinto natural era manter as atividades, em suas palavras: "Assim como Jesus acolheu a todos", inclusive os enfermos. A motivação deles era diferente, mas o objetivo era o mesmo. No entanto, salientei que, no caso do coronavírus, a resposta compassiva era evitar o fomento da disseminação da doença. Se realmente quiséssemos ajudar nossos vizinhos, tínhamos que ficar em casa. A redução de contato *não* era de fato uma ação egoísta nem covarde. Mas é difícil convencer as pessoas de que sentar no sofá é um ato de generosidade.

No entanto, os indivíduos com frequência se mostravam mais dispostos a seguir as regras relativas ao distanciamento físico quando compreendiam que o motivo principal era ajudar os outros.[36] Afinal, os humanos são atores morais capazes de transcender seus próprios interesses. Um estudo avaliou como as mensagens de saúde pública poderiam ser mais bem-sucedidas. O método mais eficaz era dizer às pessoas "Siga estas etapas para evitar *contrair* o coronavírus" ou "Siga estas etapas para evitar *espalhar* o coronavírus"? Acontece que a ênfase na ameaça pública do coronavírus é pelo menos tão eficaz — e às vezes até mais — quanto a ênfase na ameaça pessoal. Esse dado corrobora outro estudo que demonstra que as pessoas são motivadas a se vacinar não apenas por interesse próprio, mas também por preocupação com o bem comum.[37]

No início de minha carreira como médico de cuidados paliativos, muitas vezes fiz visitas domiciliares a pacientes à beira da morte e tive o privilégio de ouvir suas esperanças e medos enquanto enfrentavam o fim de suas vidas. Uma das preocupações mais constantes levantadas repetidas vezes era de como a morte afetaria suas famílias. Pessoas gravemente enfermas que tinham apenas algumas semanas ou meses de vida escolheriam reduzir ou interromper a quimioterapia para que sua doença fosse menos onerosa para sua família. As pessoas me diziam que estavam preocupadas com o fato de um ente querido ter que levá-las diariamente para o tratamento de radiação ou que abririam mão de certos medicamentos com efeitos colaterais complexos, não para se pouparem da dor, mas para preservar seus entes queridos. Pessoas à beira da morte me revelaram que estavam preocupadas não tanto com a própria mortalidade iminente, mas com a dor de seus parceiros.

Como argumentou a crítica social Rebecca Solnit, na esteira de grandes desastres — de terremotos a furacões e bombardeios —, as pessoas se comportam de forma altruísta, trabalhando para cuidar daqueles ao seu redor, não apenas familiares e amigos, mas vizinhos e completos estranhos. Em vez da imagem de uma sociedade egoísta, violenta e cruel

— da lei do mais forte —, vemos que, diante de desastres, as pessoas com frequência (ou até na maioria das vezes, eu acho) se unem para enfrentar seu desafio comum. Solnit fez o seguinte relato de um homem depois que um furacão atingiu Halifax, na Nova Escócia, em 2003: "Todo mundo acordou na manhã seguinte e tudo estava diferente. Faltava luz, todas as lojas estavam fechadas, ninguém tinha acesso às notícias. Como consequência, as pessoas saíram nas ruas para avaliar a situação. Foi uma sensação de felicidade ver todos, embora não nos conhecêssemos."[38] As pessoas trabalharam juntas para improvisar uma cozinha comunitária e cuidar dos idosos, e, como resultado, criaram novas relações sociais.

Claro, existem egoísmo e violência também. As pessoas se aproveitam do caos para benefício próprio, para acertar antigas desavenças ou apenas para pegar o que conseguirem. Solnit encontrou essas histórias durante o furacão Katrina. E relatos de pragas ao longo dos séculos corroboram esse aspecto da natureza humana — as pessoas abandonam os amigos, culpam estranhos e os queimam na fogueira ou saqueiam casas com as vítimas fragilizadas ainda lá dentro. Mas a anarquia e o egoísmo costumam ser a exceção, não a regra. Na verdade, em um fenômeno que Jamil Zaki, psicólogo de Stanford, chamou de "compaixão da catástrofe", os sobreviventes costumam formar comunidades de ajuda mútua e experimentar maior solidariedade.[39] Esse sentimento de união e o desejo de fazer o bem podem até mesmo resultar em indivíduos além da zona do desastre correndo para a área com doações e voluntariando-se para ajudar.

Um maior senso de identidade compartilhada é muito comum entre aqueles que enfrentam catástrofes, e essa é uma fonte poderosa de comportamento cooperativo e boa vontade. Uma das maneiras pelas quais isso acontece é que um perigo amplamente compartilhado corrói as divisões prévias, integrando um grande número de pessoas à categoria "nós". Todos se tornam parte do grupo que enfrenta o problema. E a adversidade compartilhada cria, talvez, a divisão mais importante de todas: entre aqueles que estão enfrentando a mesma ameaça que nós e aqueles que não estão. Isso ativa uma tendência inata de olhar com benevolência para os membros de seu próprio grupo e, por sua vez, desperta um desejo natural de fazer o bem para eles.

Essa identidade intragrupo é ainda reforçada por outra prática comum observada durante as pandemias: os indivíduos ficam mais propensos a conversar sobre suas experiências adversas compartilhadas, incluindo seus medos, sentimentos negativos e sensação de vulnerabilidade. Normalmente, as pessoas não fazem isso com aqueles que não conhecem bem, por receio de serem inconvenientes ou de serem julgadas de modo negativo ou até mesmo estigmatizadas. Mas, quando fica evidente que todos estão no mesmo barco e enfrentam os mesmos medos, a autorrevelação se torna menos difícil. Isso, por sua vez, fomenta a confiança e a solidariedade, e essas conexões mais profundas facilitam a ajuda mútua.

Uma pandemia — ao contrário de um desastre mais concentrado, como um tornado — cria mais efeitos de transbordamento de um indivíduo ou grupo para outros. O vírus não respeita fronteiras. Consequentemente, a imprudente falta de uso de máscaras por algumas pessoas pode muito bem ter sérias repercussões para mais cidadãos que cumprem as regras. Em Vermont, moradores que costumam ser acolhedores ficaram furiosos quando um grande grupo de motociclistas sem máscara, oriundos da cidade vizinha de Nova York, invadiu a pequena cidade. É por isso que um governador de estado que decide relaxar as regras de distanciamento físico afeta todos nós. Uma análise de 22 milhões de usuários de telefones celulares descobriu que, quando as pessoas viviam em condados conectados a outros condados por laços sociais ou proximidade geográfica, as regras de permanência em casa aprovadas por agentes políticos no primeiro condado eram muito eficazes em manter as pessoas em casa no segundo.[40]

Esses tipos de efeitos de transbordamento só podem ser gerenciados de modo eficaz com um espírito de cooperação. Mas essa cooperação foi, e continua sendo, especialmente desafiadora em um grande país como os Estados Unidos, quando a liderança federal é limitada, e as abordagens descoordenadas para controlar o vírus nos estados são abundantes. Na ausência de coordenação, como um comentarista online explicou de forma simples e clara, é como escolher um dos lados da piscina para urinar e esperar que não nos atinja.

O comportamento altruísta costuma estar associado a um melhor bem-estar subjetivo e à saúde mental geral do benfeitor (desde que o fardo não seja insuportável). O voluntariado costuma estar associado à redução da depressão e da ansiedade.[41] Essa conexão entre o altruísmo e a psicologia humana é ainda mais crucial em tempos de Covid-19, quando a saúde mental é em si uma preocupação, quer o dano tenha origem no medo do vírus ou no isolamento social.[42] E, assim, o altruísmo e a cooperação fornecem um antídoto para muitas das emoções negativas de que tratamos no Capítulo 4.

Um tipo específico de altruísmo que chamou a atenção durante a pandemia foi o risco pessoal bastante realista que os profissionais de saúde (bem como aqueles em outras ocupações menos glamorosas, como balconistas de supermercado e motoristas de ônibus) assumiram. Como vimos, esse fenômeno acompanha as epidemias há milhares de anos. Durante a peste de Atenas, em 430 A.E.C., Tucídides comentou:

> *Tampouco eram os médicos, de início, de alguma utilidade, ignorantes que eram sobre a maneira adequada de tratá-la, mas eles próprios morriam de maneira mais intensa, visto que visitavam os enfermos com mais frequência.*[43]

Durante a peste negra no século XIV, ecoando a amante de Hemingway no século XX, o monge e historiador Jean de Venette afirmou:

> *Em muitos lugares, nem dois homens em vinte permaneceram vivos. A mortalidade foi tão grande que, por um período considerável, mais de quinhentos corpos por dia eram levados em carroças do Hôtel-Dieu em Paris para sepultamento no cemitério dos Santos Inocentes. As santas irmãs do Hôtel-Dieu, sem temer a morte, trabalharam com doçura e grande humildade, deixando de lado as considerações da dignidade terrena. Muitas irmãs foram chamadas para uma nova vida pela morte e agora descansam, acredita-se piamente, com Cristo.*[44]

Os próprios profissionais de saúde estão bem cientes de sua situação durante os surtos contagiosos. Um estudo combinou resultados de 59 investigações de médicos e enfermeiros lidando com diversas epidemias, incluindo SARS, MERS, Ebola, influenza e Covid-19.[45] A equipe em contato com pacientes potencialmente infectados relatou maiores níveis de sofrimento psicológico e transtorno de estresse pós-traumático. Os fatores de risco para resultados psicológicos adversos incluíram menos idade, filhos pequenos e ausência de apoio prático do hospital. A falta de equipamentos de proteção era especialmente estressante. Os resultados psicológicos negativos também eram mais comuns se as pessoas fossem obrigadas a desempenhar suas funções em vez de poderem se voluntariar (exemplos que vimos anteriormente com o surto de SARS-1 em 2003 no Hospital Prince of Wales, em Hong Kong, e o surto de SARS-2 na Itália). E o contato frequente e próximo com a morte pode ser, eu bem sei, muito difícil.[46]

Em meados de março de 2020, como esperado, começaram a surgir relatos de profissionais de saúde adoecendo e morrendo de coronavírus contraído no exercício de suas funções.[47] Nos Estados Unidos — assustadoramente — quase seiscentos profissionais de saúde tinham morrido de Covid-19 até junho de 2020.[48] Outros países — como China, Itália e Brasil — também contabilizaram muitas mortes de enfermeiros e médicos quando os sistemas de saúde ficaram sobrecarregados.[49] Um site internacional começou a rastrear essas mortes. Até 1º de maio de 2020, ele registrou mais de mil nomes de 64 países, dentre eles jovens estudantes de medicina e médicos pressionados a retornar ao trabalho mesmo aposentados, com idades entre 20 e 99 anos.[50] A lista é uma leitura poderosa. Aqui estão apenas alguns: Isaac Abadi, 84 anos, médico e professor de medicina interna e reumatologia no Hospital Universitário de Caracas, Caracas, Venezuela; Luigi Ablondi, 66 anos, epidemiologista, Cremona, Itália; Mamoona Rana, 48 anos, médica no North East London Foundation Trust, Londres, Inglaterra; Alvin "Big Al" Sanders, 74 anos, operações de fábrica e mecânico de manutenção no Hospital Tulane, New Orleans, Louisiana; Ellyn Schreiner, 68 anos, enfermeira no Crossroads Hospice, Dayton, Ohio; Susan Sisgundo, 50 anos, enfermeira da UTI neonatal no Hospital Bellevue, cidade de Nova York; Arthur Turetsky, médico de cuidados pulmonares e intensivos no Bridgeport Hospital, Bridgeport, Connecticut; Ehsan Vafakhah, 38 anos, anestesista no Torbat-e Heydarieh, Irã; Liang Wudong, 62 anos, otorrinolaringologista no Hospital Hubei Xinhau, Wuhan, China; e centenas de outros, alguns homenageados apenas por seu primeiro nome e hospital.

Muitas das infecções e mortes em profissionais de saúde foram consequência direta da ausência de EPIs, visto que essas pessoas eram obrigadas a trabalhar desprotegidas. Quando eu praticava medicina durante a epidemia de HIV na década de 1990, corríamos riscos ao coletar sangue ou cuidar de pacientes HIV positivo. Sangue e outros fluidos corporais às vezes espirravam em nós, e nos preocupávamos com a possibilidade de nos infectarmos. O HIV não era tão transmissível em um ambiente de cuidados de saúde como o SARS-2, mas era, na época, mais mortal. Mesmo assim, esse risco sempre fez parte do tratamento médico. O cuidado de pacientes é uma vocação, não apenas um trabalho. Mas a principal diferença é que tínhamos equipamentos adequados para reduzir o nosso risco!

Nos primeiros dias da pandemia de Covid-19, entretanto, esperava-se que médicos, enfermeiros e paramédicos norte-americanos assumissem esses riscos sem equipamentos adequados para se proteger. A situação era tão terrível que um grupo colaborativo de engenheiros de software e médicos de todos os Estados Unidos se uniram e criaram um site, www.GetUsPPE.org, para coordenar os pedidos de EPIs e possíveis doadores. Em 2 de maio de 2020, havia 6.169 solicitações individuais oriundas de todos os cinquenta estados, com hospitais, ambulatórios e lares de idosos representando a maioria. As instituições e os profissionais de saúde estavam mais desesperados por máscaras respiratórias N95, que representavam 74% dos pedidos.[51]

Durante a primeira onda da epidemia, os profissionais de saúde registraram 4.100 queixas junto à Administração de Segurança e Saúde Ocupacional (OSHA, na sigla em inglês); houve pelo menos 275 "investigações de fatalidade" relacionadas à falta de EPIs e, em 30 de junho, pelo menos 35 funcionários de hospitais morreram depois que a OSHA recebeu reclamações de segurança sobre as condições de trabalho.[52]

Por exemplo, Barbara Birchenough, de 65 anos, trabalhava como enfermeira no Clara Maass Medical Center, em Nova Jersey. Em 25 de março, ela mandou a seguinte mensagem para a filha: *As enfermeiras da UTI estavam fazendo aventais com sacos de lixo. Papai vai trazer sacos de lixo grandes para mim, só por precaução.* Mais tarde naquele dia, ela enviou outra mensagem de texto informando que estava com tosse e dor de cabeça e que havia sido exposta a seis pacientes com teste positivo para Covid-19. *Por favor, ore por todos os profissionais de saúde, estamos ficando sem suprimentos* — dizia a mensagem para a filha. Em 15 de abril, ela morreu da doença. Havia algo de profundamente exasperante nas ligações feitas por grandes hospitais, como o sistema de Yale New Haven e o Dartmouth-Hitchcock Medical Center, aos cidadãos locais pedindo qualquer EPI que tivessem em casa e pudessem ceder. "Nenhuma doação é pequena demais", acrescentou Dartmouth.

O impulso de ser generoso está programado em nós e, na verdade, a sobrevivência de nossa espécie depende de um sofisticado equilíbrio entre altruístas e aproveitadores, entre as pessoas que correm para um prédio em chamas para salvar vidas e aquelas que se aproveitam dos outros. Com o tempo, os humanos evoluíram para viver socialmente e os impulsos cooperativos venceram. Em termos evolutivos, no entanto, quando se trata de nossa resposta às ameaças coletivas, algo ainda mais fundamental do que a cooperação está em ação. O próprio fato de sabermos o que fazer quando a pandemia atacou reflete em parte outra habilidade extraordinária em nossa espécie: a capacidade de ensinar e aprender.

A maioria dos animais pode aprender sobre seu ambiente. Um peixe no mar pode aprender que, se nadar em direção à luz, encontrará alimento. Isso é conhecido como "aprendizagem independente" ou "aprendizagem individual". Um número menor de espécies animais (incluindo macacos, golfinhos e elefantes) é capaz de aprender observando uns aos outros, por imitação e observação. Isso é conhecido como "aprendizagem social". Uma pessoa pode colocar a mão no fogo e aprender que queima, de forma *independente*. Ou posso ver essa pessoa colocar a mão no fogo e aprender a não fazer isso, de forma *social*. Adquiro quase o mesmo conhecimento, mas não pago o preço. Outra pessoa pode comer frutas vermelhas na floresta e morrer; e, se eu observar o que acontece, aprenderei a não fazer isso. Esse aprendizado social é incrivelmente eficiente.

No entanto, as pessoas fazem algo ainda mais radical do que simplesmente aprender umas com as outras por imitação. De forma afirmativa e consciente, nós *ensinamos* uns aos outros. Nós nos propomos a transmitir informações para outras pessoas. O ensino está na raiz da capacidade de criar cultura, de acumular conhecimento útil, de compartilhá-lo amplamente e de aprender com o passado. Esse tipo de ensino é muito raro no reino animal. Mas é universal em nós.

A capacidade humana de sobreviver em uma diversidade de habitats, desde a tundra ártica — onde as pessoas caçam focas — até os desertos africanos — onde constroem poços —, depende pouco de adaptações fisiológicas, como maiores reservas de gordura e menor estatura para conservar o calor entre os humanos que vivem no extremo norte. Muito mais importante, a sobrevivência humana em ambientes desafiadores para os quais nossos corpos frágeis seriam inadequados depende de nossa capacidade de criar cultura, uma capacidade que está enraizada dentro de nós e que nos permitiu inventar coisas surpreendentes como caiaques e parkas. Nenhuma outra espécie depende tanto da capacidade de criar e preservar tradições culturais.

Um dos meus exemplos favoritos é a transmissão de alertas por meio de mitos ou inscrições avisando de grandes desastres naturais que ocorrem com muito menos frequência do que a duração de uma vida humana. A costa nordeste do Japão é pontilhada pelas chamadas pedras de tsunami, que são grandes rochas planas, algumas de até três metros de altura, com avisos inscritos sobre onde construir as aldeias para evitar tsunamis (que podem matar dezenas de milhares de pessoas) ou sobre lugares para fugir caso aconteçam. Em Aneyoshi, uma pedra foi erguida há um século com o aviso NÃO CONSTRUAM CASAS ABAIXO DESTE PONTO! Por que as pessoas despenderiam tempo e esforço para alertar descendentes distantes ou estranhos em algum momento futuro? E por que essas pessoas do futuro atenderiam ao aviso do passado?

Em 2011, quando um tsunami atingiu o local, matando 29 mil pessoas e destruindo tudo em seu caminho, a água parou apenas cem metros abaixo da pedra. As pessoas em todas as onze famílias que haviam construído acima do marcador sobreviveram. "Eles conheciam o horror dos tsunamis, então ergueram aquela pedra para nos alertar", disse Tomishige Kimura, referindo-se aos ex-moradores de sua aldeia. Às vezes, a sabedoria ancestral não é transmitida por palavras inscritas em uma rocha. O vilarejo chamado Namiwake, ou "Limite da Onda", localizado a mais de seis quilômetros do oceano, marca o alcance devastador de um tsunami em 1611.[53] Existe também o fenômeno semelhante de indicar marcas de maré baixa nos rios europeus. O rio Elba, na República Tcheca, é pontilhado de "pedras da fome" que demarcam secas históricas; elas têm inscrições como: SE PUDER ME VER, CHORE, datadas de quinhentos anos atrás.[54]

Da mesma forma, ao longo de milênios, os povos aborígines das ilhas Andaman e Nicobar, no Oceano Índico, passaram adiante a tradição oral que aconselha as pessoas a, quando a terra tremer e o mar recuar, correr imediatamente para locais específicos em áreas mais altas da floresta. Todos esses povos sobreviveram ao grande tsunami de 2005, que matou milhares de residentes de sociedades tecnologicamente mais avançadas.[55]

Uma boa definição de *cultura* é: "A informação capaz de afetar o comportamento dos indivíduos, adquirida de outros membros de sua espécie por meio de ensino, imitação e outras formas de transmissão social."[56] Uma parte fundamental dessa definição é sua qualidade interpessoal: a cultura é uma propriedade não de indivíduos, mas de grupos. Outros cientistas colocam mais ênfase em artefatos materiais, como ferramentas, arte ou medicamentos, mas, é claro, o conhecimento cultural também é o antecedente da criação de tais objetos.

A cultura pode evoluir com o tempo. Assim como as mutações genéticas humanas podem levar ao aumento da resistência a doenças, eventos fortuitos podem levar a melhores ideias ou ferramentas. Invenções superiores, como uma espada da Idade do Bronze, podem superar as mais fracas, como um machado da Idade da Pedra. E populações maiores facilitam a preservação das descobertas. Se um indivíduo se depara com uma técnica melhor para acender uma fogueira, encontrar água, rastrear animais ou fabricar uma vacina, deve haver alguém por perto para observar, copiar e lembrar. Consequentemente, populações maiores são mais adequadas para a aprendizagem social e para maximizar as oportunidades de inovação valiosa. Além disso, professores e alunos devem trabalhar para manter viva uma tradição complexa; populações maiores significam mais alunos para aprender com os melhores membros de uma sociedade e também fornecem eventuais pupilos capazes de superar seus mestres.

Em decorrência da evolução da cultura, se você aprendeu cálculo no colégio, sabe (ou pelo menos, sabia) tanta matemática que, se retrocedesse quinhentos anos, seria o matemático mais experiente do planeta. Simplesmente por ter nascido no século XX ou XXI, você tem acesso a toda ciência, arte e invenções feitas por todos os humanos até então, registradas de diversas maneiras (no folclore, em livros, online). Tem à sua disposição (em muitas partes do mundo) uma compreensão profunda do cosmos; plantas e animais domesticados para fornecer comida; eletricidade e medicina moderna; rodovias e mapas; vidro e plásticos, além de bronze, ferro e aço.

Isso é *cultura cumulativa.* Os seres humanos contribuem incessantemente para a riqueza de conhecimento acumulado que pertence à humanidade, e cada geração, em geral, nasce em uma riqueza maior (é claro, também há reversões periódicas quando o conhecimento é perdido, como aconteceu após o colapso do Império Romano, o que resultou nos europeus vivendo durante setecentos anos em habitações de concreto que eles não tinham know-how para construir). Algumas espécies animais têm formas limitadas de cultura. Mas nosso tipo elaborado de cultura cumulativa, que se estende por gerações, é único.[57]

Foi essa cultura cumulativa que nos permitiu ensinar uns aos outros como lidar com a pandemia quando ela apareceu pela primeira vez. Mesmo que as pessoas tivessem esquecido ou não soubessem o que fazer, o conhecimento ainda estava disponível para rápida ativação. E criamos mecanismos — universidades, livros, salas de bate-papo — para compartilhar conhecimento. As informações sobre as propriedades do vírus, como controlá-lo e como cuidar de suas vítimas se espalharam na velocidade da luz pelo mundo. Dezenas de estudos foram divulgados online por cientistas chineses já em janeiro. E tudo isso em adição aos livros com informações sobre como nossos ancestrais haviam lidado com outras pragas devastadoras no passado.

Nossa capacidade de cultura é o que torna a ciência possível, e isso, por sua vez, nos permite desenvolver intervenções farmacêuticas para complementar as não farmacêuticas que aprendemos a implementar, ainda mais cedo em nossa história. Na verdade, um objetivo fundamental de achatar a curva, para o qual tanto esforço foi direcionado, era precisamente nos dar tempo para inventar novos tratamentos ou uma vacina e, assim, evitar algumas das mortes.

Uma das características mais distintivas da pandemia de Covid-19 é que ela nos atingiu em um século em que nosso conhecimento do corpo humano e da medicina — arduamente acumulado ao longo dos séculos e em um ritmo acelerado nos últimos duzentos anos — nos permite responder de uma forma indisponível para nossos ancestrais. Podemos lutar para desenvolver medicamentos e vacinas para atacar o vírus, acrescentando intervenções farmacêuticas às não farmacêuticas, que foram as únicas ferramentas dos séculos passados. Como vimos no Capítulo 3, em epidemias anteriores, as intervenções farmacêuticas foram menos importantes do que as INFs, mas há uma possibilidade real de que não seja o caso em nossa luta contra a Covid-19.

Semanas depois de o vírus invadir nossa espécie, os cientistas começaram a desenvolver contramedidas farmacêuticas. Em maio de 2020, mais de cem vacinas diferentes, de uma variedade impressionante, já estavam em desenvolvimento, com o apoio de laboratórios universitários, empresas farmacêuticas e governos em todo o mundo.[58] Muitas delas já em fase de testes em humanos.[59] Para colocar o desafio em perspectiva, uma das vacinas mais rápidas já desenvolvidas, a vacina contra o vírus Ebola, aprovada em 2019, levou cinco anos.[60] O prazo normal é de cerca de dez anos.[61]

Apesar do histórico de esforços demorados para o desenvolvimento de vacinas, há muito otimismo quanto à possibilidade de um progresso rápido no caso da SARS-2. Um dos motivos é que a biologia do coronavírus é menos assustadora do que a de alguns outros vírus, inclusive do bom e velho vírus influenza, causador da gripe sazonal. Outro motivo de otimismo tem a ver com a forma de desenvolvimento dessa vacina. Com uma linha de ataque ampla e rápida, estamos aumentando a probabilidade de sucesso rápido, atacando o problema de vários ângulos ao mesmo tempo.

Embora uma vacina seja útil independentemente de quando a recebermos, a velocidade é crucial; para que de fato tenha um impacto significativo no curso da pandemia, a vacina precisa emergir em muito menos tempo do que levaria para a população mundial atingir a imunidade de rebanho. Como esse marco provavelmente ocorrerá após duas ou três ondas da pandemia, correspondendo a cerca de dois ou três anos, não estava claro para mim no terceiro trimestre de 2020 se a vacina chegaria a tempo de fazer muita diferença. Mesmo que ela fosse feita em tempo recorde, muitas pessoas já teriam sido infectadas. E é difícil não oscilar entre o otimismo e o pessimismo, com muitos cientistas argumentando que é possível desenvolver rapidamente uma vacina segura e eficaz e outros expressando ceticismo. Existem boas razões em ambos os lados desse dissenso, e me vi assumindo as duas posições em momentos diferentes.

No entanto, a própria perspectiva de desenvolver uma vacina, seja qual for a velocidade, depende de décadas de trabalho árduo prévio, extenso acúmulo de conhecimento técnico, cooperação entre cientistas de todo o mundo e sacrifícios altruístas de inúmeros indivíduos que se ofereceram para testes farmacêuticos anteriores. Gerações de pacientes, cientistas e médicos lutaram para acumular e preservar o conhecimento do qual os humanos podem agora se beneficiar.

Para muitas doenças, é impossível desenvolver uma vacina. O corpo humano é incrivelmente complexo e é difícil prever como reagiremos às vacinas como espécie, e muito menos como cada indivíduo em particular reagirá. Por exemplo, depois de quatro décadas, não temos vacina contra o HIV nem contra muitos dos vírus que causam o resfriado comum, embora a demanda por ambas seja enorme. Mesmo assim, existem tantas abordagens diferentes para o desenvolvimento de uma vacina para o SARS-2 que a variedade oferece uma noção tanto da probabilidade de sucesso quanto da engenhosidade humana.

O primeiro passo em direção a uma vacina foi logo no início, quando os médicos observaram que os humanos produziam anticorpos durante a recuperação da Covid-19; isso confirmou que era possível provocar uma resposta imune eficaz de tipos específicos. Além disso, a existência de sobreviventes da Covid-19 nos permitiu implantar de imediato uma tecnologia centenária usada com sucesso durante a pandemia de gripe de 1918: injetar plasma convalescente (a parte fluida do sangue) extraído de pacientes recuperados nos doentes (como no caso dos judeus ortodoxos do Brooklyn). Os pacientes que sobrevivem à Covid-19 produzem anticorpos contra o vírus; esses anticorpos circulam em seu sangue e podem ser extraídos e transfundidos em pacientes gravemente enfermos, ajudando a desativar o vírus. Os primeiros relatórios confirmaram a eficácia dessa abordagem contra o SARS-2, mas são necessários estudos formais mais amplos.[62] Apesar disso, o fornecimento de doadores é limitado e o plasma convalescente não previne a doença.

O intuito das vacinas é provocar uma resposta imunológica natural, protetora e de longo prazo nas pessoas — mas sem o risco de realmente lhes transmitir a doença.[63] O corpo humano tem um sistema imunológico com vários componentes, incluindo anticorpos circulantes e células especializadas que também atacam micróbios. Esses sistemas interligados lutam naturalmente contra organismos invasores e são capazes de se lembrar dos invasores que já encontraram antes.

Para compreender como as vacinas são desenvolvidas, é útil entender o que, exatamente, elas tentam repelir. O coronavírus infecta as células usando as proteínas spike em sua superfície para se ligar a proteínas na superfície das células humanas conhecidas como receptores ACE2, especialmente as que revestem o trato respiratório, mas também outros tecidos, como vimos no Capítulo 1. Após uma sequência de etapas, o vírus entra na célula, onde assume o maquinário celular para se reproduzir, liberando mais vírus no organismo, o que pode causar danos ao indivíduo e se espalhar para outras pessoas.

Normalmente, à medida que o corpo tenta repelir o invasor, certas células especializadas engolfam o vírus e, em seguida, mostram partes dele para outras células, conhecidas como células T auxiliares, assim como uma criança que abre a boca cheia de comida para que a mãe verifique o que ela está comendo. Isso posteriormente auxilia as chamadas células B na produção de anticorpos contra o vírus e no disparo de outras defesas corporais. No caso da Covid-19, a maioria dos pacientes produz, dentro de poucos dias, anticorpos suficientes para eliminar a infecção. Paralelamente, um tipo diferente de célula T (conhecida como célula T citotóxica) pode aprender a identificar e destruir células humanas infectadas com o vírus. O mais importante, algumas dessas defesas imunológicas registram a natureza do invasor, e essa informação permanece no organismo por um longo tempo após a infecção aguda. Esses "registros" são conhecidos coletivamente como "imunidade de memória".

Em 2020, os cientistas tentaram ativar esse sistema natural usando uma série de abordagens. A mais antiga envolvia dar às pessoas algo conhecido como "vírus vivo atenuado". Essa é uma tecnologia bem antiga.

A varíola bovina é uma doença que em geral infecta vacas, mas às vezes também pode infectar humanos, causando-lhes uma doença leve que se assemelha à varíola (embora a varíola seja muito mais mortal). Ao observar a sabedoria popular de que as leiteiras eram imunes à varíola, em 14 de maio de 1796, o médico inglês Edward Jenner conduziu um experimento. Ele raspou um pouco de pus de bolhas de varíola bovina nas mãos de uma leiteira chamada Sarah Nelmes e depois o injetou em James Phipps, filho de oito anos de seu jardineiro (ele convenientemente ignorou a opção de testar o procedimento nos próprios filhos).

Jenner inoculou o material em ambos os braços do menino, que teve febre e mal-estar. Dois meses depois, em uma ação crucial e quase inacreditável, Jenner fez mais duas inoculações em James com o material de bolhas de *varíola* colhido de outro indivíduo. E o menino não desenvolveu a doença. A contribuição única de Jenner não foi sua decisão de infectar pessoas com varíola bovina, mas o que ele pretendeu provar por meio desses subsequentes desafios — que os indivíduos eram realmente imunes à varíola depois dessas inoculações.[64] Jenner chamou o procedimento de *vacinação,* derivada de *vacca,* a palavra latina para "vaca".

Hoje em dia, ainda usamos variações dessa ideia, tentando desenvolver artificialmente variantes leves de um vírus mortal. Formas enfraquecidas de um vírus são criadas permitindo que o vírus cresça e infecte células animais ou humanas *in vitro,* repetidamente, por centenas de gerações, até que ele adquira mutações que o tornem menos capaz de causar doenças em humanos. O truque é fazer isso da maneira certa para que o vírus não deixe ninguém doente, mas, ainda assim, provoque uma boa resposta imunológica de memória. As vacinas contra varíola, catapora, rotavírus, sarampo e caxumba funcionam dessa maneira. De fato, como essa abordagem se aproxima muito de uma infecção natural, as vacinas de vírus vivos atenuados estão entre os métodos mais eficazes de vacinação conhecidos, geralmente conferindo imunidade muito boa e de longo prazo. Vacinas veterinárias relativamente bem-sucedidas para várias espécies de coronavírus (usadas em porcos, vacas, gatos, entre outros) são da variedade viva atenuada, o que aumenta a esperança de sucesso semelhante em humanos.[65]

Intimamente relacionado a essa abordagem está o uso de um vírus inativado. Aqui, em vez de tentar criar uma nova cepa mutante, os pesquisadores tratam o vírus com substâncias químicas, calor ou algum outro processo para torná-lo incapaz de causar infecção e, ao mesmo tempo, para preservar sua imunogenicidade. Esses tipos de vacinas geralmente exigem doses de reforço. As vacinas para hepatite A e gripe sazonal enquadram-se nessa categoria. Já em abril de 2020, cientistas chineses de uma empresa chamada Sinovac começaram a testar uma vacina desse tipo.[66] Eles concluíram os testes em macacos logo após o início da epidemia, e os ensaios de fase 1 em humanos começaram na província de Jiangsu, ao norte de Shanghai, naquele mês.[67]

Uma outra abordagem é usar *partes* do vírus, especificamente fragmentos de proteínas, para induzir uma resposta imune. Uma proteína sozinha não é capaz de infectar uma pessoa com o vírus de onde foi extraída, mas pode desencadear a produção de anticorpos. A parte difícil é obter uma resposta forte o suficiente para combater o vírus real. Muitas vacinas bem-sucedidas se enquadram nessa categoria, incluindo aquelas para herpes zoster, HPV, hepatite B e meningococo.

Ainda outra abordagem, que nunca foi empregada com sucesso anteriormente, é usar ácidos nucleicos do vírus em vez de proteínas — isto é, usar fragmentos de DNA ou RNA que se assemelham à informação genética do vírus. No caso da abordagem do DNA, a ideia é instruir o corpo a produzir uma proteína viral dentro das próprias células, como se elas tivessem sido infectadas pelo vírus, e isso, por sua vez, provoca a resposta imunológica usual. Uma variante dessa abordagem é adicionar DNA que combine genes de um vírus com uma espécie totalmente diferente de outro vírus mais brando.[68] Esse vírus alterado é então injetado no organismo, mais uma vez iniciando uma resposta imunológica.

A abordagem de RNA é semelhante à anterior, mas oferece alguns benefícios adicionais: o organismo humano poderia, no caso do coronavírus, passar a reconhecer o RNA como estranho e possivelmente aprender a atacá-lo diretamente de maneiras úteis para evitar infecções futuras. Injetar pessoas com DNA ou RNA para que possam ser absorvidos por suas células e produzir proteínas virais pode parecer assustador, mas essa é, na verdade, uma forma menos nociva de fazer o que o vírus faz às pessoas. As moléculas injetadas em nossos corpos são muito diferentes do vírus em si.

A primeira vacina contra o coronavírus desenvolvida nos Estados Unidos foi uma vacina de RNA do tipo que acabamos de discutir, produzida pela Moderna Therapeutics em 24 de fevereiro de 2020, apenas

42 dias após a publicação da sequência gênica do vírus na China.[69] O primeiro participante do ensaio desse agente foi inoculado em 16 de março.[70] É uma velocidade surpreendente. Naquela data, havia apenas 4.609 casos conhecidos da doença nos Estados Unidos e apenas 95 mortes conhecidas. Em 19 de maio de 2020, os cientistas relataram os resultados preliminares do ensaio, e a vacina se mostrou promissora.[71]

Existem ainda outras abordagens para fazer uma vacina além das mencionadas anteriormente. E há outro know-how técnico que envolve todas essas abordagens, acumuladas meticulosamente ao longo de décadas por seres humanos que aprenderam e colaboraram uns com os outros para que pudéssemos sobreviver a doenças que exterminaram populações inteiras em eras anteriores.

Outro exemplo maravilhoso do acúmulo de conhecimento cultural ao longo do tempo (e legado a humanos futuros como nós!) é encontrado no desenvolvimento de algo conhecido como adjuvantes, que costumam ser usados como componentes de vacinas. Durante a década de 1920, um veterinário francês chamado Gaston Ramon fez grandes contribuições para o desenvolvimento de vacinas contra difteria e tétano (as principais causas de morte na época) com base em um método desenvolvido por ele que usava formaldeído para inativar as toxinas mortais produzidas por esses patógenos.[72] Esse tratamento químico tornava as toxinas ineptas para causar doenças, mas ainda eram capazes de provocar uma resposta imunológica protetora. Um processo muito semelhante ainda é usado em vacinas fabricadas hoje para essas doenças. Ramon foi indicado ao Prêmio Nobel pelo menos 155 vezes, o maior número dentre os que não ganharam o prêmio (e, a meu ver, suas contribuições foram, com certeza, iguais às de muitos que ganharam).[73]

Durante o experimento, no entanto, Ramon percebeu que os cavalos injetados com difteria tinham uma resposta imunológica mais forte (ou seja, um nível mais alto de anticorpos no sangue) quando apresentavam evidências de irritação no local da injeção. Em parte, os cavalos estavam sendo infectados deliberadamente para que os cientistas pudessem colher esses anticorpos e usá-los para tratar humanos contra a difteria (uma abordagem de tratamento que rendeu a outro cientista o

Prêmio Nobel em 1901). Um processo semelhante é usado atualmente para criar antitoxinas contra venenos de serpentes, uma vez que, por seu porte avantajado, cavalos podem facilmente sobreviver a pequenas quantidades de veneno. Isso também se assemelha ao tratamento com plasma convalescente para Covid-19 discutido anteriormente.

Ramon começou a se perguntar se seria capaz de provocar a irritação de forma deliberada — aumentando, assim, a resposta imunológica do cavalo — com a adição de substâncias químicas irritantes ao material injetado. Ele experimentou amido de tapioca e sais de alumínio — substâncias ainda em uso para fabricação de vacinas humanas. Por volta da mesma época, incidentalmente, o imunologista britânico Alexander Glenny observou de forma independente algo semelhante: se os humanos recebessem uma vacina contra a difteria que contivesse sais de alumínio, eles pareciam desenvolver uma imunidade mais forte.[74]

Ao longo dos anos, os pesquisadores tentaram adicionar todos os tipos de irritantes, incluindo proteínas de algas marinhas e até migalhas de pão.[75] Os cientistas continuaram a explorar a biologia desse processo, e a indústria farmacêutica desenvolveu irritantes cada vez mais eficazes. Por exemplo, a vacina contra o vírus que causa o herpes zoster tem uma mistura especial, uma poção mágica de gorduras e proteínas da bactéria salmonela junto com extratos de quilaia, a árvore de casca de sabão chilena. Nenhuma dessas substâncias tem qualquer relação com o vírus que causa o herpes zoster, mas, ainda assim, melhoram o funcionamento da vacina. Passo a passo, trabalhando juntos, acumulamos conhecimento ao longo do tempo e o compartilhamos amplamente.

Ao aumentar a imunogenicidade do agente ativo real, os adjuvantes possibilitam doses menores da vacina, o que significa que mais pessoas podem ser vacinadas e com menor risco. Consequentemente, muitas das vacinas em desenvolvimento para o SARS-2 envolvem planos sofisticados para utilizar esses adjuvantes de forma ponderada. E as empresas com esse tipo de tecnologia avançada, incluindo a GlaxoSmithKline, se comprometeram a disponibilizar suas substâncias adjuvantes já comprovadas para uso nas vacinas contra Covid-19 desenvolvidas por outras empresas.[76]

A implantação de tecnologias engenhosas para nos ajudar a enfrentar a pandemia foi impressionante de outras maneiras. Como parte de sua contribuição, alguns cientistas tentaram criar animais geneticamente modificados que expressassem a forma humana da proteína ACE2 (aquela à qual o coronavírus se liga), o que permitiria que outros cientistas avaliassem com mais rapidez a eficácia das vacinas que estavam sendo desenvolvidas. Todo um conjunto independente de ferramentas tecnológicas, baseadas em anos de ciência, foi utilizado apenas para desenvolver a ferramenta que seria usada para combater o vírus — assim como as tecnologias desenvolvidas para fabricar copinhos de café são mescladas com outras totalmente diferentes, necessárias desde a colheita até o preparo do café.

Há uma quantidade incrível de conhecimento e trabalho combinados. É lindo e fascinante. É difícil sequer estimar quantos anos de esforço de cientistas, médicos, engenheiros e outros colaboradores — muitas vezes simplesmente compartilhando conhecimento — foram necessários para ajudar nossa espécie a lidar com esse novo coronavírus.

Ainda assim, existem muitos fatores desconhecidos que moldarão o desenvolvimento da pesquisa de vírus. Um grande problema no início dos esforços de desenvolvimento da vacina é saber precisamente o quão forte é a imunidade ao SARS-2 e por quanto tempo ela vai durar (seja essa imunidade provocada por infecção natural, seja pela vacina). Não há como acelerar a aquisição de tal conhecimento. Simplesmente temos que esperar que o tempo passe. Estudos anteriores feitos com uma das espécies de coronavírus que causam o resfriado comum e com o SARS-1 mostraram que a reação inicial do anticorpo diminui com o tempo, durando cerca de um ano, mas que as pessoas ainda retêm uma potente imunidade de memória (com base nas células T de memória).[77]

Outro fator crucial é a segurança. A taxa normal de complicações graves para vacinas humanas aprovadas é de aproximadamente um a cada milhão de inoculados. A vacina contra a gripe sazonal pode matar uma em cada 10 milhões de pessoas inoculadas, um número que é claramente compensado pelos milhares de vidas salvas anualmente pela vacina. Mas não importa quantas vidas uma vacina salve, a segurança é um problema sério, sobretudo em algumas populações (como crianças) que enfrentam um risco relativamente menor de contrair ou sucumbir à Covid-19. Algumas potenciais vacinas para outros coronavírus de fato causaram infecções *piores* em testes com animais, em parte por exacerbar a maneira natural com que o corpo do animal tentava lutar contra a infecção.[78] Outro risco é que, se o tipo errado de resposta imune for desencadeado, o corpo pode atacar a si mesmo, no que é conhecido como reação autoimune. Isso aconteceu com a vacina contra a gripe em 1976, quando muitos pacientes desenvolveram uma espécie de paralisia (da qual a maioria das pessoas se recuperou) conhecida como síndrome de Guillain-Barré.[79]

A pressa para levar uma vacina ao mercado também pode causar outros tipos de problemas de segurança em sua fabricação. Foi isso que aconteceu em 1955, de maneira infame, no Incidente Cutter, no início do lançamento da vacina contra a poliomielite. Quando a vacina contra a poliomielite foi disponibilizada, eventos de vacinação em massa foram organizados pelas comunidades locais. Mais de 120 mil crianças receberam um lote da vacina em que o processo de inativação do vírus vivo estava incompleto. Em poucos dias, houve relatos de crianças desenvolvendo paralisia e o programa de imunização em massa foi abandonado depois de um mês. A investigação mostrou que dois lotes da vacina, fabricada pela Cutter Laboratories, continham o vírus vivo, resultando em sintomas em 40 mil pessoas, paralisia permanente em 51 e morte em cinco; e isso não inclui os casos de propagação do vírus a outras crianças.[80] Esse episódio foi descrito como uma tempestade perfeita de práticas empresariais desleixadas, ganância e supervisão federal negligente — levando a uma tragédia para as vítimas.

É difícil ser rápido e prudente. Uma pesquisa em maio de 2020 revelou que 73% dos norte-americanos estavam confiantes de que uma vacina seria desenvolvida. Ainda assim, 64% disseram que os cientistas e as empresas deveriam dedicar o tempo necessário para garantir que os produtos farmacêuticos fossem seguros.[81] Mas, na pressa de desenvolver uma vacina contra a Covid-19, algumas empresas farmacêuticas estão pulando algumas etapas cruciais, como testes em animais, e negligenciando o trabalho preliminar necessário em pequenos grupos de humanos, o que pode afetar adversamente a segurança da vacina resultante. Estou preocupado com o fato de que uma vacina que parece segura em testes possa revelar problemas quando administrada a milhões de pessoas. Quaisquer reações adversas certamente serão cobertas pela mídia, reduzindo o interesse público na vacinação quando ela é mais necessária.

Outra medida incomum tomada para acelerar a disponibilidade é a construção de fábricas antes mesmo de uma vacina ter sua eficácia demonstrada ou ser aprovada. O filantropo Bill Gates disse que apoiaria financeiramente, a um custo tremendo, a construção de sete fábricas diferentes, com métodos de fabricação distintos, antes mesmo de saber quais vacinas poderiam funcionar.[82] Da mesma forma, as empresas farmacêuticas indicaram que estão aumentando a capacidade de produção antes mesmo de saber se suas potenciais vacinas são eficazes.

Há muito com que se preocupar no desenvolvimento de uma vacina contra a Covid-19. Esse é um novo vírus para o qual novas abordagens de vacinas estão sendo experimentadas, exigindo também novos procedimentos de fabricação. No entanto, podemos acabar com mais de um tipo de vacina no final, e alguns tipos podem ser mais ou menos adequados para populações específicas, como crianças, idosos, imunocomprometidos e assim por diante. Não importa quando uma vacina segura e eficaz aparecerá, ela ajudará a prevenir mortes por Covid-19.

Os esforços para encontrar medicamentos capazes de tratar a Covid-19 prosseguiram com níveis semelhantes de cooperação internacional, rapidez e engenhosidade. Poucos meses após o início da epidemia, dezenas de substâncias químicas estavam sendo reaproveitadas ou propostas como tratamentos para o vírus. Ensaios clínicos foram lançados, muitas vezes refletindo parcerias entre empresas farmacêuticas, universidades, governos e até mesmo organismos internacionais, como a Organização Mundial da Saúde. Por exemplo, em março de 2020, a OMS iniciou o que chamou de Teste de Solidariedade em dez países, inscrevendo milhares de pacientes infectados com SARS-2 para explorar a utilidade potencial de quatro medicamentos antivirais usados para outros vírus.

A variedade de drogas estudadas tem sido impressionante, incluindo hidroxicloroquina (que discutimos no Capítulo 4); um medicamento antiviral conhecido como remdesivir, que inibe a síntese de RNA; outros medicamentos que atuam de maneiras bioquimicamente engenhosas (como favipiravir ou lopinavir); vários anticorpos monoclonais humanos; esteroides; e muitos outros medicamentos e abordagens.

Um estudo importante sobre o remdesivir foi publicado em maio de 2020 e mostrou que o medicamento pode diminuir em alguns dias o tempo que os pacientes passam na terapia intensiva.[83] Para ser claro, esse foi um resultado modesto e válido apenas para pacientes gravemente enfermos. Os pesquisadores não conseguiram demonstrar que o medicamento pode prevenir a morte (independentemente do seu impacto na duração da hospitalização). Nem estavam tentando mostrar que a droga poderia prevenir a progressão para casos graves entre a população muito maior de pessoas infectadas, mas não doentes. Mesmo assim, sem ter demonstrado esses outros efeitos benéficos, a droga pode oferecer benefícios para nossa sociedade. Liberar a capacidade da UTI é um objetivo crucial.

Em 16 de junho de 2020, foi anunciado que um esteroide conhecido como dexametasona poderia de fato reduzir a mortalidade em pacientes hospitalizados. O anúncio foi feito em um comunicado à imprensa da Universidade de Oxford (um artigo científico foi publicado algumas semanas depois), indicando como os pesquisadores consideravam importante compartilhar publicamente informações com rapidez.[84] A dexametasona é muito barata e amplamente disponível; foi descoberta em 1957 como parte do trabalho conduzido por Philip Showalter Hench no tratamento da artrite reumatoide.

Como classe, esteroides (e dexametasona em particular) *suprimem* o sistema imunológico, o que parecia oferecer alívio para pacientes cujos pulmões foram devastados pela resposta imunológica hiperativa que às vezes surge mais tarde no curso de casos graves de Covid-19. Mas os pacientes ainda precisam de um sistema imunológico ativo para se defender do próprio vírus. Esse é um equilíbrio complicado. O momento adequado para usar o medicamento pode depender do curso da doença em determinados pacientes. No ensaio, um total de 2.104 pacientes foram randomizados para receber dexametasona por dez dias e foram comparados a 4.321 pacientes que receberam os cuidados habituais. No geral, a droga reduziu a taxa de mortalidade, que ocorre dentro de 28 dias, em 17%. Essa grande redução na mortalidade foi uma notícia bem-vinda. Mas a droga mostrou o maior benefício entre os pacientes mais enfermos que requerem intubação. Na verdade, houve uma sugestão nas descobertas de que os pacientes que não precisaram de respiradores podem ter se saído um pouco *pior* com o medicamento (talvez pela intervenção na capacidade do sistema imunológico de combater o vírus). Desenvolver, testar e distribuir medicamentos não é tarefa fácil.

Ainda assim, o surgimento de medicamentos como remdesivir e dexametasona, e outros por vir, justifica toda a estratégia de implantação de intervenções não farmacêuticas para achatar a curva. Ao ganhar tempo, nos permitimos a oportunidade de usar nossas capacidades de ensino e aprendizagem para estender nossa sobrevivência.

Um estudo clássico de imunidade e sintomas relacionados ao coronavírus (com a cepa 229E, que causa o resfriado comum), publicado em 1990, envolveu uma curiosa reviravolta.[85] Quinze voluntários foram infectados deliberadamente com o vírus. Todos desenvolveram sintomas de resfriado, e a quantidade de anticorpos circulantes em seu sangue foi monitorada periodicamente por um ano, e os níveis observados foram muito baixos. Mas sua imunidade havia diminuído completamente ou ainda lhes restava alguma imunidade de memória? Só havia uma forma de saber com certeza. Nove dos quinze concordaram em ser "desafiados"; ou seja, eles voltaram ao laboratório para serem reinfectados deliberadamente com o vírus. Embora sua titulação de anticorpos fosse extremamente baixa ou indetectável na época, eles ainda tinham alguma imunidade, uma vez que apenas seis dos nove foram reinfectados com o vírus e nenhum desenvolveu sintomas.

O desenvolvimento de vacinas e medicamentos costuma ser extremamente trabalhoso. O processo todo custa cerca de US$1 bilhão e normalmente leva dez anos. Mesmo nos estágios finais do desenvolvimento do medicamento, quando os ensaios em humanos já foram iniciados e as pessoas estão entusiasmadas com a promessa do medicamento que está sendo avaliado, não é incomum o surgimento de efeitos colaterais tóxicos e o abandono do medicamento. Os medicamentos são descartados em até 50% das vezes, mesmo no final do processo. Quando novos agentes químicos são desenvolvidos (não os medicamentos existentes que estão simplesmente sendo avaliados para um novo uso, como a dexametasona), pouco se sabe sobre sua segurança, toxicidade e farmacocinética. O processo é ainda mais confuso, e estudos *in vitro* com células humanas ou com animais são realizados para tentar entender esses parâmetros.

É aqui que a tendência humana para o altruísmo e a cooperação se torna realmente útil. O teste de medicamentos sempre requer voluntários dispostos a assumir algum risco ao tomar um agente farmacêutico novo e não inteiramente compreendido. Em última análise, deve haver alguns estudos de "primeiro em humanos" ou de "primeira dose em humanos", conhecidos como estudos de fase 1. Esses estudos são seguidos por estudos de fase 2, que envolvem um número um pouco maior de indivíduos e tentam explorar mais a segurança do medicamento e, o mais importante, obter uma noção inicial de sua eficácia. Se essa fase for promissora, os estudos de fase 3, envolvendo um número muito maior de pessoas em um ensaio clínico randomizado, são iniciados com o objetivo de quantificar a *real* eficácia do medicamento. Nesses estudos essenciais de fase 3, um grupo de pessoas é designado aleatoriamente para receber o agente ativo e outro, o grupo de controle, recebe um placebo ou outro padrão usual de tratamento. Durante a fase 3, os cientistas também avaliam o possível surgimento de toxicidades raras que podem não ter sido observadas nos pequenos estudos de fase 1 e fase 2. Finalmente, mesmo depois que um medicamento é liberado, o monitoramento contínuo é necessário para garantir que o fármaco funcione em uma amostra mais ampla e representativa de pessoas que o recebem e para verificar se há toxicidades ainda mais raras (isso é conhecido como fase 4).

As taxas dos resultados de interesse (doença, morte, toxicidades e assim por diante) são monitoradas e comparadas nos dois grupos em um estudo de fase 3 (o grupo de tratamento e o grupo de controle). No caso de um teste de vacina, isso pode levar até um ano, enquanto os pesquisadores esperam que os pacientes sejam expostos à doença, e possivelmente a contraiam, de forma natural. Se menos pacientes no grupo que recebeu a vacina desenvolverem a doença do que no grupo que não recebeu a vacina, isso fornece a evidência necessária de que a vacina funciona para prevenir a infecção.

No entanto, surgiu um problema quando os testes da vacina contra a Covid-19 começaram. Em muitas partes do mundo, como na China, por causa de INFs, como uso de máscaras e fechamentos de atividades, não havia pessoas suficientes adoecendo para permitir o teste eficiente das vacinas! Uma vez que a eficácia da vacina é avaliada pela comparação de pessoas vacinadas que contraíram Covid-19 com pessoas não vacinadas que a contraíram, uma baixa incidência de Covid-19 significa que um grande número de indivíduos precisa ser estudado. Se ninguém se expõe ao vírus naturalmente, não há como testar a vacina. Ironicamente, o sucesso na implantação de intervenções não farmacêuticas para controlar a doença dificultou a avaliação da eficácia das intervenções farmacêuticas.

Por essa razão, e para acelerar a fase 3 de um ensaio de vacina, alguns cientistas propuseram uma alternativa a simplesmente esperar que as pessoas adoecessem com Covid-19 de forma natural. Eles poderiam repetir o intento de Jenner e do estudo do coronavírus 229E: desafiar ativamente pessoas vacinadas infectando-as deliberadamente com SARS-2.[86] Obviamente, inocular voluntários com o vírus SARS-2 vivo apresenta o risco de incapacitá-los ou matá-los. Mas acelerar o desenvolvimento de uma vacina pode reduzir significativamente a mortalidade e as doenças na população em geral. E o risco para os voluntários poderia ser minimizado se eles fossem jovens e saudáveis, recebessem atendimento de excelência ou já estivessem em alto risco de infecção (o que significa que tinham algo a ganhar e menos a perder com a participação). Por exemplo, bons candidatos para tal experimento seriam profissionais de saúde ou, inversamente, pessoas que cuidavam de parentes com doenças crônicas e que queriam evitar a Covid-19 por medo de transmiti-la a seus entes queridos.

Mais uma vez, devido ao altruísmo em nossa espécie, esses voluntários surgiram. Josh Morrison, que mora no Brooklyn, em Nova York, lidera uma organização sem fins lucrativos que tenta facilitar a doação de rins. Em 2011, ele próprio doou um rim, aceitando um pequeno risco de morte para salvar a vida de um estranho. Ajudar a acelerar o desenvolvimento de uma vacina para Covid-19, assumindo um risco semelhante, ponderou ele, poderia salvar *milhares* de vidas. Após ouvir sobre a possibilidade de testes de desafio, ele criou o COVID Challenge, "um centro para as pessoas se voluntariarem e apoiarem o desenvolvimento seguro e rápido de vacinas". Mais de 1.550 pessoas haviam se inscrito até abril de 2020.[87] O jornalista Conor Friedersdorf entrevistou algumas dessas pessoas.

Uma delas era Gavriel Kleinwaks, uma jovem de 23 anos que estudava engenharia mecânica na Universidade do Colorado, em Boulder. Como judia, ela sempre foi movida pelo ditado talmúdico: "Aquele que salva uma vida salva o mundo inteiro." E, então, declarou: "Eu tenho sorte de muitas... formas, incluindo boa saúde... Sou jovem. Não costumo ficar doente. Essa parece ser uma forma de compartilhar um pouco dessa sorte. Sinto empatia pelas outras pessoas. A dor de perder alguém querido é a mesma, não importa quem você seja. Qualquer coisa para reduzir essa dor é algo que eu deveria tentar." Além disso, continuou ela: "Existe o risco de participar de um teste em humanos, mas também existe o risco de simplesmente andar por aí. Não que eu não tenha medo do vírus. Tenho. Mas o teste não me pareceu um enorme risco adicional." Outra voluntária, Mabel Rosenheck, historiadora de 35 anos da Universidade Temple, na Filadélfia, explicou sua motivação da seguinte forma: "Os riscos que outras pessoas correm são muito maiores, em termos de médicos e enfermeiros, funcionários de supermercados, pessoas que enfrentam riscos todos os dias. O risco que eu poderia correr seria comparável, mas nem tão grande, porque eu teria bons cuidados médicos e pessoas cuidando de mim desde o início."

Ainda mais cooperação é necessária, além do que já é exigido para desenvolver e testar as intervenções farmacêuticas. As pessoas ainda precisam tomar a vacina, para seu próprio benefício e para o benefício de todos. Em maio de 2020, surgiram evidências de que a porcentagem de indivíduos que aceitariam receber uma vacina hipotética diminuiu paralelamente à redução do medo do patógeno naquela época.[88] Dada a desinformação sobre os riscos da vacina, o movimento antivax e, talvez o mais importante, a polarização política que infelizmente passou a caracterizar muitos aspectos de nossa resposta coletiva à pandemia de Covid-19, pode ser necessário um esforço significativo para persuadir todos a tomarem a vacina.

Para uma vacina funcionar em nível coletivo e conferir imunidade de rebanho, as pessoas teriam que cooperar mais uma vez. Como vimos antes, dado o R_0 do SARS-2, cerca de 67% da população precisa ser imunizada. Uma pesquisa no início de maio indicou que 72% dos norte-americanos receberiam uma vacina, se houvesse uma disponível.[89] A disposição variava de acordo com a raça; 74% dos brancos estavam dispostos em comparação a 54% dos negros, apesar do maior ônus da doença entre os negros. Isso talvez reflita o legado vergonhoso da experimentação médica racista nos Estados Unidos, que deixou em alguns afro-americanos um vestígio de desconfiança no establishment médico. A afiliação política também parecia desempenhar um papel, e 79% dos democratas expressaram o desejo de ser vacinados em comparação a 65% dos republicanos. No entanto, outra pesquisa nacional, realizada em maio de 2020, descobriu que, entre aqueles que planejam tomar uma vacina quando estiver disponível, 93% declararam que o fariam para se proteger. Quase o mesmo número, 88%, afirmou que o faria para proteger sua família. E 78% disseram que tomariam uma vacina porque: "Eu quero proteger minha comunidade."[90] Essas motivações pró-sociais estão sempre presentes.

Como discutimos no Capítulo 4, as epidemias fomentam o medo e a ansiedade. Esses estados psicológicos, assim como os próprios germes, se propagam de pessoa para pessoa. Mas as boas ideias também se espalham de pessoa para pessoa. Mesmo que o patógeno esteja explorando a tendência evoluída e bastante natural de nossa espécie de se reunir em grupos, há outras partes de nossa sociabilidade evoluída que o patógeno não consegue mudar. Desenvolvemos um dos grandes mistérios da biologia evolutiva — a capacidade de fazer sacrifícios uns pelos outros, de cooperar e de ensinar uns aos outros. O próprio Darwin ficou perplexo com a possibilidade de tal altruísmo ter surgido, em termos evolutivos. Como criaturas egoístas podem fazer sacrifícios para ajudar outras pessoas? No entanto, os humanos fazem isso o tempo todo. Essas capacidades de altruísmo, de cooperação e de ensino, que são tão fundamentais para nós, são aquelas que o vírus não destrói. E são essas capacidades que nos permitirão enfrentá-lo. Mesmo mantendo distância física, ainda podemos nos unir para combater o vírus.

Na década de 1990, durante a pandemia do HIV, cerca de um terço dos pacientes de um hospital de cuidados paliativos em Chicago onde trabalhei morriam de Aids de forma brutal. Um outro terço estava morrendo de câncer, e o terço final estava morrendo de todas as doenças restantes combinadas. Os pacientes com Aids eram em sua maioria homens jovens. Foi horrível presenciar suas mortes. O primeiro medicamento eficaz contra a doença, azidotimidina, ou AZT, foi lançado em 1987, mas a doença ainda era uma sentença de morte. Ativistas da Aids, como Larry Kramer — o dramaturgo norte-americano que fundou a ACT-UP (Aids Coalition to Unleash Power) e que morreu aos 84 anos, em 27 de maio de 2020 —, pressionaram vigorosamente o governo a fazer mais, a apoiar mais pesquisas, a levar a doença mais a sério. Entre seus alvos estava o Dr. Anthony Fauci, que já liderava o NIAID na época e era destinatário frequente das frustrações de Kramer. Quando o ativista morreu, Fauci foi citado como tendo dito: "Foi um relacionamento extraordinário de 33 anos. Nós nos amávamos."[91] Notoriamente, como parte de sua campanha Storm the NIH, a ACT-UP organizou uma marcha de centenas de manifestantes ao bucólico campus do National Institutes of Health, em Bethesda, Maryland, em 21 de maio de 1990. Carregando cartazes com os dizeres A BUROCRACIA MATA e gritando: "NIH, você não pode escapar, de genocídio nós vamos te acusar", eles foram recebidos por duzentos policiais de choque a cavalo.[92] Mas eles conseguiram mudar a agenda para o desenvolvimento de medicamentos.

Em 1995, após muito esforço, foi descoberto um medicamento conhecido como saquinavir (um inibidor da protease). Tornou-se parte de um regime de três medicamentos — composto de saquinavir, didesoxicitidina (ddC) e AZT —, uma combinação chamada terapia antirretroviral altamente ativa, ou HAART, na sigla em inglês. Em 1996, os resultados de dois importantes ensaios clínicos randomizados, apoiados pelo NIAID e envolvendo um total de mais de 1.200 voluntários, mostraram que a HAART foi extremamente eficaz.[93] Embora os efeitos colaterais fossem consideráveis e os regimes de dosagem diários muito complexos, ela foi vital. Com a HAART, muitos pacientes viram a carga viral do HIV em seu sangue se tornar indetectável. E, ao longo de apenas alguns meses no início de 1997, nosso programa de cuidados paliativos praticamente não tratava mais pacientes com HIV. Simples assim. A HAART converteu uma doença uniformemente fatal em uma doença que poderia ser tratada por muito tempo, quase como qualquer outra doença crônica. Isso foi incrível. Em 2003, após o sucesso da HAART, o presidente George W. Bush lançou o PEPFAR, o Plano de Emergência do Presidente para o Alívio da Aids, a maior iniciativa internacional de doença única da história. O PEPFAR é reconhecido por salvar muitos milhões de vidas, principalmente na África subsaariana.[94]

Tudo isso é o que a cooperação e o ensino foram capazes de realizar. E é assim que, no final, derrotaremos este vírus. Ao nos conectarmos, nos voluntariarmos e aprendermos, podemos trabalhar juntos de forma afirmativa para sobreviver às predações e limitar os danos de um ser tão minúsculo.

7.

Mudança

> Em Monza, ele passou por uma loja aberta que tinha pão à venda. Pediu dois pães, para não passar fome mais tarde, em caso de uma eventualidade. O padeiro fez sinal para que ele não entrasse e estendeu um pequeno prato com água e vinagre em uma pá, dizendo-lhe para colocar o dinheiro ali. Em seguida, passou os dois pães para Renzo, um após o outro, com um longo pegador.
>
> — Alessandro Manzoni, *Os Noivos* (1827)

Em março de 2020, quando os lockdowns estavam entrando em vigor na Europa, o sismólogo Thomas Lecocq, do Observatório Real da Bélgica, notou que a Terra de repente estava parada.[1] Todos os dias, conforme nós, humanos, operamos nossas fábricas, dirigimos nossos carros e até andamos pelas calçadas, sacudimos o planeta. Incrivelmente, essas sacudidas podem ser detectadas como se fossem terremotos infinitesimais. E elas pararam.

Após a observação inicial de Lecocq, sismólogos de todo o mundo começaram a compartilhar dados. Com o abalo antropogênico de nosso planeta silenciado, eles puderam detectar até o fluxo de rios distantes. A calmaria inesperada permitiu que eles usassem vibrações de fundo que ocorrem naturalmente, como o quebrar de ondas distantes nos oceanos, para entender melhor a deformação da crosta rochosa da Terra. O coronavírus mudou a maneira como o planeta se movia.

Outros sinais apontavam para um mundo em mudança. No segundo trimestre de 2020, muitos vídeos de animais selvagens invadindo as cidades viralizaram. Rebanhos de cabras selvagens, crocodilos, leopardos e até elefantes vagavam pelas ruas agora despovoadas. Do espaço, os satélites que observam o planeta detectaram o desaparecimento da poluição à medida que a atividade industrial cessava. Na Índia, onde mais de 1,2 milhão de pessoas morrem a cada ano em consequência da poluição do ar, os residentes da cidade de Jalandhar avistaram as cordilheiras de Dhauladhar no Himalaia a duzentos quilômetros de distância. As montanhas surgiram em impressionante realce contra um céu azul incrivelmente claro, algo que os residentes mais velhos só se lembravam de ter visto quando crianças.[2]

Enquanto o resto do mundo natural começava a se curar, os humanos continuavam a sofrer. Remodelamos nosso modo de vida para retardar a propagação do vírus. Claro, nossas intervenções não farmacêuticas foram capazes de adiar e mitigar a pandemia, não detê-la. Depois que o vírus se estabeleceu em nossa espécie, o resultado da pandemia era inevitável, quase não importava o que fizéssemos. Haveria muitas mortes. A epidemiologia em si — um R_0 de cerca de 3 e uma CFR de 0,5% a 1,2% — determinava isso.

No terceiro trimestre de 2020, continuei tentando afastar esses pensamentos da minha mente. Mas eu não conseguia pensar em uma razão concreta para justificar o otimismo. No final de junho, enquanto revia os gráficos que mostram picos repentinos no número de casos em estados como Arizona, Texas, Flórida e Califórnia, e ouvia o presidente Trump e o vice-presidente Pence insistindo que essa escalada era apenas decorrente do "excesso" de testagem para Covid-19, eu me desesperei.[3] Conversando com meus colegas epidemiologistas, detectei um desalento semelhante. Em seus pronunciamentos públicos, o Dr. Fauci, embora expressasse "otimismo cauteloso" para o rápido desenvolvimento de uma vacina, foi claramente sombrio.

Outros sinais preocupantes também surgiram durante o verão. Descobrimos que, na Índia, por razões obscuras, pessoas mais jovens morreram de SARS-2 em proporções maiores do que em outros países.[4] O país estava sendo tão devastado pela pandemia que recorreu ao uso de vagões para criar mais oito mil leitos para pacientes de Covid-19 na capital.[5] Ao mesmo tempo, o vírus ressurgiu na China e em outros países populosos, como a Coreia do Sul, que antes o controlara com sucesso. No Brasil — cujo presidente, Jair Bolsonaro, foi tão desdenhoso em relação ao que chamava de "gripezinha" que um juiz federal precisou ordenar que ele usasse máscara —, o vírus se espalhou de forma descontrolada. Na verdade, assim como Boris Johnson no Reino Unido, Bolsonaro também se infectou.[6] Em laboratórios de genética de todo o mundo, surgiram ainda indícios muito preliminares de que o vírus poderia ter certas variantes mais graves para os humanos — mais mortais ou mais infecciosas, ou ambas.[7] E, com o passar do tempo, informações sobre a morbidade de longo prazo associada ao vírus começaram a se acumular; alguns pacientes ficariam debilitados por meses após a recuperação.[8]

Em outras palavras, por tudo o que aprendemos sobre o vírus nos estágios iniciais da pandemia, ainda há imensa incerteza sobre como exatamente ele continuará a mudar nossa sociedade nos próximos anos. No entanto, é bastante claro que o vírus já mudou nosso mundo e que continuará a fazê-lo por algum tempo.

Vamos primeiro estabelecer um prazo. Se formos capazes de criar uma vacina segura e eficaz, distribuí-la rápida e amplamente e fazer com que um grande número de pessoas a tomem, poderemos encurtar a duração da pandemia. Mas, mesmo se formos capazes de superar todos os obstáculos para tal implementação, a vacina ainda pode não chegar antes de alcançarmos a imunidade de rebanho. Ou seja, uma vez que é provável que alcancemos uma taxa de ataque de cerca de 40% a 50% em 2022, não importa o que façamos, a menos que a vacina se torne amplamente disponível no início de 2021 (que seria de longe a vacina mais rápida já desenvolvida), não fará muita diferença no curso geral da pandemia (embora, mesmo assim, a vacina ainda seja extremamente valiosa para proteger as pessoas não infectadas).

De qualquer forma, até 2022, as pessoas viverão em um mundo profundamente mudado — elas usarão máscaras, por exemplo, e evitarão lugares lotados. Chamarei isso de *período pandêmico imediato*. Durante alguns anos após alcançarmos a imunidade de rebanho ou termos uma vacina amplamente distribuída, as pessoas ainda estarão se recuperando do choque clínico, psicológico, social e econômico geral da pandemia e dos necessários ajustes, talvez até 2024. Chamarei isso de *período pandêmico intermediário*. Então, gradualmente, as coisas voltarão ao "normal" — embora em um mundo com algumas mudanças persistentes. Por volta de 2024, provavelmente começará o *período pós-pandêmico*.

Não podemos prever todas as maneiras pelas quais nossas vidas mudarão e, em cinquenta anos, podemos nem mesmo nos lembrar de quais mudanças a pandemia catalisou. Por exemplo, escarradeiras e o hábito de escarrar em público eram comuns nos Estados Unidos até o início do século XX.[9] Mas ambos foram abandonados em parte por causa da pandemia de gripe de 1918, quando foram apropriadamente considerados anti-higiênicos. Para um exemplo mais recente, eu já estava na idade adulta antes de se tornar óbvio para o mundo que viajar em um avião ou esperar em um hospital para um procedimento médico não eram momentos oportunos para acender um cigarro. Em retrospecto, essas práticas incivilizadas parecem ridículas. Ao entrar em restaurantes, não nos perguntamos por que não há escarradeiras; e as placas de proibição de fumar nos aviões parecem uma formalidade abstrata. Esquecemos como o mundo costumava ser.

Muitas atitudes e práticas pessoais, em casa e no trabalho, tiveram de mudar devido à pandemia. O vírus mortal à solta, o isolamento e a desaceleração da economia trabalharam juntos para promover mais autossuficiência. Já vimos isso em relação à responsabilidade pessoal por algumas das intervenções não farmacêuticas. Mas muitas outras atividades também exigiam maior independência, como o preparo de refeições em casa, cortes de cabelo improvisados e a realização de pequenos reparos domésticos. Por que arriscar a visita de um encanador se ele pode estar com o vírus? Por que gastar dinheiro se você está desempregado? As pessoas também assumiam mais responsabilidade pessoal por seus cuidados médicos e eram obrigadas a fazer julgamentos mais cuidadosos sobre se deveriam procurar tratamento profissional, devido ao risco de ir a um estabelecimento de saúde.[10]

As crianças podem ter se beneficiado mais com o aumento da independência. Em contraste com a cultura pré-pandêmica de "pais helicópteros", que impedia tantos jovens de adquirir autonomia, muitos pais pareciam ter se rendido após algumas semanas de ensino remoto, abandonando qualquer pretensão de supervisão adulta. Os adolescentes assumiam horários de vampiro — passando a noite acordados e dormindo o dia todo —, renunciando a jantares em família e devorando um par de burritos congelados tarde da noite após um dia árduo dormindo. Um pai relatou que se sentia um investigador policial todas as manhãs: "Encontro as embalagens de alguns salgadinhos que [meu filho] comeu, louça na pia com restos de comida. Às vezes, ele deixa a TV ligada. É como se um guaxinim invadisse minha casa toda noite."[11]

Hábitos alimentares bizarros à parte, muitas crianças e pais relataram que as crianças passavam muito mais tempo com a família e também brincando ao ar livre ou sem supervisão. No segundo trimestre de 2020, Lenore Skenazy, uma defensora da independência das crianças, fez um concurso de redação sobre o "desafio da independência", e algumas das respostas ilustraram as maneiras como as crianças prosperavam com menos supervisão. Uma menina de oito anos contou com entusiasmo que andava de bicicleta mais longe e mais rápido do que era permitido; uma criança de dez anos gostava da independência de lavar a própria roupa; um menino de sete anos, que antes tinha medo do fogão, começou a preparar os próprios ovos. O pequeno chefe de cozinha declarou com orgulho: "Estou me tornando independente na culinária. Sei fazer omeletes — com vegetais ou simples. A parte mais difícil é quebrar o ovo na frigideira. Porque você pode se queimar na primeira vez que fizer isso."[12]

Em todo o país, as pessoas começaram a cozinhar mais ou cultivar alimentos para reduzir despesas e idas desnecessárias às compras. Uma mulher de 86 anos em minha comunidade começou a cultivar um jardim pela primeira vez na vida; ela cuidadosamente carregava terra para seus canteiros, um balde de cada vez. "Não estou apenas cuidando do meu jardim, mas também do meu corpo", disse ela, antecipando a possibilidade de adoecer com o vírus.[13] Para algumas famílias, a jardinagem doméstica fazia parte das atividades do ensino remoto. Para outras, era uma forma de contribuir — elas doavam o que cultivavam para bancos de alimentos ou para os vizinhos, em uma manifestação palpável do tipo de cooperação de vizinhança que vimos antes.

Outra mudança foi o tempo que passamos em nossas casas. Milhões de pessoas começaram a trabalhar remotamente, e precisaram adequar o ritmo de suas vidas e a alocação de espaço em seus lares. Milhões de outras pessoas estavam em casa devido ao desemprego. E a pandemia também ampliou muito os desafios daqueles que não têm onde morar. Algumas das vantagens da vida urbana — as redes interconectadas de atividades culturais, espaços de trabalho, cafés, transporte público — começaram a parecer desvantagens. As pessoas deixaram de frequentar espaços públicos. E, como vimos, houve algum êxodo das grandes cidades para os subúrbios vizinhos e áreas rurais.

De certa forma, esses novos modos de vida remontam ao passado. Por muitos séculos, uma porcentagem maior de humanos vivia longe das cidades. Até 1950, apenas 29,5% da população mundial vivia em cidades, e mesmo nos países desenvolvidos a porcentagem era de 55,5%. Em 2018, esses números eram de 60,4% e 81,4%, respectivamente.[14] Por milhares de anos, a maioria das pessoas viveu em fazendas e cuidou da própria vida de forma mais independente. Em 2020, muitas famílias retomaram algumas características desse modelo, cuidando dos próprios familiares em suas casas.

Nos relacionamentos heterossexuais, havia evidências de que, embora as demandas do ensino remoto recaíssem principalmente sobre as mulheres, outras obrigações domésticas passaram a ser divididas de forma mais equitativa entre o casal. Em média, os homens aumentaram o percentual de tempo que dedicavam ao cuidado dos filhos e às tarefas domésticas.[15] E, nesses novos arranjos de vida, as pessoas estavam muito mais propensas a passar mais tempo com seus familiares do que com estranhos ou mesmo com amigos próximos. É claro que em 2020 os Estados Unidos não retornaram totalmente ao estilo de vida do século XIX. Mas esse modo de vida familiar e restrito não era tão incomum em nossa espécie.

Claro, mesmo quando os humanos viviam de uma forma mais agrária, as pragas ainda aconteciam, fomentadas pelas cidades densamente povoadas, onde as condições eram muito piores do que as das cidades de hoje. E apenas viver em fazendas não protege as pessoas das pragas. De certa forma, isso novamente nos lembra de que o vírus é muito eficaz na exploração das características de como os humanos vivem, embora especialmente de como passaram a viver desde a revolução agrícola. Nem fazendas nem cidades eram características de nosso passado evolucionário mais distante até aproximadamente 10 mil anos atrás; elas surgiram quando os humanos abandonaram o estilo de vida de caçadores-coletores, que, com grupos muito menores de pessoas e interações mais limitadas entre si, eram muito menos sujeitos a pandemias explosivas.

No entanto, há uma anomalia nessa linha de pensamento que oferece esperança para nossas metrópoles modernas. Alguns dos lugares mais densamente povoados do planeta — as cidades asiáticas — têm, até agora, sido muito bem-sucedidos em conter a pandemia do coronavírus. Como vimos antes, esse paradoxo ilustra outra característica importante de nossa herança evolutiva: a capacidade humana de inovação cultural e aprendizado. Ambientes de vida modernos podem incubar mais germes, mas também podem abrigar mais formas de combatê-los.

Apesar de um abundante suprimento de água potável, os norte-americanos são um povo surpreendentemente infestado de germes. Em uma pesquisa comercial sobre práticas de higiene em oito países, apenas os alemães lavavam menos as mãos. Talvez os participantes do estudo em países como a Índia estejam mais familiarizados com o fardo devastador das infecções. Mas a falta de conhecimento não é o problema principal. Outra pesquisa, conduzida para a American Microbiology Society, encontrou grandes divergências entre as práticas de lavagem das mãos declaradas e as observadas nos norte-americanos (os pesquisadores, na verdade, monitoraram o comportamento em banheiros públicos).[16] Em outras palavras, os norte-americanos sabem que devem lavar as mãos. Eles simplesmente não traduzem esse conhecimento em ação. Isso é especialmente verdade para os homens. Uma avaliação quantitativa de 85 estudos científicos descobriu que, em comparação com os homens, as mulheres lavavam mais as mãos (e eram 50% mais propensas a implementar as INFs em todas as frentes, incluindo o uso de máscara).[17]

Lavar as mãos é uma preocupação especial, pois nosso costume social de apertar as mãos propicia um modo de propagação de doenças. Embora algumas mudanças no estilo de vida da pandemia tenham sido difíceis de serem adotadas por muitos, esse antigo hábito de estender a mão para outra pessoa desapareceu da noite para o dia no início da pandemia, antes mesmo que as pessoas começassem a manter distância umas das outras. As autoridades foram rápidas em reconhecer a importância de abandonar o aperto de mão. O Dr. Fauci declarou que os Estados Unidos pós-pandemia exigiriam a "lavagem compulsiva das mãos" e o "fim do aperto de mão". O Dr. Gregory Poland, diretor do Mayo Clinic Vaccine Research Group, considerou o aperto de mão um "costume desatualizado" e apontou que "muitas culturas aprenderam que é possível se cumprimentar sem se tocar".[18]

Embora as origens do aperto de mão não sejam claras, a saudação existe há milhares de anos. Alguns teorizam que apertar a mão direita vazia — e, portanto, sem armas — de outra pessoa expressava originalmente uma intenção pacífica ou simbolizava um juramento sagrado, e o ato de sacudi-las garantia que ambas as partes não tinham armas escondidas nas mangas. Seja qual for a origem, a prática é antiga. Um dos primeiros apertos de mão registrados é retratado em uma pedra entalhada do século IX A.E.C., que mostra o rei Salmanaser III da Assíria apertando as mãos de um governante babilônico. As menções ao aperto de mão aparecem em toda a arte e literatura antigas, desde as epopeias de Homero até gravuras em moedas romanas.[19]

A tradição também pode estar enraizada na evolução humana, desempenhando um papel na quimiossinalização social. Como observou um pesquisador: "A amostragem olfativa humana explícita e a averiguação de indivíduos desconhecidos é em grande parte um tabu" — o que significa que as pessoas não se aproximam ostensivamente de estranhos para cheirá-los. Mas o aperto de mão pode ser um mecanismo para experimentar os odores de outras pessoas. Essa possibilidade é corroborada por experimentos que demonstram que as pessoas cheiram mais a mão direita depois de apertar a mão de um estranho do seu gênero, como se para avaliá-lo.[20] E os chimpanzés às vezes unem as mãos (pelas palmas ou pelos pulsos, dependendo do status no grupo) com seus parceiros de catação e as levantam para o alto, usando as mãos livres para a catação. Em chimpanzés, os apertos de mão específicos de grupo são intergeracionais, passados de mãe para filho, talvez constituindo uma forma de aprendizado cultural.[21]

Mesmo os animais que não têm mãos desenvolveram formas de saudação amigável. Um cão agressivo exibe uma postura ereta com cauda rígida, corpo flexionado e cabeça voltada para a frente, mas um cão amigável se abaixa, se encolhe, olha para cima e balança a cauda. Charles Darwin explicou isso pelo que chamou de "princípio da antítese", que se refere a exibições emocionais opostas àquelas evoluídas para servir a outro propósito. Em humanos, também, exibições amigáveis são o oposto de agressivas. Abrimos nossas mãos em vez de cerrá-las; nos aproximamos das pessoas em vez de manter uma distância cautelosa; e expomos partes vulneráveis de nossos corpos, como nossos rostos. Claro, as formas exatas como fazemos isso variam de cultura para cultura, mas todas as culturas têm convenções sobre quais tipos de saudações são amigáveis e quais são ameaçadores.

Felizmente, mesmo culturas nas quais o aperto de mão é bastante arraigado foram capazes de abandonar essa tendência com relativa facilidade, pois os humanos são uma espécie inteligente, capaz de aprendizado rápido quando outra pressão evolucionária — a sobrevivência durante um surto infeccioso — exige isso. Embora a pandemia tenha forçado as pessoas em todo o mundo a abandonar cumprimentos mais íntimos, como apertos de mão, beijos, abraços e o *hongi* dos maoris (uma saudação tradicional que envolve encostar nariz com nariz), muitas culturas praticam saudações sem contato há algum tempo.[22] Por exemplo, o *namaste* — uma saudação geralmente acompanhada pelo gesto *añjali mudrā*, que envolve pressionar as palmas das mãos uma contra a outra com os dedos apontando para cima e os polegares contra o peito — tem vários milhares de anos; foi descrito no *Rig Veda*, um texto religioso hindu. O *wai*, um aceno de cabeça com as mãos pressionadas contra o peito, é amplamente utilizado na Tailândia. O *"mulibwanji"* ("Olá") dito junto com um bater de palmas é uma saudação comum na Zâmbia. No Japão, a reverência como saudação foi introduzida pela primeira vez por meio da China no século VII. A reverência era originalmente uma prática da classe nobre, mas tornou-se popular entre os guerreiros samurais durante o século XII e finalmente chegou aos plebeus após o período Edo, aproximadamente cinco séculos depois. A reverência teve uma chance de se popularizar nos Estados Unidos, pois era praticada nas comunidades puritanas durante os tempos coloniais, geralmente como sinal de respeito — os inferiores se curvavam aos superiores, os homens se curvavam às mulheres. Mas, durante o período da Guerra Revolucionária, alguns consideraram as reverências antidemocráticas, e o aperto de mão cresceu em popularidade. Da mesma forma, o aperto de mão foi popularizado pelos quakers do século XVII e do século XVIII para substituir saudações mais hierárquicas.

A pandemia de Covid-19 não é a primeira vez que os profissionais de saúde contraindicam o aperto de mão. Em 1929, a enfermeira Leila Given afirmou que "as mãos são agentes de transferência bacteriana" e sugeriu que os norte-americanos adotassem uma forma alternativa de saudação.[23] Ainda antes, após a epidemia de febre amarela de 1793 na Filadélfia, "o velho costume de apertar as mãos caiu em tamanho desuso geral que muitos recuavam de medo quando alguém lhes estendia a mão".[24] Embora o costume claramente nunca tenha sido extinto nos Estados Unidos, evitar o aperto de mão é muito mais difundido agora, medida defendida pelas autoridades como um meio adequado de controle de infecção. Assim como tantos outros comportamentos pessoais, os cumprimentos refletem nossa biologia, história e cultura. Mas uma pandemia mortal pode reformulá-los.

Uma das ironias no início da pandemia foi que as pessoas tinham privacidade demais ou de menos. De certa forma, a intimidade aumentou porque as pessoas estavam ficando em casa com suas famílias, mas, de outras maneiras, ela diminuiu, e não apenas porque as pessoas evitavam o contato físico durante as saudações. Por exemplo, usar máscaras pode gerar uma sensação de anonimato. E muitos norte-americanos começaram a morrer longe de seus entes queridos, entre estranhos. Essas mudanças na privacidade seriam familiares aos sobreviventes de pragas passadas, mas a pandemia de Covid-19 também aumentou as preocupações fundamentais sobre as normas de privacidade entrelaçadas com os desenvolvimentos tecnológicos do século XXI.

As tecnologias de vigilância em massa já estavam crescendo em sofisticação e onipresença, mas, no segundo trimestre de 2020, elas encontraram uma nova utilidade quando mais de 1 milhão de alunos foram monitorados durante as provas. Muitos milhões de estudantes universitários foram mandados para casa repentinamente no início de março, e as universidades tiveram que migrar para o ensino online. Na Universidade de Washington em Seattle, uma mensagem foi divulgada na tarde de sexta-feira, 6 de março de 2020, comunicando que todas as aulas (para mais de 40 mil alunos) seriam online a partir da segunda-feira seguinte.[25] Alunos de todo o país, enviados para casa a fim de continuar seus estudos a distância, tiveram que fazer provas enquanto eram monitorados remotamente por funcionários de empresas de inspetoria independente, estranhos que observavam cada movimento, monitoravam seus rostos, ouviam as conversas em suas casas e exigiam que os alunos apontassem a câmera em diferentes direções para que pudessem ter certeza de que não faziam nada de errado. Mas os alunos não podiam ver os rostos dos inspetores. Isso levou a algumas situações desconfortáveis na hora das provas. Por exemplo, enquanto fazia uma prova em seu quarto, Cheyenne Keating, aluna do segundo ano da Universidade da Flórida, sentiu que precisava vomitar, mas não era permitido ir ao banheiro.[26] Ela olhou para a câmera em seu computador e perguntou à pessoa que estava fiscalizando seu teste se poderia vomitar em sua mesa. Depois que o inspetor disse que sim, ela vomitou em uma cesta de vime próxima e se limpou o melhor que pôde usando um cobertor que estava a seu alcance.

Métodos computacionais automatizados foram utilizados para prever trapaças. Se o aluno ficasse fora da tela por mais de quatro segundos mais do que duas vezes em um minuto, isso era considerado suspeito. Para garantir que o aluno não trocasse com outra pessoa para fazer a prova, o software usava recursos de reconhecimento facial vinculados a cartões de identificação. Até mesmo a cadência da digitação do aluno podia ser monitorada e comparada a uma linha de base distinta para cada pessoa. As empresas de inspetoria detinham os direitos legais de todos os áudios e vídeos, bem como de outras informações privadas sobre os alunos, levando alguns professores a condenar esses métodos como um movimento para transformar suas universidades em ferramentas de vigilância.

A perda de privacidade relacionada ao aprendizado remoto também teve outras consequências. Em um caso, um menino do quinto ano que entrou em uma videochamada com sua escola tinha armas de ar comprimido na parede atrás dele que foram vistas pela professora. Ela fez uma captura de tela e notificou a polícia, que então fez uma visita inesperada à família. O policial saiu após vinte minutos, concluindo que a família não estava infringindo lei alguma.[27] O diretor disse que ter uma arma, mesmo de ar comprimido, visível na sala de aula virtual era o mesmo que levar uma para a sala de aula real.

Mesmo pessoas já formadas tiveram que tolerar estranhos espiando em seus quartos de outras maneiras íntimas. Profissionais de todos os Estados Unidos, e do mundo, foram entrevistados em casa, e grupos de trabalho se reuniram online por videoconferências; assim, seus interlocutores tiveram oportunidades incomuns de ver a vida de outras pessoas. Em março de 2020, dei uma entrevista para o programa de TV *Amanpour and Company* do escritório de minha casa. Mais tarde, fui contatado por uma repórter que ficou curiosa com um quadro específico de minha filha artista. Em um artigo publicado no *Los Angeles Times*, ela descreveu o conteúdo do meu escritório, bem como o ambiente doméstico de muitos outros entrevistados (incluindo um senador dos EUA que concedeu uma entrevista em frente à geladeira em sua cozinha). Parte de mim estava lisonjeada, mas uma parte maior se sentiu estranha. Acabei comprando um grande pedaço de tecido com o logo da Yale para usar como pano de fundo.

O monitoramento remoto também ocorreu em um palco mais amplo. Muitas formas de big data e tecnologias de rastreamento da internet foram usadas para monitorar o autoisolamento, detectar interações que colocavam as pessoas em risco de infecção e acompanhar a resposta de populações inteiras. O SARS-2 se tornou tão prevalente e se espalhou tão rápido que se provou quase impossível de ser contido com o rastreamento de contatos manual, como vimos no Capítulo 3. No entanto, um aplicativo de rastreamento de contatos que tornasse o processo mais rápido, amplo e eficiente — que rastreasse automaticamente todas as pessoas que estiveram perto de um indivíduo doente e, de alguma forma, notificasse imediatamente os contatos de casos positivos — poderia ajudar a controlar a epidemia. Especialistas em tecnologia afirmaram que aplicativos de rastreamento de contatos com acesso a dados privados de localização de telefones celulares seriam especialmente úteis para governos no caso do SARS-2 devido à capacidade de transmissão assintomática do vírus — mas apenas se um número suficiente de pessoas usassem os aplicativos. Isso exigiria persuadir ou ordenar que uma fração muito grande da população permitisse que o governo tivesse acesso aos registros telefônicos.[28] Aqueles a favor da implementação de tais sistemas automáticos e generalizados declararam que muitas pessoas podem abrir mão voluntariamente de parte de sua privacidade a fim de ter mais liberdade. Eles argumentaram que os cidadãos podem preferir ser rastreados pelo governo quando saem de casa, em vez de atender às ordens de permanência em casa.

Governos em todo o mundo, incluindo China, Singapura e Israel, implementaram várias técnicas para explorar esses dados, assim como diversos consórcios europeus de ONGs e empresas. A Apple e o Google trabalharam juntos para habilitar a tecnologia que tornaria possível o rastreamento de contatos com telefones celulares (de modo opcional), embora sua solução tenha enfrentado resistência de alguns estados.[29]

Na Rússia e na China, essa tecnologia foi complementada por uma ampla rede de câmeras equipadas com software de reconhecimento facial que também foram usadas em esforços de contenção. Na Coreia do Sul, os investigadores combinaram várias fontes de informação — incluindo dados de localização de smartphones, gravações de câmeras de segurança e registros financeiros de empresas de cartão de crédito (indicando onde e quando as pessoas estiveram nas lojas) — para rastrear contatos. Muitos norte-americanos também pareciam dispostos a fazer tais sacrifícios de sua privacidade. Algumas pessoas até argumentaram que o governo deveria ter permissão para monitorar os dados de smartphones, incluindo sinais de Bluetooth e de GPS.[30] A pandemia de Covid-19 reacendeu os debates sobre o equilíbrio entre privacidade e liberdades civis surgidos na sequência dos ataques terroristas de 11 de Setembro.

Na prática, no entanto, esses aplicativos não oferecem benefício epidemiológico suficiente para justificar a renúncia à privacidade. Aplicativos de rastreamento de contatos baseados em telefones celulares podem não ser tão eficazes, pois os sinais de GPS não são precisos o suficiente para indicar se as pessoas estiveram a menos de dois metros umas das outras. Os sinais do Bluetooth podem atravessar paredes e, portanto, indicar falsamente que as pessoas estavam próximas umas das outras quando não estavam. Muito tempo pode ser desperdiçado em pistas falsas. Mas, mesmo se os aplicativos funcionassem, poderia haver problemas. Lembrei-me do ditado de Benjamin Franklin (que ele expressou em um contexto bem diferente) de que "aqueles que abririam mão da liberdade essencial para adquirir um pouco de segurança temporária não merecem nem liberdade nem segurança". A erosão da liberdade enfraquece a democracia.

No final de maio de 2020, em parte para resolver essas questões, minha equipe do Human Nature Lab lançou um aplicativo chamado Hunala. O aplicativo respeita a privacidade do usuário, é voluntário e fornece uma ferramenta útil para as pessoas gerenciarem riscos. Ao contrário da maioria dos aplicativos de rastreamento de contatos, que são *retrospectivos* e indicam aos usuários se já estiveram em contato com alguém infectado, nosso aplicativo é *prospectivo*, prevendo o risco de o usuário entrar em contato com alguém que tenha o vírus. Ele funciona como um aplicativo de trânsito que coleta dados de muitos usuários sobre a localização de engarrafamentos e os agrega para fornecer informações anônimas a outros usuários próximos.

Nosso aplicativo mapeia redes sociais de indivíduos com base nas informações que eles mesmos fornecem e convida as pessoas a relatarem seus sintomas com a frequência que desejarem. Em seguida, usa algoritmos computacionais para notificar as pessoas de que o risco de contrair uma doença respiratória é elevado porque, por exemplo, vinte dias antes, amigos de amigos de seus amigos — estranhos para elas — relataram febre. Com uma rede de conexões, é possível prever as chances de o vírus chegar até as pessoas por meio de uma sequência de contatos.[31] Nenhuma informação sobre indivíduos específicos é compartilhada (assim como um aplicativo de trânsito não informa às pessoas exatamente quem foi parado pela polícia em uma rodovia). Mas ser notificado de um risco pessoal elevado permite que uma pessoa tome medidas de precaução, como ficar em casa, da mesma forma que um motorista pode sair da rodovia quando alertado de que o trânsito está parado alguns quilômetros à frente.

As pandemias podem afetar outros assuntos muito íntimos. Durante as pragas históricas, o fervor religioso costumava aumentar como meio de lidar com as mortes aparentemente indiscriminadas. Os apelos às divindades — fruto do medo ou do respeito — eram reações compreensíveis à catástrofe que parecia carecer de uma explicação mundana. No entanto, sobretudo quando a praga envolvia um número muito alto de mortes, a desilusão religiosa também era comum. Como um Deus amoroso poderia causar ou mesmo permitir tal calamidade? A fé faria alguma diferença? Durante a peste de Atenas em 430 A.E.C, Tucídides afirmou que, para seus concidadãos: "O medo dos deuses... [não] os dominou. Eles julgaram que era exatamente igual se adorassem [os deuses] ou não, pois viram todos perecerem."[32]

No período pandêmico imediato, a Covid-19 afetou o comportamento religioso pessoal, sobretudo entre pessoas muito religiosas. Por exemplo, em uma pesquisa nacional representativa realizada no segundo trimestre de 2020, 55% dos adultos relataram ter rezado pelo fim da propagação do vírus, incluindo 73% dos cristãos e 86% das pessoas que costumavam orar diariamente. Os menos religiosos tornaram-se um pouco mais religiosos; 15% das pessoas que raramente ou nunca rezavam e 24% dos indivíduos sem afiliação religiosa também rezavam pelo fim da pandemia.[33] Outra pesquisa descobriu que, enquanto 78% das pessoas relataram que sua fé ou espiritualidade pessoal permaneceu inalterada durante a pandemia, mais pessoas relataram que sua fé ou espiritualidade "aumentou" (20%) do que aqueles que disseram que "diminuiu" (3%).[34] Outra pesquisa realizada no final de abril demonstrou que 24% dos adultos norte-americanos disseram que sua fé havia se fortalecido por causa do coronavírus, enquanto apenas 2% afirmaram que havia enfraquecido.[35] Mulheres e minorias étnicas e raciais eram relativamente mais propensas a experienciar um aumento da fé.

Apesar da elevação do sentimento religioso, de modo geral, a participação religiosa presencial foi proibida nos primeiros meses da pandemia, já que muitas igrejas, sinagogas, mesquitas e templos em todo o país migraram para missas e cultos online. Locais de culto representavam riscos especiais para a transmissão de SARS-2 em comparação com outros locais fechados, como restaurantes e lojas, porque as pessoas tendiam a ficar mais próximas por períodos mais longos, muitas vezes cantando em voz alta, o que aumentava ainda mais o risco de transmissão do vírus. As igrejas se assemelham a bares e clubes noturnos nesse aspecto. Muitos grandes surtos em todo o mundo envolveram grupos ou cultos religiosos, incluindo um grande surto em um grupo cristão na Coreia do Sul em fevereiro de 2020; vários surtos nos Estados Unidos, como o evento de propagação descrito no Capítulo 2, iniciado no coro de uma igreja; e um surto de mais de cem casos em participantes de um culto religioso em Frankfurt, Alemanha, em maio.[36]

No final de abril, 91% dos adultos que relataram participar de missas e cultos religiosos pelo menos uma vez por mês em 2019 disseram que sua congregação havia encerrado as cerimônias públicas, em geral migrando para a transmissão ao vivo dos cultos.[37] No geral, 40% dos frequentadores regulares da igreja substituíram o culto presencial pelo virtual.[38] Para muitas pessoas, as alternativas virtuais simplesmente não tinham o mesmo efeito, então alguns líderes religiosos adotaram soluções criativas para as condições de distanciamento físico, como sermões drive-in em estacionamentos de igrejas ou em cinemas drive-in. Em 12 de abril de 2020, domingo de Páscoa, dezenas de igrejas empregaram essa estratégia. Na mesma semana, a foto de um padre com colarinho clerical que, usando uma pistola d'água, conduziu o batismo de uma criança a quase dois metros de distância viralizou. Em maio, várias mesquitas realizaram eventos drive-through da celebração do fim do ramadã com música ao vivo e sacolas de presentes para as crianças.[39]

Embora os cultos virtuais tenham sido uma decepção para alguns adoradores, outros os viram como uma oportunidade de crescimento espiritual. O reverendo Dr. Guy J. D. Collins, em uma carta pastoral à congregação episcopal da Igreja de St. Thomas em Hanover, New Hampshire, descreveu uma "teologia da tecnologia", associando os cultos de adoração online adotados em 2020 a uma tradição secular de semear a palavra de Deus por meio de inovações tecnológicas, muitas das quais (como a imprensa escrita) foram consideradas heréticas em sua época. "A tecnologia pode ser uma barreira para a adoração", afirmou ele. "No entanto, é com mais frequência um canal para a graça divina. As tecnologias visuais, em especial, foram essenciais para transmitir a história da fé cristã quando a alfabetização era baixa e quando poucos compreendiam a língua latina oficial dos cultos medievais."

Conforme as proibições de reuniões públicas foram suspensas no final do segundo trimestre de 2020, uma variedade confusa de regras foi imposta entre os estados. No Texas, os bancos das igrejas tiveram seus lugares bloqueados em alternância; do ponto de vista da saúde pública, isso faz pouco sentido, porque as pessoas no mesmo banco ainda podem estar próximas e, mesmo com assentos bloqueados, elas podem estar a menos de 1,80m de distância umas das outras. Em Massachusetts, as máscaras eram exigidas em locais de culto. E, em Nova York, as cerimônias tinham que ser limitadas a menos de dez pessoas.[40]

Em maio, a decisão sobre a liberação de cerimônias presenciais nos locais de culto infelizmente se tornou um campo de batalha político. Houve reivindicações concorrentes, de um lado, à proteção constitucional da liberdade religiosa e do direito de reunião e, de outro, à garantia de que o governo asseguraria a "promoção do bem-estar geral", conforme previsto no preâmbulo da Constituição. Na Califórnia, várias igrejas levaram o governador Newsom a responder em juízo por causa de suas ordens de permanência em casa, sob o argumento de que elas violavam a liberdade religiosa, mas um tribunal federal de apelação permitiu que sua ordem fosse mantida. A Suprema Corte acabou concordando com o tribunal de apelação, decidindo que, enquanto as políticas de saúde pública do governo não discriminassem as restrições ou benefícios entre igrejas, as restrições não violavam a Primeira Emenda.[41]

Independentemente da crença religiosa, muitas pessoas, motivadas por pensamentos de mortalidade ou pela solidão doméstica, se mostraram mais introspectivas sobre o que dava sentido às suas vidas. Acho que essa oportunidade de reflexão pessoal foi outro fator que desempenhou um importante papel nos protestos por justiça social ocorridos em junho de 2020. A pandemia também levou as pessoas a reavaliarem suas interações sociais, em muitos casos promovendo mais empatia e consciência da alteridade. Surgiram histórias, por exemplo, de ex-cônjuges que viviam às turras e agora encontraram uma forma de se comunicar de maneira mais humana, até mesmo compassiva, na hora de organizar o cuidado dos filhos.[42] Como vimos no Capítulo 6, os desastres podem trazer à tona o pior e o melhor das pessoas, unindo-as contra um inimigo comum. Detectei um senso elevado de moralidade na vida das pessoas quando elas pararam para reconsiderar os próprios valores e examinar mais de perto como passar seu limitado tempo na terra.

No período pandêmico imediato, a Covid-19 provocou mudanças em práticas de saúde há muito consolidadas, e muitas dessas mudanças provavelmente se estenderão até o período pós-pandêmico. Como vimos, o cuidado clínico das pessoas com a doença afetou as formas de tratamento, incluindo os cuidados no fim da vida. E um grande número de pacientes com Covid-19 sofrerá efeitos de longo prazo, como danos pulmonares, renais, cardíacos ou neurológicos.[43] Isso levará a um aumento da deficiência nos próximos anos, semelhante ao que foi visto após as pandemias de poliomielite e (como discutiremos a seguir) da gripe de 1918. Por esse motivo, os sistemas hospitalares estão se preparando para cuidar de um grande número de pacientes em clínicas pós-Covid recém-criadas.

No entanto, muitas das formas usuais de proceder na medicina foram suspensas durante a pandemia, sem nenhum efeito prejudicial, de modo que é fácil questionar por que fazíamos as coisas da maneira antiga. Por exemplo, no Capítulo 6, vimos algumas das maneiras pelas quais o desenvolvimento de vacinas foi acelerado para a Covid-19 (com as empresas conduzindo rapidamente os primeiros testes ou contando com o compartilhamento generalizado de informações de sequência genética). Mas existem outros exemplos. Embora eu já não atenda pacientes, há anos mantenho duas licenças médicas, uma em Connecticut e outra em Massachusetts. Devido à necessidade urgente de médicos durante a pandemia, as regras de licenciamento entre estados foram relaxadas, de modo que eu poderia ter exercido a medicina em qualquer um dos estados, não importava de onde fosse minha licença. A inútil colcha de retalhos de leis estaduais em relação à licença médica provavelmente mudará depois que a pandemia acabar. É uma relíquia histórica de uma época em que o treinamento médico era menos padronizado e alguns estados eram menos vigilantes no controle de charlatões.[44]

Outras regras e procedimentos foram rapidamente modificados pelo Medicare, Medicaid e seguradoras privadas de saúde, de forma mais drástica no que diz respeito ao reembolso de consultas presenciais. Os legisladores e especialistas há muito defendem a permissão de atendimento médico pelo telefone ou pela internet, e essas práticas de repente tornaram-se não apenas permitidas, mas ativamente incentivadas. Uma grande fração do atendimento médico migrou para a internet para reduzir a lotação das instalações de saúde. Obstetras forneceram consultas de rotina para gestações normais por telefone. Dermatologistas diagnosticaram problemas de pele simples examinando imagens de foto ou vídeo. Meu amigo, Dr. Quan-Yang Duh, um cirurgião endócrino em São Francisco, descobriu que poderia fazer a maioria de suas consultas de acompanhamento cirúrgico facilmente por vídeo, embora ainda insistisse em conhecer os pacientes pessoalmente antes da cirurgia. Os psicoterapeutas passaram a atender no modo online, com resultados variados. Os clínicos gerais resolveram muitos problemas obtendo o histórico de um paciente por meio de videoconferência online e, em seguida, aconselhando ou prescrevendo um medicamento. Muitas das indicações de especialidades feitas por médicos de atenção primária também podiam ser manejadas remotamente. Um de meus colegas de Yale, o médico Patrick O'Connor, me disse que, no que diz respeito à telemedicina, "foram feitos mais avanços em duas semanas do que em cinco anos".

A inutilidade de grande parte da prática médica presencial foi enfatizada por outro colega médico, Michael Barnett, que observou que um dos principais motivos pelos quais os pacientes consultavam seus médicos não tinha nada a ver com a boa prática médica ou as próprias necessidades clínicas. Muitas dessas consultas eram destinadas a atender a regulamentos de seguradoras que exigiam consultas presenciais para assuntos de rotina (como renovação de uma receita) que poderiam ser feitos de forma remota com muita facilidade. Na verdade, muito do trabalho dos clínicos gerais de cuidados primários poderia ser feito sem prendê-los aos consultórios, e a mudança para a telemedicina reviveu uma das marcas do bom atendimento médico: fazer um histórico médico cuidadoso.

Muitos médicos ficaram felizes em ver isso concretizado. A clínica médica ambulatorial do Brigham and Women's Hospital em Boston mudou para atendimento majoritariamente online no segundo trimestre de 2020 e descobriu que apenas 5% dos pacientes precisavam de consultas presenciais.[45] Em maio de 2020, passado o pico da primeira onda da pandemia, o Yale New Haven Hospital anunciou que planejava aproveitar uma "oportunidade estratégica para expandir nesta área" e definiu a meta de que até julho de 2020: "Pelo menos um terço das consultas ambulatoriais [seriam] convertidas para telessaúde."

A pandemia destacou quanto da assistência médica poderia ser fornecida em casa, especialmente quando combinada com dispositivos como medidores de pressão arterial, monitores de glicose e oxímetros para coletar informações básicas. É improvável que as mudanças introduzidas para tornar esse tipo de cuidado permitido durante o pico da crise sejam abandonadas à medida que a pandemia diminui. Os locais e os provedores que oferecem vários serviços provavelmente mudarão com o tempo, e certos medicamentos, como pílulas anticoncepcionais e vacinas para viagens, podem em algum momento passar a ser disponibilizados sem uma consulta médica, da mesma forma que as farmácias agora fornecem vacinas de rotina contra a gripe.

Especialistas em políticas, como o médico e eticista Zeke Emanuel, argumentaram que várias intervenções políticas poderiam capitalizar essas percepções e aprimorar o sistema de saúde norte-americano.[46] Por exemplo, uma consulta online com um médico deve ser reembolsada exatamente nos mesmos valores que uma visita ao consultório para o mesmo problema; caso contrário, a estrutura de preços levará médicos a incentivarem que os pacientes compareçam ao consultório. Incrivelmente, muitos hospitais perderam dinheiro ou faliram durante a pandemia, apesar de estarem lotados de pacientes e de fornecerem um serviço vital para a nação norte-americana, porque o reembolso para cuidar de pessoas gravemente doentes com infecção é menor do que o reembolso de procedimentos eletivos para problemas triviais. Isso não fazia sentido antes da pandemia e não fará sentido depois. As políticas de reembolso certamente mudarão com o retorno à normalidade.

A pandemia também destacou a recorrente questão de doenças ou lesões *iatrogênicas* (causadas pelo médico) surgidas em decorrência do tratamento médico. De acordo com algumas métricas, esse problema é o principal assassino na sociedade norte-americana, resultando em cerca de 50 mil a 100 mil mortes todos os anos, dentro e fora dos hospitais. Os erros médicos variam de erros cirúrgicos (deixar uma gaze no abdômen de alguém) a erros de medicação (prescrever Lasix em vez de Losec, por exemplo — um é diurético e o outro reduz a acidez estomacal). As pessoas associam erro médico a um cirurgião que remove acidentalmente o rim errado, mas infecções adquiridas em hospitais (também conhecidas como *nosocomiais*) acontecem com muito mais frequência — tais como infecções do trato urinário, de sítio cirúrgico, pulmonares e de corrente sanguínea. A verdade nua e crua é que a maioria delas resulta de falhas evitáveis em procedimentos de esterilização — ou seja, falta de higiene. No geral, talvez cerca de 1% dos pacientes internados em hospitais dos Estados Unidos morrem em decorrência de erro médico![47] Os médicos sabem disso. Quando eu estava fazendo meu internato no Centro Médico da Universidade da Pensilvânia, na Filadélfia, em 1989, um médico sênior aconselhou os novos internos a pensarem com cuidado antes de admitir pacientes: "A internação hospitalar não é um procedimento benigno", advertiu.

Os norte-americanos costumam equiparar mais a melhor quando se trata de medicina, mas muitos dados sugerem o contrário. Uma forma de avaliar o impacto potencialmente mortal dos cuidados de saúde é observar o que acontece quando os médicos entram em greve. Esse é um evento raro, mas uma análise de cinco greves de médicos em todo o mundo, ocorridas entre 1976 e 2003 e com duração de nove dias a dezessete semanas, mostrou que, no geral, a mortalidade permaneceu a mesma ou *declinou* durante a greve.[48] Possíveis explicações para uma redução na mortalidade incluem um atraso nas cirurgias eletivas (com os riscos inerentes) e um declínio em danos e erros médicos.

E nas outras ocasiões em que os médicos estão relativamente indisponíveis? Um estudo examinou a mortalidade entre norte-americanos idosos que tiveram ataques cardíacos ou insuficiência cardíaca e foram hospitalizados durante as duas conferências nacionais anuais de cardiologia (quando menos cardiologistas estavam disponíveis para tratá-los) ao longo de dez anos. O estudo descobriu que, das dezenas de milhares de pacientes com insuficiência cardíaca que foram admitidos durante os dias de conferência (quando foram atendidos por médicos que *não* eram cardiologistas), 17,5% morreram, e, das dezenas de milhares de pacientes com insuficiência cardíaca que foram admitidos em dias sem conferência (quando eram atendidos por cardiologistas), 24,8% morreram. Sim, os pacientes cardíacos morriam menos quando não eram atendidos por cardiologistas. A mortalidade cardíaca não foi afetada por pacientes hospitalizados durante conferências de oncologia, gastroenterologia ou ortopedia, quando outros especialistas estavam ausentes, mas os cardiologistas, presentes. Finalmente, de forma engenhosa, os autores analisaram a hemorragia gastrointestinal e a mortalidade por fratura de quadril e descobriram que essas condições não eram afetadas pela hospitalização durante as conferências de cardiologia.[49] De fato parecia que os cardiologistas e suas intervenções resultavam em uma taxa de morte mais elevada em pacientes cardíacos. Como médico, acho isso incrivelmente desmoralizante.

Durante o segundo trimestre de 2020, os hospitais adiaram cirurgias eletivas e atendimentos não emergenciais para todas as condições, tanto para proteger os pacientes da exposição à infecção quanto para preservar a capacidade de atendimento em caso de aumento de pacientes com Covid-19. E os próprios pacientes optaram por não ir ao hospital para problemas leves (ou mesmo graves). Como resultado, é provável que as mortes por erros médicos ou tratamento excessivo tenham diminuído. Meu colega, o médico H. Gilbert Welch, argumentou que era provável que estivéssemos tratando previamente muitos problemas menores — desde irregularidades mamográficas (que podem desaparecer por conta própria) a ataques cardíacos leves (que muitas vezes têm melhores resultados sem cuidados médicos) —, pois os pacientes são frequentemente submetidos a procedimentos arriscados, motivados mais pelas exigências financeiras dos hospitais e dos especialistas do que pelas necessidades dos pacientes.[50] A pandemia forçou os hospitais a aumentar o parâmetro de internação de pacientes, de modo a manter leitos disponíveis para os pacientes de Covid-19. Da mesma forma, os médicos pedem bilhões de dólares em testes e procedimentos desnecessários todos os anos, mas a pandemia do coronavírus nos deu uma lição sobre a inutilidade disso.

Então, assim como a pandemia nos deu um vislumbre de um mundo com menos tráfego, também nos deu um vislumbre de um mundo com menos danos médicos. É uma lição que o sistema médico provavelmente aprenderá, porque os profissionais de saúde com certeza não têm o intuito de prejudicar as pessoas. Uma vez que estudos detalhados do vasto experimento natural fornecido pela Covid-19 sejam analisados no período pós-pandêmico, os parâmetros para o tratamento de uma série de doenças provavelmente serão reconsiderados.

Embora a iatrogenia seja real, não pretendo criticar os profissionais médicos, cujo árduo trabalho e dedicação são notórios e cujos esforços salvaram a vida de inúmeros pacientes durante a pandemia. A medicina é um sacerdócio, não apenas uma ocupação. Mas, como vimos antes, com os casos de funcionários amordaçados por revelar falta de EPIs, os profissionais de saúde são cada vez mais vistos como engrenagens de uma vasta máquina burocrática. Ainda assim, fundamentalmente, médicos e enfermeiros devem colocar as necessidades dos pacientes acima das suas. Se o turno acabar e o paciente precisar de cuidados, você simplesmente não vai para casa. Permanece ao lado dele. E, de fato, médicos e enfermeiros devem correr riscos em tempos de doenças infecciosas, como vimos. Portanto, a última maneira pela qual a pandemia mudará a medicina é que a geração de médicos em treinamento durante a crise provavelmente terá que enfrentar seus medos e pensar sobre seu dever de uma forma diferente. Acho que o treinamento durante uma pandemia aumentará o senso de vocação. Para alguns estagiários, sem dúvida, também afetará a especialidade que escolherem, com alguns deles achando doenças infecciosas ou saúde pública mais atraentes. O contato com a mortalidade leva à busca de sentido entre os médicos, assim como para qualquer outra pessoa.

Talvez o mais importante, acho que o treinamento durante um surto infeccioso mortal em grande escala afetará o amadurecimento de toda uma coorte de recém-formados, aumentando seu senso de propósito e responsabilidade. Algumas faculdades de medicina e de enfermagem aceleraram suas graduações no segundo trimestre de 2020 para que pudessem colocar mais funcionários em campo imediatamente.[51] Em 1989, quando era interno de medicina e lutava para encontrar minha identidade como médico, meu sogro, James E. Zuckerman, um ginecologista obstetra formado na geração anterior, me contou uma história sobre seu próprio internato em 1961 que levei para toda a vida. Em sua primeira noite de plantão, ele foi chamado de canto pelo residente sênior de neurocirurgia que o supervisionava e orientado sobre as exigentes demandas que enfrentaria naquela noite no Cook County Hospital em Chicago, um ambiente notoriamente extremo (talvez o maior hospital do mundo na época, tão grande que tinha a própria delegacia). No caso de o interno enfrentar desafios que achava que não poderia lidar, o residente sênior o aconselhou: "Jimmy, esta noite, você pode chamar um médico ou pode *ser* um médico."

A pandemia também remodelou nossa economia de várias maneiras em termos imediatos e intermediários, causando uma das maiores recessões globais da história.[52] Em 27 de março de 2020, o Congresso aprovou a Lei CARES (sigla em inglês para Auxílio, Alívio e Segurança Econômica para o Coronavírus), um pacote de resgate quase inconcebível de trilhões de dólares (poderíamos estabelecer uma colônia em Marte por menos dinheiro). Em 30 de julho de 2020, no relatório do segundo trimestre sobre a economia norte-americana divulgado pelo Departamento de Comércio, a devastação era nítida. O PIB dos Estados Unidos caiu 9,5% e teve um declínio anualizado de 32,9% — uma queda rápida e acentuada sem precedentes na história do país. Também nessa época, 30 milhões de norte-americanos ainda estavam recebendo seguro-desemprego após dezenove semanas consecutivas de novos pedidos de seguro-desemprego que ultrapassavam 1 milhão. Essas perdas teriam sido piores sem a Lei CARES e outras medidas. Quase cinco anos de crescimento da economia norte-americana foram varridos pelo vírus em apenas alguns meses.[53] Muitos temiam que, se um alto número de mortes recomeçasse no início de 2021 e se as pessoas tivessem que continuar com as intervenções não farmacêuticas, o impacto econômico geral da pandemia de Covid-19 poderia até mesmo superar o da Grande Depressão. Enquanto o vírus representar uma ameaça material à vida, muitas pessoas não estarão dispostas a retomar completamente as atividades normais (como jantar fora) ou muitos comportamentos de compra pré-pandemia. Inevitavelmente, essa demanda reduzida manterá os Estados Unidos em recessão até o período pandêmico intermediário.

Embora a economia como um todo tenha desacelerado, algumas indústrias foram forçadas a uma aceleração devido ao vírus. Vimos como hospitais e centros de saúde tiveram que estar à altura da situação. Mas necrotérios, casas funerárias, crematórios e cemitérios também tiveram que lidar com o aumento repentino de mortes. Em uma funerária no Brooklyn, um forno crematório quebrou ante o grande volume de cadáveres. Joe Sherman, o proprietário de outra agência funerária no Brooklyn e que estava no negócio há 43 anos, declarou que a pandemia trouxe "muito mais mortes do que poderíamos imaginar".[54]

O vírus também aumentou a demanda por certos produtos — equipamentos de teste, antisséptico para as mãos, medicamentos e vacinas, respiradores e EPIs. Em março de 2020, os 43 homens que trabalhavam nas instalações da fábrica petroquímica da Braskem em Marcus Hook, Pensilvânia, se ofereceram para ficar na fábrica sem parar por 28 dias para produzir grandes quantidades da matéria-prima necessária à fabricação de EPIs. Eles levaram colchões de ar e kits de barbear para a fábrica, transformaram a cozinha de um escritório em refeitório e trabalharam 12 horas em turnos alternados, dia e noite, sem ir para casa nem deixar mais ninguém entrar. Juntos, eles produziram cerca de 18 milhões de quilos de polipropileno, o suficiente para fazer 500 milhões de máscaras N95. A administração também fez sua parte, pagando aos trabalhadores por todas as 24 horas de cada dia. Os homens trabalharam com um renovado senso de propósito. Quando eles finalmente saíram, um mês depois, um de seus líderes, Joe Boyce, um veterano de 27 anos da fábrica, declarou: "Ficamos muito felizes em poder ajudar. Temos recebido mensagens nas redes sociais de enfermeiros, médicos e paramédicos, agradecendo pelo que estamos fazendo. Mas queremos agradecê-los pelo que fizeram e continuam fazendo. Foi isso que fez o tempo que dedicamos passar rapidamente, poder oferecer nosso apoio a eles."[55]

Muitas outras empresas contribuíram mudando a produção. Destilarias de bebidas alcoólicas começaram a fazer antissépticos para as mãos e algumas os distribuíram gratuitamente para ajudar.[56] Os fabricantes de roupas esportivas deixaram de fazer camisetas e passaram a fabricar máscaras.[57] Trabalhando em conjunto com a GE e a 3M, a Ford Motor Company usou peças de automóveis reaproveitadas, como ventoinhas e baterias, para fazer respiradores simplificados.[58] Muitas das indústrias que fornecem itens para combater o próprio vírus terão uma demanda elevada que continuará durante o período pandêmico imediato, embora não com a mesma intensidade que durante a primeira onda.

Embora as destilarias provavelmente voltem a fabricar bebidas e a Ford volte a produzir carros, outras mudanças estruturais em nossa economia podem ser duradouras. As cadeias de suprimentos globais podem encolher e pode haver realocação total das instalações de manufatura de certas indústrias — por exemplo, a indústria farmacêutica ou de maquinário de alta tecnologia.[59] Antes da pandemia, a ênfase era na produção just-in-time, com as peças sendo entregues exatamente quando eram necessárias no processo de fabricação. Manter estoques era caro e ineficiente. Mas, no período pós-pandêmico, a ênfase pode mudar até certo ponto para as cadeias de suprimento just-in-case. Um modelo que pode ser incentivado pela pandemia são os sistemas automatizados e flexíveis de manufatura em pequenos lotes, que podem fabricar mercadorias de acordo com especificações próximas ao consumo necessário, o que pode inclusive ser mais econômico.

À medida que as pessoas adotaram o distanciamento físico e se prepararam para as ordens de permanência em casa, a economia teve que responder também aos efeitos indiretos do vírus. Houve um pânico inicial de compra de suprimentos, motivado em parte por pessoas que buscavam um senso de controle. Encher um carrinho com enlatados, farinha, produtos de limpeza e pilhas fez muitas pessoas sentirem que podem controlar seu destino. Outras, como vimos no Capítulo 5, reagiram aos sentimentos de medo e insegurança comprando armas. O consumo de itens discricionários diminuiu à medida que as pessoas adiaram as compras não essenciais. De fato, quanto maior o grau de contato social que as pessoas têm com outras que contraíram ou morreram com o vírus, menor será o consumo de itens não essenciais. Por exemplo, um aumento de 10% no número de casos de Covid-19 no círculo social de uma pessoa resultou em uma diminuição de 2% nas compras de roupas e cosméticos por essa pessoa.[60]

As vendas de cerveja, vinho e destilados atingiram uma alta histórica em março de 2020 devido a um aumento sem precedentes na demanda.[61] Parte disso foi simplesmente um deslocamento das vendas de bares e restaurantes, que estavam fechados. Algo semelhante ajudou a explicar a desconcertante escassez de papel higiênico nos primeiros meses da pandemia. Embora a estocagem pelas pessoas fosse um fator, não explicava totalmente a escassez. Nem havia algo relacionado ao vírus que fizesse as pessoas precisarem de mais papel higiênico, ao contrário de antissépticos para as mãos ou produtos de limpeza. No entanto, como as pessoas não passavam mais metade de seu tempo no trabalho, o consumo doméstico de papel higiênico aumentou. Mas produtos industrializados de papel não podem ser facilmente redistribuídos; algo que não é de conhecimento da maioria das pessoas é que a fabricação e distribuição de papel higiênico nos Estados Unidos é ramificada. Os produtos de papel para escritórios e fábricas formam uma cadeia de suprimentos totalmente diferente daqueles destinados ao uso doméstico, o que significa que muitos supermercados sofreram com a escassez de papel higiênico durante meses.[62]

Após uma queda inicial nas entregas a domicílio no início de março, empresas como a UPS e a FedEx começaram a enfrentar uma enorme demanda a partir de abril de 2020, semelhante ao nível visto na época do Natal, e tiveram que impor sobretaxas nas entregas.[63] A Amazon teve de contratar mais 100 mil funcionários para seus depósitos a fim de atender aos pedidos das pessoas confinadas em casa e concedeu aumentos de salário.[64] Entregas de produtos de supermercado, de restaurantes e de outros serviços também cresceram.

Enquanto as entregas ficaram mais caras, os preços dos bens e serviços com menor demanda caíram. O petróleo apresentou uma queda impressionante, que se refletiu no preço da gasolina nos postos. Por um breve período em abril de 2020, o preço do petróleo caiu abaixo de zero, o que significa que as refinarias de petróleo tiveram que pagar a seus clientes para levarem seus barris de petróleo.[65] O preço de roupas, carros e passagens aéreas também despencou à medida que a demanda diminuiu.[66] As vendas de veículos novos caíram 40%, e a General Motors e a Ford fecharam suas fábricas.[67] Mas ovos e carnes estavam mais escassos e seus preços subiram.

Em uma explosão de solidariedade nacional e bom marketing, muitas empresas, especialmente aquelas cujos custos marginais eram baixos, ofereceram serviços gratuitamente. Empresas que fornecem ferramentas online para comunicação, como transferência de arquivos ou videoconferência, ofereceram gratuitamente seus produtos para facilitar o trabalho em casa. Em março de 2020, um consórcio de empresas de internet, que inclui a Comcast e a Verizon, assinou um compromisso com a FCC para "manter os norte-americanos conectados", não cancelando o serviço de internet mesmo em caso de inadimplência.[68] Em meados de março de 2020, a U-Haul deu aos estudantes universitários trinta dias de armazenamento de objetos gratuito para ajudá-los a lidar com as interrupções das aulas, quando as faculdades fecharam.[69]

A economia mudou ainda de outras maneiras. No verão de 2020, a demanda por trailers disparou à medida que as pessoas decidiam que essa era uma forma de curtir as férias, isoladas com a família, sem o risco de frequentar aeroportos ou hotéis.[70] Os trailers pareciam uma solução promissora até que o CDC, sempre o desmancha-prazeres, lembrou à nação que "viajar em trailers normalmente significa passar a noite em estacionamentos, bem como adquirir gasolina e suprimentos em outros locais públicos. Essas paradas obrigatórias podem expor os ocupantes ao contato próximo com outras pessoas".[71]

As empresas cujas atividades dependem de reuniões públicas, como restaurantes e estádios esportivos, foram muito afetadas no início da pandemia, e isso persistirá durante o período pandêmico intermediário. Só no final de março de 2020, 3% dos restaurantes haviam fechado suas portas e 11% temiam não sobreviver até abril.[72] Mesmo depois que alguns reabriram — o que ocorreu em junho de 2020, na maioria dos lugares —, os restaurantes podiam operar apenas com 50% da capacidade. Cerca de 15 milhões de pessoas trabalham em restaurantes como garçons, cozinheiros e outras funções, e metade delas viu seus empregos desaparecerem. O setor hoteleiro foi igualmente devastado. As reservas desapareceram completamente. O mesmo ocorreu na indústria do entretenimento. E na de conferências. E na de aluguel de automóveis. E no setor de aviação civil. Uma análise usando transações de cartão de crédito de uma amostra de 60 mil pequenas empresas em todos os Estados Unidos mostrou que em abril de 2020, o ponto mais baixo, 30% das pequenas empresas haviam fechado e, no final de maio, 19% permaneciam fechadas, e seus proprietários não tinham certeza de que reabririam.[73] Isso é impressionante.

Uma mudança na atitude em relação ao risco levou ao surgimento de empresas que ofereciam, no jargão empresarial, "segurança como serviço" ou "segurança como proposta de valor". Em hotéis, companhias aéreas, restaurantes, salões de beleza, academias e assim por diante, "haverá uma concessão entre preço e segurança em favor da segurança", observou N. Chandrasekaran, diretor-executivo do conglomerado Tata.[74] De fato, os hotéis começaram a se promover seguindo essa linha. "Tomamos o maior cuidado para garantir que sua estadia conosco seja segura, limpa e confortável", anunciou o hotel Warwick, na cidade de Nova York. A ênfase já não era a localização, a diversão ou os jantares. Em seu lugar, surgiram as "medidas preventivas aprimoradas para cumprir as orientações mais recentes sobre limpeza e higiene".

Os efeitos em cascata em toda a economia foram enormes, e vimos apenas o começo. No médio prazo, as cidades podem ficar mais monótonas, pois muitas pequenas empresas de varejo fecharão as portas, deixando apenas redes grandes e bem capitalizadas para preencher a paisagem urbana. À medida que as pessoas passam a trabalhar em casa, os empregadores podem perceber que precisam de menos espaço de escritório, o que significa menos zeladores, administradores de edifícios, corretores e assim por diante. Para algumas pessoas, a realidade de ter que obedecer às ordens de permanência em casa com uma família de quatro pessoas em um apartamento de dois quartos na cidade pode não ser algo que desejam repetir, o que as estimulará a procurar moradia em áreas menos urbanas, modificando a demanda no gigantesco setor imobiliário. Mas mesmo as cidades estão encontrando maneiras de mudar seus layouts durante a pandemia; em maio de 2020, a cidade de Nova York fechou mais de sessenta quilômetros de ruas para carros a fim de facilitar a recreação ao ar livre, respeitando o distanciamento físico, e cidades em todos os Estados Unidos converteram vagas de estacionamento em restaurantes ao ar livre, como é típico na Europa.[75] Muitas dessas mudanças durarão além do período imediato.

Novas oportunidades surgiram em vários setores. Alguns indícios sugerem que o ritmo dos pedidos de patentes está aumentando, já que os inventores, confinados em casa, têm tempo para ser mais criativos.[76] A pandemia pode acelerar as melhorias na robótica autônoma.[77] Muitos robôs capazes de limpar superfícies com produtos químicos (ou, ainda mais eficiente, com luz ultravioleta) foram implantados para ajudar a proteger equipes de limpeza ou funcionários da linha de frente que entram nos quartos onde os pacientes com Covid-19 são tratados. Outros robôs foram implantados para entregar mantimentos e comida de restaurantes em todo o país.[78] Os métodos de pagamento sem contato já proliferaram, mas podemos ver lojas de conveniência totalmente automatizadas, reformuladas como máquinas de venda automática com caixas automatizados.

As condições de trabalho também mudarão. Antes da pandemia, menos da metade dos trabalhadores em regime de turnos nos Estados Unidos tinha acesso à licença médica remunerada, então a maioria deles ainda ia trabalhar quando ficava doente.[79] Mas a dinâmica de uma doença contagiosa deixa bem claro por que isso é uma má ideia e, portanto, muitas empresas, da Apple a empresas de entrega de pizza, forneceram licença médica remunerada para trabalhadores horistas pela primeira vez em sua história. Não querendo repetir os erros cometidos pelos frigoríficos, discutidos no Capítulo 5, as empresas aumentaram os benefícios para incentivar os trabalhadores a ficarem em casa se estiverem doentes com Covid-19. Essas políticas provavelmente perdurarão depois que o vírus desaparecer, seja porque as empresas enxergaram os benefícios, seja por imposição da legislação, seja por exigência dos funcionários.

A mudança para o home office também deve perdurar. No período pós-pandêmico, a jornada de trabalho de muitos funcionários ficará mais curta ou mais alinhada com os dias letivos. Algumas empresas já eliminaram o trabalho interno e outras farão o mesmo. N. Chandrasekaran, do Grupo Tata, prevê que a maioria dos 450 mil funcionários da Tata Consulting Services, uma das maiores e mais bem-sucedidas empresas de consultoria de gestão do mundo, continuará trabalhando em casa após a pandemia. Aproximadamente um quinto dos funcionários da empresa (baseados na Índia, nos Estados Unidos, na Grã-Bretanha e em outros lugares) trabalhava em casa antes da pandemia, mas ele estima que esse número chegará a três quartos depois dela. "A disrupção digital é tão significativa que a maioria de nós não consegue imaginar o grau", declarou Chandrasekaran. "A pandemia acelerou as tendências digitais que se manterão depois que ela passar."[80] Empresas de tecnologia como Twitter, Square e Facebook anunciaram que o trabalho em home office será uma opção permanente para os funcionários no período pós-pandemia. Ryan Smith, o CEO da Qualtrics, declarou: "É um caminho sem volta. Não é possível retornar ao que era antes em parte porque algumas organizações se ofereceram para permitir o trabalho remoto de forma permanente."[81]

Na verdade, os primeiros estudos revelaram que a transição foi inesperadamente suave. Segundo um estudo, nos Estados Unidos, a satisfação e o engajamento dos funcionários de escritório caíram drasticamente nas primeiras duas semanas de home office após o início dos lockdowns. Mas, após oito semanas de experiência, as pessoas se adaptaram e a satisfação no trabalho se recuperou rapidamente. Um funcionário declarou: "Acho estranho como tudo se tornou normal — as reuniões virtuais, os e-mails, o visual desarrumado." E um CEO comentou que sentiu que essa experiência "encerrou para sempre a expectativa de 'voar até o outro lado do país para uma reunião de uma hora'".[82]

Por causa da experiência positiva, muitas das mudanças provavelmente serão permanentes. Por que o experimento nacional de trabalhar em casa imposto à economia norte-americana pode ter um resultado melhor do que as tentativas anteriores das empresas, que mostraram quedas na produtividade ou aumentos na alienação do trabalhador?

Provavelmente dois fatores principais estão em jogo. Primeiro, desta vez, todos na organização, não apenas um pequeno grupo antes considerado aberrante, estão trabalhando em casa, assim como os funcionários das empresas com as quais ela faz negócios. E, em segundo lugar, as pessoas são motivadas a se unir para tornar a experiência mais funcional. No passado, o subconjunto de funcionários que trabalhava em casa em geral se sentia excluído e menos capaz de contribuir.

No entanto, tornar essa mudança mais permanente apresentará outros problemas, que vão desde a maior dificuldade em recrutar novos funcionários e promover sua inculturação às normas da empresa até a perda de encontros promissores (e muitas vezes inventivos) no espaço físico do escritório. Além disso, o trabalho remoto pode impor mudanças desagradáveis; vigilância do tipo que vimos para fiscalização de provas pode ser implementada por algumas empresas (por exemplo, usando monitoramento de teclados para garantir que os funcionários se concentrem no trabalho ou rastreando e-mails ou agendas com mais rigor).

A economia e os modelos do setor da educação — e a força de trabalho treinada em instituições educacionais — também estão passando por mudanças em vários níveis. As reformas no sistema de creches e escolas têm sido debatidas durante séculos, é claro, mas mudanças sustentadas podem estar a caminho. No período pandêmico imediato, o acesso a creches será um problema real, que deve durar até o período pandêmico intermediário. Creches são um negócio de margens extraordinariamente baixas, embora seus custos sejam opressivos para muitas famílias norte-americanas, e a pandemia agravou a já precária situação financeira das creches e de seus 2 milhões de trabalhadores (em 2017, o salário médio por hora era de US$10,72).[83] Uma pesquisa realizada em julho de 2020 pela National Association for the Education of Young Children indicou que, sem investimento público significativo, 40% das creches (e metade das empresas de propriedade de minorias) fecharia as portas em definitivo como resultado da pandemia de Covid-19.[84] Quase 90% das creches em funcionamento no momento da pesquisa tiveram quedas significativas no número de matrículas, visto que enfrentaram maiores despesas com EPIs, limpezas extras e outras mudanças associadas à prevenção de infecções. Quase três quartos dos programas relataram licenças, dispensas e cortes salariais atuais ou futuros. Essas contínuas pressões provavelmente levarão os norte-americanos a elegerem mais agentes públicos que apoiem soluções criativas para esse problema crônico enfrentado por pais que trabalham e pelos profissionais do cuidado infantil.

Com relação ao ensino fundamental e médio, embora grande parte da reação à experiência de aprendizagem remota de 2020 tenha sido negativa, provavelmente veremos um aumento nos modelos híbridos de ensino remoto/presencial, sobretudo para alunos do ensino médio e famílias que resistem a mandar os filhos para escolas tradicionais. Também podemos ver uma crise na função de professor substituto, uma vaga de baixa remuneração e muitas vezes pouco gratificante que as escolas têm dificuldade em preencher. Uma média de 6% do aprendizado de uma criança — do jardim ao ensino médio — é ministrado por professores substitutos, porém, com as restrições dos critérios de saúde que impedem professores doentes de trabalhar (bem como seu medo e ansiedade por ter que ir à escola), podemos esperar mais ausências de professores nos períodos pandêmicos imediato e intermediário e menos recursos para lidar com elas.[85]

No longo prazo e no período pós-pandêmico, há uma oportunidade real de revitalizar um modelo centenário de ensino fundamental e médio que clama por inovação. As escolas sempre desempenharam um papel duplo de educar e fornecer abrigo às crianças enquanto os pais trabalham, mas esse dever duplo reforça uma visão estreita de como o aprendizado deve ser, uma visão que se limita a locais, horários e datas específicos. As necessidades de desenvolvimento das crianças costumam ser ignoradas nesse sistema — por exemplo, existem escolas sem qualquer tipo de espaço ao ar livre. Para promover uma visão mais inclusiva da aprendizagem condizente com os Estados Unidos do século XXI, pode ser hora de pensar com mais imaginação sobre como e onde as crianças aprendem melhor e, em seguida, descobrir como tornar essas oportunidades de aprendizagem possíveis de uma forma que preserve o horário de trabalho dos pais.

Educadores têm notado essas preocupações há décadas, mas as pressões pós-pandêmicas em relação à prevenção de doenças, novas realidades econômicas e avanços tecnológicos do século XXI podem finalmente impelir os sistemas escolares a explorar uma inovação radical. Com o tempo, um número menor de escolas físicas pode vir a funcionar como centros de aprendizagem primária, deslocando os "eixos" de aprendizagem para residências, bibliotecas, museus, faculdades comunitárias, clubes, programas complementares e outros locais da comunidade. Podemos esperar que debates já acalorados sobre a consolidação e escolha de escolas provavelmente se acelerem conforme as escolas públicas se adaptam a uma abordagem mais personalizada à educação e conforme uma variedade de adultos (técnicos, conselheiros, estudantes universitários, pais que ensinam em casa e especialistas online) assumem maior responsabilidade pelo aprendizado das crianças.

A desordem provocada pela pandemia provavelmente proporcionará um ímpeto de reformulação também nos níveis educacionais mais elevados. Quando a pandemia nos atingiu, as universidades já vinham tentando oferecer mais instrução online. As universidades certamente continuarão a oferecer modelos presenciais e online, mesmo depois que o vírus desaparecer. Claro, ao contrário das universidades na Europa ou das faculdades comunitárias nos Estados Unidos, muitos cursos superiores são organizados em torno da experiência presencial com moradias estudantis. As interações pessoais são vistas como a chave para o crescimento emocional e intelectual. Mas uma espécie de corrida armamentista para o modelo de moradias estudantis proliferou nos últimos anos, com grandes investimentos em instalações residenciais (centros estudantis e dormitórios com comodidades luxuosas) e acréscimo de cargos de diretores e de administradores de nível médio, o que contribui para mensalidades mais altas e níveis de endividamento estudantil alarmantes. A disponibilidade de educação online pode evidenciar a inutilidade dessas despesas ou fazer com que mais candidatos questionem seu valor.

Embora eu tenha passado minha carreira defendendo a utilidade do ensino presencial em sala de aula e da vida no campus, a possibilidade de ministrar aulas de forma assíncrona online, de modo que os alunos não tenham que estar todos no mesmo lugar ao mesmo tempo, tem suas vantagens. Um resultado provável é que mais professores gravarão palestras para serem transmitidas online, e os alunos podem ser instruídos a assistir a essas palestras em preparação para as aulas. O tempo da aula poderia então ser reservado para mais interações pessoais ou perguntas e discussões, algo que um colega, o físico e inovador educacional Eric Mazur, chama de "sala de aula invertida", na qual os alunos falam mais do que o professor.

No entanto, uma mudança para o aprendizado online alteraria a proposta de valor de muitas faculdades. As grandes universidades provavelmente seriam capazes de oferecer uma alternativa online com baixo custo marginal. Mas centenas de pequenas faculdades acabarão fechando, conforme alunos e famílias optarem pela educação online em faculdades que não oferecem experiência de campus. Tal como acontece com os outros efeitos em cascata que consideramos, isso levaria professores, administradores e outros funcionários à perda de emprego e afetaria todos os negócios acessórios — de bares a livrarias — em inúmeras pequenas cidades universitárias em todo o país.

Mesmo antes da pandemia, já havia uma mudança no sentido de transferir conferências acadêmicas (e outras) para o modo online, em parte motivada pela preocupação com o meio ambiente. Estima-se que os 7,8 milhões de pesquisadores que viajam para conferências a cada ano produzem emissões de carbono equivalentes a um pequeno país.[86] Conferências online também seriam mais acolhedoras para acadêmicos com deficiência, pais com filhos pequenos e pessoas com restrições de feriados religiosos.

Um dos efeitos econômicos mais duradouros diz respeito à coorte de alunos que se formarão no ensino superior e encontrarão um mercado em recessão. É improvável que consigam se recuperar em termos econômicos; prevê-se que tenham que aceitar salários mais baixos por pelo menos vinte anos.[87] Ironicamente, em recessões anteriores, essas pessoas relataram níveis *mais altos* de satisfação no trabalho, mesmo quinze anos depois e após contabilizar ocupação, renda e área de atuação. Quando as pessoas começam a trabalhar durante uma recessão, elas parecem se sentir mais afortunadas simplesmente por ter um emprego.[88] O psicólogo Adam Grant argumentou que os efeitos em cascata da pandemia podem até incluir uma liderança mais ética em nossas principais corporações. Sobreviver a tempos difíceis e começar uma carreira quando o desemprego é alto pode reduzir os sentimentos de direito adquirido ou narcisismo, sobretudo entre os homens, e os líderes de corporações podem, a partir de então, ter um senso de propósito diferente.[89]

Após o término do período pandêmico intermediário, por volta de 2024, ainda haverá efeitos colaterais normativos, sociais, tecnológicos e econômicos do vírus e de nossas respostas a ele. Algumas mudanças são difíceis de prever; outras, mais fáceis. Se a história serve de guia, parece provável que o consumo volte com força total. Os períodos de austeridade impulsionados pelas pestes costumam ser seguidos por períodos de gastos abundantes. Essa constatação é muito antiga; em 1348, Agnolo di Tura, um sapateiro e cobrador de impostos, descreveu a situação em uma crônica sobre a peste negra:

> *E então, quando a pestilência diminuiu, todos os sobreviventes se entregaram aos prazeres: monges, padres, freiras e homens e mulheres do povo, todos se divertiram sem se afligir com os gastos ou com a jogatina. E todos se consideravam ricos porque escaparam e reconquistaram o mundo, e ninguém sabia se permitir fazer nada.*[90]

Se os loucos anos 1920, após a pandemia de 1918, servirem de guia, o aumento da religiosidade e o reflexo dos períodos pandêmicos imediato e intermediário podem dar lugar a expressões crescentes de assunção de riscos, intemperança ou alegria de viver no período pós-pandêmico. A grande atratividade das cidades ficará evidente mais uma vez. As pessoas buscarão implacavelmente oportunidades de interação social em maior escala em eventos esportivos, shows e comícios políticos. E, depois de uma epidemia séria, as pessoas costumam sentir não apenas um renovado senso de propósito, mas um renovado senso de possibilidade. A década de 1920 trouxe a disseminação do uso do rádio, o jazz, o Renascimento do Harlem e o sufrágio feminino. É claro que é importante lembrar que a pandemia de gripe de 1918 se seguiu à Primeira Guerra Mundial e foi mais mortal. Mas podemos esperar ver semelhantes inovações tecnológicas, artísticas e até sociais após a atual pandemia — por exemplo, como reflexo dos efeitos em cascata de um grande número de pessoas trabalhando em casa.

Os efeitos econômicos posteriores da pandemia de Covid-19 também serão substanciais. Já consideramos a provável reação de médio prazo contra a globalização, a imigração e a vida urbana, mas essas mudanças parecem improváveis de persistir após 2024, uma vez que os benefícios econômicos dessas tendências de longo prazo são muito atraentes. No entanto, outros abalos econômicos da pandemia podem durar mais tempo. Uma recessão sustentada pode se transformar em uma bola de neve, gerando uma depressão real com efeitos de maior duração.

Pode ser difícil diferenciar o impacto econômico adverso causado pelo próprio vírus dos efeitos econômicos adversos causados pelas intervenções não farmacêuticas que implementamos em resposta. Os vírus podem adoecer e matar pessoas e comprometer a economia diretamente. E as precauções tomadas em resposta, como reduzir os gastos ou evitar interações sociais, podem ter impactos econômicos adversos por conta própria. Uma análise cuidadosa da pandemia de 1918 nos Estados Unidos, que contemplou a variação no tempo de chegada do vírus de um lugar para outro, bem como a variação no tempo de implementação das intervenções não farmacêuticas em uma espécie de experimento natural, concluiu que foi a própria pandemia que deprimiu a economia, não as respostas da saúde pública. Além disso, as cidades que implementaram intervenções não farmacêuticas mais rígidas e o fizeram antes no curso da epidemia não se saíram pior; na verdade, suas economias se recuperaram mais rapidamente após o fim da pandemia. Por exemplo, respostas dez dias antes em relação à chegada da pandemia aumentaram o emprego na indústria em 5% após o fim da epidemia.[91]

Uma análise do impacto econômico de longo prazo das pandemias usou dados meticulosamente compilados de doze pandemias europeias, desde o primeiro surto da peste negra na década de 1340 até a leve pandemia de H1N1 em 2009, incluindo a epidemia de cólera europeia de 1816, as pandemias de gripe de 1918, 1957 e 1968 e vários outros surtos. Em geral, ao matar adultos em *idade produtiva*, mas deixar terras agrícolas, edifícios, minas, metais e outros bens de capital relativamente intactos, essas pandemias mortais, em média, resultaram em um aumento nos salários reais e um declínio de longo prazo nas taxas de juros.

Depois que muitas pessoas morrem em uma pandemia grave, a mão de obra é em geral escassa em relação ao capital (em contraste com as grandes guerras, que normalmente resultam na destruição do capital, além de vidas humanas). As oportunidades de investimento são reduzidas, dado o excesso de capital. Além disso, as pessoas costumam economizar mais depois de uma pandemia.[92] Como resultado, a taxa natural de juros é reduzida, em geral, por quase quarenta anos, mas sobretudo durante os primeiros vinte, sendo que, no ponto mais baixo, as taxas de juros reais são reduzidas em dois pontos percentuais. Os salários reais mostram um padrão inverso, permanecendo elevados por décadas após uma pandemia que mata muitos adultos em idade produtiva, com salários até 5% mais altos do que seriam caso contrário. Para ser claro, esses efeitos são sustentados ao longo do tempo, enquanto os efeitos sobre a coorte de estudantes universitários que se formam em uma recessão (discutida anteriormente) estejam relacionados a essa coorte que enfrenta o choque imediato.

As pessoas que enfrentavam pandemias históricas muitas vezes estavam cientes de alguns desses impactos. Um relato da peste negra que devastou Rochester, na Inglaterra, em meados do século XIV, atribuído a William de la Dene, constatou um conflito de classes em formação:

> *Tal escassez de trabalhadores resultou nos humildes torcendo o nariz para o emprego e dificilmente sendo persuadidos a servir aos eminentes, a não ser por salários triplos. Em vez disso, por causa dos subsídios concedidos em função dos funerais, aqueles que antes tinham que trabalhar agora começaram a ter tempo para ociosidade, roubo e outros ultrajes, e assim os pobres e servis foram enriquecidos e os ricos, empobrecidos. Como resultado, os clérigos, cavaleiros e outros dignitários foram forçados a debulhar o milho, arar a terra e realizar todas as outras tarefas não especializadas se quisessem ganhar o próprio pão.*[93]

No entanto, como a pandemia de Covid-19 poupou amplamente as pessoas em idade produtiva e não é tão intrinsecamente mortal quanto a peste bubônica ou a varíola, é muito improvável que altere o equilíbrio de poder entre capital e trabalho tanto quanto as pragas anteriores. Ainda assim, a pandemia pode muito bem aumentar os salários por meio de pressão política. A pandemia de Covid-19 revelou a dependência dos Estados Unidos em relação aos trabalhadores essenciais de baixa renda e, mesmo sem um grande número de mortes de adultos em idade produtiva, é provável que existam leis que consolidem proteções mais amplas aos trabalhadores norte-americanos no período pós-pandemia. Como vimos, as possíveis áreas de melhoria são as licenças médicas ou familiares remuneradas, horários de trabalho mais flexíveis e talvez subsídios para creches.

Isso é especialmente provável se houver ativismo político sustentado por trás do ímpeto inicial de empatia por funcionários de mercados, de lares de idosos e de serviços de entrega. É improvável que o processo seja tranquilo, mas a pandemia de Covid-19 nos atingiu, por coincidência, em um momento em que a desigualdade de renda nos Estados Unidos já atingia o ápice de um século, e cada vez mais era vista por muitos cidadãos como insustentável.[94] Muitos norte-americanos também podem vir a valorizar mais os empregos essenciais, mas sem glamour, que mantêm suas vidas funcionando e podem passar a ser mais compreensivos em relação às demandas salariais.

A velocidade com que os Estados Unidos se recuperam em relação a outros países pode mudar sua posição internacional. Já vimos um vislumbre desse declínio na estatura do país quando os líderes norte-americanos tropeçaram em sua resposta pandêmica à primeira onda do vírus. Como argumentou o jornalista londrino Tom McTague: "É difícil ignorar a sensação de que este é um momento humilhante para os Estados Unidos. Como cidadãos do mundo que os Estados Unidos criaram, estamos acostumados a expressões de ódio, admiração ou medo em relação aos Estados Unidos (às vezes, tudo ao mesmo tempo). Mas sentimento de pena? Isso é novidade."[95]

A perda do poder econômico norte-americano e a falta de liderança dos EUA podem criar uma abertura para a China exercer mais influência, sobretudo no mundo em desenvolvimento, onde muitos países precisam desesperadamente de ajuda para enfrentar o vírus e onde as respostas norte-americanas à pandemia global deixaram a desejar em relação a padrões anteriores (embora também haja uma reação adversa contra a China como país de origem do vírus e, sobretudo, devido à sua falta de transparência inicial). Os países que desenvolverem com sucesso uma boa vacina ou medicamento eficaz também conquistarão muito poder.

A possível diminuição da estatura dos Estados Unidos pode, paradoxalmente, restringir e ampliar o futuro dos jovens norte-americanos. Esses jovens podem se ver mais conectados à comunidade global e mais dependentes dela também. Crescer durante a pandemia certamente moldará uma geração de jovens de outras maneiras. A pandemia pode deixar uma marca e mudar a trajetória de vida no jovem adulto, como vimos com a trajetória de renda projetada para os recém-formados. Os efeitos são diferentes nos mais jovens. Nosso filho de dez anos, por exemplo, reagiu às disrupções em sua vida com despreocupação, passando tempo ao ar livre e aproveitando a suspensão das aulas enquanto estudava em casa. Mas também expressou seu medo de que minha esposa e eu morrêssemos. E o isolamento social foi muito difícil para ele.

Para um grande número de crianças norte-americanas em circunstâncias menos privilegiadas, os desafios têm sido muito maiores. Muitas podem ter vivenciado a pandemia como um evento adverso traumático na infância — sobretudo se seus pais perderam o emprego ou a vida — e a memória disso permanecerá. Dado que 45% dos norte-americanos já enfrentam pelo menos uma experiência adversa na infância (por exemplo, a morte ou doença mental de um dos pais) e 10% têm três ou mais experiências desse tipo, a pandemia pode ampliar as tendências já preocupantes de saúde mental dos jovens, como o aumento de problemas comportamentais e das taxas de suicídio.[96] No período pós-pandemia, poderemos ver uma epidemia de transtorno de estresse pós-traumático à medida que essas crianças crescerem, especialmente se os pais forem incapazes de controlar a própria ansiedade e se os meios tradicionais de promoção de bem-estar das crianças (como esportes e brincadeiras) forem restringidos. Alguns educadores estão preocupados com o fato de que a já bem documentada redução de áreas mais amplas do currículo escolar — como arte, música, educação física e estudos sociais — tende a se acelerar à medida que as escolas fornecerem uma experiência educacional mais despojada no período pandêmico imediato; isso pode ter ramificações por anos. No entanto, uma minoria de crianças pode realmente voltar à escola com mais resiliência e também se sair melhor em longo prazo.

A doença pandêmica pode ter efeitos ainda mais cedo na vida de uma criança. A exposição precoce à gripe espanhola, seja no útero, seja imediatamente após o nascimento, teve um impacto duradouro na morbidade, mortalidade e nível socioeconômico mais tarde na vida. Por exemplo, as crianças taiwanesas nascidas em 1919 eram mais baixas e tiveram surtos de crescimento posteriores em comparação com suas contrapartes em coortes de nascimentos adjacentes.[97] Para crianças norte-americanas nascidas entre 1915 e 1923, a exposição pré-natal à gripe espanhola foi associada a um aumento de mais de 20% na taxa de doença cardíaca isquêmica após os sessenta anos, em comparação com aquelas com pouca ou nenhuma exposição pré-natal.[98] A exposição pré-natal à gripe espanhola também foi associada a baixo nível de escolaridade (uma redução de cinco meses para aqueles com mães infectadas e uma probabilidade 4% a 5% menor de concluir o ensino médio), renda anual (US$2.500 menor para filhos de mães infectadas) e taxas mais altas de deficiência física (probabilidade 8% maior de sofrer de deficiência que impede o trabalho).[99] Efeitos prejudiciais semelhantes da exposição *in utero* à gripe espanhola foram observados em amostras brasileiras e suecas.[100]

Por fim, nossas artes e literatura estarão imbuídas de simbolismo relacionado à pandemia. Já no início de 2021, comecei a notar obras de natureza-morta que apresentavam máscaras faciais e outras alusões a doenças em contas de artistas no Instagram. Após severas epidemias no passado, as artes tomaram novas direções. Por exemplo, depois de 1918, o Romantismo enfraqueceu e o Classicismo renasceu à medida que artistas, designers de moda e arquitetos tentaram "se livrar" dos excessos da virada do século. A década pós-1918 foi uma época em que os artistas diziam: "No fim das contas, não temos vantagem alguma em relação aos povos antigos."[101] Somos igualmente sujeitos à catástrofe e à morte. Em seu ensaio "Sobre estar doente", Virginia Woolf queixou-se de que a cultura havia negligenciado uma fonte óbvia de inspiração: "Alguém poderia pensar que romances seriam dedicados à gripe; poemas épicos, à febre tifoide; odes, à pneumonia... Mas não."[102] A pandemia de 1918 realmente deixou algumas marcas na literatura; por exemplo, no Capítulo 6, vimos sua influência no trabalho de Hemingway.

A peste bubônica teve um efeito mais dramático na arte ocidental, trazendo à tona — em chocantes detalhes — as preocupações humanas com a morte, a dor e o pecado. *O Triunfo da Morte,* pintura de 1562 de Pieter Bruegel, o Velho, é uma paisagem infernal de disfunções corporais — esqueletos são vistos empurrando carrinhos de crânios ou decapitando, enforcando e afogando vítimas infelizes enquanto cachorros revolvem cadáveres. Em 1919, o *Autorretrato após a Gripe Espanhola,* de Edvard Munch, é uma evocação surpreendente do impacto da pandemia no corpo humano, ecoando sua pintura mais famosa, *O Grito,* com um olhar assombrado e a boca aberta. Em 1989, o jovem artista Keith Haring, que morreu de Aids aos 31 anos, pintou um famoso pôster sobre a pandemia do HIV com a legenda SILÊNCIO = MORTE, em que três figuras reproduzem o provérbio "Não veja o mal, não ouça o mal, não fale do mal" dos três macacos sábios.[103] Tornou-se uma imagem icônica.

A pandemia pode reverter certas tendências políticas e culturais que têm, a meu ver, atormentado nossa sociedade nos últimos anos. No início da pandemia, fiquei preocupado com o fato de que o empobrecimento de nossa vida intelectual nos últimos vinte anos poderia representar barreiras para o controle da disseminação do vírus. O entrincheiramento político e os padrões de vida geograficamente segregados tornaram as pessoas menos abertas a ideias opostas, e isso tem dificultado o tratamento de uma variedade de problemas sociais, desde a mudança climática até o encarceramento em massa. Eu temia que, junto com uma série de outras características convergentes e problemáticas, essa atrofia intelectual tornasse nossa resposta à pandemia um desafio.

Primeiro, tem havido uma difamação progressiva da ciência. Ela passou a ser vista por muitos como um instrumento político. Muitas pessoas até abandonaram a ideia fundamental de que é possível ter uma avaliação objetiva da verdade. Por exemplo, os políticos de direita não queriam reconhecer as descobertas da ciência em relação ao clima ou da pesquisa sobre violência armada, e os políticos de esquerda queriam negar o papel da genética no comportamento humano. Em vez de abordar tópicos difíceis usando nossos melhores esforços em pesquisa objetiva, muitas pessoas acharam mais fácil ignorar verdades inconvenientes e suprimir a investigação científica que poderia revelá-las.

A alfabetização científica também é baixa entre o público em geral. Um total de 38% dos norte-americanos acreditam que Deus criou os humanos em sua forma atual em algum momento dos últimos 10 mil anos.[104] Mais de 25% dos norte-americanos acreditam que o Sol gira em torno da Terra. E 61% não conseguem descrever corretamente que o Universo começou com o big bang.[105] Frações substanciais de pessoas rejeitam a eficácia das vacinas, e alguns acreditam em desvairadas teorias de conspiração, como a ideia de que a fumaça branca gerada por aviões é usada pelo governo para controle populacional.

Além da difamação da ciência, tem havido um rebaixamento da expertise e um antielitismo progressivo em nossa sociedade, fomentados por extremistas em ambos os espectros do *continuum* político. Os especialistas são vistos como elites inatingíveis, e o conhecimento especializado é visto como uma espécie de conspiração destinada a obter recursos para os privilegiados à custa das massas. Mas muitas pessoas, em muitas ocupações, dedicam suas vidas a desenvolver maestria. Nas célebres palavras do sociólogo Everett C. Hughes: "A emergência para uma pessoa é o emprego regular de outra."[106] Quando há um grande vazamento em sua casa, para você é um evento incomum e uma situação de emergência. Mas, para o encanador, consertá-lo é uma tarefa rotineira. É assim que a sociedade se organiza desde o momento em que as pessoas começaram a urbanizar e desenvolver especialidades e meios de troca de conhecimento e bens. Ao procurar um mecânico ou um cirurgião, você está em busca de conhecimento e competência.

A ironia é que essa tendência de menosprezar a ciência e a expertise coexiste com o respeito pelos próprios cientistas. Uma pesquisa nacional, conduzida no final de abril de 2020, demonstrou que frações muito grandes da população confiam em cientistas e médicos. Por exemplo, 88% dos norte-americanos relataram que tinham alguma ou muita confiança no CDC; 96% tinham essa confiança em hospitais e médicos; e 93% confiavam em cientistas e pesquisadores.[107] O que pensar do desconcertante fato de tantos aspectos da resposta dos Estados Unidos à pandemia terem sido controversos? Acho que o que está acontecendo é que as pessoas confiam na ciência até que ela entre em conflito com seus valores pessoais, religiosos ou éticos. A maioria dos norte-americanos (73%) acredita que a ciência geralmente tem um efeito positivo na sociedade. E 86% têm uma "grande" ou "razoável" confiança de que os cientistas agem em conformidade ao interesse público.[108] Mas muitos norte-americanos também querem que os cientistas permaneçam em seus laboratórios e não influenciem as políticas, com 60% dizendo que os cientistas deveriam "ter um papel ativo nos debates políticos" e 39% dizendo que deveriam simplesmente "se concentrar em estabelecer fatos científicos sólidos". Esses dados se correlacionam com a afiliação partidária — 73% dos cidadãos com tendência democrata apoiam cientistas que assumem um papel ativo, em comparação com 43% dos cidadãos com tendência republicana. Mesmo assim, os cientistas muitas vezes estiveram na vanguarda de questões importantes, desde a guerra nuclear até os direitos das pessoas com deficiência.

Na verdade, os norte-americanos estão igualmente divididos quanto ao pensamento de que especialistas científicos tomam decisões políticas melhores do que outras pessoas, com 45% dizendo que sim e 48% dizendo que não (7% dizem que suas decisões geralmente são *piores* do que as de outras pessoas). Mas também há uma divisão partidária aqui, com 54% dos democratas e apenas 34% dos republicanos afirmando que as decisões políticas dos cientistas geralmente são melhores. E, apesar da confiança geral na ciência, muitos norte-americanos também expressam suspeita: 63% dizem que o método científico "geralmente produz conclusões precisas", mas 35% pensam que "pode ser usado para produzir qualquer conclusão que o pesquisador deseja".

Essas características infelizes da cultura norte-americana, aliadas a uma história secular de adesão a visionários, charlatões e curandeiros, se entremearam ao ambiente politicamente polarizado de 2020, tornando a situação ainda pior.[109] Uma pesquisa nacional realizada em abril de 2020 avaliou as divisões partidárias em uma série de comportamentos de saúde pública recomendados por especialistas. Quando questionados se estavam seguindo uma seleção de recomendações, democratas e republicanos relataram diferentes níveis de engajamento; 75% versus 67% quanto a evitar contato com outras pessoas, 79% versus 72% quanto a evitar lugares lotados e 64% versus 50% quanto a usar máscara fora de casa.[110] Nenhuma dessas recomendações é remotamente controversa do ponto de vista epidemiológico.

Obter as evidências certas da melhor maneira possível em um determinado momento foi crucial para controlar a epidemia. Como o Dr. Fauci declarou em uma entrevista em que tentou explicar a importância da ciência no combate a tais ameaças: "Mais cedo ou mais tarde, algo que *realmente* é verdade é confirmado, reiteradas vezes. E algo que, de boa-fé, se *pensa* que é verdade, mas não é, após repetir o processo científico reiteradas vezes, de repente percebemos, sabemos, que 'algo não estava certo'. Portanto, desde que a ciência seja humilde o suficiente, aberta e transparente o bastante para aceitar a autocorreção, é um belo processo."[111] Mas a ciência não pode funcionar como pretendido quando as descobertas científicas — digamos, sobre a utilidade de máscaras ou vacinas — são interpretadas como declarações políticas.

Por fim, há a perda da capacidade de nuance em nosso discurso público. Problemas e políticas são classificados — e vistos — como algo preto e branco. A tolerância para tons de cinza e complexidade é baixa. Isso dificulta que cientistas declarem que não sabemos exatamente o que acontecerá com essa pandemia, mas que há uma gama de opções, cada uma com uma certa probabilidade, e devemos agir de acordo. Nem a confiança cega nem o pânico total se justificam. Em uma era de poucas palavras, lidar com a complexidade de um patógeno que os cientistas estão apenas começando a entender não tem sido uma tarefa fácil. Quando combinado com o crescimento exponencial subjacente visto em surtos de doenças infecciosas, que ataca furtivamente os tomadores de decisão, isso muitas vezes fazia com que a resposta do público fosse atrasada em relação à curva.

Claro, como vimos, o desejo de simplicidade e certeza durante uma época de complexidade, incerteza e perigo pode levar a mentiras e falsas garantias de políticos e pessoas sem escrúpulos. Políticos de todo o país, incluindo o presidente dos Estados Unidos e outros na Casa Branca, divulgaram informações que eram cientificamente falsas desde o início. Na verdade, transmissão assintomática *é* possível. Intervenções não farmacêuticas *salvam* milhares de vidas. A Covid-19 *é* muito mais grave do que a gripe.

Apesar de tudo isso, acho que um dos impactos inesperados da pandemia de Covid-19 pode ser que uma sociedade que se sente subjugada pela ameaça do vírus leve a informação científica, e não apenas os cientistas, cada vez mais a sério. Já vimos isso em outros países. Médicos antes anônimos, e não apenas o Dr. Fauci, de repente se tornaram conhecidos enquanto explicavam calmamente o que se sabia sobre a epidemia.[112] É possível que este seja um dos impactos duradouros da pandemia de Covid-19: um maior respeito pela ciência e pela expertise, mesmo quando leva as pessoas a tomarem atitudes que prefeririam evitar. Talvez depois que a poeira da pandemia assentar e a humanidade enfrentar outras ameaças que requerem compreensão científica, como a mudança climática, a voz dos especialistas possa receber mais peso.

Afinal, outras ameaças em grande escala historicamente estimularam a inovação científica, e podemos ver isso de novo. A pandemia de 1918 estimulou o desenvolvimento da microbiologia e da saúde pública. O Projeto Manhattan durante a Segunda Guerra Mundial contribuiu para enormes avanços na física. O lançamento em 1957 do Sputnik, o primeiro satélite soviético, gerou pesados investimentos norte-americanos em engenharia e ciência espacial. A "guerra contra o câncer" declarada em 1971 teve um impacto semelhante (embora não tenha curado o câncer, gerou avanços na ciência médica fundamental). Talvez o golpe multitrilionário à economia norte-americana causado pela pandemia de Covid-19 faça com que os investimentos multibilionários em ciência — incluindo virologia, medicina, epidemiologia e ciência de dados — pareçam valer a pena.

As pragas também podem levar a mudanças de longo prazo em como pensamos sobre o governo e os líderes. Na época medieval, a manifesta incapacidade de governantes, padres, médicos e outros em posições de autoridade de controlar o curso da peste levou a uma perda total de fé nas instituições correspondentes e a um forte desejo de novas fontes de autoridade. Alguns estudiosos especularam que isso preparou o cenário para o surgimento do capitalismo e até mesmo da Reforma, uma vez que ficou muito claro que os padres não tinham como impedir a mortalidade causada pela peste. Isso pode ter estimulado o desenvolvimento da medicina empírica também, uma vez que os médicos também foram ineficazes em conter a maré da morte.[113]

É possível que a incapacidade de nossas instituições políticas em combater o vírus tenha implicações semelhantes. Vimos anteriormente que o interesse na ação coletiva do Estado provavelmente aumentará nos períodos pandêmicos imediato e intermediário, mas, se as ações forem incompetentes, a confiança nas instituições políticas diminuirá. Aliada à necessidade essencial de uma forte ação coletiva para combater as doenças epidêmicas, a incompetência do governo dos Estados Unidos no enfrentamento da pandemia (sobretudo quando comparada às respostas de outros países) pode resultar em uma mudança nas preferências políticas destinada a reformular a ordem existente.

Dada a ação estatal forte e coordenada necessária para alcançar o controle do vírus, é provável que o papel do próprio governo aumente do período pandêmico imediato até o período pós-pandêmico. Quanto pior a pandemia, mais as pessoas esperam de si mesmas, dos outros e do Estado.

8.

Como as Pragas Chegam ao Fim

> O Dr. Rieux decidiu, então, redigir esta narrativa [...] para deixar apenas uma lembrança da injustiça e da violência que lhes tinham sido feitas e para dizer simplesmente o que se aprende no meio dos flagelos: que há nos homens mais coisas a admirar que coisas a desprezar.
>
> — Albert Camus, *A Peste* (1947)

Certo dia, em 1902, um segundo-tenente norte-americano chamado George Marshall cruzou um pequeno rio na ilha de Mindoro, nas Filipinas, para visitar um líder local e suas três filhas. As belas garotas aparentemente eram a atração principal; eles riram, conversaram e cantaram "em puro deleite". Naquela época, as visitas sociais eram realizadas pela manhã, para evitar o calor sufocante. Marshall partiu. Mais tarde naquele mesmo dia, ele teve outro motivo para retornar à aldeia — comparecer ao funeral dos mesmos quatro membros da família que o havia recebido apenas algumas horas antes. Estavam todos mortos por um surto de cólera que atingiu a pequena aldeia abruptamente, matando 500 dos 1.200 residentes.

Quarenta e seis anos depois, no discurso de abertura de uma conferência internacional de especialistas em doenças tropicais realizada em Washington, D.C, o agora secretário de Estado George C. Marshall (mais conhecido pelo ato de recuperação que reergueu a Europa após a Segunda Guerra Mundial) recordou, comovido, da experiência sombria vivida quando era um jovem oficial. Como muitos norte-americanos que se sentiam otimistas e até triunfalistas no período pós-guerra, Marshall imaginou um mundo onde mortes como as de Mindoro se tornariam relíquias da história. Vencer as doenças infecciosas não era um desafio médico insolúvel, declarou ele, mas "um problema internacional, e deveria ser resolvido reunindo a genialidade e os recursos de muitas nações".[1]

Esse otimismo foi generalizado e sustentado. Escrevendo em 1963, o médico e antropólogo T. Aidan Cockburn — especialista em doenças antigas que ajudou a controlar surtos de malária durante a guerra — também declarou sua expectativa de que "dentro de um tempo mensurável, como cem anos, todas as infecções graves terão desaparecido".[2] Em 1978, o Dr. Robert Petersdorf, um líder internacional em doenças infecciosas, opinou em palestra a futuros médicos infectologistas: "Mesmo com minha grande lealdade pessoal às [especialidade de] doenças infecciosas, não consigo conceber a necessidade de mais 309 especialistas em doenças infecciosas, a menos que eles gastem seu tempo cultivando uns aos outros."[3]

Embora essas afirmações pareçam ingênuas agora, o período que antecedeu a elas, sobretudo a década de 1950, testemunhou avanços surpreendentes. Muitas das doenças infecciosas mais devastadoras estavam em remissão, controladas por uma combinação de fatores que incluíam aumento da riqueza, melhor saneamento, aprimoramentos na preparação de alimentos e — como um golpe de misericórdia — a invenção dos antibióticos (como vimos no Capítulo 3). A penicilina, descoberta em 1928, era uma droga milagrosa e surgiram muitas outras classes de antibióticos úteis contra todos os tipos de bactérias. Logo na sequência as vacinas tornaram-se disponíveis para uma ampla gama de doenças, dentre elas: coqueluche (1914), tétano (1924), poliomielite (1953) e sarampo (1963). A descoberta de inseticidas que matavam mosquitos e outros insetos que transmitiam a malária e outras doenças também aumentou a esperança (em 1948, Paul Hermann Müller recebeu o Prêmio Nobel de Medicina pela descoberta do DDT).

A identificação de um caminho para erradicar a varíola 150 anos após a experiência de Jenner com a varíola bovina e nosso sucesso final contra esse flagelo — que foi declarado erradicado em 1980 — também alimentaram essa confiança. É claro que a varíola tinha a significativa vantagem de não ter um reservatório animal, portanto, uma vez que desapareceu dos humanos, se foi para sempre. Atualmente, a poliomielite oferece uma oportunidade semelhante e, em 2016, após muitos anos de esforço internacional coordenado e apoio da Fundação Bill e Melinda Gates, havia apenas 46 casos da doença em todo o mundo.

O otimismo de meados do século XX em relação à erradicação de doenças era bastante generalizado. Mas a varíola e a poliomielite são casos excepcionais, e essas visões otimistas perduraram apesar da ocorrência das pandemias de gripe de 1957 e 1968, um equívoco difícil de entender em retrospecto. Claro, muito desse triunfalismo estava presente nos países ocidentais ricos. No resto do mundo, as pessoas ainda sofriam e morriam de doenças infecciosas — em grande número — em um reflexo contínuo da desigualdade socioeconômica global.

Em todo caso, não estava claro por que os seres humanos deveriam ser favorecidos em relação aos micróbios em uma corrida armamentista evolucionária. Os micróbios existem há muito mais tempo que os humanos, são mais numerosos, não se importam em morrer e podem sofrer mutações rapidamente, evadindo nossas defesas. Como seríamos capazes de causar o seu fim? Como observou o biólogo molecular Joshua Lederberg: "Contra os genes microbianos, temos principalmente nossa inteligência."[4] E muitas vezes, como vimos, essa inteligência é empregada não tanto no desenvolvimento de armas farmacêuticas sofisticadas, mas na implementação básica de ferramentas mais simples para combater nosso inimigo — por exemplo, mantermos ao menos 1,80m de distância uns dos outros. Embora possamos usar nossa inteligência para, quem sabe, vencer um patógeno que esteja causando um determinado surto, e embora possamos ocasionalmente eliminar uma doença como a varíola por completo, é extremamente duvidoso que consigamos derrotar todos os patógenos. O tratamento e o controle de doenças infecciosas parecem objetivos mais realistas do que a erradicação.

Como argumentou o historiador Frank Snowden, o surgimento da pandemia mundial de HIV na década de 1980 foi a sentença de morte desse otimismo.[5] Mesmo assim, demorou algum tempo para redefinir as expectativas. Em 1992, o governo dos Estados Unidos alocou apenas US$74 milhões para a vigilância de doenças infecciosas.[6] Em 1994, o CDC criou um novo periódico, *Emerging Infectious Diseases* (em que muitos artigos notáveis sobre a Covid-19 seriam rapidamente publicados em 2020). Em 1996, o presidente Clinton emitiu uma declaração afirmando que as doenças infecciosas emergentes eram "um dos desafios de saúde e segurança mais significativos enfrentados pela comunidade global" e, é claro, pelos próprios Estados Unidos.[7] Em 1998, o Departamento de Defesa dos Estados Unidos advertiu que "no próximo milênio, os historiadores podem descobrir que a maior falácia do século XX foi a crença de que as doenças infecciosas estavam praticamente eliminadas. A complacência resultante na verdade aumentou a ameaça".[8] Em 2000, a CIA classificou as doenças infecciosas como uma ameaça grave.[9] As doenças infecciosas eram vistas como "desafios não tradicionais", especialmente na era pós-Guerra Fria, quando as ameaças militares aos Estados Unidos diminuíram. E em 2003, como vimos, o presidente George W. Bush lançou duas iniciativas globais voltadas para o HIV e a malária. A partir dessa perspectiva, nada sobre o surgimento do SARS-2 em 2019 deveria ter sido uma surpresa. Os rumores do fim das doenças infecciosas eram, podemos dizer com segurança, muito exagerados.

A globalização, as migrações em massa, as rápidas interconexões aéreas, o tamanho cada vez maior da população humana e a localização cada vez mais concentrada da humanidade em metrópoles enormes e densamente povoadas também contribuem para a persistência de doenças infecciosas mortais. Surtos de novos patógenos refletem, entre outras coisas, mudanças nas formas de contato entre humanos e animais. Na verdade, dois dos maiores desafios globais enfrentados pela humanidade — eventos climáticos extremos (como furacões e secas) e surtos periódicos de doenças graves — podem estar ligados às mudanças climáticas. Pessoas expulsas de suas casas por mudanças no clima ou que limpam novas terras para cultivo podem entrar em contato com animais (que também podem ser expulsos de *suas* casas) de maneiras que aumentam a probabilidade de surgimento de novos patógenos em nossa espécie. Em 2008, uma revisão documentou que, ao contrário das esperanças de quarenta anos antes, houve 335 novas doenças infecciosas no período entre 1940 e 2004 e que sua ameaça à saúde global estava de fato aumentando.[10]

É importante notar que todas as nossas pragas modernas são zoonoses que chegam até nós por meio de animais *silvestres*. Nossas outras principais doenças contagiosas (tais como varíola, tuberculose e sarampo) vieram principalmente de animais que domesticamos há 10 mil anos, o que nos permitiu tempo para evoluirmos em conjunto, até certo ponto, e desenvolver pelo menos alguma resistência genética. Esses eram patógenos que antes afligiam os ancestrais selvagens de nossas vacas, porcos, ovelhas, galinhas e camelos. Por exemplo, o sarampo parece ter passado para nossa espécie recentemente, no século VI A.E.C., a partir de um ancestral bovino que causava uma doença chamada peste bovina. Isso coincidiu não apenas com os humanos vivendo muito próximos do gado (domesticado milênios antes), mas também com o estabelecimento das grandes cidades. Essas condições foram essenciais, pois, uma vez que um patógeno passa a viver entre nós, é necessária uma população acima do "tamanho crítico da comunidade" para que ele permaneça endêmico e sobreviva.[11] Se uma população hospedeira for muito pequena, o patógeno perde força e se autoerradica. As populações humanas precisam ser grandes o suficiente para sustentar a transmissão contínua de qualquer patógeno específico.

Essas observações ajudam a explicar o intrigante fato de que, quando os europeus entraram em contato com indígenas norte-americanos, a transferência de germes mortais era toda unilateral (com a possível exceção da sífilis).[12] Não havia animais domesticados no Novo Mundo (exceto a lhama peruana), o que significava que os humanos não tinham oportunidade de desenvolver resistência genética a doenças específicas originadas nesses animais até que elas circulassem entre as pessoas. E o tamanho da população era menor, mesmo nas grandes civilizações dos maias, incas e astecas. Comparado com a Eurásia, o Novo Mundo era, portanto, um "paraíso livre de micróbios", desprovido das principais doenças infecciosas endêmicas.[13]

Domesticar animais (e agregar seus patógenos ao convívio humano de maneira sustentada) teve algumas outras consequências indesejáveis. A criação de animais e a agricultura em geral contribuíram para a invenção das cidades ao fornecer um suprimento constante de alimentos. E isso, por sua vez, contribuiu para o desenvolvimento de rotas comerciais extensas e habitações de alta densidade (que muitas vezes eram associadas a um saneamento deficiente). Esses desenvolvimentos pavimentaram o caminho para as epidemias que começaram a afligir as grandes civilizações antigas, incluindo Grécia e Roma (no século II E.C., a cidade de Roma tinha mais de 1 milhão de habitantes!). Mas essas aglomerações de humanos e suas instituições também conseguiram sobreviver a grandes surtos, pelos motivos discutidos no Capítulo 6. Portanto, o cenário é complexo: epidemias devastadoras que reduziram as sociedades e promoveram mudanças sociais, mas que foram então controladas pelo poder dos humanos vivendo juntos, colaborando e aprendendo maneiras de combater doenças usando capacidades ainda mais antigas com as quais nossa espécie era naturalmente equipada.

Todas essas características de como os humanos viveram nos últimos milhares de anos ainda existem. Por que as doenças infecciosas não deveriam existir? E, assim como as graves pragas que aconteceram antes dela, a pandemia de Covid-19 será um divisor de águas histórico.

Como o SARS-2 se compara a outros grandes assassinos infecciosos nos Estados Unidos no século passado? É claro que, com a simples introdução desse novo patógeno em nossa espécie, a expectativa de vida dos norte-americanos foi reduzida. Uma força exógena mudou nosso ambiente para pior; e, tal como a contaminação generalizada de um acidente nuclear ou uma mudança global de temperatura, ela dificulta nossa sobrevivência. Quantificar esse impacto geral não é trivial. Mas podemos começar contabilizando as mortes. Vale a pena repetir que, dados os parâmetros epidemiológicos intrínsecos do SARS-2, se nada tivéssemos feito para lidar com ele, o vírus poderia facilmente ter matado 1 milhão de pessoas nos Estados Unidos apenas durante a primeira onda e incontáveis mais ao redor do mundo — e ainda poderá fazer isso antes do fim.

De uma perspectiva individual, pode ser difícil saber qual métrica usar para avaliar o risco de morte — por exemplo, se devemos examiná-lo em termos absolutos ou relativos a outras causas. No Capítulo 2, vimos que, mesmo que uma pessoa contraia a doença, a menos que ela tenha mais de setenta ou oitenta anos, a chance de morte (a CFR) ainda é inferior a 1%. Para ser claro, isso é muito ruim do ponto de vista médico! Para explicar melhor, considere as chances de morte uma vez que uma pessoa seja hospitalizada com Covid-19. No geral, o risco é da ordem de 10% a 20% (embora, novamente, isso esteja muito relacionado à idade e à gravidade da doença). Grosso modo, o risco de morte de um paciente de quarenta anos hospitalizado é de cerca de 2% a 4%. Isso é o equivalente à faixa de risco de morte de um paciente de setenta anos hospitalizado por um ataque cardíaco nos Estados Unidos.[14] Na verdade, em todas as idades, ser hospitalizado com Covid-19 é significativamente pior do que ser hospitalizado por um ataque cardíaco em termos de probabilidade de sair do hospital com vida.

Esse é apenas o risco para as pessoas que de fato forem infectadas ou hospitalizadas. Mas qual a linha de base? Da população dos EUA de 330 milhões, cerca de 3 milhões de pessoas morrem a cada ano, uma taxa de mortalidade bruta de 9,1 pessoas por mil. Se, para fins de argumentação, assumirmos que, em um ano, a pandemia de coronavírus causará 1 milhão de mortes nos Estados Unidos, a taxa bruta de mortalidade aumentaria para 12,1 por mil. O risco absoluto de uma pessoa média morrer do vírus permaneceria pequeno — quase uma chance de três em mil (1 milhão de mortes excedentes por Covid-19 divididas por 330 milhões de pessoas). Isso parece baixo, mas esse nível de mortalidade ainda ultrapassaria muito todas as ameaças à vida que uma pessoa média enfrentou naquele ano, tornando a Covid-19 a causa número um de morte.

Uma análise cuidadosa dos dados semanais de mortalidade da Suécia comparou as mortes por dia em 2020 com os anos anteriores, quantificando as mortes excedentes e avaliando o impacto na mortalidade em todas as idades (usando o método inventado por William Farr no século XIX, discutido no Capítulo 2). A análise estimou que o SARS-2 foi um tipo de choque que, se sustentado, cortaria três anos de expectativa de vida dos homens e dois anos das mulheres. Mesmo em uma sociedade rica e funcional como a Suécia, o patógeno teria esse tipo de força intrínseca.[15]

Outra sutileza importante aqui é que, embora a grande maioria das mortes por Covid-19 ocorra em idosos, isso também se aplica a praticamente todas as outras causas de morte. Para compreender totalmente o impacto sobre a mortalidade (deixando de lado o significativo impacto adicional sobre a deficiência e a morbidade), é necessário comparar o efeito do vírus no risco geral de morte após levar em consideração a idade. Ser jovem e não temer a Covid-19 porque uma doença fatal parece rara é uma postura racional (mas menosprezar a possibilidade de infectar outras pessoas não é!). Porém, é crucial reconhecer que, em princípio, os jovens não enfrentam grandes riscos quantitativos de morte de qualquer tipo. No entanto, a Covid-19 aumenta o risco basal de morte em *todas* as idades. A maioria dos pais se preocupa que uma gama variada de calamidades incomuns possa acontecer a seus filhos. Mas, se nos preocupamos com a possibilidade de afogamento ou sequestro de nossos filhos, deveríamos, racionalmente, nos preocupar mais com a Covid-19.

Como colocar em perspectiva o risco extra de morte imposto pela Covid-19, ainda que seja baixo em termos absolutos, dado o risco basal enfrentado por pessoas em qualquer idade? Estimativas demográficas sofisticadas oferecem uma forma de pensar nessa questão. Por exemplo, a morte de 125 mil norte-americanos em um período de três meses corresponde a um “envelhecimento” artificial de todos em 1,7 ano, em termos de risco de mortalidade. Em outras palavras, durante tal período, um jovem de 20 anos correria o risco de morte enfrentado por um de 21,7 anos em tempos normais (não pandêmicos), e uma pessoa de 60 anos correria o risco de uma de 61,7 anos. Esses números podem parecer triviais, mas, em termos populacionais, não são. Claro, se o número de mortes causadas pela pandemia durante o período fosse maior porque não fizemos nada para mitigá-las, os números aumentariam proporcionalmente. Se 500 mil pessoas morressem durante os primeiros seis meses ou mais da pandemia — até outubro de 2020 —, isso se traduziria em um aumento de aproximadamente 3,3 anos, de modo que, digamos, um homem de 60 anos enfrentaria o risco de um de 63,3 anos, e assim por diante.[16]

Como pode um número tão grande de pessoas morrendo em um período relativamente curto resultar em riscos individuais que podem não parecer tão graves? Como discutimos muitas vezes, o SARS-2, embora seja sério, claramente não é tão mortal quanto as principais pragas dos séculos anteriores. E no início do século XXI, sobretudo no mundo mais desenvolvido, a morte é um evento estatístico relativamente raro para a maioria das pessoas na maior parte de seus anos de vida. Mesmo um homem de oitenta anos tem um risco de morrer ao longo do ano seguinte de “apenas” 5%. E, como o maior risco dessa pandemia é experimentado pelos idosos, pode ser mais fácil perder de vista o impacto da mortalidade.

Entretanto, o mais importante para mim, como médico e especialista em saúde pública, é que essas pequenas mudanças na mortalidade individual aumentam muito rapidamente e se tornam de fato alarmantes em nível populacional. A melhor maneira de entender a natureza preocupante da Covid-19 é retornar ao nível populacional e compará-lo a outras epidemias usando a métrica de *anos de vida perdidos* em relação a outras ameaças. Dessa forma, os demógrafos Joshua Goldstein e Ronald Lee foram capazes de gerar as estimativas mostradas na Figura 16.[17] Para fins de comparação, eles presumiram que 1 milhão de pessoas morrerão de Covid-19 até o fim da pandemia nos Estados Unidos, após várias ondas (o que não é inconcebível), mas os números na figura podem ser ajustados linearmente se a contagem de mortes acabar sendo diferente (por exemplo, a barra teria a metade do tamanho se "apenas" 500 mil pessoas morressem).

Depois de levar em consideração o tamanho da população, a distribuição etária e outras causas de morte históricas, podemos comparar a gravidade da pandemia de Covid-19 com outras ameaças. É claro que a Covid-19 é uma doença séria, embora não seja tão grave quanto a gripe espanhola e apresente um terço da gravidade em relação à perda geral de vidas causada pelo HIV ao longo de seus quase trinta anos de ação nos Estados Unidos.

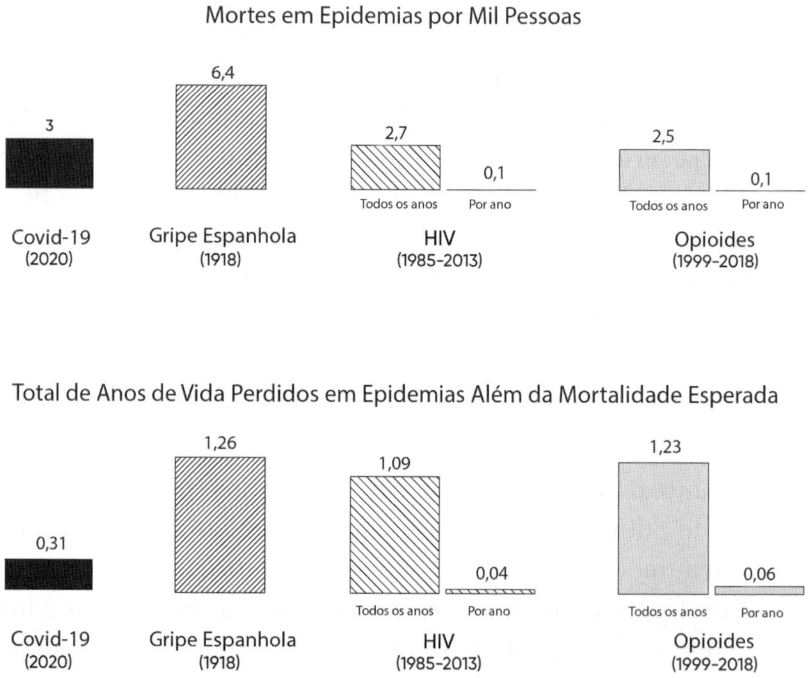

Figura 16: O impacto da mortalidade de Covid-19 nos Estados Unidos pode ser quantitativamente comparado ao de outras epidemias modernas.

Esses cálculos demográficos também nos permitem comparar os benefícios financeiros de salvar vidas com os custos financeiros do fechamento da economia norte-americana durante a implantação das INFs. Usando uma referência-padrão de US$500 mil como valor *econômico* de um ano de vida (ou US$10 milhões por vida, independentemente da idade), podemos estimar que 1 milhão de mortes por coronavírus (na distribuição aproximada por idade em que ocorrem) equivaleriam a cerca de US$6 trilhões. Mesmo na extremidade mais alta de uma série de estimativas das consequências para nossa economia, incluindo os gastos de nosso governo, não atingimos essa soma. Estritamente de uma perspectiva econômica, nossa resposta foi proporcional à ameaça representada pelo patógeno. Esse é um vírus grave.

Uma forma muito básica de as pandemias chegarem a uma espécie de "fim" tem a ver com o uso de intervenções não farmacêuticas para interromper a transmissão do patógeno. Novos casos podem chegar a zero, como vimos na China e na Nova Zelândia. Mas esse não é o verdadeiro fim de uma praga. É uma espécie de fundo falso, pois o patógeno ainda está lá e retornará no momento em que as pessoas retomarem as interações normais, como vimos com as recorrências nos Estados Unidos no segundo semestre de 2020.

Após seu dramático aparecimento inicial, o SARS-2 se tornará endêmico; circulará regularmente entre nós em algum nível baixo e estável. Isso está ligado ao segundo tipo de fim, que já consideramos: a imunidade de rebanho. Nela, o patógeno ainda está circulando, mas tem muito mais dificuldade para se restabelecer. É o semelhante ao que acontece quando uma população é amplamente vacinada para qualquer doença infecciosa; existem apenas pequenos surtos ocasionais entre pessoas não imunes.

Por volta de 2022, chegaremos a esse resultado de forma natural ou por meio da vacinação. Claro, se desenvolvermos e distribuirmos rapidamente uma vacina segura e eficaz, poderemos alcançar a imunidade de rebanho com menos mortes. Com base no R_0 básico do SARS-2, como vimos no Capítulo 2, cerca de 60% a 67% da população pode ser afetada (equivalente a cerca de 200 milhões de pessoas nos Estados Unidos). A porcentagem necessária poderia ser menor, perto de 40% a 50%, visto que a estrutura da rede social significa que diferentes pessoas espalham o vírus em diferentes extensões (como também vimos no Capítulo 2); ou poderia ser maior, se a epidemia se movesse extremamente rápido e ultrapassássemos o nível necessário para a imunidade de rebanho. Qualquer que seja a porcentagem exata, à medida que um patógeno se espalha, algumas pessoas morrem e outras se recuperam e se tornam imunes, portanto, em algum momento, o vírus ficará sem ter para onde ir. Essa é a maneira normal e natural pela qual, em termos biológicos, as epidemias *chegam ao fim*.

Isso é o que queremos dizer quando afirmamos que um patógeno está sob controle. Mas, às vezes, as pragas são tão devastadoras que uma sociedade nunca se recupera. É muito importante enfatizar que, por pior que seja a Covid-19, ela não é nem remotamente tão ruim quanto as epidemias de peste bubônica, cólera ou varíola, que mataram frações muito maiores da população e tiveram efeitos muito mais devastadores e duradouros. Esses tipos de pragas são até associados à iconografia dos Quatro Cavaleiros do Apocalipse, a Pestilência cavalgando lado a lado com a Guerra, a Fome e a Morte. Essas epidemias justificavam o ditado de que "sobraram poucos vivos para enterrar os mortos".

Essas pragas terminam em destruição total. Alguns povos indígenas norte-americanos foram quase totalmente dizimados após a colonização europeia, com menos de 5% da população sobrevivendo. Aqui está um relato indígena de uma epidemia de 1519, possivelmente de sarampo ou varíola, que afligiu os maias onde hoje é a Guatemala:

> *As pessoas não podiam de forma alguma controlar a doença. Grande era o fedor dos mortos. Depois que nossos pais e avós morreram, metade das pessoas fugiu para os campos. Os cães e os abutres devoraram os corpos. A mortalidade foi terrível. Portanto, ficamos órfãos.*[18]

Mesmo a peste bubônica, que por vezes tomou cidades inteiras, não destruiu totalmente as sociedades. Felizmente, esse tipo de fim é muito raro.

Como vimos antes, do ponto de vista darwiniano, não convém aos interesses de um patógeno matar as vítimas, pois é preferível que seus hospedeiros se movimentem e o transmitam a outras pessoas. Normalmente, com o tempo, os vírus se tornam menos letais como resultado dessa disseminação preferencial e sobrevivência de cepas mais brandas.

Ainda é muito cedo para saber como o SARS-2 pode sofrer mutação e em quanto tempo. Em curto prazo, é possível que o vírus mude para ser melhor ou pior para nós (em termos de transmissibilidade, letalidade ou ambos) — embora quaisquer mudanças de longo prazo sejam provavelmente positivas para nós, os infelizes hospedeiros. Muitos milhares de mutações no SARS-2 já surgiram de modo natural, mas a maioria delas não afeta a ação do vírus. Até o segundo semestre de 2020, não havia muita evidência de que o vírus havia sofrido mutação para ser menos grave, e há alguma indicação de que uma variante circulante pode ter se tornado mais transmissível (envolvendo a mutação D614G na proteína spike).[19] As primeiras observações clínicas da China relatadas na imprensa popular sugeriram que o vírus pode ter variantes bastante diferentes que causaram principalmente danos aos pulmões em alguns pacientes e danos extrapulmonares (intestino, nervos, rins ou coração) em outros.[20] É possível que a variação na letalidade dos surtos de um lugar para outro (por exemplo, comparando a cidade de Nova York a Seattle) possa estar relacionada, em uma pequena parte, à virulência das variantes virais individuais que eram prevalentes. Mas nada disso estava claro no segundo semestre de 2020.

Ainda assim, uma forma de uma pandemia de um patógeno como o SARS-2 chegar ao fim é por meio da mutação do vírus ao longo de anos para ficar muito mais brando. Na verdade, é possível que as quatro espécies de coronavírus que causam o resfriado comum sejam ecos distantes de antigas pandemias, agora domesticadas por uma combinação de imunidade de rebanho e mutação genética. Há algumas evidências intrigantes de que isso pode ter acontecido com a espécie de coronavírus OC43, que causa o resfriado comum. Ao realizar análises genéticas em um conjunto de coronavírus e desenvolver um relógio molecular baseado em taxas de mutação básica, os cientistas foram capazes de inferir que o OC43 chegou à nossa espécie de um reservatório animal por volta de 1890.[21]

Naquela época, estava ocorrendo uma pandemia que tradicionalmente tem sido atribuída a uma espécie do vírus influenza. Acredita-se que a pandemia de 1889 começou em maio em Bukhara, uma cidade do moderno Uzbequistão. Conhecida como gripe russa (e às vezes também gripe asiática), ela viajou rapidamente pela Rússia e depois pela Europa Ocidental e pelo resto do mundo. Na primeira semana de dezembro de 1889, ela atingiu sua primeira grande cidade, São Petersburgo, com grande fúria, infectando cerca de metade da população (que é aproximadamente a porcentagem usual de imunidade de rebanho para patógenos semelhantes). De lá, seguindo linhas ferroviárias, espalhou-se durante o inverno, atacando Berlim, Bruxelas, Paris, Viena, Lisboa, Praga e outras capitais importantes e afligindo vários líderes, como o czar da Rússia, o rei da Bélgica e o imperador da Alemanha.

Em uma série de ondas anuais durante 1892, causou aproximadamente 250 mil mortes na Europa. Chegou aos Estados Unidos na segunda semana de janeiro de 1890.[22] Na verdade, a pandemia levou apenas quatro meses para circum-navegar o globo, atingindo o pico nos Estados Unidos apenas setenta dias após ter atingido São Petersburgo (naquela época, as viagens transatlânticas de barco levavam cerca de seis dias). As taxas de ataque variaram de 45% a 70% nas áreas geográficas; a CFR variou de 0,1% a 0,28%; e o R_0 era 2,1 (embora o número de reprodução variasse substancialmente de uma cidade para outra).[23]

Em Londres, a epidemia de 1890 foi alardeada com preocupação por jornais, que relataram surtos em outras cidades usando a tecnologia recém-inventada do telégrafo, publicando relatos muitas vezes horríveis e às vezes exagerados da epidemia. Então, tal como acontece agora com a pandemia de Covid-19, algumas pessoas pensaram que a epidemia não era real e que tinha sido "iniciada pelo telégrafo". No entanto, como declarou o autor anônimo de um artigo sobre a epidemia na revista médica britânica *The Lancet*: "Os números que lotam os hospitais e dispensários constituem uma resposta suficiente para [essa] sugestão", e a doença era de fato pior do que "resfriados e catarros comuns típicos desta estação".[24] O autor continuou: "Há uma tendência crescente entre os mais educados de julgar a epidemia algo quase trivial demais para uma consideração séria, e essa ideia é muitas vezes levada ao extremo de pensar que pode ser tratada desdenhosamente com remédios caseiros e com suficiente autocontrole. Mas uma coisa é negar o motivo do pânico e outra é incitar a despreocupação imprudente."

De fato, os jornais da cidade de Nova York estavam, de início, despreocupados. "A epidemia não é mortal nem necessariamente perigosa", publicou o *Evening World* antes de observar que "será uma grande oportunidade para os comerciantes venderem seus excedentes de bandanas". Mas, à medida que o número de mortos aumentou nos Estados Unidos, as pessoas começaram a levar o vírus mais a sério. Como de costume, a cidade de Nova York foi duramente atingida e, durante a primeira semana de janeiro de 1890, registrou um número recorde de mortes, 1.202. "Esta manhã, em um trem da linha da Sexta Avenida, metade dos passageiros estava tossindo, espirrando e passando lenços no nariz e nos olhos, e muitos deles tinham a cabeça enrolada em lenços e cachecóis", o *Evening World* noticiou mais tarde. "Era uma multidão de aparência abatida e desamparada."[25]

Especulou-se que essa pandemia foi da cepa H3N8 ou possivelmente da H2N2 do vírus influenza.[26] Mas é possível que a pandemia de 1889 tenha sido uma grande pandemia de um coronavírus. Quando a doença atingiu Londres em 1890, as observações em tempo real dos médicos identificaram três tipos de sintomas: "Às vezes, os sintomas pulmonares predominam; em outros casos, os problemas gastrointestinais parecem formar a característica principal; e em ambos pode haver queixas frequentes de dores torturantes na cabeça ou nos membros."[27]

Curiosamente, a Covid-19 mostra de forma semelhante esses três tipos clínicos de doença, com ênfase nos sistemas respiratório, gastrointestinal ou musculoesquelético e neurológico.[28] No entanto, embora os pacientes com gripe (influenza) manifestem claramente sintomas respiratórios (tosse, dor de garganta, congestão nasal e falta de ar), os sintomas musculoesqueléticos (como dor ou fraqueza muscular e dor de cabeça) não são tão típicos, nem os sintomas gastrointestinais (como náusea, vômito ou diarreia).[29] Sintomas do sistema nervoso central também foram mais pronunciados nessa pandemia do que os típicos da gripe, de acordo com relatos históricos, e o coronavírus OC43 é conhecido por ser neuroinvasivo.[30] Outra evidência sugestiva vem de um trabalho que indica que a gripe russa apresentou um aumento desproporcional na letalidade com o aumento da idade e possivelmente teve uma função de mortalidade em forma de L invertido, o que é incomum para a gripe (lembre-se de que a gripe geralmente manifesta uma função mais pronunciada em forma de U).[31]

O OC43 e uma espécie de coronavírus bovino mostram semelhanças notáveis em suas sequências genéticas e nas estruturas químicas das proteínas que induzem uma resposta imune. E, por comparação com outros coronavírus que afligem outros animais, é possível reconstituir a evolução do OC43. O momento da separação de seu primo coronavírus bovino (isto é, quando o vírus causador do resfriado que nos afligia seguiu um caminho separado, em termos evolutivos) foi aproximadamente 1890, conforme mencionado.

Esse salto para os humanos teria sido semelhante aos do SARS-1 e do SARS-2. Acontece que, na segunda metade do século XIX, houve uma doença respiratória altamente infecciosa e mortal em bovinos. Embora não possamos saber ao certo, é possível que a causa desses surtos no gado tenha sido o coronavírus bovino, muito semelhante ao OC43. Sabemos que, de 1870 a 1890, muitos países industrializados realizaram grandes operações de abate. Durante essa matança, parece bem possível que humanos tivessem entrado em contato com secreções respiratórias de vacas contendo uma espécie de coronavírus, mutada de seu ancestral coronavírus bovino, que viria a causar a pandemia de 1889 e acabaria permanecendo em humanos na forma do OC43.

Depois de viver entre nós por um século, esse vírus teria evoluído ainda mais para ser um patógeno leve que, hoje, causa apenas o resfriado comum. Além de o vírus ter evoluído para ser mais brando, nosso *modus vivendi* com ele reflete um fator adicional. Como o OC43 é tão difundido, a maioria das pessoas é exposta a ele na infância e é poupada de qualquer doença grave (lembre-se da função de mortalidade em forma de L invertido). Daí em diante, se as pessoas forem expostas ao OC43 de novo mais tarde na vida, o vírus só causa um leve resfriado, se é que causa algum sintoma, porque os hospedeiros têm alguma imunidade de memória. Essa é uma grande diferença em relação à situação atual, já que o SARS-2 está fazendo a festa em uma população totalmente incauta do ponto de vista imunológico. Mas é possível que, quando atingirmos a imunidade de rebanho nos próximos anos, as pessoas sejam expostas ao vírus SARS-2 quando crianças, tenham uma doença leve (na maioria das vezes!), adquiram certa imunidade e, então, escapem de doenças graves se forem expostas novamente. Tal cenário é um final bastante possível para a história do SARS-2.

Estamos familiarizados com outros vírus que seguem esse padrão, causando doenças leves em crianças ou em adultos que já tiveram a doença na infância, mas causando doenças graves em adultos que não foram expostos antes.[32] A catapora tem uma taxa de mortalidade vinte vezes maior na faixa etária de 15 a 44 anos do que na de 5 a 14 anos, mas em geral não causa problemas graves para adultos que a tiveram quando criança.[33] Da mesma forma, o vírus Epstein-Barr causa doença leve em crianças pequenas, mas pode resultar em mononucleose infecciosa em jovens adultos e até mesmo ser um fator de risco para o aparecimento de esclerose múltipla.[34] Outras evidências sugerem que, se as pessoas forem infectadas com esse vírus quando crianças, podem simplesmente ter uma doença secundária no trato respiratório superior; mas, se forem infectadas pela primeira vez na idade adulta, podem apresentar risco de desenvolver linfoma de Hodgkin.[35]

Os patógenos evoluem para reagir a *nós*, mas nós, em um ritmo mais lento, também evoluímos para reagir a *eles*. As doenças infecciosas fazem parte de nossa história evolutiva há tanto tempo que deixaram uma marca em nossos genes. Por exemplo, os humanos desenvolveram mutações genéticas que se mostraram úteis no enfrentamento da malária, há mais de 100 mil anos; da tuberculose, há mais de 9 mil anos; da cólera e da peste bubônica, há mais de 6 mil anos; e da varíola, há mais de 3 mil anos.[36]

Patógenos infecciosos (mesmo que não sejam epidêmicos) têm sido indiscutivelmente uma pressão seletiva crucial ao longo da evolução de nossa espécie.[37] Os principais assassinos de seres humanos ao longo do tempo evolutivo são outros seres humanos. Os humanos não têm predadores naturais que afetem substancialmente a sobrevivência.[38] Exceto nossos inimigos microscópicos.

O vírus SARS-2 é muito menos letal para pessoas em idade reprodutiva e pode ser combatido com as ferramentas salvadoras de vidas da medicina moderna; portanto, o impacto na evolução humana certamente será mínimo. Mas, pelo menos em teoria, outra maneira pela qual as epidemias chegam ao fim é o fato de os hospedeiros evoluírem para serem resistentes. E, de fato, podemos já ter uma variação genética natural em nossa espécie que afeta a gravidade da Covid-19 em diferentes populações, o que prepararia o caminho para tal evolução. Ao longo das gerações, isso pode resultar em mudanças na composição genética das populações afetadas.

Por exemplo, ao longo de muitos milênios de exposição à malária, as populações em regiões do mundo onde o patógeno é endêmico desenvolveram uma série de diferenças genéticas para ajudá-las a sobreviver, desde mudanças nos níveis de uma enzima conhecida como G6PD até mudanças na estrutura da hemoglobina. Os europeus do norte, entretanto, não foram expostos à malária e não desenvolveram tal resistência genética; eles, portanto, não se saíam muito bem quando visitavam ou tentavam colonizar partes do mundo onde a malária era endêmica. Por outro lado, no caso de doenças como a varíola, em que os europeus tinham alguma resistência genética (e imunidade infantil), os indígenas com os quais eles entraram em contato ou subjugaram morreram em grande número.

Para apenas um exemplo de nosso extenso catálogo de casos deprimentes, consideremos o barco a vapor *St. Peters,* que subiu o rio Missouri em 1837.[39] Por volta do dia 29 de abril, quando um marinheiro apresentava sintomas de varíola, três mulheres indígenas subiram a bordo e depois voltaram para sua aldeia.[40] A doença então se espalhou rapidamente entre o povo mandan, que não tinha resistência genética natural. Em julho, os mandan somavam cerca de 2 mil; em outubro, segundo alguns relatos, havia menos de trinta. Doenças infecciosas como a varíola foram, sem dúvida, o fator mais importante na dizimação das populações indígenas durante a colonização das Américas no início do século XV, agravando outros horrores, incluindo guerras e escravidão.[41] Às vezes, essas doenças eram até mesmo usadas como arma, de forma deliberada.

Uma análise liderada pelo antropólogo Ripan Malhi proporciona uma visão sobre o possível impacto genético remanescente de tal catástrofe, ilustrando como a seleção natural pode funcionar — de modo brutal — em seres humanos.[42] O antigo povo tsimshian, uma comunidade indígena da região de Prince Rupert Harbour, na Colúmbia Britânica, estava bem adaptado às doenças locais, mas não a enfermidades estrangeiras como a varíola. Trabalhando com os tsimshian, Malhi comparou o DNA esquelético de 25 indivíduos que residiam na região de 500 a 6 mil anos atrás com o DNA de 25 tsimshian vivos. Houve diferenças na prevalência de vários genes relacionados ao sistema imunológico entre as duas populações. Por exemplo, uma variante chamada *HLA-DQA1* foi encontrada em quase 100% dos indivíduos antigos, mas apenas em 36% dos modernos, com uma mudança genética estimada há cerca de 175 anos. Esse momento correspondeu a epidemias generalizadas de varíola na região. Um modelo demográfico baseado na análise genética demonstrou que, de acordo com relatos históricos, quase 80% da comunidade morreu nas décadas após o encontro com os europeus.[43]

Trabalhos semelhantes revelaram impactos análogos em outras epidemias históricas mortais. Por exemplo, uma investigação identificou evolução convergente entre populações de europeus e ciganos (que pensa-se terem se originado na Índia) — ambas as quais foram afetadas pela Peste Negra — para certas variantes genéticas envolvidas na resposta imune a *Yersinia pestis*.[44] Aliado ao fato de essas variantes genéticas estarem relativamente ausentes em populações poupadas pela peste bubônica, isso sugere que a pestilência foi selecionada positivamente para essa mudança genética. Essa é uma área ativa de pesquisa, e mais estudos em DNA antigo são necessários para um quadro mais completo.

Embora a adaptação genética a uma epidemia possa selecionar positivamente traços de resistência que oferecem proteção aos descendentes contra um patógeno, em alguns casos pode haver consequências negativas, como um risco aumentado de doença genética por causa dessas mutações. O exemplo mais conhecido é a anemia falciforme, uma variante genética causadora de glóbulos vermelhos deformados em forma de foice que obstruem os pequenos vasos, podendo levar a uma série de problemas, incluindo morte prematura (embora seja menos frequente nos dias atuais). Os cientistas ficaram inicialmente perplexos com o fato de uma variante genética tão prejudicial ser tão difundida, mas, em 1954, o geneticista Anthony C. Allison notou uma correspondência entre a prevalência da doença falciforme e a malária. Esse foi um estudo emblemático da suscetibilidade genética humana a doenças infecciosas.[45] Acontece que ter a variante genética que causa os glóbulos vermelhos em forma de foice confere alguma imunidade à malária.

Outras doenças genéticas podem ter se tornado prevalentes em parte devido à resistência que proporcionavam às doenças infecciosas. A fibrose cística é um distúrbio hereditário caracterizado por inflamação, dano aos tecidos e destruição dos pulmões e do pâncreas e, até recentemente, em geral levava à morte prematura. É provável que a alta taxa de fibrose cística entre os descendentes de europeus reflita as vantagens genéticas que ela confere em relação às doenças infecciosas (os cientistas acreditam que o agente contra o qual ela protege provavelmente é a tuberculose, mas poderia ser cólera ou febre tifoide).[46]

Durante a pandemia de SARS-2, os geneticistas procuraram genes que pudessem estar associados à suscetibilidade ou à resistência ao novo vírus, na esperança de identificar pacientes em risco especial ou de detectar possíveis alvos de medicamentos usando a variação humana natural como uma pista para o que poderia ser uma estratégia farmacológica eficaz. O trabalho inicial identificou certas variantes genéticas que ocorrem com frequência incomum em pacientes com os piores sintomas de Covid-19.[47] Pacientes com Covid-19 com sangue tipo A são cerca de 50% mais propensos a precisar de oxigenoterapia e ser colocados em um respirador do que pacientes com outros tipos de sangue, e indivíduos com tipo de sangue O experimentam um efeito protetor (ironicamente, esse padrão é o inverso do observado no caso de sobrevivência ao cólera). Um agrupamento de seis genes no cromossomo 3, incluindo um gene conhecido por afetar a ACE2 e um gene envolvido na resposta imune a patógenos das vias aéreas, também está associado à pior gravidade da doença. Portanto, todas essas descobertas fazem sentido fisiológico. E esse agrupamento de genes, ao que parece, foi introduzido em nossa espécie pelos neandertais e é especialmente prevalente no Sudeste da Ásia.[48]

Essas observações sobre a evolução humana indicam que, em períodos muito longos, medidos em milhares de anos, as pandemias acabam quando remodelam nossa espécie. Embora seja improvável que essa variação genética existente, na medida em que ocorra, desempenhe um papel material no curso da pandemia de Covid-19 (com a possível exceção de algumas populações pequenas e localizadas que podem compartilhar uma mutação que as torna menos suscetíveis), ela destaca formas duradouras em que o social se cruza com o biológico no que diz respeito às doenças infecciosas. Durante períodos muito longos, alcançamos uma conturbada trégua genética com os patógenos.

Assim, alcançaremos a imunidade de rebanho, o patógeno evoluirá para ser menos letal ou (depois de muito tempo) os humanos evoluirão para ser resistentes. Esse é o fim biológico da história. Mas as pandemias também são fenômenos sociológicos, impulsionados por crenças e ações humanas, e há também um fim *social* das pandemias, quando o medo, a ansiedade e as perturbações socioeconômicas diminuem ou simplesmente passam a ser aceitos como um fato comum da vida.

O historiador Allan Brandt argumentou, em uma perspectiva biomédica limitada sobre a doença, que o contexto social e o ambiental são frequentemente desconsiderados como causa e, mais ainda, como tratamento para a doença. Os médicos receitam "balas mágicas" destinadas a restaurar a saúde de pacientes doentes.[49] Mas, como mostra Brandt, infecções e epidemias envolvem muito mais do que os germes que as causam. Quem fica doente, o que fazemos a respeito e até mesmo o que é considerado doença em primeiro lugar, tudo está culturalmente especificado. Isso é válido para todos os tipos de doenças, desde um surto de gripe ou cólera devido ao deslocamento da guerra até as mortes por tabagismo ou diabetes decorrentes da comercialização de produtos de consumo. O paciente pode ser aquele que sofre da doença, mas as raízes e o significado dos problemas de saúde costumam estar nas circunstâncias sociais.

Se considerarmos as pandemias puramente uma função de detalhes biológicos — como as mutações que permitem que o patógeno salte de morcegos e se espalhe em humanos ou como a farmacocinética de medicamentos em nossos corpos —, podemos ser induzidos a pensar que não há nada que possamos fazer para prevenir ou deter tais eventos. Mas, se enxergarmos as pandemias também como fenômenos sociológicos, podemos reconhecer mais claramente o papel da agência humana. E quanto mais percebemos nosso próprio papel na formação do surgimento e desenvolvimento da doença pandêmica, mais proativas e eficazes podem ser nossas respostas.

É tentador chamar a pandemia de SARS-2 de "tempestade perfeita" — um vírus que sofreu mutação da maneira certa no hospedeiro certo, adquiriu os parâmetros epidemiológicos certos (em termos de R_0, CFR, período de latência e assim por diante), teve o encontro casual certo com sua primeira vítima e apareceu na hora certa, durante a migração *chunyun* em um momento da história em que existiam viagens aéreas internacionais.

Entretanto, a metáfora da tempestade perfeita implica que a pandemia é uma anomalia ou que é totalmente imprevisível. Porém, a doença pandêmica não é nenhuma delas. Mesmo desastres naturais, como o terremoto no Haiti em 2010, ou tempestades reais, como o furacão Katrina em 2005, que têm consequências sociais e de mortalidade devastadoras não são "tempestades perfeitas".[50] Terremotos e furacões parecem ser completamente independentes da ação humana, mas longas histórias de desigualdade econômica e negligência de infraestrutura crucial tanto no Haiti quanto em Nova Orleans contribuíram substancialmente para o número de mortos.

Por ser vista por meio de olhos humanos, a doença pandêmica também é marcada por poderosos significados simbólicos que, por sua vez, afetam como reagimos ao que está acontecendo. A pandemia de Covid-19 assumiu um significado que transcendeu a mera biologia patógeno-hospedeiro. Por exemplo, as máscaras — cujo objetivo é apenas impedir fisicamente a propagação de gotículas respiratórias carregadas de vírus — tornaram-se um desses símbolos. Elas passaram a evocar questões de liberdade e comunalidade e foram transformadas em emblemas politizados de liberdade (se alguém não as usasse) ou virtude (se as usasse). Esse debate era culturalmente específico para os Estados Unidos; em muitos outros países, as pessoas não consideravam o uso de máscaras um ato político.

A controvérsia sobre como chamar o SARS-2 foi outro exemplo de humanos atribuindo um significado arbitrário a uma questão aparentemente factual. Chamá-lo de "vírus chinês" inflamou o relacionamento já tenso entre a China e os Estados Unidos e impregnou esse tópico de atuais preocupações sobre racismo. Donald Trump e outros exploraram isso quando o chamaram de "gripe de Wuhan" e "Kung flu*".[51] No entanto, como vimos, muitos patógenos costumavam ser nomeados de acordo com suas origens. E o impacto do significado simbólico pode até ser encontrado em uma pesquisa com bebedores de cerveja norte-americanos — 38% declararam que não comprariam a cerveja Corona "sob nenhuma circunstância" após o surgimento da pandemia.[52]

Geramos narrativas do que está acontecendo durante uma pandemia que são parcialmente verdadeiras e falsas, refletindo nossas esperanças e medos. Por exemplo, a existência de uma doença rotineira e tolerada que as pessoas conhecem como gripe sazonal complicou os esforços para compreender e lidar com a Covid-19, muito mais mortal. Visto que o ponto de referência mais próximo das pessoas à nova doença era uma condição familiar considerada por muitos um incômodo, mas não um grande risco — agravado ainda mais pela tendência de chamar quaisquer resfriados menores de "gripe" e também pela grande variação na gravidade manifestada pelo SARS-2 —, as pessoas tiveram dificuldade de responder à ameaça de forma idealmente conceitual e, portanto, prática.[53]

Essa transformação de uma entidade biológica em um símbolo social complica muito os esforços para controlar as epidemias. Isso é mais óbvio nas epidemias de doenças sexualmente transmissíveis no século passado. Essas doenças foram utilizadas como veículos retóricos para exigir a reforma das práticas sexuais em soldados na Segunda Guerra Mundial e em homossexuais nas décadas de 1980 e 1990, transformando uma doença infecciosa em um problema moral e, assim, tirando o foco de métodos eficazes de controle. Essas transformações aconteceram com outras pragas, que sempre assumiram conotações religiosas, morais e políticas, como vimos.

Variáveis sociais e valores também desempenham um papel quando pensamos em *para quem* a pandemia chegou ao fim. Para os idosos, os doentes crônicos, os pobres, os presos e os socialmente marginali-

* Expressão que utiliza a palavra *flu* (gripe) como trocadilho para a luta marcial Kung Fu. (N. da T.)

zados, a pandemia de SARS-2 pode continuar a ser uma ameaça em termos biológicos muito depois que a maioria da população a tiver superado em termos psicológicos e práticos e muito depois dos níveis gerais do vírus baixarem. Essa é outra maneira de os atributos sociais se estruturarem quando a pandemia terminar. Vimos essa tensão no segundo semestre de 2020, quando pais que trabalham e muitos especialistas em desenvolvimento infantil defenderam veementemente que as crianças voltassem às escolas (com a devida preparação) no último trimestre, enquanto outros, incluindo representantes de sindicatos de professores e famílias que enfrentam riscos à saúde, argumentaram contra. Essas partes viam a doença de maneira diferente e, portanto, agiam de forma diferente.

Essa construção social da Covid-19 significa que o fim da pandemia também pode ser definido em termos sociais. Em outras palavras, as pragas podem terminar quando todos acreditarem que acabaram ou quando todos estiverem dispostos a tolerar mais riscos e viver de uma nova maneira. Se todos correrem o risco de infecção e retomarem uma aparência de vida normal (ou, pouco provável, se todos decidirem empregar o distanciamento físico para sempre), pode-se dizer que a epidemia terminou, mesmo que o vírus ainda esteja circulando. Vislumbramos esse fenômeno também no segundo semestre de 2020, quando diferentes estados, cansados dos bloqueios, agiram como se a epidemia tivesse acabado, embora, em termos biológicos, não tenha. Era perfeitamente compreensível que todos estivessem ansiosos para deixar a epidemia para trás o mais rápido possível. Mas a realidade epidemiológica não se submeteu aos nossos desejos. A pandemia ainda ceifava cerca de mil vidas por dia, embora os norte-americanos parecessem acostumados a ela. Muitas pessoas, e não apenas políticos com interesses próprios, pareciam acreditar que a epidemia de SARS-2 poderia terminar por decreto.

No início de maio de 2020, quando os Estados Unidos começaram a relaxar as intervenções não farmacêuticas, Thomas Frieden, o ex-diretor do CDC, observou: “Estamos reabrindo com base na política, ideologia e pressão pública. E acho que isso acabará mal.”[54] Uma coisa é determinar o que a epidemiologia da situação exige, mas concluir que a economia a derroga ou que o público está farto; outra é ignorar a epidemiologia e fingir que nada de ruim vai acontecer. Em julho de 2020, os estados do Sul dos Estados Unidos enfrentaram hospitais sobrecarregados e números alarmantes de casos e, novamente, muitas pessoas pareceram surpresas. Houston recapitulou parte do que aconteceu na cidade de Nova York. Em um dia, o governador do Texas, Greg Abbott, estava dizendo que a situação estava sob controle e então, três semanas depois — assim como os políticos de Nova York antes dele —, declarou que "o pior ainda está por vir".[55]

Um padrão razoável para os estados retomarem suas atividades era de quatorze dias de casos de coronavírus em declínio, mas quase nenhum estado esperou alcançar esse parâmetro antes de reabrir. Os norte-americanos tinham claramente perdido a disposição para medidas de distanciamento físico em larga escala, pelo menos nos níveis de mortalidade geral então presentes (níveis mais altos podem fazê-los mudar de ideia). Como temido, no segundo semestre de 2020, a primeira rodada de reaberturas após os lockdowns iniciais não correu bem em alguns grandes centros populacionais. Não está claro qual o benefício da pressa, e a falta de esforço em preparar o público para o que poderia acontecer (e para os verdadeiros dilemas envolvidos na abertura de escolas e empresas durante um período de doenças contagiosas) também foi desanimadora. A falta de alfabetização científica, de capacidade para aceitar nuances e de liderança honesta nos prejudica.

Outra razão pela qual o compromisso de abordar a pandemia diminuiu durante o início do segundo semestre de 2020 foi que as doenças graves e as mortes ainda aconteciam nos bastidores. Embora mais de 130 mil pessoas tenham morrido até o final de junho, quase metade delas viviam em lares de idosos, já isoladas da sociedade em geral, e a maioria das vítimas fatais no início estavam em hospitais superlotados, então muitas vezes morreram sozinhas. Isso significa que poucas pessoas tiveram experiência pessoal com o impacto do vírus. As pessoas se isolavam separadamente, e as vítimas fatais não eram numerosas ou visíveis o suficiente — exceto para suas famílias — para destacar a ameaça, como vimos. No entanto, à medida que a pandemia continuar a se desenvolver no final de 2020 e em 2021, haverá mais mortes e, à medida que mais pessoas se familiarizarem com a doença por conhecerem alguém que morreu, as atitudes mudarão.

Durante o período pandêmico imediato, para retornar a qualquer aparência de normalidade, os Estados Unidos precisarão de maior adesão ao uso de máscaras (e de leis e políticas que obriguem seu uso) e de testes muito mais difundidos (na ordem de 20 a 30 milhões de testes por dia em todo o país — em julho de 2020, o país estava realizando apenas cerca de 800 mil por dia). Basicamente, todo trabalhador que estiver em contato com outros precisará ser testado regularmente. Se os testes custassem US$10 cada, o custo nacional dos Estados Unidos seria de cerca de US$1,5 bilhão por semana, mas isso ainda é muito mais barato do que outra paralisação econômica maciça. O vírus é muito prevalente na maioria dos estados norte-americanos para usar o rastreamento de contatos como uma ferramenta eficaz, embora outros tipos de ferramentas eletrônicas possam ajudar a facilitar o autoisolamento voluntário. E as reduções nas interações sociais por meio da proibição de aglomerações certamente terão que estar presentes por alguns anos.[56] Os empregadores também terão que redesenhar os locais de trabalho e o comércio para permitir o distanciamento físico. As escolas precisarão mudar o ensino para ambientes abertos e fazer muitas outras mudanças que exigirão investimento nacional.

E uma vacina segura e eficaz, quando estiver disponível, deve ser rapidamente distribuída e amplamente adotada, o que significa que uma grande campanha de educação pública será necessária (de preferência com porta-vozes altamente confiáveis e visíveis, como o ator Tom Hanks, que teve Covid-19 ele próprio, e outros considerados confiáveis nesse assunto, como o Dr. Fauci). A ignorância sobre os benefícios das vacinas, ou a resistência a elas, precisará ser combatida com vigor. Essa é uma questão extremamente complexa, já que alguns dos que expressaram resistência não são antivaxxers, mas, em vez disso, preocupam-se com a velocidade extraordinária com que a vacina está sendo desenvolvida e não confiam no governo, dada sua inépcia na condução da pandemia de um modo geral. Outros ainda desejarão esperar algum tempo para saber se surgirão efeitos adversos. Portanto, precisamos de uma grande iniciativa de educação pública para preparar o caminho para a adoção da vacina — se uma eficaz for encontrada —, e não havia muitas evidências de tal esforço no início do segundo semestre de 2020.

Como observou Allan Brandt: "Muitas questões sobre o chamado fim são determinadas não por dados médicos ou de saúde pública, mas por processos sociopolíticos."[57] Tenho notado isso há anos na resposta norte-americana (ou na falta dela) a tiroteios em massa, mortes em acidentes de trânsito, taxas crescentes de suicídio e overdoses de drogas. Depois de muita ansiedade e comentários, as pessoas parecem dispostas a aceitar uma tragédia que antes teria sido intolerável. O inverso também pode acontecer; uma das razões pelas quais os surtos de pólio em meados do século XX geraram tanto interesse público, apesar dos níveis relativamente baixos de crianças afetadas, era que parecia culturalmente aberrante ver crianças morrendo de infecção em uma época de viagens espaciais. Os norte-americanos viam a poliomielite como algo que precisava ser eliminado. E assim foi.

De certa forma, nossa resposta à pandemia pode até ser vista através das lentes dos famosos estágios de luto descritos pela psiquiatra Elisabeth Kübler-Ross.[58] Os norte-americanos começaram com negação e raiva, passaram para a barganha e a depressão e terminarão com a aceitação, o que marcará o fim sociológico definitivo da pandemia.

Em 2015, Bill Gates lançou um TED Talk popular intitulado "O próximo surto? Não estamos prontos", em que descreveu a séria ameaça representada pelas pandemias; foi visto mais de 36 milhões de vezes. O CDC tem, por muitos anos, mantido informações em seus sites e lançado muitas dezenas de relatórios sobre preparação para uma pandemia, assim como outros órgãos governamentais. Os Estados Unidos têm incontáveis epidemiologistas bem treinados, e muitos especialistas têm soado o alarme.[59] No entanto, como as pragas estão apenas em nossa distante memória coletiva e poucos indivíduos vivos têm memórias pessoais de pandemias na escala da de Covid-19, esses avisos eram fáceis de ignorar. Além disso, como vimos, as epidemias são sempre acompanhadas de contágios emocionais, como medo e negação.

E assim os norte-americanos foram pegos desprevenidos — em termos emocionais, políticos e práticos. Não tínhamos nem os equipamentos necessários — desde EPIs a testes e respiradores — para salvar nossas vidas. Mas, acima de tudo, não tínhamos uma compreensão coletiva da ameaça que enfrentamos. A pandemia de Covid-19 despertou os norte-americanos para a importância da saúde pública da mesma forma que o 11 de Setembro abriu nossos olhos para as ameaças sofisticadas à segurança nacional dos Estados Unidos; a grande recessão, para a fragilidade do sistema financeiro do país; e a eleição de vários líderes populistas em todo o mundo no século XXI, para os perigos do extremismo político.

As pandemias respiratórias são recorrentes. A Figura 17 concentra-se apenas nas causadas pelo vírus influenza nos últimos trezentos anos.[60] Elas têm surgido de forma constante durante todo esse tempo, a cada poucas décadas. As pandemias respiratórias graves ocorrem a cada cinquenta a cem anos. A Covid-19 não será a última pandemia. Na verdade, mesmo enquanto estávamos lidando com as fases iniciais da Covid-19, surgiram relatórios no início do segundo semestre de 2020 de um novo patógeno da influenza (de gravidade incerta), encontrado durante a vigilância de rotina de porcos na China.[61] É quase intolerável imaginar ter que enfrentar uma pandemia de uma classe totalmente diferente de patógenos que se sobrepõe à pandemia de coronavírus em curso. Mas a ameaça está sempre presente.

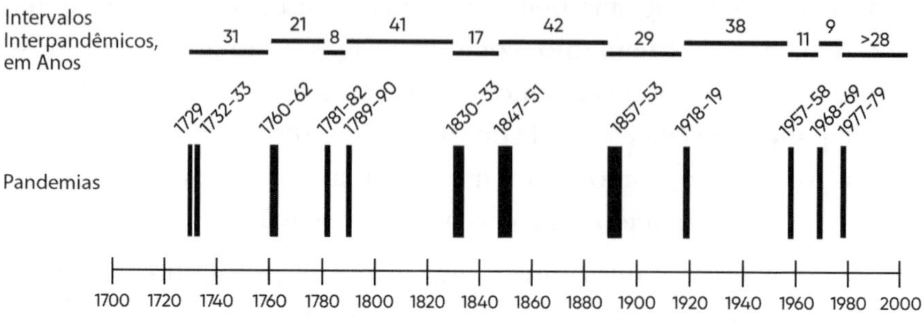

Figura 17: Graves pandemias de gripe (influenza) ocorreram em intervalos de poucas décadas nos últimos três séculos.

Por todo o sofrimento que causou, a pandemia de Covid-19 também mostrou às pessoas novas possibilidades. A cessação do movimento resultou em ar limpo e em uma redução nas emissões de carbono em paridade com as ações necessárias (embora de uma forma mais sustentada) para lidar com as mudanças climáticas. A união para a implementação das diversas INFs promoveu o reconhecimento da importância da vontade coletiva e ajudou a preparar o terreno para que o ativismo político enfrentasse outros problemas de longa data em nossa sociedade, desde a desigualdade econômica até a injustiça racial e inadequações de saúde. A capacidade do governo norte-americano de gastar grandes somas de dinheiro em um piscar de olhos deu uma demonstração palpável do tremendo poder econômico de que dispõe para enfrentar uma ameaça considerada suficientemente importante. A pandemia funcionou como uma espécie de lição objetiva: *Viram? Viram o que é possível fazer?*

A pandemia de Covid-19 também demonstrou, de maneiras muito materiais, como todos nós estamos interconectados e como o bem-estar comum depende do bem-estar de seus membros mais fracos. Além de levantar questões morais importantes, a existência de grupos vulneráveis nos Estados Unidos e em todo o mundo que poderiam servir como reservatórios de infecção demonstra a utilidade pragmática de sermos solidários. Quando ocorre um contágio mortal, é do interesse dos fortes cuidar dos fracos. E a contenção eficaz de doenças, por definição, coloca as necessidades do coletivo acima das necessidades dos indivíduos.

Em *Prometeu Acorrentado*, peça de Ésquilo, Prometeu é acorrentado a uma rocha como punição por conceder aos humanos o dom do fogo (e, portanto, da tecnologia). Além disso, ele nos deu outro presente: tornou impossível para nós prever nossas próprias mortes. Mas, como ainda sabemos que podemos sofrer e morrer (porque observamos outros fazendo isso), essa ignorância e incerteza tendem a nos tornar infelizes. Podemos usar a tecnologia para prever o futuro, mas isso também pode piorar as coisas se as previsões forem precisas e terríveis. O coro pergunta a Prometeu: "Que cura você descobriu para a miséria deles?" E Prometeu responde: "Eu plantei firmemente em seus corações uma esperança cega." Mas a esperança cega é uma companheira frívola para nossa desgraça. Não é suficiente. Ainda assim, ao nos obrigar a olhar para o futuro, a esperança pode servir a outro propósito: nos motivar a nos preparar.

Os micróbios moldam nossa trajetória evolutiva desde a origem de nossa espécie. As epidemias acontecem há muitos milhares de anos. Tal como o mito das flechas de Apolo, elas sempre fizeram parte de nossa história. Já sobrevivemos a elas, usando as ferramentas biológicas e sociais à nossa disposição. A vida voltará ao normal. As pragas sempre chegam ao fim. E, assim como as pragas, a esperança é intrínseca à condição humana.

Posfácio

Durante o primeiro ano da pandemia, o SARS-2 revelou sua força total. Imagine se cada família norte-americana de quatro pessoas perdesse US$200 mil. Ou se as casas de muitos milhões de pessoas simplesmente fossem destruídas. Essa é uma forma de entender o impacto da pandemia na economia dos Estados Unidos. É o "vírus de US$16 trilhões", como os economistas o chamam — US$8 trilhões em efeitos adversos de morbidade e mortalidade e US$8 trilhões em danos econômicos diretos. Essa destruição de riqueza é "a maior ameaça à prosperidade e ao bem-estar que os EUA encontraram desde a Grande Depressão".[1]

O pico inicial de morte por Covid-19 nos EUA foi em abril de 2020; um novo pico (e um tanto atípico) ocorreu em julho de 2020; e outro pico típico de inverno ocorreu em janeiro de 2021, quando cerca de 600 mil norte-americanos haviam morrido. Mais de 4 mil pessoas morriam a cada dia, tornando o vírus a principal causa de morte nos Estados Unidos, mais do que câncer ou doenças cardíacas.[2] De fato, o impacto do vírus na população norte-americana em 2020 foi a redução da expectativa de vida ao nascer em 1,13 anos; isso fez o país retornar à expectativa de vida ao nascer vista pela última vez em 2003, apagando anos de progresso.[3]

Outra onda (provavelmente menor) de Covid-19 pode ocorrer no inverno de 2021 e no ano seguinte, apesar da vacinação generalizada. Essas ondas estarão relacionadas a mudanças sazonais no comportamento humano (como vimos no Capítulo 2), além do fato de que permanecerão reservatórios do vírus entre as pessoas não imunes ou não vacinadas (incluindo crianças, adultos que hesitam em se vacinar e aqueles cuja imunidade expirou). O surgimento de novas variantes preocupantes do vírus também terá um papel importante nas ondas recorrentes. No entanto, cada onda sucessiva (exceto mutações sérias e inesperadas no vírus) será, se a história servir de guia, cada vez menor. A pandemia de Covid-19 acabará em algum momento.

Foi uma conquista singular da humanidade desenvolver uma vacina em tempo recorde. Fizemos isso por diversos meios — usando tecnologias antigas (vírus vivo atenuado), recentes (vetores de adenovírus) e totalmente novas (mRNA). As vacinas chegaram um pouco mais rápido do que eu esperava (presumi que, embora pudessem levar alguns anos, poderiam chegar já no primeiro trimestre de 2021, mas chegaram no final de 2020). No entanto, sua chegada não mudou as fases da pandemia, sua trajetória aproximada ou seu resultado final, conforme discutido nos Capítulos 7 e 8.

Mesmo assim, as vacinas salvaram e salvarão muitas vidas. Eram mais seguras e eficazes do que até os epidemiologistas, virologistas e médicos mais otimistas haviam previsto.

Em 9 de novembro de 2020, a Pfizer e sua parceira BioNTech divulgaram os resultados preliminares de seu principal ensaio clínico de fase 3, indicando que sua vacina de mRNA preveniu a Covid-19 sintomática; o estudo foi publicado em 10 de dezembro de 2020.[4] O ensaio envolveu 43.538 voluntários aleatoriamente designados para receber a vacina ou o placebo. A Covid-19 foi substancialmente mais comum no grupo de controle (85 casos) do que no de tratamento (9 casos). Vale ressaltar que, mesmo entre aqueles que receberam a vacina no ensaio principal, a taxa de Covid-19 não foi zero. A Moderna publicou resultados semelhantes para sua vacina de mRNA três semanas depois, em 30 de dezembro de 2020.[5] O ensaio envolveu 30.420 voluntários (e houve 183 casos de Covid-19 sintomática no grupo do placebo e apenas 11 no grupo da vacina). A eficácia de ambas as vacinas na prevenção de doenças foi de cerca de 95%, o que significa que uma pessoa exposta ao vírus tinha uma chance muito pequena de adoecer (e uma chance ainda menor de morrer).

As vacinas da Johnson e Johnson e da AstraZeneca foram baseadas em vetores de adenovírus, conforme discutido no Capítulo 6, e relataram eficácia na prevenção de doenças de 66% e 70%, respectivamente (a eficácia na prevenção de morte foi maior). Essas vacinas tinham certas vantagens, incluindo a de que a vacina da Johnson e Johnson exigia apenas uma dose. As vacinas da Sinovac e da Sinopharm lançadas pelos chineses foram baseadas em um vírus inativado e relataram eficácias de 51% e 79%, respectivamente. Ainda outras vacinas que utilizam abordagens semelhantes ou outras foram lançadas ou aparecerão em breve.[6]

Algumas vacinas entraram em ensaios clínicos menos de seis meses após o início da pandemia (a Moderna iniciou seus esforços de desenvolvimento, com base na engenharia genética, uma semana após os cientistas chineses publicarem online a sequência de RNA para o SARS-2 em 11 de janeiro de 2020, e o primeiro participante do ensaio recebeu uma dose de sua vacina cerca de dois meses depois!).[7] Várias vacinas receberam aprovação provisória de governos de todo o mundo dentro de um ano. Essa velocidade alucinante não tinha precedentes. O ritmo do desenvolvimento das vacinas foi facilitado pelo rápido compartilhamento de informações genéticas virais; pelas descobertas de décadas de pesquisa fundamental abrindo caminho para as tecnologias que foram usadas (incluindo as novas abordagens de adenovírus e mRNA); pela colaboração ativa entre cientistas e médicos em todo o mundo; pela participação de dezenas de milhares de voluntários em ensaios clínicos; pelos montantes extraordinários de financiamento público e privado; e pela enorme e urgente demanda global.

As tentativas anteriores de desenvolver vacinas para SARS-1 e MERS, sem dúvida, também aceleraram o desenvolvimento das vacinas de Covid-19. Os cientistas já conheciam o mecanismo de ação da proteína S no SARS-2 e a utilidade de torná-la um alvo de vacina. E os modelos animais baseados em trabalhos anteriores com o SARS-1 e o MERS foram preciosos na avaliação da fisiologia do SARS-2 e do mecanismo de ação das potenciais vacinas contra o SARS-2. Em fevereiro de 2021, um ano após o início da pandemia, 256 candidatas a vacinas de Covid-19 haviam sido desenvolvidas; 74 estavam em ensaios clínicos; e 16 delas em ensaios de fase 3.[8] Os fabricantes de vacinas também já estão trabalhando em doses de reforço, que provavelmente serão necessárias no futuro.

O monitoramento subsequente das populações depois que as vacinas foram implementadas em países ao redor do mundo confirmou sua segurança e eficácia. Em outras palavras, a experiência no mundo real foi semelhante aos ensaios clínicos. Por exemplo, um estudo conduzido em Israel com 596.618 vacinados e com um número idêntico de indivíduos não vacinados de características semelhantes descobriu que a vacina da Pfizer foi 92% eficaz na prevenção de doenças graves.[9]

Ainda assim, embora muitas das vacinas fossem surpreendentemente boas, elas não eram perfeitas. Ocorreram infecções ocasionais entre os vacinados. Em maio de 2021, o New York Yankees anunciou que nove membros de um grupo que viajava com a equipe, todos vacinados (com a vacina da Johnson e Johnson), testaram positivo para o vírus (três técnicos, cinco funcionários e um jogador).[10] Como os Yankees atingiram o nível razoável de pelo menos 85% de vacinados, o que excede ao limiar da imunidade de rebanho, as medidas de restrições a aglomerações e de uso de máscara foram relaxadas. O surto foi uma surpresa. No entanto, todos os casos foram assintomáticos ou levemente sintomáticos.

As Ilhas Seychelles, apesar de apresentarem uma das taxas de vacinação mais elevadas do mundo na época (60% da população tinha sido vacinada com as vacinas da Sinopharm e da AstraZeneca), também sofreram um surto em maio de 2021.[11] As vacinas chinesas, em particular, mostraram-se menos eficazes em condições do mundo real. Um nível mais baixo de eficácia em uma vacina significa que uma fração maior da população deve ser imunizada para evitar surtos (que podem ocorrer tanto entre os não vacinados quanto entre os vacinados).

No segundo trimestre de 2021, apesar da vacinação, algumas mortes começaram a ser relatadas nos EUA. Mas eram extremamente raras. Em 7 de junho de 2021, o CDC relatou que entre as mais de 139 milhões de pessoas totalmente vacinadas, houve apenas 603 mortes por Covid-19 (e 3.459 foram hospitalizadas com a infecção).[12] Claro, esses números também refletem uma série de outros fatores, incluindo a prevalência geral do vírus e, portanto, a probabilidade de contato; o curto período de observação; o nível ainda reduzido de interações sociais na população; e detalhes clínicos relacionados aos falecidos.

Algumas complicações raras das vacinas também começaram a ser identificadas. Por exemplo, no segundo trimestre de 2021, surgiram relatos sobre um raro problema de coagulação, fatal em talvez uma em cada milhão de pessoas vacinadas, no caso da vacina da AstraZeneca.[13] Mas não estava claro se a vacina era de fato a causa do problema ou se a taxa dessa complicação era diferente das outras vacinas. O cenário era confuso. No Reino Unido, em um momento em que 10 milhões de doses da vacina tinham sido administradas, nenhum caso de coagulação excessiva foi observado. Além disso, a avaliação de saúde pública desse problema foi complicada pelo fato de que, nesse caso, existiam vacinas alternativas com perfis de segurança ainda melhores. Se a vacina da AstraZeneca fosse a única opção existente, esse perfil de segurança teria sido considerado tolerável, até mesmo excelente. Mas, com outras vacinas excelentes disponíveis (como as vacinas de mRNA), muitas pessoas se perguntaram: "Por que não mudar?" Mais tarde, problemas raros com as vacinas de mRNA também começaram a surgir, como possível inflamação cardíaca em homens jovens.[14]

Os especialistas permaneceram preocupados com o uso inadequado das vacinas. No final de maio de 2021, de acordo com uma pesquisa Gallup, 60% dos adultos norte-americanos relataram ter sido totalmente vacinados e 4%, parcialmente vacinados. Do restante, 12% declararam que planejavam ser vacinados. Mas 24% indicaram que não planejavam se vacinar.[15] Não houve uma razão predominante entre os indivíduos relutantes à vacina: 23% queriam confirmar se a vacina era segura; 20%

acreditavam que não adoeceriam gravemente com o vírus (em alguns casos, podem ser jovens ou pessoas socialmente isoladas); 16% estavam preocupados com a velocidade com que a vacina foi desenvolvida; 16% não confiavam nas vacinas em geral; 10% declararam ter alergia; e 10% afirmaram que já tiveram Covid-19 e, portanto, estavam imunes (embora, na realidade, eles ainda se beneficiariam com a vacinação).

Outras questões também ficaram evidentes. Para alguns, a inconveniência era um problema, e oferecer vacinas nos locais de trabalho ou nas igrejas era o suficiente para motivá-los. Algumas pessoas tinham o medo infundado de que a vacina pudesse conter um dispositivo de rastreamento em nanoescala. Outros estavam preocupados com o processo de fabricação (e de fato houve relatos de erros, incluindo um episódio de contaminação com a vacina da Johnson e Johnson que exigiu o fechamento de uma fábrica).[16] Alguns grupos religiosos também se opuseram a certas vacinas que dependiam, em parte, de linhagens de células fetais para seu desenvolvimento.

Dos 24% das pessoas no grupo que hesita em se vacinar, 78% afirmaram que dificilmente mudariam de ideia. Mas, daqueles dispostos a reconsiderar, 19% declararam que tinham certa probabilidade de mudar de ideia e serem vacinados (o que equivale a 5% de todos os adultos nos EUA). No geral, esses dados sugerem que o limite máximo da vacinação pode ser de 81% dos adultos norte-americanos (76% que já estão vacinados ou que planejam se vacinar mais esses 5%). Para cepas do vírus atualmente em circulação (algumas variantes têm um R_0 de 4, com um limite de imunidade de rebanho resultante, com base na fórmula padrão discutida no Capítulo 3, de até 75%) e para os níveis atuais de eficácia das vacinas, esse nível de vacinação superará o necessário para controlar a epidemia. É uma boa notícia. Mas em junho de 2021, apenas meu estado natal, Vermont, havia atingido esse limiar. E, para ficar claro, o vírus ainda estará circulando e continuará matando pessoas, mesmo depois que esses parâmetros forem atingidos.

Em maio de 2021, metade dos adultos norte-americanos (53%) declarou estar preocupada com a possibilidade de seus concidadãos decidirem não se vacinar, e essa foi a maior preocupação do público com relação à epidemia. Naquele mês, o governo Biden anunciou melhorias em seus planos para atingir a meta de ter pelo menos 70% dos adultos vacinados até 4 de julho de 2021. E vários governos estaduais implementaram incentivos, incluindo transporte gratuito para centros de vacinação, licenças gratuitas de caça e pesca ou bilhetes de loteria gratuitos. O estado de Washington ofereceu maconha, como parte de seu programa "Joints for Jabs".[17]

Para não ficar para trás, o governo federal fez parceria com vários aplicativos de namoro, incluindo Tinder, Hinge, Match, OkCupid, BLK, Chispa, Plenty of Fish, Bumble e Badoo, para que as pessoas vacinadas tivessem benefícios na utilização dos aplicativos, incluindo impulsionamentos e "*super swipes*".[18] A Anheuser-Busch divulgou um comunicado oferecendo cerveja (ou outras bebidas) de graça aos norte-americanos se o país cumprisse a meta de Biden. "Na Anheuser-Busch, estamos comprometidos em apoiar a recuperação segura e sólida da nação para podermos estar juntos novamente nos lugares e com as pessoas de quem tanto sentimos falta. Esse compromisso inclui incentivar os norte-americanos a se vacinarem, e estamos ansiosos em pagar uma rodada de cerveja para os norte-americanos com mais de 21 anos quando atingirmos a meta da Casa Branca", declarou o CEO, Michel Doukeris.[19] Com 64% de pessoas já vacinadas na época, segundo levantamento do Gallup, chegar a 70% parecia possível.

Algumas das hesitações em relação às vacinas estão relacionadas a atributos demográficos. No início, grupos minoritários eram mais relutantes em se vacinar, assim como aqueles com menor instrução. Mais tarde, porém, a hesitação concentrou-se em evangélicos brancos e em republicanos (uma pesquisa no final de março de 2021 concluiu que quase 30% dos últimos dois grupos "definitivamente não" se vacinariam). O governo Biden fez um grande esforço para convencer esses grupos, de diversas maneiras.[20] E um grupo de médicos e profissionais de saúde republicanos no Congresso divulgou uma mensagem de serviço público sobre os benefícios da vacinação, motivada pelo desejo de combater a politização da vacinação.[21]

Outro fator que contribuiu para impulsionar a adesão foi tornar a vacinação uma condição para o emprego. A Universidade Yale, onde trabalho, anunciou recentemente que todos os alunos, professores e funcionários deveriam ser vacinados para voltar ao campus no segundo semestre de 2021. Em junho de 2021, a Equal Employment Opportunity Commission, a agência federal responsável pela aplicação das leis contra a discriminação no trabalho, divulgou uma declaração confirmando que os empregadores podem, de fato, exigir a vacinação.[22] E o CDC declarou que: "Para alguns profissionais de saúde ou funcionários essenciais, o governo estadual e local ou o empregador, por exemplo, pode exigir ou ordenar que os trabalhadores sejam vacinados como uma questão de Estado ou por lei."[23]

Uma pesquisa nacionalmente representativa com profissionais de saúde, divulgada em março de 2021, revelou que 27,5% não planejavam se vacinar ou ainda não haviam se decidido.[24] Mas a hesitação em relação à vacina entre os profissionais de saúde pareceu diminuir ao longo do segundo trimestre. Em junho de 2021, o hospital Houston Methodist anunciou que praticamente todos os seus 24.947 funcionários haviam sido totalmente imunizados. Contudo, 285 funcionários receberam isenção médica ou religiosa, e 332 funcionários, autorizações para adiamentos por gravidez ou outros. Mas o hospital informou que estava suspendendo 178 trabalhadores que recusaram a vacina. "Sei que hoje é um dia difícil para alguns que estão tristes por perder um colega que decidiu não se vacinar", escreveu Marc Boom, CEO do hospital. "Apenas desejamos o melhor a eles e agradecemos por seus serviços prévios à comunidade, e devemos respeitar a decisão que tomaram."[25] Dezenas de profissionais da área médica se reuniram em frente ao Houston Methodist Baytown Hospital para protestar contra a decisão. "Vacina é Veneno", dizia um dos cartazes. "Não Menosprezem Nossos Direitos", dizia outro.

O custo não tem sido um fator na diminuição da adesão à vacina. As vacinas são gratuitas e amplamente disponíveis, e o governo é encarregado pela distribuição. Essa não comercialização da vacina pode, em última análise, mudar o sentimento público em relação aos cuidados de saúde de maneira mais geral. Se as vacinas de Covid-19 são gratuitas, mesmo para pessoas sem seguro e sem cuidados médicos, por que todas as vacinas não deveriam ser assim? E, se todas as vacinas forem gratuitas, por que não outros medicamentos? Claro, há algo de especial nas doenças infecciosas, já que a doença de uma pessoa pode afetar outras, o que é a justificativa clássica para intervenção governamental. Mas muitas doenças não transmissíveis (como doenças mentais e várias doenças neurológicas) também têm essa característica, embora de forma menos direta.

Finalmente, os EUA têm uma justificativa moral, econômica e epidemiológica para ajudar a vacinar o mundo inteiro gratuitamente. Dada a riqueza, liderança, valores e sofisticação científica do país, muitas pessoas (inclusive eu) sentem que têm o dever de vacinar as populações dos países pobres. Manter as vacinas dentro das fronteiras nacionais, em uma espécie de "nacionalismo vacinal", também faz pouco sentido geopolítico. O Fundo Monetário Internacional estima que custaria US$50 bilhões de dólares vacinar 70% da população mundial até abril de 2022. Mas os benefícios para a produção econômica até 2025 seriam de cerca de US$9 trilhões de dólares.[26] É um retorno de investimento impressionante. Além disso, inúmeras vidas seriam salvas no processo. Os EUA, especialmente em parceria com outras nações ricas, poderiam facilmente arcar com esses custos, e os retornos em termos de prestígio nacional seriam enormes. Os Estados Unidos têm interesse econômico próprio; na medida em que o país precisa de parceiros comerciais e cadeias de suprimentos intactas, é de interesse nacional reduzir o ônus da Covid-19 em outros lugares. Finalmente, temos uma justificativa epidemiológica: quanto mais permitirmos que o vírus se espalhe sem controle em bolsões grandes ou pequenos em qualquer parte do globo, maior será a probabilidade de surgirem novas variantes mutantes do vírus, e essas variantes, inevitavelmente, chegarão ao país. Ajudar os outros é útil para os Estados Unidos.

Em longo prazo, os patógenos teoricamente tendem a evoluir para serem menos mortais para seus hospedeiros (matar um hospedeiro rapidamente não atende aos interesses darwinianos de um patógeno, como vimos no Capítulo 8).[27] Mas, em curto prazo, um vírus pode fazer o que lhe der na telha.

No segundo trimestre de 2021, em todo o mundo, a pandemia ainda estava em ascensão. E, em todo o mundo, o vírus estava em constante mutação. De modo geral, as mutações eram irrelevantes. Mas, de vez em quando, surgiam mutações que afetavam o comportamento do vírus e tinham implicações para nós. Essas mutações costumavam receber nomes de acordo com o local onde foram observadas pela primeira vez (que não é necessariamente onde surgiram pela primeira vez): Reino Unido, África do Sul, Brasil, Índia. Mais tarde, uma convenção de nomenclatura alternativa foi proposta, usando letras do alfabeto grego.

Essas mutações preocupantes, chamadas de "variantes de preocupação", eram frequentemente mais transmissíveis (com um R_0 de 4 ou até mais) e mais mortal (com uma taxa de mortalidade talvez 30% mais alta do que a cepa original de Wuhan) ou ambas. Em 21 de janeiro de 2021, as autoridades britânicas confirmaram que a variante B.1.1.7 (também conhecida como do Reino Unido ou variante alfa) tinha ambas as propriedades preocupantes.[28] Outras variantes importantes foram descobertas nos meses seguintes e, em junho de 2021, todos estavam falando sobre a variante da Índia (ou delta).

Também é verdade que surgiram cepas menos transmissíveis e menos mortais do vírus. Mas, sem um amplo sistema para coletar dados sobre variantes genotípicas juntamente com resultados fenotípicos em humanos, tendíamos a descobrir apenas aquelas que eram piores para nós, porque elas chamavam nossa atenção quando as pessoas eram hospitalizadas ou morriam e os médicos confirmavam qual delas as havia matado. Quem se preocupa em verificar a genética de uma variante que nem mesmo provoca sintomas?

Não é possível estabelecer um limite máximo de quão transmissível ou mortal o SARS-2 pode ser, então o R_0 e a CFR ainda podem aumentar potencialmente. É difícil saber ao certo. Por um lado, o vírus já teve muito tempo e muitos locais ao redor do mundo para explorar a chamada "paisagem de aptidão" darwiniana e encontrar o ápice de seu poder de nos prejudicar. Então, talvez já tenhamos visto o pior dele, em termos de mutação. Por outro lado, sabemos de outras formas mais mortais de coronavírus, e talvez o SARS-2 possa reter sua alta transmissibilidade, mas adquirir a letalidade do SARS-1 ou do MERS. Isso seria extraordinariamente infeliz e devastador.

Outra preocupação séria é que o vírus pode sofrer mutação para poder se esquivar totalmente das vacinas atuais. Não houve evidência disso até o segundo semestre de 2021. Pelo contrário. Muitos estudos confirmaram que as vacinas de mRNA, e também as vacinas de adenovírus, funcionaram contra as novas variantes.[29] Embora a eficácia tenha diminuído um pouco, as vacinas ainda mantiveram a eficácia contra doenças graves (ou morte) na grande maioria das pessoas. Para nossa sorte, as vacinas induzem uma espécie de superimunidade, melhor até do que uma infecção natural. Isso é bastante atípico para vacinas.[30] Normalmente, a infecção natural é mais protetora contra infecções futuras (se o paciente sobreviver), em parte porque a pessoa desenvolve uma resposta imunológica a várias proteínas do patógeno natural, em vez de apenas às contidas na vacina. No caso das vacinas de Covid-19, mesmo alguma redução na eficácia ainda não anulou os benefícios da vacinação.

O que significa dizer que o vírus está "explorando a paisagem de aptidão"? O vírus enfrenta intensa seleção natural à medida que seu ambiente muda — por exemplo, quando adquirimos imunidade (naturalmente ou por vacinação) ou quando mudamos nosso comportamento (usando máscaras e assim por diante). Em resposta a essas mudanças no ambiente, o vírus pode adquirir propriedades que lhe permitam sobreviver, como fugir de nossa imunidade (por exemplo, descobrindo maneiras de reduzir a capacidade de resposta das células infectadas ao interferon humano circulante) ou tornando-se mais transmissível (por exemplo, ligando-se mais prontamente às células em nosso sistema respiratório). Apareceram cepas variantes que desenvolveram estratégias semelhantes de forma independente para garantir sua persistência.[31] E, se um vírus consegue encontrar uma mutação útil, ele frequentemente chega a essa mutação mais de uma vez. Ou seja, às vezes, a mesma mutação benéfica (do ponto de vista do vírus) pode surgir de forma reiterada, por meio de um processo conhecido como "evolução convergente".[32] Mas isso também significa que, após quase dois anos de circulação em nossa espécie, o vírus pode estar sem mutações desse tipo disponíveis — incluindo ainda não ter encontrado nenhuma que consiga se esquivar completamente das vacinas.

Se quisermos aumentar nossas chances de limitar a capacidade do vírus de se esquivar de nossas vacinas, devemos vacinar o maior número de pessoas o mais rápido possível. A razão é que a vacinação incompleta imporia pressões de seleção sobre o vírus: as cepas capazes de escapar da vacina têm as circunstâncias e a janela de tempo para que seu surgimento, ao acaso, as beneficie. Finalmente, além da vacinação mundial rápida e completa, precisamos integrar a vigilância genômica para variantes aos dados clínicos para saber se novas cepas mais graves estão realmente surgindo. Isso também permitiria um desenvolvimento mais rápido da dose de reforço. Idealmente, isso também seria um esforço global.

As vacinas por si só não serão suficientes para extinguir imediatamente uma pandemia tão perniciosa como a de Covid-19. Uma epidemia violenta não pode ser interrompida com apenas uma intervenção, porque, como vimos, até mesmo as vacinas são imperfeitas. Uma abordagem multifacetada para o controle da Covid continuará a ser necessária, pelo menos por um tempo.

Para compreender a necessidade de uma resposta multifacetada à epidemia — no âmbito individual, de local de trabalho e nacional —, é útil pensar em termos de *camadas* de defesa, em que cada camada fornece uma barreira que não é totalmente impermeável, como uma pilha de pedaços de queijo suíço, cada qual com orifícios.[33] O "modelo do queijo suíço" é uma conceituação clássica de como lidar com os perigos que envolvem uma combinação de elementos humanos, tecnológicos e naturais.[34] O modelo foi apresentado pelo psicólogo James Reason há mais de três décadas para discutir falhas em sistemas complexos, como energia nuclear, aviação comercial e assistência médica. Como Reason argumentou: "Em um mundo ideal, cada camada defensiva estaria intacta. Na realidade, porém, elas parecem mais fatias de queijo suíço, com muitos orifícios... A presença de orifícios em qualquer das 'fatias' normalmente não causa problemas. Em geral, isso só acontece quando os orifícios em muitas camadas... se alinham..."[35]

Essa também é uma forma valiosa de pensar sobre a resposta à Covid-19. Como vimos no Capítulo 3, as principais ferramentas de que dispomos para responder a uma epidemia mortal são conhecidas como *intervenções não farmacêuticas* (INFs). Cada camada de defesa — máscaras, testes, distanciamento físico, proibições de aglomeração, rastreamento de contatos, fechamento de escolas, fechamento de empresas e assim por diante — pode reduzir o impacto do vírus. Podemos intuir que, depois de empilhar duas fatias de queijo suíço, ainda pode ser possível olhar através das duas fatias — quando dois orifícios se alinharem de modo aleatório. Mas depois de empilhar quatro fatias, digamos, os orifícios aleatórios não se sobrepõem mais. Cada camada pode não ser perfeita e o vírus pode penetrá-la. Porém, quanto mais camadas tivermos, menor será a probabilidade de haver brechas na defesa geral.

Claro, algumas camadas — como uma boa vacina — são mais eficazes do que outras. Essas são as fatias de queijo suíço com menos orifícios ou orifícios menores. Mas essa é a razão pela qual, mesmo depois que uma vacina está amplamente disponível, outras intervenções podem ainda ser necessárias em certas circunstâncias.

À medida que a pandemia de Covid-19 se desenrolava e as pessoas respondiam a ela, os cientistas observaram a miríade de abordagens adotadas em diferentes regiões do mundo como a um enorme experimento natural. Uma análise de onze países europeus descobriu que mesmo os lockdowns, que são altamente eficazes, não eram perfeitos; eles reduziram a transmissão do SARS-CoV-2 em 81%.[36] Outra análise de 41 países descobriu que fechar escolas, limitar as aglomerações a dez pessoas ou menos e fechar comércios e atividades presenciais tiveram impactos significativos na contagem de casos e nas taxas de mortalidade do vírus.[37] E um estudo que avaliou a imposição e (engenhosamente) o relaxamento de uma grande variedade de intervenções em 131 países chegou a conclusões semelhantes sobre os benefícios de várias INFs (por exemplo, descobriu que as restrições aos movimentos internos dentro de um país eram úteis).[38]

Os cientistas também avaliaram intervenções individuais. Um estudo do impacto benéfico de um aplicativo nacional para Covid-19, implantado no Reino Unido pelo NHS, constatou que ele teve adesão de 16,5 milhões de usuários (cerca de 28% da população) e preveniu pelo menos 300 mil casos de Covid-19 e, portanto, milhares de mortes.[39] Outros estudos confirmaram que as máscaras foram eficazes.[40] No final de 2020, surgiram evidências de que o risco de transmissão via fômites era muito baixo e que limpar as superfícies (sem falar nos mantimentos ou pacotes trazidos para dentro de casa) não ajudava (portanto, palitos de dente não chegaram a ser usados nos elevadores dos Estados Unidos, como eu temia no início da pandemia).[41] Claro, demorou um pouco para os cientistas chegarem a essa conclusão, e muitos estudos laboratoriais e epidemiológicos foram publicados sobre essa questão. Um estudo concluiu que o risco de contrair SARS-2 ao tocar em uma superfície contaminada era inferior a 5 em 10 mil.[42] É assim que a ciência funciona.

Outra observação importante sobre as INFs é que uma resposta do tipo colcha de retalhos pode ser pior do que uma resposta consistente ou até mesmo do que resposta nenhuma. Considere o exemplo de regras potencialmente diferentes em relação ao fechamento de locais de culto em estados vizinhos (ou outras áreas geográficas). Se as igrejas de Michigan forem fechadas, mas as de Indiana, não, isso pode resultar em mais pessoas se deslocando para além dos limites do estado para ir à igreja, aumentando, assim, a mistura social e a disseminação do vírus. Ou ambos os estados deveriam ter as mesmas regras ou nenhum deveria fechar suas igrejas. Ambas as alternativas seriam melhores do ponto de vista do controle da pandemia.

Da mesma forma, os toques de recolher podem ser complicados, sobretudo se distritos adjacentes tiverem regras diferentes, mas mesmo se não tiverem. Ou seja, os toques de recolher podem ter o efeito paradoxal de concentrar as pessoas nos espaços durante janelas de tempo mais curtas, aumentando, assim, a densidade social e a transmissão viral.

Levará anos até que os cientistas entendam completamente como as INFs funcionaram, individualmente, em conjunto e com a vacina, para mitigar o impacto do vírus.

Para impedir a propagação do SARS-CoV-2 e desviar o curso da epidemia de Covid-19, só precisávamos de camadas de defesa *suficientes*. Mas, em qualquer ambiente, as intervenções específicas escolhidas foram menos importantes do que o fato de várias terem sido implementadas. Não importa a combinação específica de intervenções não farmacêuticas, desde que um certo limiar seja alcançado, uma epidemia pode ser controlada. Normalmente, uma combinação de intervenções de redução de contato e de redução de transmissão é ideal. Mas uma pessoa, família, empresa ou nação deve implementar pelo menos algumas intervenções e seguir mais de uma ou duas.

Essa perspectiva ajuda a explicar alguns eventos dramáticos e variações desconcertantes observadas durante a pandemia. Considere o evento de superpropagação de Covid-19 que começou na Casa Branca no início de outubro de 2020, envolvendo o presidente Trump e mais de uma dezena de pessoas (incluindo o governador Chris Christie, Hope Hicks, vários membros da família do presidente e três senadores dos EUA); e o evento (possivelmente distinto) que surgiu no início de novembro de 2020, envolvendo o Chefe de Gabinete da Casa Branca Mark Meadows e pelo menos quatro outros membros da equipe. Foi vergonhoso! Também foi profundamente irresponsável, dadas as implicações para a segurança nacional de um surto violento na Casa Branca.

Por que a resposta da Casa Branca à Covid-19 fracassou em seus próprios domínios? O problema é que dependia quase exclusivamente de uma única estratégia de prevenção: a testagem. Mas, para prevenir surtos, o CDC havia recomendado que ambientes de trabalho implementassem vários procedimentos, incluindo: manter o distanciamento físico; incentivar funcionários doentes a se afastarem do trabalho; e fornecer máscaras faciais, se os funcionários ainda não as estivessem usando.[43]

O modelo do queijo suíço também ajuda a explicar por que países, cidades ou empresas poderiam implementar abordagens diferentes e, ainda assim, alcançar resultados semelhantes em termos de controle da pandemia. Um país poderia implementar o fechamento e a testagem nas fronteiras; outro, o uso de máscara e as restrições de viagens internas; e um terceiro, o fechamento de escolas e as proibições de aglomerações, e assim por diante. A chave é que uma combinação de medidas seja adotada.

Além de matar, a Covid-19 pode debilitar pessoas. Talvez o número de sobreviventes que terão algum tipo de deficiência de longa duração seja cinco vezes maior que o de mortos. Ou seja, mesmo que sobrevivam, muitos pacientes, provavelmente mais de 5%, terão sequelas de longo prazo pela doença, que vão desde distúrbios neurológicos e psiquiátricos até fibrose pulmonar e problemas circulatórios, renais ou pancreáticos.[44] Nos EUA, isso pode equivaler a 5 milhões de pessoas.

E mesmo indivíduos não infectados pelo SARS-2 também podem sofrer consequências indiretas para sua saúde. Muitas pessoas engordaram como resultado de passar um ano em casa. Outras desenvolveram "dedos de Covid" sem nem mesmo terem sido infectadas; acontece que os períodos prolongados que passaram descalças e o sedentarismo podem ter aumentado o risco para uma condição semelhante, conhecida como frieira.[45] Alguns indivíduos enfrentaram problemas de saúde mental relacionados ao isolamento. Embora as crianças corressem um risco maior de maus-tratos em suas próprias casas e pessoas de todas as idades relatassem problemas de saúde mental, o temido aumento do suicídio entre jovens não se concretizou, pelo menos nos primeiros meses da pandemia.[46] Pessoas foram vítimas de violência doméstica; uma análise das ligações para os serviços de emergência relacionadas à violência doméstica em quatorze grandes áreas metropolitanas (incluindo Baltimore, Cincinnati, Salt Lake City e Los Angeles) concluiu que essas ligações aumentaram 7,5% durante o período de março a maio de 2020.[47] É necessário mais tempo para classificar todas as consequências da pandemia para a saúde e a mortalidade.

Algumas pessoas foram vítimas de crimes violentos. Após um declínio inicial na taxa geral de criminalidade nos primeiros meses da pandemia — quando as pessoas estavam em casa —, houve um aumento subsequente nas taxas de criminalidade, o que corrobora a informação do Capítulo 5 de que a violência costuma aumentar durante os períodos de pestes. Ao longo de 2020, as principais cidades norte-americanas experienciaram um aumento de 33% nos homicídios e, nos primeiros três meses de 2021, os tiroteios aumentaram 50% em comparação com o ano anterior. De novo, é muito cedo para determinar os fatores responsáveis por isso; por exemplo, os homicídios já estavam aumentando antes da pandemia.[48]

Para muitos pacientes, a pandemia enfatizou a importância da ação individual nos cuidados de saúde, motivando muitos a cuidar melhor da saúde para condições além da Covid-19, como controlar melhor o diabetes ou a hipertensão. Um estudo descobriu que 46% dos consumidores usaram serviços de telessaúde durante os primeiros meses de 2020, contra apenas 11% em 2019.[49] Claro, isso ocorreu em um cenário de declínio abrupto nos exames de saúde para câncer e outras doenças, sugerindo que haverá um aumento dessas condições. Essa será outra consequência adversa indireta da pandemia. Durante o período intermediário, estaremos tentando recuperar o tempo perdido, cuidando de todas essas pessoas com problemas de saúde decorrentes direta ou indiretamente da Covid-19.

O isolamento social imposto pelas INFs também teve implicações para a transmissão de outros vírus respiratórios. Inicialmente, durante a temporada de gripe do inverno de 2020–2021, houve uma queda vertiginosa das doenças respiratórias nos EUA (não Covid-19), pois as pessoas estavam se isolando e usando máscaras de uma forma atípica.[50] As precauções que tomamos contra a Covid-19 foram ainda mais eficazes contra a gripe, uma vez que a gripe sazonal é menos capaz de se propagar entre as pessoas (seu R_0 é intrinsecamente muito mais baixo). O CDC informou que houve apenas 600 mortes por influenza em todos os EUA durante essa última temporada, em contraste com 22 mil no inverno de 2019–2020 e 34 mil no de 2018–2019! Os médicos nunca tinham visto nada assim. Apenas uma única criança morreu de gripe durante o inverno de 2020–2021, enquanto o número típico de mortes pediátricas varia de 150 a 200.[51]

No entanto, haverá picos de rebote no futuro. As interrupções nos padrões usuais de transmissão sazonal de várias doenças respiratórias afetarão o momento e a gravidade de surtos futuros dessas doenças. Indivíduos suscetíveis se acumulam para a temporada seguinte, aguardando exposição no futuro, o que resultará em surtos maiores. Esses surtos também ocorrerão enquanto a Covid-19 ainda estiver circulando, levando à confusão sobre qual é a etiologia das queixas respiratórias observadas em um grande número de pessoas — um fato que corrobora ainda mais a manutenção contínua de amplos regimes de testagem para Covid-19 nos EUA. Além disso, nos próximos anos, as pessoas adoecerão com condições que atribuirão erroneamente à Covid-19. Isso pode afetar a hesitação em relação à vacina, uma vez que muitos desses casos serão equivocadamente rotulados como falhas da vacina. A testagem contínua também será necessária por esse motivo.

Considere uma infecção endêmica que circula nos EUA: o vírus sincicial respiratório (VSR). Usando dados de teste de 2020, parece que a transmissão do VSR diminuiu em pelo menos 20% por causa das INFs implementadas durante o primeiro ano da pandemia de Covid-19. É provável que surtos substanciais de VSR ocorram nos próximos anos, provavelmente com pico no inverno de 2021–2022, dependendo se as INFs ainda estarão sendo implementadas nessa época. Mas, mesmo que o pico não ocorra, em algum momento haverá um aumento repentino. Quanto mais as INFs permanecerem em vigor para combater a Covid-19, maiores serão os surtos futuros.[52] Evidências de um aumento nos casos de VSR já surgiram na Austrália em setembro de 2020.[53] O aumento dos casos e o aumento da idade típica foram consistentes com a expansão da coorte de pacientes sem contato prévio ao VSR e com o declínio da imunidade da população.

A origem do SARS-2 continuará a ocupar a atenção de cientistas e políticos em todo o mundo por algum tempo. Em abril de 2020, surgiram relatórios de que a Casa Branca tinha, de fato, sido informada pelas agências de inteligência sobre uma crise de coronavírus já em novembro de 2019 (embora o Pentágono tenha negado), e alarmes sobre uma possível epidemia iminente foram incluídos nos briefings diários ao presidente no início de janeiro de 2020. Como declarou um ex-oficial de inteligência: "Não é surpresa para mim que a comunidade de inteligência tenha detectado o surto; o que é surpreendente e decepcionante é que a Casa Branca tenha ignorado os claros sinais de alerta, fracassado em seguir os protocolos de resposta à pandemia estabelecidos e demorado a colocar em prática um esforço governamental para responder a esta crise."[54]

Até junho de 2021, o primeiro caso conhecido de SARS-2 relatado na literatura científica foi em 1º de dezembro de 2019.[55] Algumas reportagens de jornais registram casos na China já em 17 de novembro de 2019, com indícios de que o vírus já circulava há um mês naquela época.[56] A análise do meu laboratório sugere uma data ainda anterior. Após a publicação de nosso artigo que usava dados telefônicos de janeiro de 2020 para rastrear a mobilidade humana em Wuhan e a disseminação do vírus por toda a China até o final de fevereiro (discutido no Capítulo 1), ocorreu-nos que poderíamos usar os dados para trabalhar de forma retrospectiva, e não apenas prospectiva.[57] Como sabíamos o momento em que as pessoas partiram de Wuhan para as 296 municipalidades da China e o ritmo subsequente da epidemia em cada uma dessas províncias, foi possível estimar a data mais provável em que a primeira pessoa infectada deixou Wuhan. Chamamos esse paciente de "zero prime" (0'). Assim, a data estimada por nós para o primeiro caso é 1º de novembro de 2019; com um intervalo de 20 de outubro a 13 de novembro de 2019. Em outras palavras, muito provavelmente em 1º de novembro de 2019, pelo menos um portador do vírus já havia deixado Wuhan em direção a alguma outra parte da China. O vírus havia começado sua propagação planetária.

Usando outros atributos conhecidos da transmissão do SARS-2 (como a faixa de intervalos entre os casos), foi possível raciocinar ainda mais retrospectivamente e concluir que a data mais antiga para a infecção do paciente zero — ou seja, o primeiro ser humano a ser infectado pelo vírus, de qualquer fonte — foi 2 de outubro (e no mais tardar 13 de novembro de 2019). Para ser claro, esse indivíduo não precisava ser residente em Wuhan; ele pode ter se infectado em outro lugar e viajado para Wuhan. Essas datas, calculadas principalmente com base nos dados de mobilidade humana, correspondem às datas geradas por uma abordagem baseada em um relógio molecular (que faz o cálculo reverso no ritmo da mutação viral). Essa abordagem sugere que o primeiro caso humano de Covid-19 ocorreu entre 5 de outubro e meados de novembro.[58]

Embora a percepção do provável momento da origem da pandemia esteja aumentando, a origem do vírus no primeiro caso humano ainda não é clara. Muito provavelmente, assim como o SARS-1, ele se originou em animais e se disseminou para os humanos por meio de um salto zoonótico. Mas, até o segundo semestre de 2021, um reservatório animal para um vírus semelhante ainda não tinha sido encontrado. Alguns especialistas suspeitam que fazendas de peles próximas a Wuhan sejam uma possível fonte, mas ainda não temos nenhuma evidência. Há também o fato curioso de que os parentes mais próximos do vírus já identificados (os vírus RaTG13 e RmN02, coletados na província de Yunnan, na China, a 1.600 quilômetros de Wuhan, em 2013 e 2019, respectivamente) não são precursores óbvios do SARS-CoV-2; portanto, ainda não identificamos o caminho evolutivo recente seguido pelo vírus. A hipótese alternativa é que o vírus (talvez coletado para estudo) escapou de um laboratório em Wuhan. Isso é concebível, e os chineses não divulgaram nenhuma evidência que permitisse refutar essa possibilidade. É provável que as agências de inteligência norte-americanas tenham mais conhecimento sobre essa questão. Mas as informações públicas disponíveis até o segundo semestre de 2021 impossibilitam a confirmação ou a rejeição de qualquer um dos cenários.

Compreender a origem do SARS-2 é importante porque tem implicações em como nos preparamos para a próxima pandemia.[59] Se pudermos confirmar que o vírus se disseminou naturalmente de morcegos para humanos, talvez por meio de um hospedeiro intermediário, podemos concentrar nossa atenção em regular ou restringir esse contato. Mas, se o vírus escapou de um laboratório, nosso foco deve ser regulamentar e gerenciar as instalações onde pesquisas assim são feitas, para evitar que nunca mais uma pandemia comece dessa maneira.

Entretanto, a exploração das origens desta pandemia em especial será complicada por questões geopolíticas e terá implicações geopolíticas. Suponha que mais tarde se constate que a causa tenha sido um vazamento de um laboratório chinês. Nesse caso, aliado ao fato de a China poder ter acobertado a situação, isso poderia remodelar a posição chinesa no mundo. Por outro lado, houve um surto de antraz na União Soviética em 1979, originado em um vazamento de laboratório que foi acobertado. No entanto, quando esse episódio foi finalmente revelado, teve relativamente poucas implicações para a posição da Rússia — embora talvez isso se deva ao fato de que esse surto não se tornou uma pandemia mortal.[60]

Enquanto escrevo, existem clamores para o estabelecimento de uma comissão nacional de Covid nos Estados Unidos.[61] Quando essa comissão divulgar seu relatório, provavelmente em 2023, a pandemia e seu impacto serão suficientemente recentes na mente das pessoas para que o povo e os líderes norte-americanos possam estar fortemente motivados a agir de acordo com suas recomendações e se preparar melhor para a próxima pandemia. Estaremos de fato em uma posição melhor da próxima vez? Depende muito de quanto tempo levará até que a próxima pandemia aconteça, bem como de quão mortal será o patógeno. Se ocorrer dentro de trinta anos, de modo que a Covid-19 ainda esteja viva em nossa memória, tenho certeza de que estaremos mais bem preparados. Porém, se demorar mais, provavelmente esqueceremos a lição.

Muitos especialistas propuseram o estabelecimento de um consórcio internacional para monitorar surtos em todo o mundo, com relatórios rápidos e transparentes.[62] A esperança é que isso nos permita cortar as pandemias pela raiz. Para ficar claro, mesmo se estabelecêssemos programas para monitorar o surgimento de novas infecções, alguns patógenos são intrinsecamente tão infecciosos (ou têm outras propriedades) que talvez nunca possamos detectá-los a tempo de fazer a diferença.[63] O alerta precoce provavelmente ajudaria a impedir que apenas determinados tipos de patógenos se propagassem amplamente. Mas, na nova era de vacinas de mRNA, o alerta precoce nos permitiria acelerar o desenvolvimento de uma vacina eficaz, e isso seria valioso. Com aviso e preparação adequados, no futuro, o desenvolvimento da vacina poderia provavelmente ser encurtado para seis meses ou menos (dependendo da natureza dos ensaios clínicos que precisariam ser realizados).

No entanto, o verdadeiro desafio pode não ser conseguir uma excelente vigilância de surtos em países ao redor do mundo. Em vez disso, as nações enfrentam uma série de incentivos econômicos e políticos para ocultar surtos (ou até mesmo evitar detectá-los). Se um Estado anuncia um surto dentro de suas fronteiras, outras nações podem interromper o comércio e as viagens. Portanto, a capacidade de vigilância pode não ser suficiente. Devemos desenvolver políticas que reduzam os custos para as nações que sejam francas sobre surtos ocorridos dentro de suas fronteiras (como proteções legais para atores não estatais que relatam surtos ou compensação financeira para os Estados que os relatam).[64] E pode haver questões complicadas de propriedade intelectual (quem possui as valiosas informações genéticas ou outros detalhes divulgados?) e de equidade (por que os países pobres deveriam fazer vigilância para os países ricos?).[65] Dificilmente seria justo ou sustentável monitorar surtos em algumas localidades e usar essas informações apenas para o benefício dos países ricos. Finalmente, teríamos que lidar com o problema não apenas de surtos não detectados, mas também de alarmes falsos.

A pandemia de Covid-19, na medida em que destaca a necessidade dos tipos anteriores de cooperação internacional, forneceu outro exemplo dos tipos de ameaças globais graves (do desarmamento nuclear às mudanças climáticas) que são, infelizmente, tão difíceis de enfrentar. Como vimos no Capítulo 8, há uma conexão prática entre mudanças climáticas e pandemias, uma vez que as mudanças climáticas podem estar acelerando o ritmo de novas pandemias ao colocar as pessoas em maior contato com animais silvestres. Mas também há uma conexão conceitual entre essas duas catástrofes globais. Muitos dos desafios de lidar com pandemias — a cooperação internacional necessária, os custos transfronteiriços impostos por uma nação a outras, a necessidade de contar com a expertise científica e os complexos fatores políticos — estão presentes no que diz respeito às mudanças climáticas. De certa forma, a pandemia de Covid-19 apresentou ao mundo uma simulação não apenas de futuras pandemias, mas também da maneira como devemos enfrentar outros problemas globais iminentes.

As pessoas agora adquiriram uma familiaridade pessoal com a antiga ameaça das pragas. E podem ver claramente que as pandemias exigem grande sabedoria — tanto de nossos líderes quanto de nós mesmos.

Notas

PREFÁCIO, 2021

1 L. Fayer e S. Pathak, "Why Is India Running Out of Oxygen?", NPR 5 de maio de 2021.

2 S. McWhinnie, "As India's crematoriums overflow with COVID victims, Pyres burn through the night", CNN, 30 de abril de 2021.

3 G.A. Soper, "The Lessons of the Pandemic", Science 1919; 49: 501-506.

1. UM EVENTO INFINITESIMAL

1 B. Westcott e S. Wang, "China's Wet Markets Are Not What Some People Think They Are", *CNN*, 15 de abril de 2020.

2 F. Wu et al., "A New Coronavirus Associated with Human Respiratory Disease in China", *Nature*, 2020; 579: 265–269; T. Mildenstein et al., "Exploitation of Bats for Bushmeat and Medicine", *Bats in the Anthropocene: Conservation of Bats in a Changing World*, Cham, Suíça: Springer, 2016, pp. 325–375.

3 A.C.P. Wong et al., "Global Epidemiology of Bat Coronaviruses", *Viruses*, 2019; 11: 174.

4 D. Ignatius, "How Did Covid-19 Begin? Its Initial Origin Story Is Shaky", *Washington Post*, 2 de abril de 2020.

5 J.T. Areddy, "China Rules Out Animal Market and Lab as Coronavirus Origin", *Wall Street Journal*, 26 de maio de 2020.

6 C. Huang et al., "Clinical Features of Patients Infected with 2019 Novel Coronavirus in Wuhan, China", *The Lancet*, 2020; 395: 497–506.

7 X. Zhang et al., "Viral and Host Factors Related to the Clinical Outcome of Covid-19", *Nature*, 2020; 583: 437–440.

8 Z. Wu e J.M. McGoogan, "Characteristics of and Important Lessons from the Coronavirus Disease 2019 (Covid-19) Outbreak in China", *JAMA*, 2020; 323: 1239–1242; J.L. Zhou et al., "Raising Alarms: A Dialogue with the First Person to Report the Epidemic, Zhang Jixian", *XinhuaNet*, 20 de abril de 2020.

9 W.W. Le e C.Z. Li, "Hubei Government Gives Zhang Dingyu and Zhang Jixian Great Merit Award", *XinhuaNet*, 6 de fevereiro de 2020.

10 D.L. Yang, "China's Early Warning System Didn't Work on Covid-19", *Washington Post*, 24 de fevereiro de 2020.

11 S.P. Zhang, "Huanan Seafood Market Is Closed Starting Today", *Beijing News*, 1º de janeiro de 2020.

12 S.P. Zhang, "Patients of Unusual Pneumonia in Wuhan Transferred to an Infectious Disease Hospital, Residents near the Huanan Market Found Infected", *Beijing News*, 2 de janeiro de 2020.

13 Anônimo, "China Detects Large Quantity of Novel Coronavirus at Wuhan Seafood Market", *XinhuaNet*, 27 de janeiro de 2020.

14 J.Q. Gong, "The Whistle-Giver", *People Magazine* (China), 10 de março de 2020.

15 J.X. Qin et al., "The Whistleblower Li Wenliang: Truth Is the Most Important", *Caixin*, 7 de fevereiro de 2020.

16 D. Ji, "Third Session of 13th Hubei Provincial People's Congress Will Be Held on January 12th, 2020", *People's Daily Online,* 29 de novembro de 2019; P. Zhuang, "Chinese Laboratory That First Shared Coronavirus Genome with World Ordered Closed for 'Rectification,' Hindering Its Covid-19 Research", *South China Morning Post,* 28 de fevereiro de 2020.

17 T. Reals, "Chinese Doctor Was Warned to Keep Quiet After Sounding the Alarm on Coronavirus", *CBS News,* 4 de fevereiro de 2020.

18 K. Elmer, "Coronavirus: Wuhan Police Apologise to Family of Whistle-Blowing Doctor Li Wenliang", *South China Morning Post,* 19 de março de 2020.

19 C. Buckley, "Chinese Doctor, Silenced After Warning of Outbreak, Dies from Coronavirus", *New York Times,* 6 de fevereiro de 2020; Anônimo, "China Identifies 14 Hubei Frontline Workers, Including Li Wenliang, as Martyrs", *Global Times,* 2 de abril de 2020.

20 C. Huang et al., "Clinical Features of Patients Infected with 2019 Novel Coronavirus in Wuhan, China", *The Lancet,* 2020; 395: 497–506.

21 M.H. Wong, "3 Billion Journeys: World's Biggest Human Migration Begins in China", *CNN,* 10 de janeiro de 2020.

22 J.S. Jia et al., "Population Flow Drives Spatio-Temporal Distribution of Covid-19 in China", *Nature,* 2020; 582: 389–394.

23 C.Q. Zhou, "Xi Jinping Made an Important Directive Regarding Pneumonia Caused by the Novel Coronavirus: Citizens' Health and Safety Are Top One Priorities and the Spread of the Virus Must Be Controlled, Li Keqiang Made Further Arrangements", *XinhuaNet,* 20 de janeiro de 2020.

24 Y. Wang, "Years after SARS, a More Confident China Faces a New Virus", *AP News,* 22 de janeiro de 2020; J.C. Hernández, "The Test a Deadly Coronavirus Outbreak Poses to China's Leadership", *New York Times,* 21 de janeiro de 2020.

25 E. Xie, "Build-Up to Coronavirus Lockdown: Inside China's Decision to Close Wuhan", *South China Morning Post,* 2 de abril de 2020.

26 D.L. Yang, "China's Early Warning System Didn't Work on Covid-19", *Washington Post,* 24 de fevereiro de 2020.

27 S. Ankel, "A Construction Expert Broke Down How China Built an Emergency Hospital to Treat Wuhan Coronavirus Patients in Just 10 Days", *Business Insider,* 5 de fevereiro de 2020.

28 Anônimo, "As Xiangyang Railway Station Closes, All Cities in Hubei Are Now Placed in Lockdown", *Pengpai News,* 29 de janeiro de 2020.

29 J.B. Zhu, "30 Provinces, Municipalities and Autonomous Regions Announce Highest-Level Public Health Emergency", *Sina News,* 25 de janeiro de 2020.

30 P. Hessler, "Life on Lockdown in China: Forty-Five Days Avoiding the Coronavirus", *The New Yorker,* 30 de março de 2020.

31 Q.Y. Zhu, "Why Is China Able to Practice Closed-Off Community Management?", *China Daily,* 7 de abril de 2020.

32 C. Cadell e S. Yu, "Wuhan People Keep Out: Chinese Villages Shun Outsiders as Virus Spreads", *Reuters,* 28 de janeiro de 2020.

33 R. Zhong e P. Mozur, "To Tame Coronavirus, Mao-Style Social Control Blankets China", *New York Times,* 20 de fevereiro de 2020.

34 Y. Wang, "Must-See Instructions for Workplace Reopening! Does Your Workplace Implement These Eight Preventive Measures?", *State Council of the People's Republic of China,* 22 de fevereiro de 2020.

35 Anônimo, "March 31: Daily Briefing on Novel Coronavirus in China", *National Health Commission of the People's Republic of China,* 31 de março de 2020.

36 G. Cossley, "China Starts to Report Asymptomatic Coronavirus Cases", *Reuters,* 1º de abril de 2020; W. Zheng, "Funeral Parlour Report Fans Fears over Wuhan Death Toll from Coronavirus", *South China Morning Post,* 30 de março de 2020.

37 S. Chen et al., "Wuhan to Test Whole City of 11 Million as New Cases Emerge", *Bloomberg,* 12 de maio de 2020.

38 Anônimo, "First Travel-Related Case of 2019 Novel Coronavirus Detected in the United States", *CDC,* 21 de janeiro de 2020; M.L. Holshue et al., "First Case of 2019 Novel Coronavirus in the United States", *New England Journal of Medicine,* 2020; 382: 929–936.

39 T. Bedford et al., "Cryptic Transmission of SARS-CoV-2 in Washington State", *medRxiv,* 16 de abril de 2020.

40 P. Robison et al., "Seattle's Patient Zero Spread Coronavirus despite Ebola-Style Lockdown", *Bloomberg Businessweek,* 9 de março de 2020.

41 M. Worobey et al., "The Emergence of SARS-CoV-2 in Europe and the US", *bioRxiv,* 23 de maio de 2020.

42 J. Healy e S.F. Koveleski, "The Coronavirus's Rampage through a Suburban Nursing Home", *New York Times,* 21 de março de 2020; M. Baker et al., "Washington State Declares Emergency amid Coronavirus Death and Illness at Nursing Home", *New York Times,* 29 de fevereiro de 2020.

43 T.M. McMichael et al., "Covid-19 in a Long-Term Care Facility — King County, Washington, February 27–March 9, 2020", *CDC Morbidity and Mortality Weekly Report,* 2020; 69: 339–342; T.M. McMichael et al., "Epidemiology of Covid-19 in a Long-Term Care Facility in King County, Washington", *New England Journal of Medicine,* 2020; 382: 2005–2011; J. Healy e S.F. Kovaleski, "The Coronavirus's Rampage through a Suburban Nursing Home", *New York Times,* 21 de março de 2020.

44 T. Tully, "After Anonymous Tip, 17 Bodies Found at Nursing Home Hit by Virus", *New York Times,* 15 de abril de 2020; H. Krueger, "Almost Every Day Has Brought a New Death from Coronavirus at the Soldiers' Home in Holyoke; 67 Have Died So Far", *Boston Globe,* 27 de abril de 2020.

45 S. Moon, "A Seemingly Healthy Woman's Sudden Death Is Now the First Known US Coronavirus-Related Fatality", *CNN,* 24 de abril de 2020; J. Hanna et al., "2 Californians Died of Coronavirus Weeks before Previously Known 1st US Death", *CNN,* 22 de abril de 2020.

46 I. Ghinai et al., "First Known Person-to-Person Transmission of Severe Acute Respiratory Syndrome Coronavirus 2 (SARS-CoV-2) in the USA", *The Lancet,* 2020; 395: 1137–1144; G. Kolata, "Why Are Some People So Much More Infectious Than Others?", *New York Times,* 12 de abril de 2020.

47 M. Worobey et al., "The Emergence of SARS-CoV-2 in Europe and the US", *bioRxiv,* 23 de maio de 2020.

48 S. Fink e M. Baker, "'It's Just Everywhere Already': How Delays in Testing Set Back the U.S. Coronavirus Response", *New York Times,* 10 de março de 2020.

49 Anônimo, "Coronavirus Disease 2019 (Covid-19) Situation Report—38", *OMS,* 27 de fevereiro de 2020.

50 Anônimo, "Coronavirus | United States", *Worldometer,* 14 de julho de 2020.

51 D. Hull e H. Waller, "Americans Told to Avoid Cruises as Medical Team Boards Ship", *Bloomberg,* 8 de março de 2020.

52 L.F. Moriarty et al., "Public Health Responses to Covid-19 Outbreaks on Cruise Ships— Worldwide, February–March 2020", *CDC Morbidity and Mortality Weekly Report,* 2020; 69: 347–352.

53 M. Hines e D. Oliver, "Coronavirus: More Than 1,000 Passengers Await Their Turn to Leave Grand Princess, Begin Quarantine", *USA Today,* 11 de março de 2020.

54 L.F. Moriarty et al., "Public Health Responses to Covid-19 Outbreaks on Cruise Ships— Worldwide, February–March 2020", *CDC Morbidity and Mortality Weekly Report,* 2020; 69: 347–352.

55 S. Mallapaty, "What the Cruise-Ship Outbreaks Reveal about Covid-19", *Nature,* 2020; 580: 18.

56 T.W. Russell et al., "Estimating the Infection and Case Fatality Ratio for Coronavirus Disease (Covid-19) Using Age-Adjusted Data from the Outbreak on the Diamond Princess Cruise Ship, February 2020", *Eurosurveillance,* 2020; 25: pii=2000256.

57 A. Palmer, "Amazon Tells Seattle-Area Employees to Work from Home as Coronavirus Spreads", *CNBC,* 5 de março de 2020.

58 S. Mervosh et al., "See Which States and Cities Have Told Residents to Stay at Home", *New York Times,* 20 de abril de 2020.

59 F. Wu et al., "A New Coronavirus Associated with Human Respiratory Disease in China", *Nature,* 2020; 579: 265–269.

60 P. Zhuang, "Chinese Laboratory That First Shared Coronavirus Genome with World Ordered to Close for 'Rectification,' Hindering Its Covid-19 Research", *South China Morning Post,* 28 de fevereiro de 2020; J. Cohen, "Chinese Researchers Reveal Draft Genome of Virus Implicated in Wuhan Pneumonia Outbreak", *Science,* 11 de janeiro de 2020.

61 P. Zhou et al., "A Pneumonia Outbreak Associated with a New Coronavirus of Probable Bat Origin", *Nature,* 2020; 579: 270–273; T. Zhang et al., "Probable Pangolin Origin of SARSCoV-2 Associated with the Covid-19 Outbreak", *Current Biology,* 2020; 30: 1346–1351.; M.F. Boni et al., "Evolutionary Origins of the SARS-CoV-2 Sarbecovirus Lineage Responsible for the Covid-19 Pandemic", *Nature Microbiology,* 28 de julho de 2020.

62 A. Rambaut, "Phylogenetic Analysis of nCoV-2019 Genomes", *Virological,* 6 de março de 2020.

63 T. Bedford et al., "Cryptic Transmission of SARS-CoV-2 in Washington State", *medRxiv,* 16 de abril de 2020.

64 M. Worobey et al., "The Emergence of SARS-CoV-2 in Europe and the US", *bioRxiv,* 23 de maio de 2020.

65 J.R. Fauver et al., "Coast-to-Coast Spread of SARS-CoV-2 during the Early Epidemic in the United States", *Cell,* 2020; 181: 990–996.e5.

66 J. Goldstein e J. McKinley, "Coronavirus in N.Y.: Manhattan Woman Is First Confirmed Case in State", *New York Times,* 1° de março de 2020.

67 M. Worobey et al., "The Emergence of SARS-CoV-2 in Europe and the US", *bioRxiv,* 23 de maio de 2020.

68 E. Lavezzo et al., "Suppression of Covid-19 Outbreak in the Municipality of Vo, Italy", *medRxiv,* 18 de abril de 2020.

69 N. Gallón, "Bodies Are Being Left in the Streets in an Overwhelmed Ecuadorian City", *CNN,* 3 de abril de 2020.

70 J.D. Almeida et al., "Virology: Coronaviruses", *Nature,* 1968; 220: 650.

71 W.J. Guan et al., "Clinical Characteristics of Coronavirus Disease 2019 in China", *New England Journal of Medicine,* 2020; 382: 1708–1720; C. Menni et al., "Real-Time Tracking of Self-Reported Symptoms to Predict Potential COVID 19", *Nature Medicine,* 2020; 26: 1037–1040; A.B. Docherty et al., "Features of 16,749 Hospitalized UK Patients with Covid-19 Using the ISARIC WHO Clinical Characterization Protocol", *medRxiv,* 28 de abril de 2020.

72 F. Hainey, "How Six People with Coronavirus Describe Suffering the Symptoms", *Manchester Evening News,* 11 de março de 2020.

73 J. Achenbach et al., "What It's Like to Be Infected with Coronavirus", *Washington Post,* 22 de março de 2020.

74 C. Goldman, "I Have the Coronavirus. So Far, It Hasn't Been That Bad for Me", *Washington Post,* 28 de fevereiro de 2020.

75 A. de Luca et al., "'An Anvil Sitting on My Chest': What It's Like to Have Covid-19", *New York Times,* 7 de maio de 2020.

76 M. Bloom, "Chicagoan on What It's Like to Have Coronavirus: 'It Feels Like an Alien Has Taken Over Your Body'", *Block Club Chicago,* 14 de maio de 2020.

77 A. de Luca et al., "'An Anvil Sitting on My Chest': What It's Like to Have Covid-19", *New York Times,* 7 de maio de 2020.

78 M. Longman, "What Coronavirus Feels Like, according to 5 Women", *Refinery29,* 13 de abril de 2020; K.T. Vuong, "How Does It Feel to Have Coronavirus Covid-19?", *Mira,* 13 de maio de 2020.

79 M. Wadman et al., "How Does Coronavirus Kill? Clinicians Trace a Ferocious Rampage through the Body, from Brain to Toes", *Science,* 17 de abril de 2020.

80 S.A. Lauer et al., "The Incubation Period of Coronavirus Disease 2019 (Covid-19) from Publicly Reported Confirmed Cases: Estimation and Application", *Ann Intern Med,* 5 de maio de 2020.

81 W.H. McNeill, *Plagues and Peoples,* Nova York: Doubleday/Anchor, 1976; A.W. Crosby, *The Columbian Exchange: Biological and Cultural Consequences of 1492,* Westport, CT: Greenwood Press, 1972.

82 E.N. Lorenz, "Predictability: Does the Flap of a Butterfly's Wings in Brazil Set Off a Tornado in Texas?", *American Association for the Advancement of Science, 139th Meeting,* 29 de dezembro de 1972.

83 E.N. Lorenz, *The Essence of Chaos,* Seattle: University of Washington Press, 1993, p. 134.

84 E.N. Lorenz, "Deterministic Nonperiodic Flow", *Journal of the Atmospheric Sciences,* 1963; 20: 130–141.

85 E.N. Lorenz, "The Predictability of Hydrodynamic Flow", *Transactions of the New York Academy of Sciences,* 1963; 25: 409–432.

86 E.N. Lorenz, "The Butterfly Effect", *Premio Felice Pietro Chisesi e Caterina Tomassoni Acceptance Speech,* abril de 2008.

2. UM VELHO INIMIGO RETORNA

1 M.S. Asher, *Dancing in the Wonder for 102 Years,* Seattle: Amazon, 2015, p. 7.

2 P. Dvorak, "At 107, This Artist Just Beat Covid-19. It Was the Second Pandemic She Survived", *Washington Post,* 7 de maio de 2020; B. Harris, "Meet the 107-Year-Old Woman Who Survived the Coronavirus and the Spanish Flu", *Jerusalem Post,* 7 de maio de 2020.

3 D.X. Liu et al., "Human Coronavirus-229E, -OC43, -NL63, and -HKU1", *Reference Module in Life Sciences,* 7 de maio de 2020; H. Wein, "Understanding a Common Cold Virus", *NIH Research Matters,* 13 de abril de 2009.

4 Anônimo, "Update 95 — SARS: Chronology of a Serial Killer", *OMS,* 4 de julho de 2003.

5 Anônimo, "Summary Table of SARS Cases by Country, 1 November 2002—7 August, 2003", *OMS,* 15 de agosto de 2003.

6 Anônimo, "SARS Outbreak Contained Worldwide", *OMS,* 5 de julho de 2003.

7 Anônimo, "Summary Table of SARS Cases by Country, 1 November 2002–7 August, 2003", *OMS,* 15 de agosto de 2003.

8 E. Nakashima, "SARS Signals Missed in Hong Kong", *Washington Post,* 20 de maio de 2003.

9 Anônimo, "Update 95 — SARS: Chronology of a Serial Killer", *OMS,* 4 de julho de 2003; E. Nakashima, "SARS Signals Missed in Hong Kong", *Washington Post,* 20 de maio de 2003.

10 J.M. Nicholls et al., "Lung Pathology of Fatal Severe Acute Respiratory Syndrome", *The Lancet,* 2003; 361: 1773–1776.

11 S. Law et al., "Severe Acute Respiratory Syndrome (SARS) and Coronavirus Disease — 2019 (Covid-19): From Causes to Preventions in Hong Kong", *International Journal of Infectious Diseases,* 2020; 94: 156–163.

12 T. Tsang et al., "Update: Outbreak of Severe Acute Respiratory Syndrome—Worldwide, 2003", *CDC Morbidity and Mortality Weekly Report,* 2003; 52: 241–248.

13 E. Nakashima, "SARS Signals Missed in Hong Kong", *Washington Post,* 20 de maio de 2003.

14 K. Fong, "SARS: The People Who Risked Their Lives to Stop the Virus", *BBC News Magazine,* 16 de agosto de 2013.

15 H. Feldmann et al., "WHO Environmental Health Team Reports on Amoy Gardens", *OMS,* 16 de maio de 2003; I.T.S. Yu et al., "Evidence of Airborne Transmission of the Severe Acute Respiratory Syndrome Virus", *New England Journal of Medicine,* 2004; 350: 1731–1739.

16 K.R. McKinney et al., "Environmental Transmission of SARS at Amoy Gardens", *Journal of Environmental Health,* 2006; 68: 26–30.

17 K. Fong, "SARS: The People Who Risked Their Lives to Stop the Virus", *BBC News Magazine,* 16 de agosto de 2013.

18 Anônimo, "Update 95 — SARS: Chronology of a Serial Killer", *OMS,* 4 de julho de 2003.

19 B. Reilley et al., "SARS and Carlo Urbani", *New England Journal of Medicine,* 2003; 348: 1951–1952.

20 C. Abraham, "How a Deadly Disease Came to Canada", *Globe and Mail,* 29 de março de 2003.

21 T. Tsang et al., "Update: Outbreak of Severe Acute Respiratory Syndrome — Worldwide, 2003", *CDC Morbidity and Mortality Weekly Report,* 2003; 52: 241–248.

22 Y. Ye, *Biography of Zhong Nanshan,* Beijing: Writers Press, 2010, pp. 49–52.

23 Z. Shi e Z. Hu, "A Review of Studies on Animal Reservoirs of the SARS Coronavirus", *Virus Research,* 2008; 133: 74–87.

24 A.C.P. Wong et al., "Global Epidemiology of Bat Coronaviruses", *Viruses,* 2019; 11: 174.

25 S.J. Olsen et al., "Transmission of the Severe Acute Respiratory Syndrome on Aircraft", *New England Journal of Medicine,* 2003; 349: 2416–2422.

26 D.M. Bell et al., "Public Health Interventions and SARS Spread — 2003", *Emerging Infectious Diseases,* 2004; 10: 1900–1906.

27 Anônimo, "Update 95 — SARS: Chronology of a Serial Killer", *OMS,* 4 de julho de 2003.

28 Anônimo, "Coronavirus Never Before Seen in Humans Is the Cause of SARS", *OMS,* 16 de abril de 2003.

29 D.M. Bell et al., "Public Health Interventions and SARS Spread — 2003", *Emerging Infectious Diseases,* 2004; 10: 1900–1906.

30 K. Stadler et al., "SARS — Beginning to Understand a New Virus", *Nature Reviews Microbiology,* 2003; 1: 209–218.

31 Anônimo, "Summary Table of SARS Cases by Country, 1 November 2002 — 7 August, 2003", *OMS,* 15 de agosto de 2003.

32 Anônimo, "Update 49 — SARS Case Fatality Ratio, Incubation Period", *OMS,* 7 de maio de 2003.

33 A. Forna et al., "Case Fatality Ratio Estimates for the 2013–2016 West African Ebola Epidemic: Application of Boosted Regression Trees for Imputation", *Clinical Infectious Diseases,* 2020; 70: 2476–

2483; N. Ndayimirije e M.K. Kindhauser, "Marburg Hemorrhagic Fever in Angola — Fighting Fear and a Lethal Pathogen", *New England Journal of Medicine*, 2005; 352: 2155–2157.

34 D. Cyranoski, "Profile of a Killer: The Complex Biology Powering the Coronavirus Pandemic", *Nature*, 4 de maio de 2020.

35 J. Howard, "Novel Coronavirus Can Be Spread by People Who Aren't Exhibiting Symptoms, CDC Director Says", *CNN*, 13 de fevereiro de 2020.

36 T. Subramaniam e V. Stracqualursi, "Fact Check: Georgia Governor Says We Only Just Learned People without Symptoms Could Spread Coronavirus. Experts Have Been Saying That for Months", *CNN*, 3 de abril de 2020.

37 Z. Du et al., "Serial Interval of Covid-19 among Publicly Reported Confirmed Cases", *Emerging Infectious Diseases*, 2020; 25: 1341–1343.

38 W. Xia et al., "Transmission of Corona Virus Disease 2019 during the Incubation Period May Lead to a Quarantine Loophole", *medRxiv*, 8 de março de 2020.

39 X. He et al., "Temporal Dynamics in Viral Shedding and Transmissibility of Covid-19", *Nature Medicine*, 2020; 26: 672–675; S.M. Moghadas et al., "The Implications of Silent Transmission for the Control of Covid-19 Outbreaks", *Proceedings of the National Academy of Sciences*, 6 de julho de 2020.

40 F.M. Guerra et al., "The Basic Reproduction Number (R0) of Measles: A Systematic Review", *Lancet Infectious Diseases*, 2017; 17: E420–E428; R. Gani e S. Leach, "Transmission Potential of Smallpox in Contemporary Populations", *Nature*, 2001; 414: 748–751; A. Khan et al., "Estimating the Basic Reproductive Ratio for the Ebola Outbreak in Liberia and Sierra Leone", *Infectious Diseases of Poverty*, 2015; 4: 13; M. Biggerstaff et al., "Estimates of the Reproduction Number for Seasonal, Pandemic, and Zoonotic Influenza: A Systematic Review of the Literature", *BMC Infectious Diseases*, 2014; 14: 480.

41 M. Lipsitch et al., "Transmission Dynamics and Control of Severe Acute Respiratory Syndrome", *Science*, 2003; 300: 1966–1970.

42 J.O. Lloyd-Smith et al., "Superspreading and the Effect of Individual Variation on Disease Emergence", *Nature*, 2005; 438: 355–359; M. Small et al., "Super-Spreaders and the Rate of Transmission of the SARS Virus", *Physica D*, 2006; 215: 146–158.

43 J. Riou e C.L. Althaus, "Pattern of Early Human-to-Human Transmission of Wuhan 2019 Novel Coronavirus (2019-nCoV), December 2019 to January 2020", *Eurosurveillance*, 2020; 25: pii=2000058.

44 L.A. Meyers et al., "Network Theory and SARS: Predicting Outbreak Diversity", *Journal of Theoretical Biology*, 2005; 232: 71–81.

45 O. Reich et al., "Modeling Covid-19 on a Network: Super-Spreaders, Testing, and Containment", *medRxiv*, 5 de maio de 2020; A.L. Ziff e R.M. Ziff, "Fractal Kinetics of Covid-19 Pandemic", *medRxiv*, 3 de março de 2020.

46 G. Kolata, "Why Are Some People So Much More Infectious Than Others?", *New York Times*, 12 de abril de 2020.

47 N.A. Christakis e J.H. Fowler, "Social Network Sensors for Early Detection of Contagious Outbreaks", *PLOS ONE*, 2010; 5: e12948.

48 L. Hamner et al., "High SARS-CoV-2 Attack Rate Following Exposure at a Choir Practice — Skagit County, Washington, March 2020", *CDC Morbidity and Mortality Weekly Report*, 2020; 69: 606–610.

49 S. Jang et al., "Cluster of Coronavirus Disease Associated with Fitness Dance Classes, South Korea", *Emerging Infectious Diseases*, 2020; 26: 1917–1920.

50 E. Barry, "Days after a Funeral in a Georgia Town, Coronavirus 'Hit Like a Bomb'", *New York Times*, 30 de março de 2020.

51 Anônimo, "Coronavirus Disease 2019 (Covid-19) Cases in MA as of March 26, 2020", *Massachusetts Department of Public Health*, 26 de março de 2020; F. Stockman e K. Barker, "How a Premier U.S. Drug Company Became a Virus 'Super Spreader'", *New York Times*, 12 de abril de 2020.

52 H. Qian et al., "Indoor Transmission of SARS-CoV-2", *medRxiv*, 7 de abril de 2020.

53 Anônimo, "Middle East Respiratory Syndrome Coronavirus (MERS-CoV)", *OMS*, 11 de março de 2019.

54 M.S. Majumder et al., "Estimation of MERS-Coronavirus Reproductive Number and Case Fatality Rate for the Spring 2014 Saudi Arabia Outbreak: Insights from Publicly Available Data", *PLoS Current Outbreaks*, 2014; 6.

55 M.S. Majumder e K.D. Mandl, "Early in the Epidemic: Impacts of Preprints on Global Discourse about Covid-19 Transmissibility", *Lancet Global Health*, 2020; 8: e627.

56 R.E. Neustadt e H.V. Fineberg, *The Epidemic That Never Was: Policy-Making and the Swine Flu Scare,* Nova York: Vintage, 1983.

57 F.S. Dawood et al., "Estimated Global Mortality Associated with the First 12 Months of 2009 Pandemic Influenza A H1N1 Virus Circulation: A Modelling Study", *Lancet Infectious Diseases*, 2012; 12: 687–695; J.K. Taubenberger e D.M. Morens, "1918 Influenza: The Mother of All Pandemics", *Emerging Infectious Diseases*, 2006; 12: 15–22.

58 C. Reed et al., "Novel Framework for Assessing Epidemiological Effects of Influenza Epidemics and Pandemics", *Emerging Infectious Diseases*, 2013; 19: 85–91.

59 W.P. Glezen, "Emerging Infections: Pandemic Influenza", *Epidemiologic Reviews*, 1996; 18: 64–76.

60 A.D. Langmuir, "Epidemiology of Asian Influenza. With Special Emphasis on the United States", *American Review of Respiratory Disease*, 1961; 83: 2–14.

61 C. Viboud et al., "Global Mortality Impact of the 1957–1959 Influenza Pandemic", *Journal of Infectious Diseases*, 2016; 213: 738–745.

62 Departamento de Saúde e Serviços Humanos dos Estados Unidos, "Asian Influenza: 1957–1960", *Descriptive Brochure,* julho de 1960.

63 A.D. Langmuir, "Epidemiology of Asian Influenza. With Special Emphasis on the United States", *American Review of Respiratory Disease*, 1961; 83: 2–14.

64 Anônimo, "Pneumonia and Influenza Mortality for 122 U.S. Cities", *CDC,* 10 de janeiro de 2015.

65 J. Shaman e M. Kohn, "Absolute Humidity Modulates Influenza Survival, Transmission, and Seasonality", *Proceedings of the National Academy of Sciences*, 2009; 106: 3243–3248.

66 R.A. Neher et al., "Potential Impact of Seasonal Forcing on a SARS-CoV-2 Pandemic", *Swiss Medical Weekly*, 2020; 150: w20224; S.M. Kissler et al., "Projecting the Transmission Dynamics of SARS-CoV-2 through the Postpandemic Period", *Science*, 2020; 368: 860–868.

67 W.P. Glezen, "Emerging Infections: Pandemic Influenza", *Epidemiological Reviews*, 1996; 18: 64–76.

68 L. Zeldovich, "How America Brought the 1957 Influenza Pandemic to a Halt", *JSTOR Daily,* 7 de abril de 2020.

69 N.P.A.S. Johnson e J. Mueller, "Updating the Accounts: Global Mortality of the 1918–1920 'Spanish' Influenza Pandemic", *Bulletin of the History of Medicine*, 2002; 76: 105–115.

70 W.P. Glezen, "Emerging Infections: Pandemic Influenza", *Epidemiological Reviews*, 1996; 18: 64–76.

71 L. Spinney, *Pale Rider: The Spanish Flu of 1918 and How It Changed the World,* Nova York: Public Affairs, 2017, pp. x–xi.

72 Ibid., p. 99.

73 J.K. Taubenberger et al., "Initial Genetic Characterization of the 1918 'Spanish' Influenza Virus", *Science*, 1997; 275: 1793–1796; T.M. Tumpey et al., "Characterization of the Reconstructed 1918 Spanish Influenza Pandemic Virus", *Science*, 2005; 310: 77–80.

74 J.M. Barry, "The Site of Origin of the 1918 Influenza Pandemic and Its Public Health Implications", *Journal of Translational Medicine*, 2004; 2: 3.

75 P.C. Wever e L. van Bergen, "Death from 1918 Pandemic Influenza during the First World War: A Perspective from Personal and Anecdotal Evidence", *Influenza and Other Respiratory Viruses*, 2014; 8: 538–546; L. Spinney, *Pale Rider: The Spanish Flu of 1918 and How It Changed the World,* Nova York: Public Affairs, 2017, p. 38.

76 V.C. Vaughan, *A Doctor's Memories*, Indianapolis: Bobbs-Merrill, 1926, pp. 383–384.

77 S.E. Mamelund, "1918 Pandemic Morbidity: The First Wave Hits the Poor, the Second Wave Hits the Rich", *Influenza and Other Respiratory Viruses*, 2018; 12: 307–313.

78 P. Toole, "The Flu Epidemic of 1918", *NYC Department of Records & Information Services,* 1º de março de 2018.

79 D. Barry e C. Dickerson, "The Killer Flu of 1918: A Philadelphia Story", *New York Times,* 4 de abril de 2020.

80 G.H. Hirshberg, "Medical Science's Newest Discoveries about the 'Spanish Influenza,'" *Philadelphia Inquirer,* 6 de outubro de 1918; M. Wilson, "What New York Looked Like during the 1918 Flu Pandemic", *New York Times,* 2 de abril de 2020.

81 Anônimo, "Drastic Steps Taken to Fight Influenza Here", *New York Times,* 5 de outubro de 1918.

82 A.M. Stein et al., "'Better Off in School': School Medical Inspection as a Public Health Strategy during the 1918–1919 Influenza Pandemic in the United States", *Public Health Reports*, 2010; 125: 63–70.

83 H. Markel et al., "Non-Pharmaceutical Interventions Implemented by US Cities during the 1918–1919 Influenza Pandemic", *JAMA*, 2007; 298: 644–654; F. Aimone, "The 1918 Influenza Pandemic in New York City: A Review of the Public Health Response", *Public Health Reports*, 2010; 125: 71–79.

84 A.D. Langmuir, "William Farr: Founder of Modern Concepts of Surveillance", *International Journal of Epidemiology*, 1976; 5: 13–18.

85 D.M. Weinberger, et al., "Estimating the Early Death Toll of Covid-19 in the United States", *medRxiv*, 29 de abril de 2020.

86 D.M. Weinberger, et al., "Estimation of Excess Deaths Associated with the Covid-19 Pandemic in the United States, March to May 2020", *JAMA Internal Medicine*, 1º de julho de 2020.

87 G. He et al., "The Short-Term Impacts of Covid-19 Lockdown on Urban Air Pollution in China", *Nature Sustainability*, 7 de julho de 2020; R.K. Philip et al., "Reduction in Preterm Births during the Covid-19 Lockdown in Ireland: A Natural Experiment Allowing Analysis of Data from the Prior Two Decades", *medRxiv*, 5 de junho de 2020; G. Hedermann et al., "Changes in Premature Birth Rates during the Danish Nationwide Covid-19 Lockdown: A Nationwide Register-Based Prevalence Proportion Study", *medRxiv*, 23 de maio de 2020.

88 K.I. Bos et al., "A Draft Genome of *Yersinia pestis* from Victims of the Black Death", *Nature*, 2011; 478: 506–510.

89 F.M. Snowden, *Epidemics and Society: From the Black Death to the Present*, New Haven, CT: Yale University Press, 2019, p. 48.

90 R.D. Perry e J.D. Fetherston, "*Yersinia pestis* — Etiologic Agent of Plague", *Clinical Microbiology Reviews*, 1997; 10: 35–66.

91 B. Bramanti et al., "A Critical Review of Anthropological Studies on Skeletons from European Plague Pits of Different Epochs", *Scientific Reports*, 2018; 8: 17655.

92 L. Mordechai et al., "The Justinianic Plague: An Inconsequential Pandemic?", *Proceedings of the National Academy of Sciences*, 2019; 116: 25546–25554.

93 O.J. Benedictow, *The Black Death, 1346–1353: The Complete History*, Woodbridge, UK: Boydell & Brewer, 2004.

94 Anônimo, "Plague in the United States", *CDC Maps & Statistics*, 25 de novembro de 2019; N. Kwit, "Human Plague — United States, 2015", *CDC Morbidity and Mortality Weekly Report*, 2015; 64: 918–919.

95 João de Éfeso, "John of Ephesus Describes the Justinianic Plague", ed. R. Pearse, *Roger Pearse blog*, 10 de maio de 2017.

96 D. Defoe, *Journal of the Plague Year*, Londres: E. Nutt, 1722, p. 90.

97 K.E. Steinhauser et al., "Factors Considered Important at the End of Life by Patients, Family, Physicians, and Other Care Providers", *JAMA*, 2000; 284: 2476–2482.

98 F.M. Snowden, *Epidemics and Society: From the Black Death to the Present*, New Haven, CT: Yale University Press, 2019, p. 70.

99 G. de Mussis, *Historia de morbo*, em *The Black Death*, trad. e ed. de R. Horrox, Manchester: Manchester University Press, 1994, p. 22.

100 A. Cliff e M. Smallman-Raynor, "Containing the Spread of Epidemics", em *Oxford Textbook of Infectious Disease Control: A Geographical Analysis from Medieval Quarantine to Global Eradication*, Oxford: Oxford University Press, 2013.

101 O.J. Benedictow, *The Black Death 1346–1353: The Complete History*, Woodbridge, UK: Boydell & Brewer, 2004; O.J. Benedictow, *Plague in the Late Medieval Nordic Countries: Epidemiological Studies*, Oslo: Middelalderforlaget, 1992.

102 W.M. Bowsky, "The Impact of the Black Death upon Sienese Government and Society", *Speculum*, 1964; 39: 1–34; N. Pūyān, "Plague, an Extraordinary Tragedy", *Open Access Library Journal*, 2017; 4: e3643.

103 B. Bonaiuti, *Florentine Chronicle of março deionne di Coppo Stefani*, ed. N. Rodolico, Città di Castello: Coi Tipi dell'editore S. Lapi, 1903, Rubric 643.

104 A.B. Appleby, "The Disappearance of Plague: A Continuing Puzzle", *Economic History Review*, 1980; 33:161–173; P. Slack, "The Disappearance of Plague: An Alternative View", *Economic History Review*, 1981; 34:469–476.

105 W.H. McNeil, *Plagues and Peoples*, London: Penguin, 1976; C.E. Rosenberg, *The Cholera Years: The United States in 1832, 1849, and 1866*, Chicago: University of Chicago Press, 1987. D.M. Oshinsky, *Polio: An American Story*, Oxford: Oxford University Press, 2005.

3. SEPARAÇÃO

1 L. Spinney, *Pale Rider: The Spanish Flu of 1918 and How It Changed the World,* Nova York: Public Affairs, 2017, p. 124.

2 T. McKeown e C.R. Lowe, *An Introduction to Social Medicine,* Oxford e Edinburgh: Blackwell Scientific Publications, 1966; T. McKeown e R.G. Brown, "Medical Evidence Related to English Population Changes in the Eighteenth Century", *Population Studies,* 1955; 9: 119–141.

3 B. Pourbohloul et al., "Modeling Control Strategies of Respiratory Pathogens", *Emerging Infectious Diseases,* 2005; 11: 1249–1256.

4 D. Cole e A. Main, "Top Infectious Disease Expert Doesn't Rule Out Supporting Temporary National Lockdown to Combat Coronavirus", *CNN,* 15 de março de 2020.

5 J. Kates et al., "Stay-at-Home Orders to Fight Covid-19 in the United States: The Risks of a Scattershot Approach", *KFF,* 5 de abril de 2020.

6 K. Schaul et al., "Where Americans Are Still Staying at Home the Most", *Washington Post,* 6 de maio de 2020.

7 Covid-19 Response Team, "Severe Outcomes among Patients with Coronavirus Disease 2019 (Covid-19) — United States, February 12–March 16, 2020", *CDC Morbidity and Mortality Weekly Report,* 2020; 69: 343–346; Novel Coronavirus Pneumonia Emergency Response Epidemiology Team, "The Epidemiological Characteristics of an Outbreak of 2019 Novel Coronavirus Diseases (Covid-19) — China, 2020", *China CDC Weekly,* 2020; 2: 1–10; G. Grasselli et al., "Critical Care Utilization for the Covid-19 Outbreak in Lombardy, Italy: Early Experience and Forecast during an Emergency Response", *JAMA,* 2020; 323: 1545–1546.

8 Anônimo, "Hospital Beds (per 1,000 People)", *World Bank Data,* 2015.

9 L. Frias, "Thousands of Chinese Doctors Volunteered for the Frontline of the Coronavirus Outbreak. They Are Overwhelmed, Under-Equipped, Exhausted, and Even Dying", *Business Insider,* 7 de fevereiro de 2020.

10 M. Van Beusekom, "Doctors: Covid-19 Pushing Italian ICUs toward Collapse", *University of Minnesota Center for Infectious Disease Research and Policy,* 16 de março de 2020.

11 N. Winfield e C. Barry, "Italy's Health System at Limit in Virus-Struck Lombardy", *AP News,* 2 de março de 2020.

12 S. Hsiang et al., "The Effect of Large-Scale Anti-Contagion Policies on the Covid-19 Pandemic", *Nature,* 8 de junho de 2020.

13 H.M. Krumholz, "Where Have All the Heart Attacks Gone?", *New York Times,* 14 de maio de 2020.

14 Anônimo, "News Release", *US Department of Labor,* 9 de julho de 2020.

15 K. Parker, et al., "About Half of Lower-Income Americans Report Household Job or Wage Loss Due to Covid-19", *Pew Research Center,* 21 de abril de 2020.

16 H. Long e A. Van Dam, "Unemployment Rate Jumps to 14.7 Percent, the Worst since the Great Depression", *Washington Post,* 8 de maio de 2020; D. Rushe, "US Job Losses Have Reached Great Depression Levels. Did It Have to Be That Way?", *The Guardian,* 9 de maio de 2020.

17 J. Lippman, "Retail Meltdown Will Reshape Main St.: Popular Gelato Shop Won't Return, Could Be First of Many Downtown", *Valley News* (Lebanon, NH), 8 de maio de 2020.

18 B. Casselman, "A Collapse that Wiped Out 5 Years of Growth, with No Bounce in Sight", *New York Times,* 30 de julho de 2020.

19 Council of Economic Advisors, "An In-Depth Look at Covid-19's Early Effects on Consumer Spending and GDP", *White House,* 29 de abril de 2020.

20 J. Dearen e M. Stobbe, "Trump Administration Buries Detailed CDC Advice on Reopening", *AP News,* 7 de maio de 2020.

21 N. Qualls et al., "Community Mitigation Guidelines to Prevent Pandemic Influenza — United States, 2017", *CDC Morbidity and Mortality Weekly Report,* 2017; 66: 1–34.

22 J. Rainey et al., "California Lessons from the 1918 Pandemic: San Francisco Dithered; Los Angeles Acted and Saved Lives", *Los Angeles Times,* 19 de abril de 2020.

23 P. Gahr et al., "An Outbreak of Measles in an Under-Vaccinated Community", *Pediatrics,* 2014; 134: e220–228.

24 H. Stewart et al., "Boris Johnson Orders UK Lockdown to Be Enforced by Police", *The Guardian,* 23 de março de 2020.

25 Y. Talmazan, "U.K.'s Boris Johnson Says Doctors Prepared to Announce His Death as He Fought Covid-19", *NBC News,* 3 de maio de 2020.

26 T. Mulvihill, "Sweden's Divisive Lockdown Policy Could See It Excluded from Nordic 'Travel Bubble'", *The Telegraph,* 27 de maio de 2020.

27 J. Henley, "We Should Have Done More, Admits Architect of Sweden's Covid-19 Strategy", *The Guardian,* 3 de junho de 2020.

28 D. Lazer et al., "The State of the Nation: A 50-State Covid-19 Survey", *Northeastern University,* 20 de abril de 2020.

29 G.H. Weaver, "Droplet Infection and Its Prevention by the Face Mask", *Journal of Infectious Diseases,* 1919; 24: 218–230.

30 Organização Mundial da Saúde, "Advice on the Use of Masks in the Context of Covid-19: Interim Guidance", *OMS,* 6 de abril de 2020.

31 N.H.L. Leung et al., "Respiratory Virus Shedding in Exhaled Breath and Efficacy of Face Masks", *Nature Medicine,* 2020; 26: 676–680; A. Davies et al., "Testing the Efficacy of Homemade Masks: Would They Protect in an Influenza Pandemic?", *Disaster Medicine and Public Health Preparedness,* 2013, 7: 413–418; T. Jefferson et al., "Physical Interventions to Interrupt or Reduce the Spread of Respiratory Viruses: Systematic Review", *BMJ,* 2008; 336: 77–80.

32 Y.L.A. Kwok et al., "Face Touching: A Frequent Habit That Has Implications for Hand Hygiene", *American Journal of Infection Control,* 2015; 43: 112–114.

33 G. Seres et al., "Face Masks Increase Compliance with Physical Distancing Recommendations During the Covid-19 Pandemic", *Berlin Social Science Working Paper,* 23 de maio de 2020.

34 J. Abaluck et al., "The Case for Universal Cloth Mask Adoption and Policies to Increase the Supply of Medical Masks for Health Workers", *Covid Economics,* 6 de abril de 2020.

35 J. Howard et al., "Face Masks Against Covid-19: An Evidence Review", preprint, 10 de julho de 2020.

36 Anônimo, "Czech Video Inspires the World to Wear Face Masks during the Global Pandemic", *Czech Universities,* 6 de abril de 2020; R. Tait, "Czechs Get to Work Making Masks after Government Decree", *The Guardian,* 30 de março de 2020.

37 D. Greene, "Police in Czech Republic Tell Nudists to Wear Face Masks", *NPR,* 9 de abril de 2020.

38 L. Hensley, "Why Some People Still Refuse to Wear Masks", *Global News,* 9 de julho de 2020.

39 J. Redmon et al., "Georgia Governor Extends Coronavirus Restriction While Encouraging Use of Face Masks", *Global News,* 9 de julho de 2020.

40 S. Ryu et al., "Non-Pharmaceutical Measures for Pandemic Influenza in Non-Healthcare Settings — International Travel-Related Measures", *Emerging Infectious Diseases,* 2020; 26: 961–966.

41 Monastério de Neuberg, *Monumenta Germaniae Historica — Scriptorum IX,* em *The Black Death,* trad. e ed. de R. Horrox, Manchester: Manchester University Press, 2013, p. 59.

42 D. Lazer et al., "The State of the Nation: A 50-State Covid-19 Survey", *Northeastern University,* 20 de abril de 2020.

43 M. Boyd et al., "Protecting an Island Nation from Extreme Pandemic Threats: Proof-of-Concept around Border Closure as an Intervention", *PLOS ONE,* 2017; 12: e0178732.

44 D.F. Gudbjartsson et al., "Spread of SARS-CoV-2 in the Icelandic Population", *New England Journal of Medicine,* 2020; 382: 2302–2315.

45 M. Boyd et al., "Protecting an Island Nation from Extreme Pandemic Threats: Proof-of-Concept around Border Closure as an Intervention", *PLOS ONE,* 2017; 12: e0178732.

46 H. Yu, "Transmission Dynamics, Border Entry Screening, and School Holidays during the 2009 Influenza A (H1N1) Pandemic, China", *Emerging Infectious Diseases,* 2012; 18: 758–766.

47 N. Ferguson et al., "Strategies for Mitigating an Influenza Pandemic", *Nature,* 2006; 442: 448–452.

48 F. Stockman, "Told to Stay Home, Suspected Coronavirus Patient Attended Event with Dartmouth Students", *New York Times,* 4 de março de 2020.

49 S. Cohn e M. O'Brien, "Contact Tracing: How Physicians Used It 500 Years Ago to Control the Bubonic Plague", *The Conversation,* 3 de junho de 2020.

50 A. Gratiolo, *Discorso di peste: Nel quale si contengono utilissime speculationi intorno alla natura, cagioni, e curatione della peste,* Venice: Girolamo Polo, 1576.

51 A. Boylston, "John Haygarth's 18th-Century 'Rules of Prevention' for Eradicating Smallpox", *Journal of the Royal Society of Medicine,* 2014; 107: 494–499.

52 G.A. Soper, "The Curious Career of Typhoid Mary", *Bulletin of the New York Academy of Medicine*, 1939; 15: 698.

53 G. Mooney, *Intrusive Interventions: Public Health, Domestic Space, and Infectious Disease Surveillance in England, 1840–1914,* Rochester, NY: University of Rochester Press, 2015.

54 A.M. Brandt, *No Magic Bullet: A Social History of Venereal Disease in the United States since 1880,* Oxford: Oxford University Press, 1987; G.W. Rutherford e J.M. Woo, "Contact Tracing and the Control of Human Immunodeficiency Virus Infection", *JAMA*, 1988; 259: 3609–3610.

55 F. Fenner et al., *Smallpox and Its Eradication,* Geneva: Organização Mundial da Saúde, 1988, vol. 6; J.M. Hyman et al., "Modeling the Impact of Random Screening and Contact Tracing in Reducing the Spread of HIV", *Mathematical Biosciences*, 2003; 181: 17–54; M. Begun et al., "Contact Tracing of Tuberculosis: A Systematic Review of Transmission Modelling Studies", *PLOS ONE*, 2013, 8: e72470; K.T. Eames et al., "Assessing the Role of Contact Tracing in a Suspected H7N2 Influenza A Outbreak in Humans in Wales", *BMC Infectious Diseases*, 2010; 10: 141; A. Pandey et al., "Strategies for Containing Ebola in West Africa", *Science*, 2014; 346: 991–995; L. Ferretti et al., "Quantifying SARS-CoV-2 Transmission Suggests Epidemic Control with Digital Contact Tracing", *Science*, 2020; 368: eabb6936.

56 P. Mozur et al., "In Coronavirus Fight, China Gives Citizens a Color Code, with Red Flags", *New York Times,* 1° de março de 2020.

57 L. Hamner et al., "High SARS-CoV-2 Attack Rate Following Exposure at a Choir Practice — Skagit County, Washington, March 2020", *CDC Morbidity and Mortality Weekly Report*, 2020; 69: 606–610.

58 L.H. Sun et al., "A Plan to Defeat Coronavirus Finally Emerges, and It's Not from the White House", *Washington Post,* 10 de abril de 2020.

59 Ibid.

60 D. Coffey, "Doctors Wonder What to Do When Recovered Covid-19 Patients Still Test Positive", *Medscape,* 9 de junho de 2020.

61 T. Frieden, "Former CDC Head on Coronavirus Testing: What Went Wrong and How We Proceed", *USA Today,* 31 de março de 2020.

62 L.H. Sun et al., "A Plan to Defeat Coronavirus Finally Emerges, and It's Not from the White House", *Washington Post,* 10 de abril de 2020.

63 E. Christakis, *The Importance of Being Little,* Nova York: Viking, 2015, p. 136.

64 Anônimo, "Map: Coronavirus and School Closures", *Education Week,* 6 de março de 2020.

65 National Center for Education Statistics, "Digest of Education Statistics: Table 105.20. Enrollment in Elementary, Secondary, and Degree-Granting Postsecondary Institutions", *U.S. Department of Education Institute of Education Sciences,* março de 2019; National Center for Education Statistics, "Digest of Education Statistics: Table 105.40. Number of Teachers in Elementary and Secondary Schools", *U.S. Department of Education Institute of Education Sciences,* março de 2019.

66 J. Couzin-Frankel, "Does Closing Schools Slow the Spread of Coronavirus? Past Outbreaks Provide Clues", *Science,* 10 de março de 2020.

67 W. Van Lancker e Z. Parolin, "Covid-19, School Closures, and Child Poverty: A Social Crisis in the Making", *Lancet Public Health,* 2020; 5: e243–e244; J. Bayham and E.P. Fenichel, "Impact of School Closures for Covid-19 on the US Health-Care Workforce and Net Mortality: A Modelling Study", *Lancet Public Health,* 2020; 5: e271–e278.

68 S.B. Nafisah et al., "School Closure during Novel Influenza: A Systematic Review", *Journal of Infection and Public Health,* 2018; 11: 657–661; H. Rashid et al., "Evidence Compendium and Advice on Social Distancing and Other Related Measures for Response to an Influenza Pandemic", *Paediatric Respiratory Reviews,* 2015; 16: 119–126; R.M. Viner et al., "School Closure and Management Practices during Coronavirus Outbreaks Including Covid-19: A Rapid Systematic Review", *Lancet Child & Adolescent Health,* 2020; 4: 397–404.

69 S. Hsiang, et al., "The Effect of Large-Scale Anti-Contagion Policies on the Covid-19 Pandemic", *Nature,* 8 de julho de 2020; S. Flaxman, et al., "Estimating the Effects of NonPharmaceutical Interventions on Covid-19 in Europe", *Nature,* 8 de junho de 2020.

70 M. Talev, "Axios-Ipsos Poll: Americans Fear Return to School", *Axios,* 14 de julho de 2020.

71 N. Ferguson et al., "Strategies for Mitigating an Influenza Pandemic", *Nature,* 2006; 442: 448–452.

72 Ibid.; J. Zhang et al., "Changes in Contact Patterns Shape the Dynamics of the Covid-19 Outbreak in China", *Science,* 2020; 368: 1481–1486.

73 H. Markel et al., "Non-Pharmaceutical Interventions Implemented by US Cities during the 1918–1919 Influenza Pandemic", *JAMA*, 2007; 298: 644–654; M.C.J. Bootsma e N.M. Ferguson, "The Effect of Public Health Measures on the 1918 Influenza Pandemic in US Cities", *Proceedings of the National Academy of Sciences*, 2007; 104: 7588–7593.

74 Anônimo, "School Closures Begin as Japan Steps Up Coronavirus Fight", *Kyodo News*, 2 de maio de 2020.

75 S. Kawano e M. Kakehashi, "Substantial Impact of School Closure on the Transmission Dynamics during the Pandemic Flu H1N1-2009 in Oita, Japan", *PLOS ONE*, 2015; 10: e0144839.

76 J. Ang, "No Plans to Close Schools for Now, Says Education Minister Ong Ye Kung", *Straits Times*, 14 de fevereiro de 2020.

77 Anônimo, "Coronavirus: Italy to Close All Schools as Deaths Rise", *BBC*, 4 de março de 2020.

78 "Interim Guidance for Administrators of US K-12 Schools and Child Care Programs to Plan, Prepare, and Respond to Coronavirus Disease 2019 (Covid-19)", *CDC*, 25 de março de 2020.

79 H. Peele et al., "Map: Coronavirus and School Closures", *Education Week*, 6 de março de 2020.

80 N. Musumeci e G. Fonrouge, "NYC Parents, Teachers Worried about Coronavirus Spread in Public Schools", *New York Post*, 13 de março de 2020.

81 E. Christakis, "For Schools, the List of Obstacles Grows and Grows", *The Atlantic*, 24 de maio de 2020; E. Christakis e N.A. Christakis, "Closing the Schools Is Not the Only Option", *The Atlantic*, 16 de março de 2020.

82 E. Jones et al., "Healthy Schools: Risk Reduction Strategies for Reopening Schools", *Harvard T.H. Chan School of Public Health Healthy Buildings Program*, junho de 2020; "Covid-19 Planning Considerations: Guidance for School Re-Entry", *American Academy of Pediatrics*, junho de 2020.

83 R. Louv, *Last Child in the Woods: Saving Our Children from Nature-Deficit Disorder*, Chapel Hill, NC: Algonquin Books, 2006; N.M. Wells et al., "The Effects of School Gardens on Children's Science Knowledge: A Randomized Controlled Trial of Low-Income Elementary Schools", *International Journal of Science Education*, 2015; 37: 2858–2878; A. Faber Taylor e F.E. Kuo, "Children with Attention Deficits Concentrate Better after Walk in the Park", *Journal of Attention Disorders*, 2009; 12: 402–409; M. Kuo et al., "Do Lessons in Nature Boost Subsequent Classroom Engagement? Refueling Students in Flight", *Frontiers in Psychology*, 2018; 8: 2253.

84 J.D. Goodman, "How Delays and Unheeded Warnings Hindered New York's Virus Fight", *New York Times*, 8 de abril de 2020.

85 B. Carey e J. Glanz, "Hidden Outbreaks Spread through U.S. Cities Far Earlier Than Americans Knew, Estimates Say", *New York Times*, 23 de abril de 2020.

86 A.S. Gonzalez-Reiche et al., "Introductions and Early Spread of SARS-CoV-2 in the New York City Area", *Science*, 29 de maio de 2020.

87 A.M. Cuomo, "Governor Cuomo Issues Statement Regarding Novel Coronavirus in New York", *Official Website of New York State*, 1º de março de 2020.

88 M.G. West, "First Case of Coronavirus Confirmed in New York State", *Wall Street Journal*, 1º de março de 2020; B. Carey e J. Glanz, "Hidden Outbreaks Spread through U.S. Cities Far Earlier Than Americans Knew, Estimates Say", *New York Times*, 23 de abril de 2020.

89 J.D. Goodman, "How Delays and Unheeded Warnings Hindered New York's Virus Fight", *New York Times*, 8 de abril de 2020.

90 A.M. Cuomo, "Governor Cuomo Issues Statement Regarding Novel Coronavirus in New York", *Official Website of New York State*, 1º de março de 2020.

91 M. Hohman e S. Stump, "New York's Coronavirus 'Patient Zero' Tells His Story for the First Time: 'Thankful That I'm Alive,'" *Today*, 11 de maio de 2020.

92 J. Goldstein e J. McKinley, "Second Case of Coronavirus in N.Y. Sets Off Search for Others Exposed", *New York Times*, 3 de março de 2020; J. Millman, "Midtown Lawyer Positive for Coronavirus Is NY's 1st Case of Person-to-Person Spread", *NBC New York*, 3 de março de 2020.

93 L. Ferré-Sadurní et al., "N.Y. Creates 'Containment Zone' Limiting Large Gatherings in New Rochelle", *New York Times*, 11 de março de 2020.

94 J. Goldstein e M. Gold, "City Pleads for More Coronavirus Tests as Cases Rise in New York", *New York Times*, 9 de março de 2020.

95 J.D. Goodman, "How Delays and Unheeded Warnings Hindered New York's Virus Fight", *New York Times*, 8 de abril de 2020.

96 C. Knoll, "New York in the Age of Coronavirus", *New York Times*, 10 de março de 2020.

97 W. Parnell e S. Shahrigian, "Mayor De Blasio Says Coronavirus Fears Shouldn't Keep New Yorkers Off Subways", *New York Daily News,* 5 de março de 2020.
98 E. Shapiro e M. Gold, "Thousands of Students in New York Face Shuttered Schools", *New York Times,* 11 de março de 2020.
99 A.L. Gordon, "NYC's Horace Mann School Closes as Student Tested for Virus", *Bloomberg,* 9 de março de 2020.
100 T. Winter, "Coronavirus Outbreak: NYC Teachers 'Furious' over De Blasio's Policy to Keep Schools Open", *NBC News,* 15 de março de 2020.
101 J.D. Goodman, "How Delays and Unheeded Warnings Hindered New York's Virus Fight", *New York Times,* 8 de abril de 2020.
102 L. Stack, "St. Patrick's Day Parade Is Postponed in New York over Coronavirus Concerns", *New York Times,* 11 de março de 2020.
103 J.E. Bromwich et al., "De Blasio Declares State of Emergency in N.Y.C., and Large Gatherings Are Banned", *New York Times,* 12 de março de 2020; A.M. Cuomo, "During Novel Coronavirus Briefing, Governor Cuomo Announces New Mass Gatherings Regulations", *Official Website of New York State,* 12 de março de 2020.
104 J. Silverstein, "New York City to Close All Theaters and Shift Restaurants to Take-Out and Delivery Only Due to Coronavirus", *CBS News,* 16 de março de 2020.
105 A.M. Cuomo, "Governor Cuomo Signs the 'New York State on PAUSE' Executive Order", *Official Website of New York State,* 20 de março de 2020; A.M. Cuomo, "Video, Audio, Photos & Rush Transcript: Governor Cuomo Signs the 'New York State on Pause' Executive Order", *Official Website of New York State,* 20 de março de 2020; H. Cooper et al., "43 Coronavirus Deaths and Over 5,600 Cases in N.Y.C.", *New York Times,* 20 de março de 2020.
106 Anônimo, "'No Time to Be Lax': Cuomo Extends New York Shutdown, NJ Deaths Top 1,000", *NBC New York,* 7 de abril de 2020.
107 J. McKinley, "New York City Region Is Now an Epicenter of the Coronavirus Pandemic", *New York Times,* 22 de março de 2020.
108 J. Marsh, "In One Day, 1,000 NYC Doctors and Nurses Enlist to Battle Coronavirus", *New York Post,* 18 de março de 2020.
109 L. Widdicombe, "The Coronavirus Pandemic Peaks in New York's Hospitals", *The New Yorker,* 15 de abril de 2020.
110 M. Rothfeld et al., "13 Deaths in a Day: An 'Apocalyptic' Surge at a NYC Hospital", *New York Times,* 25 de março de 2020.
111 M. Myers, "The Army Corps of Engineers Has Two or Three Weeks to Get Thousands of New Hospital Beds Up and Running", *Military Times,* 27 de março de 2020.
112 J. McKinley, "New York City Region Is Now the Epicenter of the Coronavirus Pandemic", *New York Times,* 22 de março de 2020.
113 Ibid.
114 H. Cooper et al., "Coronavirus Hot Spots Emerging Near New York City", *New York Times,* 5 de abril de 2020.
115 M. Bryant, "New York Veterinarians Give Ventilators to 'War Effort' against Coronavirus", *The Guardian,* 2 de abril de 2020.
116 C. Campanile e K. Sheehy, "NY Issues Do-Not-Resuscitate Guideline for Cardiac Patients amid Coronavirus", *New York Post,* 21 de abril de 2020.
117 L. Widdicombe, "The Coronavirus Pandemic Peaks in New York's Hospitals", *The New Yorker,* 15 de abril de 2020.
118 M. Rothfeld et al., "13 Deaths in a Day: An 'Apocalyptic' Surge at a NYC Hospital", *New York Times,* 25 de março de 2020.
119 A. Feuer e A. Salcedo, "New York City Deploys 45 Mobile Morgues as Virus Strains Funeral Homes", *New York Times,* 2 de abril de 2020.
120 "Research, Statistics, Data & Systems: National Health Expenditure Data; Historical", *Centers for Medicare & Medicaid Services,* 17 de dezembro de 2019.
121 A. Correal e A. Jacobs, "'A Tragedy Is Unfolding': Inside New York's Virus Epicenter", *New York Times,* 9 de abril de 2020.
122 J. Coven e A. Gupta, "Disparities in Mobility Responses to Covid-19", *NYU working paper,* 15 de maio de 2020.

123 Ibid.

124 J.D. Goodman, "How Delays and Unheeded Warnings Hindered New York's Virus Fight", *New York Times,* 8 de abril de 2020.

125 "New York Coronavirus Cases", *Worldometer,* 31 de março de 2020.

126 Anônimo, "'No Time to Be Lax': Cuomo Extends New York Shutdown, NJ Deaths Top 1,000", *NBC New York,* 7 de abril de 2020.

127 J.D. Goodman e M. Rothfeld, "1 in 5 New Yorkers May Have Had Covid-19, Antibody Tests Suggest", *New York Times,* 23 de abril de 2020.; D. Stadlebauer et al., "Seroconversion of a City: Longitudinal Monitoring of SARS-CoV-2 Seroprevalence in New York City", *medRxiv,* 29 de junho de 2020.

128 B. Carey e J. Glanz, "Travel from New York City Seeded Wave of U.S. Outbreaks", *New York Times,* 7 de maio de 2020.

129 "State of the Restaurant Industry", *OpenTable.com,* 18 de julho de 2020.

130 N. Musumeci e G. Fonrouge, "NYC Parents, Teachers Worried about Coronavirus Spread in Public Schools", *New York Post,* 13 de março de 2020.

131 João de Éfeso, "John of Ephesus Describes the Justinianic Plague", ed. Roger Pearse, *Roger Pearse blog,* 10 de maio de 2017.

4. LUTO, MEDO E MENTIRAS

1 G. Magallon, "Madera Woman Loses Mother and Will Miss Granddaughter's Birth Because of Covid-19", *ABC30 ActionNews,* 10 de abril de 2020; S. Rust e C. Cole, "She Got Coronavirus at a Funeral and Died. Her Family Honored Her with a Drive-Up Service", *Los Angeles Times,* 8 de abril de 2020.

2 C. Engelbrecht e C. Kim, "Zoom Shivas and Prayer Hotlines: Ultra-Orthodox Jewish Traditions Upended by Coronavirus", *New York Times,* 16 de abril de 2020.

3 N.A. Christakis, *Death Foretold: Prophecy and Prognosis in Medical Care,* Chicago: University of Chicago Press, 1999; *Prognosis in Advanced Cancer,* ed. P. Glare e N.A. Christakis, Oxford: Oxford University Press, 2008.

4 K.E. Steinhauser et al., "Factors Considered Important at the End of Life by Patients, Family, Physicians, and Other Care Providers", *JAMA,* 2000; 284: 2476–2482.

5 L. Widdicombe, "The Coronavirus Pandemic Peaks in New York's Hospitals", *The New Yorker,* 15 de abril de 2020.

6 Petrarca, *Epistolae de rebus familiaribus et variae,* em *The Black Death,* trad. e ed. de R. Horrox, Manchester: Manchester University Press, 2013, p. 248.

7 L. Spinney, *Pale Rider: The Spanish Flu of 1918 and How It Changed the World,* Nova York: Public Affairs, 2017, p. 31.

8 H. Warraich, *Modern Death: How Medicine Changed the End of Life,* New York: St. Martin's Press, 2017, pp. 43–45; S.H. Cross e H.J. Warraich, "Changes in the Place of Death in the United States", *New England Journal of Medicine,* 2019; 381: 2369–2370.

9 Tucídides, *The History of the Peloponnesian War,* trad. de Richard Crawley, Londres: Longmans, Green & Co., 1874, p. 132.

10 Marco Aurélio, *Marcus Aurelius,* trad. de C.R. Haines, Cambridge, MA: Harvard University Press, 1916, p. 235.

11 "Coronavirus Pandemic", *Gallup,* acesso em 24 de maio de 2020.

12 D. Lazer et al., "The State of the Nation: A 50-State Covid-19 Survey", *Northeastern University,* 20 de abril de 2020.

13 A. McGinty et al., "Psychological Distress and Loneliness Reported by US Adults in 2018 and April 2020", *JAMA,* 2020; 324: 93–94.

14 M. Brenan, "U.S. Adults Report Less Worry, More Happiness", *Gallup,* 18 de maio de 2020, acesso em 24 de maio de 2020.

15 "Coronavirus Pandemic", *Gallup,* acesso em 24 de maio de 2020.

16 M. Brenan, "Targeted Quarantines Top U.S. Adults' Conditions for Normalcy", *Gallup,* 11 de maio de 2020, acesso em 24 de maio de 2020.

17 F. Fu et al., "Dueling Biological and Social Contagions", *Scientific Reports,* 2017; 7: 43634.

18 J.M. Epstein et al., "Couple Contagion Dynamics of Fear and Disease: Mathematical and Computational Explorations", *PLOS ONE,* 2008; 3: e3955.

19 S. Taylor, *The Psychology of Pandemics*, Newcastle upon Tyne: Cambridge Scholars Publications, 2020.

20 K. King, "Daily Cheers Give Morale Boost to Medical Workers Fighting Coronavirus", *Wall Street Journal,* 18 de abril de 2020; A. Mohdin, "Pots, Pans, Passion: Britons Clap Their Support for NHS Workers Again", *The Guardian,* 2 de abril de 2020.

21 A. Finger, *Elegy for a Disease: A Personal and Cultural History of Polio,* Nova York: St. Martin's Press, 2006, p. 82.

22 J. Dwyer, "The Doctor Came to Save Lives. The Co-Op Board Told Him to Get Lost", *New York Times,* 3 de abril de 2020.

23 E. Shugerman, "Coronavirus Heroes Are Getting Tossed from Their Homes by Scared Landlords", *Daily Beast,* 23 de junho de 2020.

24 A. Gawande, "Amid the Coronavirus Crisis, a Regimen for Reëntry", *The New Yorker,* 13 de maio de 2020.

25 G. Graziosi, "Doctor Loses Custody of Her Child over Coronavirus Fears", *The Independent,* 13 de abril de 2020.

26 N.S. Deodhar et al., "Plague That Never Was: A Review of the Alleged Plague Outbreaks in India in 1994", *Journal of Public Health Policy,* 1998; 19: 184–199.

27 H.V. Batra et al., "Isolation and Identification of *Yersinia pestis* Responsible for the Recent Plague Outbreaks in India", *Current Science,* 1996; 71: 787–791.

28 D.V. Mavalankar, "Indian 'Plague' Epidemic: Unanswered Questions and Key Lessons", *Journal of the Royal Society of Medicine,* 1995; 88: 547–551.

29 K.S. Jayaraman, "Indian Plague Poses Enigma to Investigators", *Nature,* 1994; 371: 547; N.S. Deodhar et al., "Plague That Never Was: A Review of the Alleged Plague Outbreaks in India in 1994", *Journal of Public Health Policy,* 1998; 19: 184–199; A.K. Dutt et al., "Surat Plague of 1994 ReExamined", *Southeast Asian Journal of Tropical Medicine and Public Health,* 2006; 37: 755–760.

30 H.V. Batra et al., "Isolation and Identification of *Yersinia pestis* Responsible for the Recent Plague Outbreaks in India", *Current Science,* 1996; 71: 787–791; S.N. Shivaji et al., "Identification of *Yersinia pestis* as the Causative Organism of Plague in India as Determined by 16S rDNA Sequencing and RAPD-Based Genomic Fingerprinting", *FEMS Microbiology Letters,* 2000; 189: 247–252.

31 N.A. Christakis e J.H. Fowler, *Connected: The Surprising Power of Our Social Networks and How They Shape Our Lives,* Nova York: Little, Brown, 2009.

32 J.F.C. Hecker, *The Epidemics of the Middle Ages,* trad. de B.G. Babington, Londres: The Sydenham Society, 1844, pp. 87–88.

33 N.A. Christakis e J.H. Fowler, *Connected: The Surprising Power of Our Social Networks and How They Shape Our Lives,* Nova York: Little, Brown, 2009.

34 T.F. Jones et al., "Mass Psychogenic Illness Attributed to Toxic Exposure at a High School", *New England Journal of Medicine,* 2000; 342: 96–100.

35 D. Holtz et al., "Interdependence and the Cost of Uncoordinated Responses to Covid-19", *MIT working paper,* 22 de maio de 2020.

36 M.D. Lieberman, *Social: Why Our Brains Are Wired to Connect,* New York: Crown, 2013, p. 8.

37 Q. Jianhang e T. Shen, "Whistleblower Li Wenliang: There Should Be More Than One Voice in a Healthy Society", *Caixin,* 6 de fevereiro de 2020.

38 R. Judd, "ER Doctor Who Criticized Bellingham Hospital's Coronavirus Protections Has Been Fired", *Seattle Times,* 27 de março de 2020.

39 A. Gallegos, "Hospitals Muzzle Doctors and Nurses on PPE, Covid-19 Cases", *Medscape,* 25 de março de 2020.

40 E. Kincaid, "Covid-19 Daily: Physician Gag Orders", *Medscape,* 25 de março de 2020.

41 O. Carville et al., "Hospitals Tell Doctors They'll Be Fired If They Speak Out about Lack of Gear", *Bloomberg,* 31 de março de 2020.

42 S. Ramachandran e J. Palazzolo, "NYU Langone Tells ER Doctors to 'Think More Critically' about Who Gets Ventilators", *Wall Street Journal,* 31 de março de 2020.

43 M. Richtel, "Frightened Doctors Face Off with Hospitals over Rules on Protective Gear", *New York Times,* 31 de março de 2020.

44 L.H. Sun e J. Dawsey, "CDC Feels Pressure from Trump as Rift Grows over Coronavirus Response", *Washington Post,* 9 de julho de 2020.

45 R. Ballhaus e S. Armour, "Health Chief's Early Missteps Set Back Coronavirus Response", *Wall Street Journal,* 22 de abril de 2020.

46 L.H. Sun e J. Dawsey, "White House and CDC Remove Coronavirus Warnings about Choirs in Faith Guidance", *Washington Post,* 28 de maio de 2020.

47 A. James et al., "High Covid-19 Attack Rate among Attendees at Events at a Church — Arkansas, March 2020", *CDC Morbidity and Mortality Weekly Report,* 2020; 69: 632–635.

48 A. Liptak, "Supreme Court, in 5-4 Decision, Rejects Church's Challenge to Shutdown Order", *New York Times,* 30 de maio de 2020.

49 E. Koop, "Surgeon General Koop: The Right, the Left, and the Center of the AIDS Storm", *Washington Post,* 24 de março de 1987.

50 L.M. Werner, "Reagan Officials Debate AIDS Education Policy", *New York Times,* 24 de janeiro de 1987.

51 C. Friedersdorf, "Maybe Trump Isn't Lying", *The Atlantic,* 19 de maio de 2020.

52 J. Margolin e J.G. Meek, "Intelligence Report Warned of Coronavirus Crisis as Early as November: Sources", *ABC News,* 8 de abril de 2020.

53 P. Bump, "Yet Again, Trump Pledges That the Coronavirus Will Simply Go Away", *Washington Post,* 28 de abril de 2020.

54 D.J. Trump, "Remarks by President Trump at a Turning Point Action Address to Young Americans", *White House,* 23 de junho de 2020.

55 E. Samuels, "Fact-Checking Trump's Accelerated Timeline for a Coronavirus Vaccine", *Washington Post,* 4 de março de 2020.

56 N. Weiland, "Anyone Who Wants a Coronavirus Test Can Have One, Trump Says. Not Quite, Says His Administration", *New York Times,* 7 de março de 2020.

57 C. Paz, "All the President's Lies About the Coronavirus", *The Atlantic,* 13 de julho de 2020.

58 I. Chotiner, "How to Talk to Coronavirus Skeptics", *The New Yorker,* 23 de março de 2020.

59 M. Segalov, "'The Parallels between Coronavirus and Climate Crisis Are Obvious,'" *The Guardian,* 4 de maio de 2020.

60 J. Bertrand, *A Historical Relation of the Plague at Marseille in the Year 1720,* trad. de Anne Plumptre, Londres: Billingsley, 1721.

61 D.D.P. Johnson e J.H. Fowler, "The Evolution of Overconfidence", *Nature,* 2011; 477: 317–320.

62 D.B. Taylor, "George Floyd Protests: A Timeline", *New York Times,* 10 de julho de 2020; W. Lowery, "Why Minneapolis Was the Breaking Point", *The Atlantic,* 12 de junho de 2020.

63 D. Diamond, "Suddenly, Public Health Officials Say Social Justice Matters More Than Social Distance", *Politico,* 4 de junho de 2020.

64 M. Bebinger et al., "New Coronavirus Hot Spots Emerge across South and in California, As Northeast Slows", *NPR,* 5 de junho de 2020.

65 S. Pei et al., "Differential Effects of Intervention Timing on Covid-19 Spread in the United States", *medRxiv,* 29 de maio de 2020.

66 A. Mitchell e J.B. Oliphant, "Americans Immersed in Covid-19 News; Most Think Media Are Doing Fairly Well Covering It", *Pew Research Center,* 18 de março de 2020.

67 D. Cyranoski, "Inside the Chinese Lab Poised to Study World's Most Dangerous Pathogens", *Nature,* 22 de fevereiro de 2017.

68 A. Stevenson, "Senator Tom Cotton Repeats Fringe Theory of Coronavirus Origins", *New York Times,* 17 de fevereiro de 2020.

69 S.W. Mosher, "Don't Buy China's Story: The Coronavirus May Have Leaked from a Lab", *New York Post,* 22 de fevereiro de 2020.

70 A. Stevenson, "Senator Tom Cotton Repeats Fringe Theory of Coronavirus Origins", *New York Times,* 17 de fevereiro de 2020.

71 Anônimo, "Coronavirus: Trump Stands by China Lab Origin Theory for Virus", *BBC,* 1º de maio de 2020.

72 K.G. Andersen et al., "The Proximal Origin of SARS-CoV-2", *Nature Medicine,* 2020; 26: 450–455; P. Zhou et al, "A Pneumonia Outbreak Associated with a New Coronavirus of Probable Bat Origin", *Nature,* 2020; 579: 270–273.

73 S. Andrew, "Nearly 30% in the US Believe a Coronavirus Theory That's Almost Certainly Not True", *CNN,* 13 de abril de 2020; W. Ahmed et al., "Covid-19 and the 5G Conspiracy Theory: Social Network Analysis of Twitter Data", *Journal of Medical Internet Research,* 2020; 22: e19458.

74 D. O'Sullivan et al., "Exclusive: She's Been Falsely Accused of Starting the Pandemic. Her Life Has Been Turned Upside Down", *CNN,* 27 de abril de 2020.

75 L. Fair, "FTC, FDA Warn Companies Making Coronavirus Claims", *Federal Trade Commission,* 9 de março de 2020.

76 M. Shuman, "Judge Issues Restraining Order to 'Church' Selling Bleach as Covid-19 Cure", *CNN,* 17 de abril de 2020.

77 A. Marantz, "Alex Jones's Bogus Coronavirus Cures", *The New Yorker,* 6 de abril de 2020.

78 L. Fair, "FTC, FDA Warn Companies Making Coronavirus Claims", *Federal Trade Commission,* 9 de março de 2020.

79 Ibid.

80 D. Lazarus, "LA Animal Rights Advocate Peddled Pandemic Snake Oil, FTC Says", *Los Angeles Times,* 30 de abril de 2020.

81 S. Jones, "As Coronavirus Panic Heats Up, So Do Sales of Snake Oil", *New York,* 15 de março de 2020.

82 D.D. Ashley e R. Quaresima, "Warning Letter", *United States Food and Drug Administration,* 6 de março de 2020.

83 K. Rogers, "Trump's Suggestion That Disinfectants Could Be Used to Treat Coronavirus Prompts Aggressive Pushback", *New York Times,* 24 de abril de 2020.

84 L. Wade, "The Secret Life of Vintage Lysol Douche Ads", *Society Pages,* 27 de setembro de 2013.

85 M. Wang et al., "Remdesivir and Chloroquine Effectively Inhibit the Recently Emerged Novel Coronavirus (2019-nCoV) In Vitro", *Cell Research,* 2020; 30: 269–271.

86 T. Nguyen, "How a Chance Twitter Thread Launched Trump's Favorite Coronavirus Drug", *Politico,* 7 de abril de 2020.

87 J. Yazdany e A.H.J. Kim, "Use of Hydroxychloroquine and Chloroquine during the Covid-19 Pandemic: What Every Clinician Should Know", *Annals of Internal Medicine,* 31 de março de 2020.

88 J.C. Wong, "Hydroxychloroquine: How an Unproven Drug Became Trump's Coronavirus 'Miracle Cure'", *The Guardian,* 7 de abril de 2020.

89 D. Lazer et al., "The State of the Nation: A 50-State Covid-19 Survey", *Northeastern University,* 20 de abril de 2020.

90 R. Savillo et al., "Over Three Days This Week, Fox News Promoted an Antimalarial Drug Treatment for Coronavirus Over 100 Times", *Media Matters for America,* 6 de abril de 2020.

91 E. Edwards e V. Hillyard, "Man Dies After Taking Chloroquine in an Attempt to Prevent Coronavirus", *NBC News,* 23 de março de 2020.

92 N.J. Mercuro et al., "Risk of QT Interval Prolongation Associated with Use of Hydroxychloroquine with or without Concomitant Azithromycin among Hospitalized Patients Testing Positive for Coronavirus Disease 2019 (Covid-19)", *JAMA Cardiology,* 1º de maio de 2020; J. Yazdany e A.H.J. Kim, "Use of Hydroxychloroquine and Chloroquine during the Covid-19 Pandemic: What Every Clinician Should Know", *Annals of Internal Medicine,* 31 de março de 2020.

93 K. Thomas e K. Sheikh, "Small Chloroquine Study Halted over Risk of Fatal Heart Complications", *New York Times,* 12 de abril de 2020; J. Yazdany e A.H.J. Kim, "Use of Hydroxychloroquine and Chloroquine during the Covid-19 Pandemic: What Every Clinician Should Know", *Annals of Internal Medicine,* 31 de março de 2020.

94 K. Kupferschmidt, "Big Studies Dim Hopes for Hydroxychloroquine", *Science,* 2020; 368: 1166 –1167; J. Geleris et al., "Observational Study of Hydroxychloroquine in Hospitalized Patients with Covid-19", *New England Journal of Medicine,* 2020; 382: 2411–2418; E.S. Rosenberg et al., "Association of Treatment with Hydroxychloroquine or Azithromycin with In-Hospital Mortality in Patients with Covid-19 in New York State", *JAMA,* 2020; 323: 2493–2502.

95 D.R. Boulware et al., "A Randomized Trial of Hydroxychloroquine as Post-Exposure Prophylaxis for Covid-19", *New England Journal of Medicine,* 3 de junho de 2020; RECOVERY Collaborative Group, "Effect of Hydroxychloroquine in Hospitalized Patients with Covid-19: Preliminary Results from a Multi-Centre, Randomized, Controlled, Trial", *medRxiv,* 15 de julho de 2020.; A.B. Cavalcanti et al., "Hydroxychloroquine With or Without Azithromycin in Mild-to-Moderate Covid-19", *New England Journal of Medicine,* 23 de julho de 2020.

96 João de Éfeso, "John of Ephesus Describes the Justinianic Plague", ed. Roger Pearse, *Roger Pearse blog,* 10 de maio de 2017.

97 L. Bode e E. Vraga, "Americans Are Fighting Coronavirus Misinformation on Social Media", *Washington Post,* 7 de maio de 2020.

98 L. Singh et al., "A First Look at Covid-19 Information and Misinformation Sharing on Twitter", *arXiv,* 1° de abril de 2020.

99 V.A. Young, "Nearly Half of the Twitter Accounts Discussing 'Re-Opening America' May Be Bots", *Carnegie Mellon University press release,* 20 de maio de 2020.

100 W.J. Broad, "Putin's Long War against American Science", *New York Times,* 13 de abril de 2020; M. Repnikova, "Does China's Propaganda Work?" *New York Times,* 16 de abril de 2020.

101 N.F. Johnson et al., "The Online Competition between Proand Anti-Vaccination Views", *Nature,* 2020; 582: 230–233; J.P. Onnela et al., "Polio Vaccine Hesitancy in the Networks and Neighborhoods of Malegaon, India", *Social Science and Medicine,* 2016; 153: 99–106.

102 M. Baldwin, "Scientific Autonomy, Public Accountability, and the Rise of 'Peer Review' in the Cold War United States", *Isis,* 2018; 109: 538-558.

103 M.S. Majumder e K.D. Mandl, "Early in the Epidemic: Impacts of Preprints on Global Discourse about Covid-19 Transmissibility", *Lancet Global Health,* 2020; 8: e627.

5. NÓS E ELES

1 S.K. Cohn, "The Black Death and the Burning of the Jews", *Past and Present,* 2007; 196: 3– 36.

2 Anônimo, "Examination of the Jews Captured in Savoy", em *Urkunden und Akten der Stadt Strassburg: Urkundenbuch der Stadt Strassburg,* em *The Black Death,* trad. e ed. R. Horrox, Manchester: Manchester University Press, 2013, p. 219.

3 J. Silver e D. Wilson, *Polio Voices: An Oral History from the American Polio Epidemics and Worldwide Eradication Efforts,* Westport, CT: Praeger, 2007, p. 22.

4 Ibid., p. 26.

5 D.J. Trump, "Remarks by President Trump to Reporters", *White House,* 6 de maio de 2020.

6 K. Fukuda et al., "Naming Diseases: First Do No Harm", *Science,* 2015; 348: 6235.

7 J.S. Jia et al., "Population Flow Drives Spatio-Temporal Distribution of Covid-19 in China", *Nature,* 2020; 582: 389–394.

8 H. Yan et al., "What's Spreading Faster Than Coronavirus in the US? Racist Assaults and Ignorant Attacks against Asians", *CNN,* 21 de fevereiro de 2020; S. Tavernise e R.A. Oppel, "Spit On, Yelled At, Attacked: Chinese-Americans Fear for Their Safety", *New York Times,* 2 de junho de 2020.

9 D.S. Lauderdale, "Birth Outcomes for Arabic-Named Women in California before and after September 11", *Demography,* 2006; 43: 185–201.

10 E.I. Koch, "Senator Helms's Callousness toward AIDS Victims", *New York Times,* 7 de novembro de 1987.

11 R. Brackett, "Governor Says State Will Accept Florida Residents from Cruise Ship Stricken with Coronavirus", *Weather Channel,* 1° de abril de 2020; M. Burke, K. Sanders, "Cruise Ship with Sick Passengers and Sister Ship Dock in Florida", *NBC News,* 3 de abril de 2020.

12 D. Quan, "'Dreams Are Not Passports': Remote Arctic Village Residents Recount Bizarre Encounter with Quebec Couple Fleeing Coronavirus", *The Star* [Toronto], 30 de março de 2020.

13 Procópio, *History of the Wars,* trad. H.B. Dewing, Cambridge, MA: Harvard University Press, 1914, p. 453.

14 D. Haar, "Nobel Economist Shiller Says Crisis May Boost Income Equality", *Middletown Press* (CT), 23 de março de 2020.

15 Clemente VI, *The Apostolic See and the Jews,* em *The Black Death,* trad. e ed. de R. Horrox, Manchester: Manchester University Press, 2013, pp. 221–222.

16 J.L. Schwartzwald, *The Collapse and Recovery of Europe, AD 476–1648,* Jefferson, NC: McFarland, 2015, p. 123; D. Wood, *Clement VI: The Pontificate and Ideas of an Avignon Pope,* Cambridge: Cambridge University Press, 2003, p. 51.

17 A.K. Simon et al., "Evolution of the Immune System in Humans from Infancy to Old Age", *Proceedings of the Royal Society B,* 2015; 282: 2014.3085.

18 L. Liu et al., "Global, Regional, and National Causes of Under-5 Mortality in 2000–15: An Updated Systematic Analysis with Implications for the Sustainable Development Goals", *The Lancet,* 2016; 388: 3027–3035.

19 J.T. Wu et al., "Estimating Clinical Severity of Covid-19 from the Transmission Dynamics in Wuhan, China", *Nature Medicine*, 2020; 26: 506–510.

20 Missão Conjunta China–OMS, "Report of the WHO-China Joint Mission on Coronavirus Disease 2019 (Covid-19)", *OMS,* 16-24 de fevereiro de 2020.

21 Q. Bi et al., "Epidemiology and Transmission of Covid-19 in 391 Cases and 1286 of Their Close Contacts in Shenzhen, China: A Retrospective Cohort Study", *Lancet Infectious Diseases,* 5 de maio de 2020.

22 J.T. Wu et al., "Estimating Clinical Severity of Covid-19 from the Transmission Dynamics in Wuhan, China", *Nature Medicine*, 2020; 26: 506–510; J. Zhang et al., "Changes in Contact Patterns Shape the Dynamics of the Covid-19 Outbreak in China", *Science*, 2020; 368: 1481–1486.

23 L. Dong et al., "Possible Vertical Transmission of SARS-CoV-2 from an Infected Mother to Her Newborn", *JAMA*, 2020; 323: 1846–1848.

24 J.T. Wu et al., "Estimating Clinical Severity of Covid-19 from the Transmission Dynamics in Wuhan, China", *Nature Medicine*, 2020; 26: 506–510; H. Salje et al., "Estimating the Burden of SARS-CoV-2 in France", *Science*, 2020; 369: 208–211; S. Riphagen et al., "Hyperinflammatory Shock in Children during Covid-19 Pandemic", *The Lancet*, 2020; 395: 1607–1608.

25 Missão Conjunta China–OMS, "Report of the WHO-China Joint Mission on Coronavirus Disease 2019 (Covid-19)", *OMS,* 16-24 de fevereiro de, 2020; J.T. Wu et al., "Estimating Clinical Severity of Covid-19 from the Transmission Dynamics in Wuhan, China", *Nature Medicine*, 2020; 26: 506–510; W.J. Guan et al., "Clinical Characteristics of Coronavirus Disease 2019 in China", *New England Journal of Medicine*, 2020; 382: 1708–1720; T.W. Russell et al., "Estimating the Infection and Case Fatality Ratio for Coronavirus Disease (Covid-19) Using Age-Adjusted Data from the Outbreak on the Diamond Princess Cruise Ship, February 2020", *Eurosurveillance*, 2020; 25: pii=2000256.

26 Y.Y. Dong et al., "Epidemiological Characteristics of 2143 Pediatric Patients with 2019 Coronavirus Disease in China", *Pediatrics,* 16 de março de 2020; P. Belluck, "Children and Coronavirus: Research Finds Some Become Seriously Ill", *New York Times,* 17 de março de 2020.

27 Equipe de Resposta à Covid-19 do CDC, "Severe Outcomes among Patients with Coronavirus Disease 2019 (Covid-19) — United States, February 12–March 16, 2020", *CDC Morbidity and Mortality Weekly Report*, 2020; 69: 343–346.

28 A. Hauser et al., "Estimation of SARS-CoV-2 Mortality during the Early Stages of an Epidemic: A Modeling Study in Hubei, China, and Six Regions in Europe", *medRxiv,* 12 de julho de 2020.

29 Grupo de Trabalho Epidemiológico de Síndrome Respiratória Aguda Grave (SARS), "Consensus Document on the Epidemiology of Severe Acute Respiratory Syndrome (SARS)", *Departamento de Vigilância e Resposta a Doenças Transmissíveis da OMS,* 17 de outubro de 2003.

30 M. Hoffmann et al., "SARS-CoV-2 Cell Entry Depends on ACE2 and TMPRSS2 and Is Blocked by a Clinically Proven Protease Inhibitor", *Cell*, 2020; 181: 271–280; H. Zhang et al., "Angiotensin-Converting Enzyme 2 (ACE2) as a SARS-CoV-2 Receptor: Molecular Mechanisms and Potential Therapeutic Target", *Intensive Care Medicine*, 2020; 46: 586–590; H. Gu et al., "Angiotensin-Converting Enzyme 2 Inhibits Lung Injury Induced by Respiratory Syncytial Virus", *Scientific Reports*, 2016; 6: 19840; U. Bastolla, "The Differential Expression of the ACE2 Receptor across Ages and Gender Explains the Differential Lethality of SARS-CoV-2 and Suggests Possible Therapy", *arXiv,* 3 de maio de 2020; L. Zhu et al., "Possible Causes for Decreased Susceptibility of Children to Coronavirus", *Pediatric Research,* 8 de abril de 2020.

31 P. Verdecchia et al., "The Pivotal Link between ACE2 Deficiency and SARS-CoV-2 Infection", *European Journal of Internal Medicine*, 2020; 76: 14–20.

32 E. Ciaglia et al., "Covid-19 Infection and Circulating ACE2 Levels: Protective Role in Women and Children", *Frontiers in Pediatrics*, 2020; 8: 206.

33 A.K. Simon et al., "Evolution of the Immune System in Humans from Infancy to Old Age", *Proceedings of the Royal Society B*, 2015; 282: 2014.3085.

34 L. Zhu et al., "Possible Causes for Decreased Susceptibility of Children to Coronavirus", *Pediatric Research,* 8 de abril de 2020.

35 M.E. Rudolph et al., "Differences between Pediatric and Adult T Cell Responses to In Vitro Staphylococcal Enterotoxin B Stimulation", *Frontiers in Immunology*, 2018; 9: 498; P. Mehta et al., "Covid-19: Consider Cytokine Storm Syndromes and Immunosuppression", *The Lancet*, 2020; 395: 1033–1034.

36 L.E. Escobar et al., "BCG Vaccine Protection from Severe Coronavirus Disease 2019 (Covid-19)", *Proceedings of the National Academy of Sciences,* 9 de julho de 2020.

37 M. Rawat et al., "Covid-19 in Newborns and Infants—Low Risk of Severe Disease: Silver Lining or Dark Cloud?" *American Journal of Perinatology*, 2020; 37: 845–849; J. Wang e M.S. Zand, "Potential Mechanisms of Age Related Severity of Covid-19 Infection: Implications for Vaccine Development and Convalescent Serum Therapy", *University of Rochester Preprint,* 21 de março de 2020.; J. Mateus et al., "Selective and Cross-Reactive SARS-CoV-2 T-Cell Epitopes in Unexposed Humans", *Science,* 4 de agosto de 2020.

38 P. Brodin, "Why Is Covid-19 So Mild in Children?", *Acta Paediatrica*, 2020; 109: 1082–1083.

39 S. Mallapaty, "How Do Children Spread the Coronavirus? The Science Still Isn't Clear", *Nature,* 7 de maio de 2020; L. Rajmil, "Role of Children in the Transmission of the Covid-19 Pandemic: A Rapid Scoping Review", *BMJ Paediatrics Open,* 2020; 4: e000722; D. Isaacs et al., "To What Extent Do Children Transmit SARS-CoV-2 Virus?", *Journal of Paediatrics and Child Health,* 2020; 56: 978; X. Li et al., "The Role of Children in Transmission of SARS-CoV-2: A Rapid Review", *Journal of Global Health,* 2020; 10: 011101; R.M. Viner et al., "Susceptibility to and Transmission of Covid-19 amongst Children and Adolescents Compared with Adults: A Systematic Review and Meta-Analysis", *medRxiv,* 24 de maio de 2020.

40 K.M. Posfay-Barbe et al., "Covid-19 in Children and the Dynamics of Infection in Families", *Pediatrics,* 2020; 146: e20201576; A. Fontanet et al., "SARS-CoV-2 Infection in Primary Schools in Northern France: A Retrospective Cohort Study in an Area of High Transmission", *medRxiv,* 29 de junho de 2020.

41 G. Vogel e J. Couzin-Frankel, "Should Schools Reopen? Kids' Role in Pandemic Still a Mystery", *Science,* 4 de maio de 2020.

42 L. Rosenbaum, "Facing Covid-19 in Italy — Ethics, Logistics, and Therapeutics on the Epidemic's Front Line", *New England Journal of Medicine*, 2020; 382: 1873–1875; M. Vergano et al., "Clinical Ethics Recommendations for the Allocation of Intensive Care Treatments", *SIAARTI,* 16 de março de 2020; Y. Mounk, "The Extraordinary Decisions Facing Italian Doctors", *The Atlantic,* 11 de março de 2020.

43 S. Fink, *Five Days at Memorial,* Nova York: Crown, 2013.

44 L. Duda, "National Organ Allocation Policy: The Final Rule", *Ethics Journal of the American Medical Association,* 2005; 7: 604–607; Anônimo, "How Organ Allocation Works", *U.S. Department of Health & Human Services,* n.d.

45 Anônimo, "NY Issues Do Not Resuscitate Guidelines for Cardiac Patients, Later Rescinds Them", *Journal of Emergency Medical Services,* 22 de abril de 2020.

46 C. Huang et al., "Clinical Features of Patients Infected with 2019 Novel Coronavirus in Wuhan, China", *The Lancet,* 2020; 395: 497–506.

47 C.M. Petrilli et al., "Factors Associated with Hospital Admission and Critical Illness among 5279 People with Coronavirus Disease 2019 in New York City: Prospective Cohort Study", *BMJ,* 2020; 369: m1966.

48 E.J. Williamson et al., "Open SAFELY: Factors Associated with Covid-19 Death in 17 Million Patients", *Nature,* 8 de julho de 2020.

49 S. Kadel e S. Kovats, "Sex Hormones Regulate Innate Immune Cells and Promote Sex Differences in Respiratory Virus Infection", *Frontiers in Immunology,* 2018; 9: 1653.

50 P. Conti e A. Younes, "Coronavirus COV-19/SARS-CoV-2 Affects Women Less Than Men: Clinical Response to Viral Infection", *Journal of Biological Regulators and Homeostatic Agents,* 2020; 34: 32253888; P. Pozzilli e A. Lenzi, "Commentary: Testosterone, a Key Hormone in the Context of Covid-19 Pandemic", *Metabolism,* 2020; 108: 154252.

51 H. Schurz et al., "The X Chromosome and Sex-Specific Effects in Infectious Disease Susceptibility", *Human Genomics,* 2019; 13: 2.

52 A. Maqbool, "Coronavirus: 'I Can't Wash My Hands—My Water Was Cut Off'", *BBC News,* 24 de abril de 2020.

53 T. Orsborn, "'We Just Can't Feed This Many'", *San Antonio Express News,* 9 de abril de 2020.

54 L. Zhou e K. Amaria, "The Current Hunger Crisis in the US, in Photos", *Vox,* 9 de maio de 2020.

55 HUD, "2017 AHAR: Part 1—PIT Estimates of Homelessness in the U.S.", *HUD Exchange,* dezembro de 2017.

56 T. Baggett et al., "Prevalence of SARS-CoV-2 Infection in Residents of a Large Homeless Shelter in Boston", *JAMA,* 2020; 323: 2191–2192.

57 Anônimo, "Coronavirus in the U.S.: Latest Map and Case Count", *New York Times,* 17 de julho de 2020.

58 M. Huber, "Smithfield Workers Asked for Safety from Covid-19. Their Company Offered Cash", *Argus Leader* (Sioux Falls, SD), 9 de abril de 2020.

59 K. Collins e M. Vazquez, "Trump Orders Meat Processing Plants to Stay Open", *CNN,* 28 de abril de 2020.

60 Anônimo, "President Donald J. Trump Is Taking Action to Ensure the Safety of Our Nation's Food Supply Chain", *White House,* 28 de abril de 2020.

61 J.W. Dyal et al., "Covid-19 among Workers in Meat and Poultry Processing Facilities — 19 States, April 2020", *CDC Morbidity and Mortality Weekly Report,* 2020; 69: 557–561.

62 L. Hamner et al., "High SARS-CoV-2 Attack Rate Following Exposure at a Choir Practice — Skagit County, Washington, March 2020", *CDC Morbidity and Mortality Weekly Report,* 2020; 69: 606–610.

63 M.M. Harris et al., "Isolation of *Brucella suis* from Air of Slaughterhouse", *Public Health Rep,* 1962; 77: 602–604; M.T. Osterholm, "A 1957 Outbreak of Legionnaires' Disease Associated with a Meat Packing Plant", *American Journal of Epidemiology,* 1983; 117: 60–67.

64 M. Ferioli et al., "Protecting Healthcare Workers from SARS-CoV-2 Infection: Practical Indications", *European Respiratory Review,* 2020; 29: 2000068.

65 M. Dorning et al., "Infections near U.S. Meat Plants Rise at Twice the National Rate", *Bloomberg,* 12 de maio de 2020.

66 R.A. Oppel et al., "The Fullest Look Yet at the Racial Inequality of Coronavirus", *New York Times,* 5 de julho de 2020; G.A. Millett et al., "Assessing Differential Impacts of Covid-19 on Black Communities", *Annals of Epidemiology,* 2020; 47: 37–44.

67 APM Research Lab Staff, "The Color of Coronavirus: Covid-19 Deaths by Race and Ethnicity in the U.S.", *APM Research Lab,* 8 de julho de 2020.

68 J. Absalom et al., *A Narrative of the Proceedings of the Black People, during the Late Awful Calamity in Philadelphia, in the Year 1793: And a Refutation of Some Censures, Thrown upon Them in Some Late Publications,* Philadelphia: William W. Woodward, 1794, p. 15.

69 APM Research Lab Staff, "The Color of Coronavirus: Covid-19 Deaths by Race and Ethnicity in the U.S.", *APM Research Lab,* 8 de julho de 2020.

70 C.W. Yancy, "Covid-19 and African Americans", *JAMA,* 2020; 323: 1891–1892.

71 Anônimo, "Covid-19 Cases by IHS Area", *Indian Health Service,* 17 de julho de 2020.

72 Equipe do APM Research Lab, "The Color of Coronavirus: Covid-19 Deaths by Race and Ethnicity in the U.S.", *APM Research Lab,* 8 de julho de 2020.

73 D. Cohn e J.S. Passel, "A Record 64 Million Americans Live in Multigenerational Households", *Pew Research Center,* 5 de abril de 2018.

74 P. Mozur, "China, Desperate to Stop Coronavirus, Turns Neighbor against Neighbor", *New York Times,* 3 de fevereiro de 2020; N. Gan, "Outcasts in Their Own Country, the People of Wuhan Are the Unwanted Faces of China's Coronavirus Outbreak", *CNN,* 2 de fevereiro de 2020.

75 R.D. Kirkcaldy et al., "Covid-19 and Post-Infection Immunity: Limited Evidence, Many Remaining Questions", *JAMA,* 2020; 323: 2245–2246.

76 M.A. Hall e D.M. Studdert, "Privileges and Immunity Certification during the Covid-19 Pandemic", *JAMA,* 2020; 323: 2243–2244.

77 Anônimo, "Immigrant and Refugee Health Frequently Asked Questions (FAQs)", *CDC,* 29 de março de 2012.

78 K. Olivarius, "Immunity, Capital, and Power in Antebellum New Orleans", *American Historical Review,* 2019; 124: 425–455.

79 M. Myers, "Coronavirus Survivors Banned from Joining the Military", *Military Times,* 6 de maio de 2020.

80 S.M. Nir, "They Beat the Virus. Now They Feel Like Outcasts", *New York Times,* 20 de maio de 2020.

81 K. Collins e D. Yaffe-Bellany, "About 2 Millions Guns Were Sold in the US as Virus Fears Spread", *New York Times,* 1º de abril de 2020.

82 T.L. Caputi et al., "Collateral Crises of Gun Preparation and the Covid-19 Pandemic: An Infodemiology Study", *JMIR Public Health Surveillance,* 2020; 6: e19369.

83 A.M. Verdery et al., "Tracking the Reach of Covid-19 Kin Loss with a Bereavement Multiplier Applied to the United States", *Proceedings of the National Academy of Sciences,* 2020; 117: 17695–17701.

6. UNIÃO

1 J. Tolentino, "What Mutual Aid Can Do during a Pandemic", *The New Yorker,* 11 de maio de 2020.

2 S. Samuel, "How to Help People during the Pandemic, One Google Spreadsheet at a Time", *Vox,* 16 de abril de 2020.

3 C. Milstein, "Collective Care Is Our Best Weapon against Covid-19", *Mutual Aid Disaster Relief,* 6 de junho de 2020.

4 Anônimo, "Find Your Local Group", *Mutual Aid U.S.A,* 6 de maio de 2020.

5 Anônimo, "Bay Area Mutual Aid and Covid-19 Resources", *94.1 KPFA,* n.d.

6 Anônimo, "Resources + Groups", *Mutual Aid NYC,* 2020.

7 D. Fallows, "Public Libraries' Novel Response to a Novel Virus", *The Atlantic,* 31 de março de 2020.

8 S. Zia, "As Coronavirus Impact Grows, Volunteer Network Tries to Help Health Care Workers Who Have 'Helped Us'", *Stat News,* 31 de março de 2020.

9 S.S. Ali, "As Parents Fight on Covid-19 Front Lines, Volunteers Step In to Take Care of Their Families", *NBC News,* 27 de março de 2020.

10 Anônimo, "America's Hidden Common Ground on the Coronavirus Crisis", *Public Agenda,* 3 de abril de 2020.

11 Anônimo, "Who Gives Most to Charity?" *Philanthropy Roundtable,* n.d.

12 Anônimo, "America's Hidden Common Ground on the Coronavirus Crisis", *Public Agenda,* 3 de abril de 2020.

13 L. Rainie e A. Perrin, "The State of Americans' Trust in Each Other amid the Covid-19 Pandemic", *Pew Research Center,* 6 de abril de 2020.

14 S.F. Beegel, "Love in the Time of Influenza: Hemingway and the 1918 Pandemic", in *War + Ink: New Perspectives on Ernest Hemingway's Early Life and Writings,* ed. S. Paul et al., Kent, OH: Kent State University Press, 2014, pp. 36–52.

15 L. Stack, "Hasidic Jews, Hit Hard by the Outbreak, Flock to Donate Plasma", *New York Times,* 12 de maio de 2020.

16 T. Armus, "'Sorry, No Masks Allowed': Some Businesses Pledge to Keep Out Customers Who Cover Their Faces", *Washington Post,* 28 de maio de 2020.

17 A. Finger, *Elegy for a Disease: A Personal and Cultural History of Polio,* Nova York: St. Martin's Press, 2006, p. 63.

18 H. Flor et al., "The Role of Spouse Reinforcement, Perceived Pain, and Activity Levels of Chronic Pain Patients", *Journal of Psychosomatic Research,* 1987; 31: 251–259; S. Duschek et al., "Dispositional Empathy Is Associated with Experimental Pain Reduction during Provision of Social Support by Romantic Partners", *Scandinavian Journal of Pain,* 2019; 20: 205– 209; J. Younger et al., "Viewing Pictures of a Romantic Partner Reduces Experimental Pain: Involvement of Neural Reward Systems", *PLOS ONE,* 2010; 5:e13309; K.J. Bourassa, "The Impact of Physical Proximity and Attachment Working Models on Cardiovascular Reactivity: Comparing Mental Activation and Romantic Partner Presence", *Psychophysiology,* 2019; 56: e13324.

19 M. Slater, "'She Was Worth a Beating': Falling in Love through a Fence in a Concentration Camp", *The Yiddish Book Center's Wexler Oral History Project,* 9 de agosto de 2013.

20 V. Florian et al., "The Anxiety-Buffering Function of Close Relationships: Evidence That Relationship Commitment Acts as a Terror Management Mechanism", *Journal of Personality and Social Psychology,* 2002; 82: 527–542.

21 W. Boston, "Two College Students Marry Quickly Before Escaping New York: 'The Only Way We Could Stay Together,'" *Wall Street Journal,* 22 de abril de 2020.

22 G.L. White et al., "Passionate Love and the Misattribution of Arousal", *Journal of Personality and Social Psychology,* 1981; 41: 56–62.

23 C. Cohan e S. Cole, "Life Course Transitions and Natural Disaster: Marriage, Birth, and Divorce Following Hurricane Hugo", *Journal of Family Psychology,* 2002; 16: 14–25.

24 J. Lipman-Blumen, "A Crisis Framework Applied to Macrosociological Family Changes: Marriage, Divorce, and Occupational Trends Associated with World War II", *Journal of Marriage and Family,* 1975; 37: 889–902.

25 C. Cohan e S. Cole, "Life Course Transitions and Natural Disaster: Marriage, Birth, and Divorce Following Hurricane Hugo", *Journal of Family Psychology,* 2002; 16: 14–25.

26 S. South, "Economic Conditions and the Divorce Rate: A Time-Series Analysis of the Postwar United States", *Journal of Marriage and Family*, 1985; 47: 31–41.

27 N. Raza, "What Single People Are Starting to Realize", *New York Times*, 18 de maio de 2020.

28 Anônimo, "Domestic Violence Has Increased during Coronavirus Lockdowns", *The Economist*, 23 de abril de 2020.

29 S. Zimmermann e S. Charles, "Chicago Domestic Violence Calls Up 18% in First Weeks of Coronavirus Shutdown", *Chicago Sun Times*, 26 de abril de 2020.

30 A. Southall, "Why a Drop in Domestic Violence Reports Might Not Be a Good Sign", *New York Times*, 17 de abril de 2020.

31 J. Ducharme, "Covid-19 Is Making America's Loneliness Epidemic Even Worse", *Time*, 8 de maio de 2020.

32 A. Fetters, "The Boomerang Exes of Quarantine", *The Atlantic*, 16 de abril de 2020.

33 H. Fisher, "How Coronavirus Is Changing the Dating Game for the Better", *New York Times*, 7 de maio de 2020.

34 Anônimo, "Safer Sex and Covid-19", *NYC Health Department*, 8 de junho de 2020.

35 A. Livingston, "Texas Lt. Gov. Dan Patrick Says a Failing Economy Is Worse Than Coronavirus", *Texas Tribune*, 23 de março de 2020.

36 J.J. Jordan et al., "Don't Get It or Don't Spread It? Comparing Self-Interested versus Prosocially Framed Covid-19 Prevention Messaging", *PsyArXiv*, 14 de maio de 2020.

37 J.C. Hershey et al., "The Roles of Altruism, Free Riding, and Bandwagoning in Vaccination Decisions", *Organizational Behavior and Human Decision Processes*, 1994; 59: 177–187; M. Li, "Stimulating Influenza Vaccination via Prosocial Motives", *PLOS ONE*, 2016; 11: e0159780; J.T. Vietri, "Vaccinating to Help Ourselves and Others", *Medical Decision Making*, 2012; 32: 447–458.

38 R. Solnit, *A Paradise Built in Hell*, New York: Viking, 2009, p. 4.

39 J. Zaki, "Catastrophe Compassion: Understanding and Extending Prosociality under Crisis", *Trends in Cognitive Sciences*, 2020; 24: 587–589.

40 D. Holtz, et al., "Interdependence and the Cost of Uncoordinated Responses to Covid-19", *MIT Working Paper*, 22 de maio de 2020.

41 S. Feigin et al., "Theories of Human Altruism: A Systematic Review", *Journal of Psychiatry and Brain Function*, 2014; 1: 5; T.D. Windsor et al., "Volunteering and Psychological WellBeing among Young-Old Adults: How Much Is Too Much?", *Gerontologist*, 2008; 48: 59– 70; C. Schwartz et al., "Altruistic Social Interest Behaviors Are Associated with Better Mental Health", *Psychosomatic Medicine*, 2003; 65: 778–785; T. Fujiwara, "The Role of Altruistic Behavior in Generalized Anxiety Disorder and Major Depression among Adults in the United States", *Journal of Affective Disorders*, 2007; 101: 219–225; M.A. Musick e J. Wilson, "Volunteering and Depression: The Role of Psychological and Social Resources in Different Age Groups", *Social Science & Medicine*, 2003; 56: 259–269; S.L. Brown et al., "Coping with Spousal Loss: Potential Buffering Effects of Self-Reported Helping Behavior", *Personality and Social Psychology Bulletin*, 2008; 34: 849–861; H.L. Schacter e G. Margolin, "When It Feels Good to Give: Depressive Symptoms, Daily Prosocial Behavior, and Adolescent Mood", *Emotion*, 2019; 19: 923; K.J. Shillington et al., "Kindness as an Intervention for Student Social Interaction Anxiety, Affect, and Mood: The KISS of Kindness Study", *International Journal of Applied Positive Psychology*, 14 de maio de 2020.

42 Anônimo, "Mental Health and Psychosocial Considerations during the Covid-19 Outbreak", *OMS*, 18 de março de 2020; Y. Feng et al., "When Altruists Cannot Help: The Influence of Altruism on the Mental Health of University Students during the Covid-19 Pandemic", *Globalization and Health*, 2020; 16: 61.

43 Tucídides, *The History of the Peloponnesian War*, trans. Richard Crawley, Londres: Longmans, Green & Co., 1874, 2.47.4.

44 J. de Venette, *The Chronicle of Jean de Venette*, em *The Black Death*, trad. e ed. R. Horrox, Manchester: Manchester University Press, 2013, pp. 55–56.

45 S. Kisely, "Occurrence, Prevention, and Management of the Psychological Effects of Emerging Virus Outbreaks on Healthcare Workers: Rapid Review and Meta-Analysis", *BMJ*, 2020; 369: m1642.

46 J. Hoffman, "'I Can't Turn My Brain Off': PTSD and Burnout Threaten Medical Workers", *New York Times*, 16 de maio de 2020.

47 K. Weise, "Two Emergency Room Doctors Are in Critical Condition with Coronavirus", *New York Times*, 15 de março de 2020.

48 C. Jewett et al., "Nearly 600 — and Counting— US Health Care Workers Have Died of Covid-19", *The Guardian,* 6 de junho de 2020.

49 M. Zhan et al., "Death from Covid-19 of 23 Health Care Workers in China", *New England Journal of Medicine,* 2020; 382: 2267–2268; L. Magalhaes et al., "Brazil's Nurses Are Dying as Covid-19 Overwhelms Hospitals", *Wall Street Journal,* 19 de maio de 2020.

50 Anônimo, "In Memoriam: Healthcare Workers Who Have Died of Covid-19", *Medscape,* 1º de maio de 2020.

51 S. Gondi et al., "Personal Protective Equipment Needs in the USA during the Covid-19 Pandemic", *New England Journal of Medicine,* 2020; 395: e90.

52 C. Jewett et al., "Workers Filed More Than 4,100 Complaints about Protective Gear. Some Died", *Kaiser Health News,* 30 de junho de 2020.

53 M. Fackler, "Tsunami Warnings, Written in Stone", *New York Times,* 20 de abril de 2011.

54 C. Domonoske, "Drought in Central Europe Reveals Cautionary 'Hunger Stones' in Czech Republic", *NPR,* 24 de agosto de 2018.

55 S. Bhuamik, "Tsunami Folklore 'Saved Islanders'", *BBC News,* 20 de janeiro de 2005.

56 P.J. Richerson e R. Boyd, *Not by Genes Alone: How Culture Transformed Human Evolution,* Chicago: University of Chicago Press, 2005, p. 5.

57 J. Henrich e C. Tennie, "Cultural Evolution in Chimpanzees and Humans", em *Chimpanzees and Human Evolution,* ed. M. Muller, R.W. Wrangham e D.R. Pilbeam, Cambridge, MA: Harvard University Press, 2017.

58 T.T. Le et al., "The Covid-19 Vaccine Development Landscape", *Nature Reviews Drug Discovery,* 2020; 19: 305–306; Anônimo, "Draft Landscape of Covid-19 Candidate Vaccines", *OMS,* 20 de abril de 2020.

59 Anônimo, "China Has 5 Vaccine Candidates in Human Trials, with More Coming", *Bloomberg,* 15 de maio de 2020.

60 Anônimo, "First FDA-Approved Vaccine for the Prevention of Ebola Virus Disease, Marking a Critical Milestone in Public Health Preparedness and Response", *United States Food and Drug Administration,* 19 de dezembro de 2019.

61 E.S. Pronker et al., "Risk in Vaccine Research and Development Quantified", *PLOS ONE,* 2013; 8: e57755.

62 K. Duan et al., "Effectiveness of Convalescent Plasma Therapy in Severe Covid-19 Patients", *Proceedings of the National Academy of Sciences,* 2020; 117: 9490–9496; V.N. Pimenoff et al., "A Systematic Review of Convalescent Plasma Treatment for Covid-19", *medRxiv,* 8 de junho de 2020; L. Li et al., "*Effect of Convalescent Plasma Therapy on Time to Clinical Improvement in Patients with Severe and Life-Threatening Covid-19: A Randomized Clinical Trial*", *JAMA,* 3 de junho de 2020.

63 D. Lowe, "Coronavirus Vaccine Prospects", *Science Translational Medicine,* 15 de abril de 2020.

64 D.R. Hopkins, *The Greatest Killer: Smallpox in History, with a New Introduction,* Chicago: University of Chicago Press, 2002, p. 80.

65 L.J. Saif, "Animal Coronavirus Vaccines: Lessons for SARS", *Developments in Biologicals,* 2004; 119: 129–140.

66 H. Wang et al., "Development of an Inactivated Vaccine Candidate, BBIBP-CorV, with Potent Protection against SARS-CoV-2", *Cell,* 2020; 182: 1–9.

67 Q. Gao et al., "Development of an Inactivated Vaccine Candidate for SARS-CoV-2", *Science,* 2020; 369: 77–81; J. Cohen, "Covid-19 Vaccine Protects Monkeys from New Coronavirus, Chinese Biotech Reports", *Science,* 23 de abril de 2020.

68 F.C. Zhu et al., "Safety, Tolerability, and Immunogenicity of a Recombinant Adenovirus Type-5 Vectored Covid-19 Vaccine: A Dose-Escalation, Open-Label, Non-Randomised, First-in-Human Trial", *The Lancet,* 2020; 395: 13–19.

69 Anônimo, "Moderna Ships mRNA Vaccine against Novel Coronavirus (mRNA-1273) for Phase 1 Study", *Moderna,* 24 de fevereiro de 2020.

70 Anônimo, "Moderna Announces Positive Interim Phase 1 Data for Its mRNA Vaccine (mRNA-1273) against Novel Coronavirus", *Moderna,* 18 de maio de 2020.

71 Anônimo, "Moderna Reports Positive Data from Phase I Covid-19 Vaccine Trial", *Moderna,* 19 de maio de 2020.

72 G. Ramon, "Combined (Active-Passive) Prophylaxis and Treatment of Diphtheria and Tetanus", *JAMA,* 1940; 114: 2366–2368.

73 D. Butler, "Close but No Nobel: The Scientists Who Never Won", *Nature,* 11 de outubro de 2016.

74 A.T. Glenny e H.J. Südmersen, "Notes on the Production of Immunity to Diphtheria Toxin", *Epidemiology and Infection,* 2009; 20: 176–220.

75 G. Ott e G.V. Nest, "Development of Vaccine Adjuvants: A Historical Perspective", em *Vaccine Adjuvants and Delivery Systems,* ed. M. Singh, Nova York: Wiley and Sons, 2007, pp. 1–31; R.R. Shah et al., "Overview of Vaccine Adjuvants: Introduction, History, and Current Status", em *Vaccine Adjuvants: Methods and Protocols,* ed. C.B. Fox, Nova York: Springer Science, 2017, pp. 1–13.

76 T.T. Le et al., "The Covid-19 Vaccine Development Landscape", *Nature Reviews Drug Discovery,* 2020; 19: 305–306.

77 K.A. Callow et al., "The Time Course of the Immune Response to Experimental Coronavirus Infection of Man", *Epidemiology and Infection,* 1990; 105: 435–446; L.P. Wu et al., "Duration of Antibody Responses after Severe Acute Respiratory Syndrome", *Emerging Infectious Diseases,* 2007; 13: 1562–1564.

78 S. Jiang, "Don't Rush to Deploy Covid-19 Vaccines and Drugs without Sufficient Safety Guarantees", *Nature,* 16 de março de 2020.

79 H.C. Lehmann et al., "Guillain-Barré Syndrome after Exposure to Influenza Virus", *Lancet Infectious Diseases,* 2010; 10: 643–651.

80 P.A. Offit, *The Cutter Incident: How America's First Polio Vaccine Led to a Growing Vaccine Crisis,* New Haven, CT: Yale University Press, 2007.

81 C.L. Thigpen e C. Funk, "Most Americans Expect a Covid-19 Vaccine within a Year; 72% Say They Would Get Vaccinated", *Pew Research Center,* 21 de maio de 2020.

82 I.A. Hamilton, "Bill Gates Is Helping Fund New Factories for 7 Potential Coronavirus Vaccines, Even Though It Will Waste Billions of Dollars", *Business Insider,* 3 de abril de 2020.

83 J.H. Beigel et al., "Remdesivir for the Treatment of Covid-19 — Preliminary Report", *New England Journal of Medicine,* 22 de maio de 2020.

84 Anônimo, "Low-Cost Dexamethasone Reduces Death by Up to One Third in Hospitalized Patients with Severe Respiratory Complications of Covid-19", *University of Oxford,* 16 de junho de 2020; P. Horby et al., "Effect of Dexamethasone in Hospitalized Patients with Covid-19: Preliminary Report", *medRxiv,* 22 de junho de 2020.

85 K.A. Callow et al., "The Time Course of the Immune Response to Experimental Coronavirus Infection of Man", *Epidemiology and Infection,* 1990; 105: 435–446.

86 N. Eyal et al., "Human Challenge Studies to Accelerate Coronavirus Vaccine Licensure", *Journal of Infectious Diseases,* 2020; 221: 1752–1756.

87 C. Friedersdorf, "Let Volunteers Take the COVID Challenge", *The Atlantic,* 21 de abril de 2020.

88 Anônimo, "Expectations for a Covid-19 Vaccine", *AP-NORC Center,* maio de 2020.

89 C.L. Thigpen e C. Funk, "Most Americans Expect a Covid-19 Vaccine within a Year; 72% Say They Would Get Vaccinated", *Pew Research Center,* 21 de maio de 2020.

90 Anônimo, "Expectations for a Covid-19 Vaccine", *AP-NORC Center,* maio de 2020.

91 D.G. McNeil Jr., "'We Loved Each Other': Fauci Recalls Larry Kramer, Friend and Nemesis", *New York Times,* 27 de maio de 2020.

92 D. Bernard, "Three Decades before Coronavirus, Anthony Fauci Took Heat from AIDS Protestors", *Washington Post,* 20 de maio de 2020.

93 S.M. Hammer et al., "A Controlled Trial of Two Nucleoside Analogues plus Indinavir in Persons with Human Immunodeficiency Virus Infection and CD4 Cell Counts of 200 per Cubic Millimeter or Less", *New England Journal of Medicine,* 1997; 337: 725–733; R.M. Gulick et al., "Treatment with Indinavir, Zidovudine, and Lamivudine in Adults with Human Immunodeficiency Virus Infection and Prior Antiretroviral Therapy", *New England Journal of Medicine,* 1997; 337: 734–739.

94 A.S. Fauci e R.W. Eisinger, "PEPFAR—15 Years and Counting the Lives Saved", *New England Journal of Medicine,* 2018; 378: 314–316.

7. MUDANÇA

1 E. Gibney, "Coronavirus Lockdowns Have Changed the Way Earth Moves", *Nature,* 31 de março de 2020.; T. Lecocq et al., "Global Quieting of High-Frequency Seismic Noise Due to Covid-19 Pandemic Lockdown Measures", *Science,* 23 de julho de 2020.

2 L. Boyle, "Himalayas Seen for First Time in Decades from 125 Miles Away after Pollution Drop", *The Independent,* 8 de abril de 2020; India State-Level Disease Burden Initiative Air Pollution Collaborators, "The Impact of Air Pollution on Deaths, Disease Burden, and Life Expectancy across the States of India: The Global Burden of Disease Study 2017", *Lancet Planetary Health,* 2019; 3: e26–e39.

3 M. Vasquez, "Trump Now Says He Wasn't Kidding When He Told Officials to Slow Down Coronavirus Testing, Contradicting Staff", *CNN,* 23 de junho de 2020.

4 S.S. Dutta, "People under 45 Make Up Higher Percentage of Covid-19 Deaths in India Compared to US, China", *New Indian Express,* 1° de maio de 2020.

5 Anônimo, "Coronavirus: India to Use 500 Train Carriages as Wards in Delhi", *BBC,* 14 de junho de 2020.

6 J.T. Lewis e L. Magalhaes, "Brazilian Court Rules President Bolsonaro Must Wear Mask in Public", *Wall Street Journal,* 23 de junho de 2020.

7 L. Zhang et al., "Mutated Coronavirus Shows Significant Boost in Infectivity", *Scripps Research,* 12 de junho de 2020.

8 P. Belluck, "Here's What Recovery from Covid-19 Looks Like for Many Survivors", *New York Times,* 1° de julho de 2020.

9 S. Chapman, "Great Expectorations! The Decline of Public Spitting: Lessons for Passive Smoking?" *BMJ,* 1995; 311: 1685.

10 P.H. Lai et al., "Characteristics Associated with Out-of-Hospital Cardiac Arrests and Resuscitations during the Novel Coronavirus Disease 2019 Pandemic in New York City", *JAMA Cardiology,* 19 de junho de 2020.

11 N. Friedman, "Locked-Down Teens Stay Up All Night, Sleep All Day", *Wall Street Journal,* 22 de maio de 2020.

12 L. Skenazy, "COVID Surprise: Kids Are Doing All the Stuff Helicopter Parents Used to Do for Them", *Big Think,* 30 de abril de 2020.

13 N. Doyle-Burr, "Norwich Rallies Together to Grow Gardens as Part of Covid-19 Response", *Valley News* (Lebanon, NH), 18 de maio de 2020.

14 Nações Unidas, Departamento de Assuntos Econômicos e Sociais, Divisão de População, *World Urbanization Prospects: The 2018 Revision (ST/ESA/SER.A/420),* Nova York: Nações Unidas, 2019.

15 Anônimo, "Men Pick Up (Some) of the Slack at Home: New National Survey on the Pandemic at Home", *Council on Contemporary Families,* 20 de maio de 2020.

16 Anônimo, "A Survey of Handwashing Behavior (Trended)", *Harris Interactive,* agosto de 2010.

17 K.R. Moran e S.Y. Del Valle, "A Meta-Analysis of the Association between Gender and Protective Behaviors in Response to Respiratory Epidemics and Pandemics", *PLOS ONE,* 2016; 11: e0164541.

18 J. Scipioni, "White House Advisor Dr. Fauci Says Handshaking Needs to Stop Even When Pandemic Ends—Other Experts Agree", *CNBC,* 9 de abril de 2020.

19 E. Andrews, "The History of the Handshake", *History,* 9 de agosto de 2016.

20 I. Frumin et al., "A Social Chemosignaling Function for Human Handshaking", *eLife,* 2015; 4: e05154.

21 S. Pappas, "Chimp 'Secret Handshakes' May Be Cultural", *Scientific American,* 29 de agosto de 2012.

22 N. Strochlic, "Why Do We Touch Strangers So Much? A History of the Handshake Offers Clues", *National Geographic,* 12 de março de 2020; S. Fitzgerald, "6 Ways People around the World Say Hello—Without Touching", *National Geographic,* 23 de março de 2020.

23 N. Strochlic, "Why Do We Touch Strangers So Much? A History of the Handshake Offers Clues", *National Geographic,* 12 de março de 2020.

24 S. Roberts, "Let's (Not) Shake on It", *New York Times,* 2 de maio de 2020.

25 A. Witze, "Universities Will Never Be the Same after the Coronavirus Crisis", *Nature,* 1° de junho de 2020.

26 D. Harwell, "Mass School Closures in the Wake of the Coronavirus Are Driving a New Wave of Student Surveillance", *Washington Post,* 1° de abril de 2020.

27 C. Papst, "Police Search Baltimore County House over BB Guns in Virtual Class", *FOX45 News,* 10 de junho de 2020.

28 L. Ferretti et al., "Quantifying SARS-CoV-2 Transmission Suggests Epidemic Control with Digital Contact Tracing", *Science,* 2020; 368: eabb6936.

29 Anônimo, "Apple and Google Partner on Covid-19 Contact Tracing Technology", *Apple,* 10 de abril de 2020; S. Overly e M. Ravindranath, "Google and Apple's Rules for Virus Tracking Apps Sow Division among States", *Politico,* 11 de junho de 2020.

30 M. Giglio, "The Pandemic's Cost to Privacy", *The Atlantic,* 22 de abril de 2020.

31 N.A. Christakis e J.H. Fowler, "Social Network Sensors for Early Detection of Contagious Outbreaks", *PLOS ONE,* 2010; 5: e12948.

32 Tucídides, *The History of the Peloponnesian War,* trad. de Richard Crawley, Londres: Longmans, Green & Co., 1874, p. 133.

33 Anônimo, "Most Americans Say Coronavirus Outbreak Has Impacted Their Lives", *Pew Research Center,* 30 de março de 2020; F. Newport, "Religion and the Covid-19 Virus in the U.S", *Gallup,* 6 de abril de 2020.

34 F. Newport, "Religion and the Covid-19 Virus in the U.S", *Gallup,* 6 de abril de 2020.

35 C. Gecewicz, "Few Americans Say Their House of Worship Is Open, but a Quarter Say Their Faith Has Grown amid Pandemic", *Pew Research Center,* 30 de abril de 2020.

36 Anônimo, "Coronavirus: South Korea Church Leader Apologises for Virus Spread", *BBC,* 2 de março de 2020; W. Boston, "More Than 100 in Germany Found to Be Infected with Coronavirus after Church's Services", *Wall Street Journal,* 24 de maio de 2020; L. Hamner et al., "High SARS-CoV-2 Attack Rate Following Exposure at a Choir Practice—Skagit County, Washington, March 2020", *CDC Morbidity and Mortality Weekly Report,* 2020; 69: 606–610.

37 C. Gecewicz, "Few Americans Say Their House of Worship Is Open, but a Quarter Say Their Faith Has Grown Amid Pandemic", *Pew Research Center,* 30 de abril de 2020.

38 Anônimo, "Most Americans Say Coronavirus Outbreak Has Impacted Their Lives", *Pew Research Center,* 30 de março de 2020.

39 J. Abdalla, "Michigan Muslims Find New Ways to Celebrate Eid amid a Pandemic", *Al Jazeera,* 22 de maio de 2020.

40 I. Lovett e R. Elliott, "America's Churches Weigh Coronavirus Danger against the Need to Worship", *Wall Street Journal,* 28 de maio de 2020.

41 A. Liptak, "Supreme Court, in 5-4 Decision, Rejects Church's Challenge to Shutdown Order", *New York Times,* 30 de maio de 2020.

42 P. Drexler, "For Divorced Parents, a Time to Work Together", *Wall Street Journal,* 25 de abril de 2020.

43 J. Couzin-Frankel, "From 'Brain Fog' to Heart Damage, Covid-19's Lingering Problems Alarm Scientists", *Science,* 31 de julho de 2020; Y. Lu et al., "Cerebral Micro-Structural Changes in Covid-19 Patients — An MRI-Based 3-Month Follow-Up Study", *EClinicalMedicine,* 3 de agosto de 2020.

44 R. Kocher, "Doctors without State Borders: Practicing across State Lines", *Health Affairs,* 18 de fevereiro de 2014.

45 M.L. Barnett, "After the Pandemic: Visiting the Doctor Will Never Be the Same. And That's Fine", *Washington Post,* 11 de maio de 2020.

46 E.J. Emanuel e A.S. Navathe, "Will 2020 Be the Year That Medicine Was Saved?" *New York Times,* 14 de abril de 2020.

47 D.C. Classen et al., "'Global Trigger Tool' Shows That Adverse Events in Hospitals May Be Ten Times Greater Than Previously Measured", *Health Affairs,* 2011; 30: 581–589.

48 S.A. Cunningham et al., "Doctors' Strikes and Mortality: A Review", *Social Science and Medicine,* 2008; 67: 1784–1788.

49 A.B. Jena et al., "Mortality and Treatment Patterns among Patients Hospitalized with Acute Cardiovascular Conditions during Dates of National Cardiology Meetings", *JAMA Internal Medicine,* 2015; 175: 237–244.

50 H.G. Welch e V. Prasad, "The Unexpected Side Effects of Covid-19", *CNN,* 27 de maio de 2020.

51 E. Goldberg, "Early Graduation Could Send Medical Students to Virus Front Lines", *New York Times,* 26 de março de 2020.

52 J. Lu, "World Bank: Recession Is the Deepest in Decades", *NPR,* 12 de junho de 2020.

53 B. Casselman, "A Collapse That Wiped Out 5 Years of Growth, with No Bounce in Sight", *New York Times,* 30 de julho de 2020.

54 R. Sanchez, "'So Many More Deaths Than We Could Have Ever Imagined.' This Is How America's Largest City Deals with Its Dead", *CNN,* 3 de maio de 2020.

55 M. Flynn, "They Lived in a Factory for 28 Days to Make Millions of Pounds of Raw PPE Materials to Help Fight Coronavirus", *Washington Post,* 23 de abril de 2020.

56 S. Lewis, "Distilleries Are Making Hand Sanitizer and Giving It Out for Free to Combat Coronavirus", *CBS News,* 14 de março de 2020.

57 L. Darmiento, "How the L.A. Apparel Industry Became Mask Makers", *Los Angeles Times,* 22 de junho de 2020.

58 D. Robinson, "The Companies Repurposing Manufacturing to Make Key Medical Kit during Covid-19 Pandemic", *NS Medical Devices,* 1º de abril de 2020.

59 C. Edwards, "Onshoring in the Post-Coronavirus Future: Local Goods for Local People", *Engineering and Technology,* 18 de maio de 2020.

60 C.A. Makridis e T. Wang, "Learning from Friends in a Pandemic: Social Networks and the Macroeconomic Response of Consumption", *SSRN,* 17 de maio de 2020.

61 Associated Press, "U.S. Online Alcohol Sales Jump 243% during Coronavirus Pandemic", *MarketWatch,* 2 de abril de 2020.

62 W. Oremus, "What Everyone's Getting Wrong about the Toilet Paper Shortage", *Medium Marker,* 2 de abril de 2020.

63 Logistics Management Staff, "Parcel Experts Weigh In on FedEx and UPS So Far throughout the Covid-19 Pandemic", *Logistics Management,* 8 de junho de 2020.

64 A. Palmer, "Amazon to Hire 100,000 More Workers and Give Raises to Current Staff to Deal with Coronavirus Demands", *CNBC,* 16 de março de 2020.

65 Anônimo, "US Oil Prices Turn Negative as Demand Dries Up", *BBC,* 21 de abril de 2020.

66 A. Tappe, "Prices Are Tumbling at an Alarming Rate", *CNN,* 12 de maio de 2020.

67 M. Wayland, "Worst Yet to Come as Coronavirus Takes Its Toll on Auto Sales", *CNBC,* 1º de abril de 2020; P. LeBeau e N. Higgins-Dunn, "General Motors, Ford and Fiat Chrysler to Temporarily Close All US Factories Due to the Coronavirus", *CNBC,* 18 de março de 2020.

68 A. Villas-Boas, "Comcast, Charter, Verizon, and Dozens of Other Internet and Phone Providers Have Signed an FCC Pledge to 'Keep Americans Connected' Even If They Can't Pay during Disruptions Caused by Coronavirus", *Business Insider,* 13 de março de 2020.

69 Anônimo, "College Students: U-Haul Offers 30 Days Free Self-Storage amid Coronavirus Outbreak", *U-Haul,* 12 de março de 2020.

70 L. Rackl, "Demand for RVs Grows as Coronavirus Crisis Changes the Way We Travel. 'I Can See So Many People Doing It This Summer'", *Chicago Tribune,* 20 de maio de 2020.

71 Anônimo, "Considerations for Travelers — Coronavirus in the US", *CDC,* 28 de junho de 2020.

72 J. Maze, "A Lot of Restaurants Are Already Permanently Closed", *Restaurant Business Magazine,* 27 de março de 2020.

73 Anônimo, "Small Business Impact Report", *CardFlight,* 15 de abril de 2020; Anônimo, "Small Business Impact Report", *CardFlight,* 13 de maio de 2020.

74 E. Luce, "Tata's Lessons for the Post-Covid World", *Financial Times,* 1º de maio de 2020.

75 H. Goldman, "NYC to Close 40 Miles of Streets to Give Walkers More Space", *Bloomberg,* 27 de abril de 2020.

76 E. Addley, "Eureka Moment? Law Firms Report Rush to Patent Ideas amid UK Lockdown", *The Guardian,* 24 de maio de 2020.

77 C. Mims, "Reporting for Coronavirus Duty: Robots That Go Where Humans Fear to Tread", *Wall Street Journal,* 4 de abril de 2020.

78 T.B. Lee, "The Pandemic Is Bringing Us Closer to Our Robot Takeout Future", *Ars Technica,* 24 de abril de 2020.

79 D. Schneider e K. Harknett, "Essential and Vulnerable: Service Sector Workers and Paid Sick Leave", *University of California Shift Project,* abril de 2020.

80 E. Luce, "Tata's Lessons for the Post-Covid World", *Financial Times,* 1º de maio de 2020.

81 E. Bernstein et al., "The Implications of Working without an Office", *Harvard Business Review,* 15 de julho de 2020.

82 Ibid.

83 Escritório de Estatísticas de Trabalho, Departamento de Trabalho dos EUA, *Occupational Employment Statistics, Occupational Employment and Wages: 39-9011 Childcare Workers, May 2017.*

84 L. Hogan et al., "Holding On Until Help Comes: A Survey Reveals Child Care's Fight to Survive", *National Association for the Education of Young Children,* 13 de julho de 2020.

85 N. Joseph, "Roll Call: The Importance of Teacher Attendance", *National Council on Teacher Quality,* junho de 2014.

86 G. Viglione, "How Scientific Conferences Will Survive the Coronavirus Shock", *Nature,* 2 de junho de 2020.

87 L.B. Kahn, "The Long-Term Labor Market Consequences of Graduating from College in a Bad Economy", *Labour Economics,* 2010; 17: 303–316.

88 E.C. Bianchi, "The Bright Side of Bad Times: The Affective Advantages of Entering the Workforce in a Recession", *Administrative Science Quarterly,* 2013; 58: 587–623.

89 A. Grant, "Adam Grant on How Jobs, Bosses, and Firms May Improve after the Crisis", *The Economist,* 1º de junho de 2020.

90 A. di Tura di Grasso, *Cronica Maggiore,* em "Plague Readings", A. Futrell (Universidade do Arizona), 2002.

91 S. Correia et al., "Pandemics Depress the Economy, Public Health Interventions Do Not: Evidence from the 1918 Flu", *SSRN working paper,* 11 de junho de 2020.

92 Ò. Jordà et al., "Longer-Run Economic Consequences of Pandemics", *Federal Reserve Bank of San Francisco Working Paper 2020-09,* junho de 2020.

93 Catedral de Rochester, *Historia Roffensis,* em *The Black Death,* trad. e ed. R. Horrox, Manchester: Manchester University Press, 2013, p. 70.

94 E. Saez e G. Zucman, "Wealth Inequality in the United States since 1913: Evidence from Capitalized Income Tax Data", *Quarterly Journal of Economics,* 2016; 131: 519–578.

95 T. McTague, "The Decline of the American World", *The Atlantic,* 24 de junho de 2020.

96 V. Sacks e D. Murphey, "The Prevalence of Adverse Childhood Experiences, Nationally, by State, and by Race or Ethnicity", *Child Trends,* 12 de fevereiro de 2018; D.J. Bryant et al., "The Rise of Adverse Childhood Experiences during the Covid-19 Pandemic", *Psychological Trauma: Theory, Research, Practice, and Policy,* 2020; 12: S193–S194.

97 M. Lin e E. Liu, "Does In Utero Exposure to Illness Matter? The 1918 Influenza Epidemic in Taiwan as a Natural Experiment", *Journal of Health Economics,* 2014; 37: 152–163.

98 B. Mazumder et al., "Lingering Prenatal Effects of the 1918 Influenza Pandemic on Cardiovascular Disease", *Journal of Developmental Origins of Health and Disease,* 2010; 1: 26–34.

99 D. Almond, "Is the 1918 Influenza Pandemic Over? Long-Term Effects of In Utero Influenza Exposure in the Post-1940 U.S. Population", *Journal of Political Economy,* 2006; 114: 672–712.

100 R.E. Nelson, "Testing the Fetal Origins Hypothesis in a Developing Country: Evidence from the 1918 Influenza Pandemic", *Health Economics,* 2010; 19: 1181–1192; J. Helgertz e T. Bengtsson, "The Long-Lasting Influenza: The Impact of Fetal Stress during the 1918 Influenza Pandemic on Socioeconomic Attainment and Health in Sweden, 1968–2012", *Demography,* 2019; 56: 1389–1425.

101 L. Spinney, *Pale Rider: The Spanish Flu of 1918 and How It Changed the World,* Nova York: Public Affairs, 2017, p. 261.

102 V. Woolf, "On Being Ill", *The Criterion,* janeiro de 1926, p. 32. Publicado no Brasil com o título *Sobre estar doente.*

103 Z. Stanska, "Plague in Art: 10 Paintings You Should Know in the Times of Coronavirus", *Daily Art Magazine,* 9 de março de 2020.

104 A. Swift, "In U.S., Belief in Creationist View of Humans at New Low", *Gallup,* 22 de maio de 2017.

105 S. Neuman, "1 in 4 Americans Thinks the Sun Goes around the Earth, Survey Says", *NPR,* 14 de fevereiro de 2020.

106 E.C. Hughes, "Mistakes at Work", *Canadian Journal of Economics and Political Science,* 1951; 17: 320–327.

107 D. Lazer et al., "The State of the Nation: A 50-State Covid-19 Survey", *Northeastern University,* 20 de abril de 2020.

108 C. Funk, "Key Findings about Americans' Confidence in Science and Their View on Scientists' Role in Society", *Pew Research Center,* 12 de fevereiro de 2020.

109 K. Andersen, *Fantasyland: How America Went Haywire: A 500-Year History,* Nova York: Random House, 2017.

110 D. Lazer et al., "The State of the Nation: A 50-State Covid-19 Survey", *Northeastern University,* 20 de abril de 2020.

111 US Department of Health and Human Services, "Dr. Anthony Fauci: 'Science Is Truth'", *Learning Curve,* 17 de junho de 2020.

112 M. Stevis-Gridneff, "The Rising Heroes of the Coronavirus Era? Nations' Top Scientists", *New York Times,* 5 de abril de 2020.

113 S.K. Cohn Jr., *The Black Death Transformed: Disease and Culture in Early Renaissance Europe,* Nova York: Oxford University Press, 2002.

8. COMO AS PRAGAS CHEGAM AO FIM

1 G.C. Marshall, "Address of Welcome by the Honorable George C. Marshall", *Proceedings of the Fourth International Congress on Tropical Medicine and Malaria,* Washington, D.C: Department of State, 1948, pp. 1–4.

2 A. Cockburn, *The Evolution and Eradication of Infectious Diseases,* Baltimore: Johns Hopkins University Press, 1963, p. 150.

3 R.G. Petersdorf, "The Doctor's Dilemma", *New England Journal of Medicine,* 1978; 299: 628–634.

4 J. Lederberg, "Infectious Disease — A Threat to Global Health and Security", *JAMA,* 1996; 275: 417–419.

5 F.M. Snowden, *Epidemics and Society: From the Black Death to the Present,* New Haven, CT: Yale University Press, 2019, p. 453.

6 Ibid., p. 458.

7 White House Office of Science and Technology Policy, "Fact Sheet: Addressing the Threat of Emerging Infectious Diseases", 12 de junho de 1996.

8 US Department of Defense, *Addressing Emerging Infectious Disease Threats: A Strategic Plan for the Department of Defense,* Washington, DC: USGPO, 1998, p. 1.

9 CIA, "The Global Infectious Disease Threat and Its Implications for the United States", *NIE 99-17D,* janeiro de 2000.

10 K.E. Jones et al., "Global Trends in Emerging Infectious Diseases", *Nature,* 2008; 451: 990–993.

11 L.A. Dux et al., "Measles Virus and Rinderpest Virus Divergence Dated to the Sixth Century BCE", *Science,* 2020; 368: 1367–1370; M.J. Keeling e B.T. Grenfell, "Disease Extinction and Community Size: Modeling the Persistence of Measles", *Science,* 1997; 275: 65–67.

12 C. Zimmer, "Isolated Tribe Gives Clues to the Origins of Syphilis", *Science,* 2008; 319: 272; K.N. Harper et al., "On the Origin of the Treponematoses: A Phylogenetic Approach", *PloS Neglected Tropical Diseases,* 2008; 2: e148.

13 J. Diamond, "The Germs That Transformed History", *Wall Street Journal,* 22 de maio de 2020.

14 Covid-19 Response Team, "Severe Outcomes among Patients with Coronavirus Disease 2019 (Covid-19) — United States, February 12–March 16, 2020", *CDC Morbidity and Mortality Weekly Report,* 2020; 69: 343–346; S. Richardson et al., "Presenting Characteristics, Comorbidities, and Outcomes among 5,700 Patients Hospitalized with Covid-19 in the New York City Area", *JAMA,* 2020; 323: 2052–2059.

15 K. Modig e M. Ebeling, "Excess Mortality from Covid-19: Weekly Excess Death Rates by Age and Sex for Sweden", *medRxiv,* 15 de maio de 2020.

16 J.R. Goldstein e R.D. Lee, "Demographic Perspectives on Mortality of Covid-19 and Other Epidemics", *NBER Working Paper 27043,* abril de 2020.

17 Ibid.

18 W.G. Lovell, "Disease and Depopulation in Early Colonial Guatemala", em *"Secret Judgments of God": Old World Disease in Colonial Spanish America,* ed. N.D. Cook e W.G. Lovell, Norman: University of Oklahoma Press, 1992, p. 61.

19 Korber et al., "Tracking Changes in SARS-CoV-2 Spike: Evidence That D614G Increases Infectivity of the Covid-19 Virus", *Cell,* 2020; 182: 1–16, agosto de 2020; Q. Li, et al., "The Impact of Mutations in SARS-CoV-2 Spike on Viral Infectivity and Antigenicity", *Cell,* 2020; 182: 1–11, setembro de 2020; H. Yao et al., "Patient-Derived Mutations Impact Pathogenicity of SARSCoV-2", *medRxiv,* 23 de abril de 2020; L. Zhang et al., "The D614G Mutation in the SARS-CoV-2 Spike Protein Reduces S1 Shedding and Increases Infectivity", *bioRxiv,* 12 de junho de 2020.

20 S. Chen et al., "China's New Outbreak Shows Signs the Virus Could Be Changing", *Bloomberg News,* 20 de maio de 2020.

21 L. Vijgen et al., "Complete Genomic Sequence of Human Coronavirus OC43: MolecularClock Analysis Suggests a Relatively Recent Zoonotic Coronavirus Transmission Event", *Journal of Virology,* 2005; 79: 1595–1604.

22 M. Honigsbaum, *A History of the Great Influenza Pandemics: Death, Panic, and Hysteria, 1830–1920*, Londres: Bloomsbury, 2014.

23 A.J. Valleron et al., "Transmissibility and Geographic Spread of the 1889 Influenza Pandemic", *Proceedings of the National Academy of Sciences*, 2010; 107: 8778–8781.

24 Anônimo, "The Influenza Pandemic", *The Lancet*, 11 de janeiro de 1890, pp. 88–89.

25 G. Daugherty, "The Russian Flu of 1889: The Deadly Pandemic Few Americans Took Seriously", *History*, 23 de março de 2020.

26 A.J. Valleron et al., "Transmissibility and Geographic Spread of the 1889 Influenza Pandemic", *Proceedings of the National Academy of Sciences*, 2010; 107: 8778–8781; J. Mulder e N. Masurel, "Pre-Epidemic Antibody against 1957 Strain of Asiatic Influenza in Serum of Older People Living in the Netherlands", *The Lancet*, 1958; 1: 810–814.

27 Anônimo, "The Influenza Pandemic", *The Lancet*, 11 de janeiro de 1890, pp. 88–89.

28 A.B. Docherty et al., "Features of 20,133 UK Patients in Hospital with Covid-19 Using the ISARC WHO Clinical Characterization Protocol: Prospective Observational Cohort Study", *British Medical Journal*, 2020; 369: m1985; Y. Wu et al., "Nervous System Involvement after Infection with Covid-19 and Other Coronaviruses", *Brain, Behavior, and Immunity*, 2020; 87: 18–22; S.H. Wong et al., "Covid-19 and the Digestive System", *Journal of Gastroenterology and Hepatology*, 2020; 35: 744–748.

29 A.S. Monto et al., "Clinical Signs and Symptoms Predicting Influenza Infection", *Archives of Internal Medicine*, 2000; 160: 3243–3247; J.H. Yang et al., "Predictive Symptoms and Signs of Laboratory-Confirmed Influenza", *Medicine*, 2015; 94: 1–6.

30 L. Vijgen et al., "Complete Genomic Sequence of Human Coronavirus OC43: Molecular Clock Analysis Suggests a Relatively Recent Zoonotic Coronavirus Transmission Event", *Journal of Virology*, 2005; 79: 1595–1604.

31 E.T. Ewing, "La Grippe or Russian Influenza: Mortality Statistics during the 1890 Epidemic in Indiana", *Influenza and Other Respiratory Diseases*, 2019; 13: 279–287; D. Ramiro et al., "Age-Specific Excess Mortality Patterns and Transmissibility during the 1889–1890 Influenza Pandemic in Madrid, Spain", *Annals of Epidemiology*, 2018; 28: 267–272.

32 J. Leng e D.R. Goldstein, "Impact of Aging on Viral Infections", *Microbes and Infection*, 2010; 12: 1120–1124.

33 H. Rawson et al., "Deaths from Chickenpox in England and Wales 1995–7: Analysis of Routine Mortality Data", *BMJ*, 2001; 323: 1091–1093; S. Chaves et al., "Loss of Vaccine-Induced Immunity to Varicella over Time", *New England Journal of Medicine*, 2007; 356: 1121–1129.

34 S.K. Dunmire et al., "Primary Epstein-Barr Virus Infection", *Journal of Clinical Virology*, 2018; 102: 84–92; S. Jayasooriya et al., "Early Virological and Immunological Events in Asymptomatic Epstein-Barr Virus Infection in African Children", *PLOS Pathogens*, 2015; 11: e1004746; A. Ascherio and K.L. Munger, "Epstein–Barr Virus Infection and Multiple Sclerosis: A Review", *Journal of Neuroimmune Pharmacology*, 2010; 5: 271–277.

35 T. Westergaard et al., "Birth Order, Sibship Size and Risk of Hodgkin's Disease in Children and Young Adults: A Population-Based Study of 31 Million Person-Years", *International Journal of Cancer*, 1997; 72: 977–981; H. Hjalgrim et al., "Infectious Mononucleosis, Childhood Social Environment, and Risk of Hodgkin Lymphoma", *Cancer Research*, 2007; 67: 2382–2388.

36 E.K. Karlsson et al., "Natural Selection and Infectious Disease in Human Populations", *Nature Reviews Genetics*, 2014; 15: 379–393.; K.I. Bos et al., "Pre-Columbian Mycobacterial Genomes Reveal Seals as a Source of New World Human Tuberculosis", *Nature*, 2014; 514: 494–497; B. Muhlemann et al., "Diverse Variola Virus (Smallpox) Strains Were Widespread in Northern Europe in the Viking Age", *Nature*, 2020; 369: eaaw8977; S. Rasmussen et al., "Early Divergent Strains of *Yersinia Pestis* in Eurasia 5,000 Years Ago", *Cell*, 2015; 163: 571–582.

37 M. Fumagalli et al., "Signatures of Environmental Genetic Adaptation Pinpoint Pathogens as the Main Selective Pressure through Human Evolution", *PLoS Genetics*, 2011; 7: e1002355.

38 N.A. Christakis, *Blueprint: The Evolutionary Origin of a Good Society*, Nova York: Little, Brown, 2019. Publicado no Brasil com o título *Blueprint: As origens evolutivas de uma boa sociedade*. Ed. Alta Books, 2020.

39 J. Ostler, *The Plains Sioux and U.S. Colonialism from Lewis and Clark to Wounded Knee*, Cambridge: Cambridge University Press, 2004.

40 C.D. Dollar, "The High Plains Smallpox Epidemic of 1837–38", *Western Historical Quarterly*, 1977; 8: 15–38.

41 R. Thornton, *American Indian Holocaust and Survival: A Population History since 1492,* Norman: University of Oklahoma Press, 1987.

42 J. Lindo et al., "A Time Transect of Exomes from a Native American Population before and after European Contact", *Nature Communications*, 2016; 7: 1–11.

43 M. Price, "European Diseases Left a Genetic Mark on Native Americans", *Science,* 15 de novembro de 2016.

44 H. Laayouni et al., "Convergent Evolution in European and Roma Populations Reveals Pressure Exerted by Plague on Toll-Like Receptors", *Proceedings of the National Academy of Sciences*, 2014; 111: 2668–2673.

45 A.C. Allison, "Protection Afforded by Sickle-Cell Trait against Subtertian Malarial Infection", *British Medical Journal,* 1954; 1: 290–294; D.P. Kwiatkowski, "How Malaria Has Affected the Human Genome and What Human Genetics Can Teach Us about Malaria", *American Journal of Human Genetics*, 2005; 77: 171–192; K.J. Pittman et al., "The Legacy of Past Pandemics: Common Human Mutations That Protect against Infectious Disease", *PLoS Pathogens*, 2016; 12: e1005680.

46 I.C. Withrock et al., "Genetic Diseases Conferring Resistance to Infectious Diseases", *Genes and Diseases,* 2015; 2: 247–254; A. Mowat, "Why Does Cystic Fibrosis Display the Prevalence and Distribution Observed in Human Populations?", *Current Pediatric Research,* 2017; 21: 164–171; G.R. Cutting, "Cystic Fibrosis Genetics: From Molecular Understanding to Clinical Application", *Nature Reviews Genetics*, 2015; 16: 45–56; E.M. Poolman et al., "Evaluating Candidate Agents of Selective Pressure for Cystic Fibrosis", *Journal of the Royal Society Interface*, 2007; 4: 91–98.

47 D. Ellinghaus et al., "The ABO Blood Group Locus and a Chromosome 3 Gene Cluster Associate with SARS-CoV-2 Respiratory Failure in an Italian-Spanish Genome-Wide Association Analysis", *medRxiv,* 2 de junho de 2020.

48 H. Zeberg e S. Pääbo, "The Major Genetic Risk Factor for Severe Covid-19 Is Inherited from Neandertals", *bioRxiv,* 3 de julho de 2020.

49 A.M. Brandt, *No Magic Bullet: A Social History of Venereal Disease in the United States since 1880,* Nova York: Oxford University Press, 1985.

50 A.M. Brandt e A. Botelho, "Not a Perfect Storm — Covid-19 and the Importance of Language", *New England Journal of Medicine*, 2020; 382: 1493–1495.

51 A. Wise, "White House Defends Trump's Use of Racist Term to Describe Coronavirus", *NPR,* 22 de junho de 2020.

52 K. Gibson, "Survey Finds 38% of Beer-Drinking Americans Say They Won't Order a Corona", *CBS News,* 1° de março de 2020.

53 M. Honigsbaum, *A History of the Great Influenza Pandemics: Death, Panic, and Hysteria, 1830–1920,* London: Bloomsbury, 2014.

54 D.G. McNeil, "As States Rush to Reopen, Scientists Fear a Coronavirus Comeback", *New York Times,* 11 de maio de 2020.

55 C. Ornstein e M. Hixenbaugh, "'All the Hospitals Are Full': In Houston, Overwhelmed ICUs Leave Covid-19 Patients Waiting in ERs", *ProPublica,* 10 de julho de 2020; E. Platoff, "Gov. Greg Abbott Keeps Businesses Open Despite Surging Coronavirus Cases and Rising Deaths in Texas", *Texas Tribune,* 25 de junho de 2020; A. Samuels, "Gov. Greg Abbott Warns If Spread of Covid-19 Doesn't Slow, 'The Next Step Would Have to Be a Lockdown,'" *Texas Tribune,* 10 de julho de 2020.

56 S. Gottlieb et al., "National Coronavirus Response: A Road Map to Reopening", *AEI Report,* 28 de março de 2020.

57 G. Kolata, "How Pandemics End'" , *New York Times,* 10 de maio de 2020.

58 E. Kübler-Ross, *On Death and Dying,* Nova York: Macmillan, 1969.

59 F.M. Snowden, *Epidemics and Society: From the Black Death to the Present,* New Haven, CT: Yale University Press, 2019; M.T. Osterholm e M. Olshaker, *Deadliest Enemy: Our War Against Killer Germs,* Nova York: Little, Brown, 2017; L. Garrett, *The Coming Plague: Newly Emerging Diseases in a World Out of Balance,* Nova York: Penguin, 1995; P.E. Farmer, *Infections and Inequalities: The Modern Plagues,* Berkeley: University of California Press, 1999.

60 D.M. Morens e A.S. Fauci, "'The 1918 Influenza Pandemic: Insights for the 21st Century", *Journal of Infectious Diseases,* 2007; 195: 1018–1028.

61 H. Sun et al., "Prevalent Eurasian Avian-Like H1N1 Swine Influenza Virus with 2009 Pandemic Viral Genes Facilitating Human Infection", *Proceedings of the National Academy of Sciences,* junho de 2020.

POSFÁCIO

1 D.M. Cutler e L.H. Summers, "The COVID-19 Pandemic and the $16 Trillion Virus", JAMA, 2020; 324: 1495-1496.

2 Y. Zhou e G. Stix, "COVID Is on Track to Become the U.S.'s Leading Cause of Death – Yet Again", *Scientific American*, 13 de janeiro de 2021.

3 T. Andrasfay e N. Goldman, "Reductions in 2020 US Life Expectancy due to COVID-19 and the Disproportionate Impact on the Black and Latino Populations", *PNAS*, 2021; 118: e2014746118.

4 F.P. Polack, et al., "Safety and Efficacy of the BNT162b2 mRNA COVID-19 Vaccine", *New England Journal of Medicine*, 2020; 383: 2603-2615; e M. Herper, "COVID-19 Vaccine from Pfizer and BioNTech Is Strongly Effective, Early Data from Large Trial Indicate", *STAT News*, 9 de novembro de 2020.

5 L.R. Baden et al., "Efficacy and Safetuy of the mRNA-1723 SARS-CoV-2 Vaccine", *New England Journal of Medicine*, 2021; 384: 403-416.

6 Y. Li et al, "A Comprehensive Review of the Global Efforts on COVID-19 Vaccine Development", *ACS Central Science*, 2021; 7: 512-533.

7 Anônimo, "NIH Clinical Trial of Investigational Vaccine for COVID-19 Begins", comunicado à imprensa do NIH, 16 de março de 2020.

8 Y. Li et al, "A Comprehensive Review of the Global Efforts on COVID-19 Vaccine Development", ACS Central Science 2021; 7: 512-533.

9 N. Dagan et al., "BNT162b2 mRNA COVID-19 Vaccine in a Nationwide Mass Vaccination Setting", *New England Journal of Medicine*, 2021; 384: 1412-1423.

10 K. Acquavella e R.J. Anderson, "Yankees COVID Outbreak Up to Nine Cases; CDC to Look Into 'Breakthrough' Positives", *CBS News*, 16 de maio de 2021.

11 A. Taylor, "Why the World's Most Vaccinated Country Is Seeing an Unprecedented Spike in Coronavirus Cases", *Washington Post*, 6 de maio de 2021; SL Wee, "World's Most Vaccinated Nation Is Spooked by COVID Spike", *New York Times*, 12 de maio de 2021.

12 CDC, "COVID-19 Vaccine Breakthrough Case Investigation and Reporting", 12 de junho de 2021.

13 G. Vogel e K. Kupferschmidt, "'It's a Very Special Picture.' Why Vaccine Safety Experts Put the Breaks on AstraZeneca's COVID-19 Vaccine", *Science*, 17 de março de 2021.

14 G. Vogel e J. Couzin-Frankel, "Israel Reports Link Between Rare Cases of Heart Inflammation and COVID-19 Vaccination in Young Men", *Science*, 1º de junho de 2021.

15 J.M. Jones, "COVID-19 Vaccine-Reluctant in U.S. Likely to Stay that Way", *Gallup*, 7 de junho de 2021.

16 S. LaFraniere, N Weiland e S.G. Stolbert, "The FDA Tells Johnson & Johnson that About 60 Million Doses Made at a Troubled Pland Cannot Be used", *New York Times*, 11 de junho de 2021.

17 J. Jimenez, "Washington State Allows for Free Marijuana with COVID-19 Vaccine", *New York Times*, 7 de junho de 2021

18 Anônimo, "Vaccinated Daters Have More Luck: The White House Is Teaming Up with Apps to Get More Americans to 'Super Like' COVID vaccines", *CBS News*, 21 de maio de 2021.

19 "Anheuser-Busch Teams Up with the White House to Support Goal of Getting 70% of Adults Partially Vaccinated by July 4th", comunicado à imprensa da Anheuser-Busch, 2 de junho de 2021.

20 A. Karni, "Biden Administration Announces Ad Campaign to Combat Vaccine Hesitancy", *New York Times*, 1º de abril de 2021.

21 P. Sullivan, "GOP Doctors in Congress Release Video Urging People to Get Vaccinated", *The Hill*, 27 de abril de 2021.

22 Anônimo, "The Equal Employment Opportunity Commsion (EEOC) Says Emoloyers Can Mandate COVI-19 Vaccines", *National Law Review*, 10 de junho de 2021.

23 CDC, "COVID-19 Vaccination for Essential Workers", 25 de maio de 2021.

24 Kaiser Family Foundation e *Washington Post*, "Frontline Health Care Workers Survey", março de 2021.

25 P. Villegas e D. Diamond, "178 Hospital Workers Suspended for Not Complying with Coronavirus Vaccination Policy", *Washington Post*, 8 de junho de 2021.

26 Anônimo, "The West Is Passing Up the Opportunity of the Century", *The Economist*, 9 de junho de 2021.

27 M.A. Acevedo et al., "Virulence-Driven Trade-Offs in Disease Transmission: A Meta-Analysis", *Evolution*, 2019; 73: 636-647.

28 Z. Du et al., "Risk for International Importations of Variant SARS-CoV-2 Originating in the United Kingdom", *Emerging Infectious Diseases*, 2021; 27: 1527-1529.

29 D.T. Skelly et al, "Vaccine-Induced Immunity Provides More Robust Heterotypic Immunity than Natural Infection to Emerging SARS-CoV-2 Variants of Concern", Research Square, 29 de março de 2021; L. Stamatatos, et al, "Antibodies Elicited by SARS-CoV-2 Infection and Boosted by Vaccination Neutralize an Emerging Variant and SARS-CoV-1", *medRxiv*, 8 de fevereiro de 2021; K. Wu et al, "Serum Neutralizing Activity Elicited by mRNA-1273 Vaccine", *New England Journal of Medicine*, 2021; 384; Y. Liu et al, "Neutralizing Activity of BNT162b2-Elicited Serum", *New England Journal of Medicine*, 9 de março de 2021; J. Stowe et al., "Effectiveness of COVID-19 Vaccines Against Hospital Admission with the Delta (B.1.617.2) Variant", *Public Health England*, 14 de junho de 2021.

30 D.R. Burton e E.J. Topol, "Toward Superhuman SARS-CoV-2 Immunity?" *Nature Medicine*, 2021; 27: 5-6

31 D.P. Martin, et al., "The Emergence and Ongoing Convergent Evolution of the N501Y Lineages Coincides with a Major Global Shirt in the SARS-CoV-2 Selective Landscape", *medRxiv*, 10 de março de 2021.

32 D.P. Martin, et al., "The Emergence and Ongoing Convergent Evolution of the N501Y Lineages Coincides with a Major Global Shift in the SARS-CoV-2 Selective Landscape", *medRxiv*, 5 de março de 2021.

33 A. Rogers e M. Raju, "Two GOP Senators Test Positive for COVID-19, Potentially Jeopardizing Barrett Confirmation Vote", *CNN*, 3 de outubro de 2020; K. Liptak et al., "At Least 5 People in Trump's Orbit, Including His Chief of Staff, Have Tested Positive for COVID-19", *CNN*, 7 de novembro de 2020.

34 R. Venkayya, "A 'Swiss cheese' Approach Can Give Us a Second Chance to Contain Covid-19", *STAT News*, 24 de abril de 2020.

35 J. Reason, "Human error: models and management", *British Medical Journal*, 2000; 320.7237: 768-770

36 S. Flaxman et al., "Estimating the Effects of Non-Pharmaceutical Interventions on COVID-19 in Europe", *Nature*, 2020; 584: 257-261.

37 J.M. Brauner, et al., "Inferring the Effectiveness of Government Interventions Against COVID-19", *Science*, 2021; 371: eabd9338.

38 Y. Li et al., "The Temporal Association of Introducing and Lifting Non-Pharmaceutical Interventions with the Time-Varying Reproduction Number (R) of SARS-CoV-2: A Modeling Study Across 131 Countries", *Lancet Infectious Diseases*, 2021; 21: 193-202.

39 C. Wymant et al, "The Epidemiological Impact of the NHS COVID-19 App", *Nature*, 2021

40 D.K. Chu, et al., "Physical Distancing, Face Masks, and Eye Protection to Prevent Person-to-Person Transmission of SARS-CoV-2 and COVID-19: A Systematic Review and Meta-Analysis", *The Lancet*, 2020; 395: 1973-1987.

41 D. Lewis, "COVID-19 Rarely Spreads Through Surfaces. So Why Are We Still Deep Cleaning?" *Nature*, 29 de janeiro de 2021.

42 A.P. Harvey et al, "Longitudinal Monitoring of SARS-CoV-2 RNA on High-Touch Surfaces in a Community Setting", *Environmental Science and Technology Letters*, 2021; 8: 168-175.

43 CDC, "COVID-19 Employer Information for Office Buildings", 7 de abril de 2021.

44 Z. Al-Aly, Y. Xie e B. Bowe, "High-Dimensional Characterization of Post-Acute Sequalae of COVID-19", *Nature*, 2021; M. Taquet et al, "6-Month Neurological and Psychiatric Outcomes in 236,379 Survivors of COVID-19: A Retrospective Cohort Study Using Electronic Health Records", *Lancet Psychiatry*, 6 de abril de 2021.

45 A. Herman, et al "Evaluation of Chilblains as a Manifestation of the COVID-19 Pandemic", *JAMA Dermatology*, 2020; 156: 998-1003; J. Roca-Gines, et al., "Assessment of Acute Acral Lesions in a Case Series of Children and Adolescents During the COVID-19 Pandemic", *JAMA Dermatology*, 2020; 156: 992-997.

46 T. Bartlett, "The Suicide Wave That Never Was", *The Atlantic*, 21 de abril de 2021.

47 E. Leslie e R. Wilson, "Sheltering in Place and Domestic Violence: Evidence from Calls for Service During COVID-19", *Journal of Public Economics*, 2020; 189: 104241.

48 E. Tucker e P. Nickeas, "The US Saw Significant Crime Rise Across Major Cities in 2020. And It's Not Letting Up", *CNN*, 3 de abril de 2021.

49 O. Bestsennyy et al., "Telehealth: A Quarter-Trillion-Dollar Post-COVID-19 Reality?", McKinsey and Company, 29 de maio de 2020.

50 K. Peek, "Flu Has Disappeared Worldwide During the COVID Pandemic", *Scientific American*, 29 de abril de 2021.

51 CDC, "Influenza-Associated Pediatric Mortality", 5 de junho de 2021.

52 R.E. Baker et al, "The Impact of COVID-19 Non-Pharmaceutical Interventions on the Future Dynamics of Endemic Infections", *PNAS*, 2020; 117: 30547-30553.

53 D.A. Foley et al., "The Inter-seasonal Resurgence of Respiratory Syncytial Virus in Australian Children Following the Reduction of Coronavirus Disease 2019-Related Public Health Measures", *Clinical Infectious Diseases*, 2021: ciaa1906.

54 J. Margolin e J.G. Meek, "Intelligence Report Warned of Coronavirus Crisis as Early as November: Sources", *ABC News*, 8 de abril de 2020.

55 C. Huang, "Clinical Features of Patients Infected with 2019 Novel Coronavirus in Wuhan, China", *Lancet*, 2020;395: 497-506.

56 J. Ma, "Coronavirus: China's first confirmed Covid-19 case traced back to November 17", S*outh China Morning Post*, 13 de março de 2020.

57 J. Jia et al, "Population Flow Drives Spatio-Temporal Distribution of COVID-19 in China", *Nature*, 2020; 582: 389-394.

58 J. Pekar et al, "Timing the SARS-CoV-2 Index Case in Hubei Province", *Science*, 18 de março de 2021.

59 D.A. Relman, "To Stop the Next Pandemic, We Need to Unravel the Origins of COVID-19", *PNAS*, 2020; 117:29246-29248.

60 M.D. Gordin, "The Anthrax Solution: The Sverdlovsk Incident and the Resolution of a Biological Weapons Controversy", *Journal of the History of Biology*, 1997; 30: 441-480; M. Leitenberg e R. Zilinskas, *The Soviet Biological Weapons Program: A History*, Cambridge: Harvard University Press, 2012.

61 H. Witt, "Broad COVID Commission Planning Group Will Be Based at UVA's Miller Center", *UVA Today*, 13 de abril de 2021.

62 M.J. Mina et al, "A Global Immunological Observatory to Meet a Time of Pandemics", *eLife*, 2020; 9: e58989.

63 J. Pekar et al, "Timing the SARS-CoV-2 Index Case in Hubei Province", *Science*, 18 de março de 2021.

64 C. Z. Worsnop, "Concealing Disease: Trade and Travel Barriers and the Timeliness of Outbreak Reporting", *International Studies Perspectives*, 2019; 20: 344-372.

65 M.J. Mina et al, "A Global Immunological Observatory to Meet a Time of Pandemics", *eLife*, 2020; 9: e58989.

Índice

Q

R

S

T

V

W

Este livro foi impresso nas oficinas gráficas da Editora Vozes Ltda.,
Rua Frei Luís, 100 – Petrópolis, RJ.